国家出版基金项目
NATIONAL PUBLICATION FOUNDATION

"五位一体"
生态文明建设研究

王 丹 著

大连海事大学出版社

ⓒ 王丹 2019

图书在版编目(CIP)数据

"五位一体"生态文明建设研究／王丹著. — 大连：大连海事大学出版社，2019.6
 国家出版基金项目
 ISBN 978-7-5632-3797-5

Ⅰ. ①五… Ⅱ. ①王… Ⅲ. ①生态环境建设—研究—中国 Ⅳ. ①X321.2

中国版本图书馆 CIP 数据核字(2019)第 101858 号

大连海事大学出版社出版

地址：大连市凌海路1号 邮编：116026 电话：0411-84728394
传真：0411-84727996

http://www.dmupress.com   E-mail:cbs@dmupress.com

大连海大印刷有限公司印装　　　大连海事大学出版社发行
2019年6月第1版　　　　　　　2019年6月第1次印刷
幅面尺寸：145 mm×210 mm　　印张：26.125
字数：440千　　　　　　　　　印数：1～3000册
出 版 人：徐华东　　　　　　　项目策划：徐华东
责任编辑：杨　淼　王　琴　　　责任校对：董洪英
封面设计：解瑶瑶　　　　　　　版式设计：解瑶瑶

ISBN 978-7-5632-3797-5　　　　定价：98.00元

作者简介

王丹，女，辽宁鞍山人，大连海事大学马克思主义学院教授、博士生导师。主要从事马克思主义自然观、社会主义生态文明建设、海洋生态文明建设、中国生态文明法治建设、新时代中国绿色发展观等研究。近年来主持国家社科基金项目1项、国家出版基金项目1项、教育部人文社会科学规划基金项目2项、辽宁省社会科学规划基金重点项目2项、一般项目10余项。出版学术著作6部；在国内外重要学术期刊上发表论文80余篇，其中多篇被《新华文摘》《高校文科学术文摘》全文或部分转载。获辽宁省哲学社会科学成果奖（政府奖），辽宁省马克思主义中国化最新成果奖，大连市哲学社会科学成果奖（政府奖）一、二、三等奖等20余项。

前　言

　　建设生态文明是关系人民福祉、关乎民族未来的长远大计。2012年，党的十八大提出将生态文明建设融入经济建设、政治建设、文化建设、社会建设各方面和全过程，把"美丽中国"作为生态文明建设的宏伟目标，将"中国共产党领导人民建设社会主义生态文明"写入党章，作为行动纲领。这些凸显了生态文明建设的基础性地位，体现了我们党关于生态文明建设思想的日益成熟和对生态文明建设认识的不断深化。十八大以来，我们党密集推出关于推进生态文明建设的顶层设计与战略部署，党的十八届三中全会提出加快建立系统完整的生态文明制度体系；党的十八届四中全会提出用严格的法律制度保护生态环境；2015年5月，中共中央、国务院印发的《关于加快推进生态文明建设的意见》，提出"绿色化"概念，将其与新型工业化、城镇化、信息化、农业现代化并列，赋予生态文明建设新的内涵，明确生态文明建设是建设美丽中国的实践路径；2015年9月，中共中央、国务院印发的《生态文明体制改革总体方案》明确提出，到2020年构建起由自然资源资产产权制度等八项制度构成的系统完整的生态文明制度体系，推进生态文明领域国家治理体系和治理能力现代化，努力走向社会主义生态文明新时代；党的十八届五中全会提出"五大发展理念"，并将"绿色发展"作为"十三五"规划甚至更长时期的经济社会发展的重要理念，使之成为党关于生态文明建设和社会主义现代化建设规律性认识的最新成果。中国特色社会主义进入新时代，我国的发展阶段、发展任务发生新变化，社会主要矛盾发生深刻变化，新时代呈现新形势、新世态、新特点、新目标、新任务、新要求。在推进生态文明建设过程中，2017年党的十九大提出"统筹推进'五位一体'总体布局、协调推进'四个全面'战略布局"，明确将包括生态文明建设在内的"五位一体"作为国家发展的总体布局，这是生态文明建设在新时代坚持和发展中国特色社会主义中的重要战略地位的彰显。生态文明建设不仅是涉及生态资源环境、产业结构、发展方式和生活方式的局部性问题，站在中国特色社会主义建设高度上，它更是牵涉中国特色社会主义本质特征、建设规律、主要矛盾等总体布局的全局性的重大问题。

生态文明是中国特色社会主义本质的体现。中国特色社会主义事业是人类历史上伟大的事业，我们对中国特色社会主义本质的认识在不断深化：生产力不发展、落后贫穷不是社会主义，个人崇拜不是社会主义，精神文化堕落不是社会主义，社会矛盾尖锐也不是社会主义。中国特色社会主义的基本特征表现为坚持中国共产党的领导，坚持公有制经济，坚持人民民主专政，坚持马克思主义的指导思想。党的十九大提出，到21世纪中叶"把我国建成富强民主文明和谐美丽的社会主义现代化强国"，进一步深化明确了社会主义现代化强国的特征，即经济上的富强、政治上的民主、社会上的和谐、文化上的文明、生态环境上的美丽，从而将"生态文明"赋予中国特色社会主义社会本质特征的地位。中国特色社会主义生态文明，既体现了人与自然之间关系的文明，也体现了人与人之间关系的文明。人与自然的关系和人与人的关系是人类实践活动的两个维度，人与自然始终是相互依存、相互联结的，而劳动是联结和实现人与自然和谐的中介，人能改变和创造环境，反过来环境也能影响人，二者是"一而二""二而一"的关系。将"生态文明"赋予中国特色社会主义社会本质特征的地位也是马克思主义一以贯之的主旨思想的现代呈现。马克思认为人类理想目标——共产主义社会是人与自然和解、人与人和解的社会，是"自然主义"与"人道主义"统一的社会，共产主义社会是消除自然对人的压迫以及人对人的压迫，实现人的自由而全面发展的社会。正如马克思在《1844年经济学哲学手稿》中所指出的，"共产主义作为完成了的自然主义等于人道主义，而作为完成了的人道主义等于自然主义。它是人和自然界之间、人和人之间矛盾的真正解决,是存在和本质、对象化和自我确证、自由和必然、个体和种类之间的斗争的真正解决"。

生态文明建设是"五位一体"总体布局的重要"一位"。改革开放40年来,我们党对中国特色社会主义总体布局的认识历经了一个逐渐深入、清晰而完善的过程,由强调生产力发展"一位"的经济建设到"物质文明和精神文明"的两手抓,到反映国家"富强民主文明"目标的经济建设、政治建设、文化建设"三位一体"的布局端倪,再到体现国家"富强民主文明和谐"目标的经济建设、政治建设、文化建设、社会建设"四位一体"的协调发展,最后形成彰显国家"富强民主文明和谐美丽"目标的经济建设、政治建设、文化建设、社会建设、生态文明建设的"五位一体"总体布局。生态文明建设正式成为中国特色社会主义"五位一体"总体布局的"一位",意味着生态文明与社会主义市场经济、民主政治、先进文化、和谐社会共同成为中国特色社会主义这一宏大机体的重要器官。生态文明建设成为"五位一体"总体布局的"一位",这是我们党从实际出发,在推进中国特色社会主义发展进程中所做出的重要战略选择和总体布局,也是我国经济社会发展的必然趋势。生态文明建设牵涉到资源节约、环境治理、生态保护、发展方式和生活方式转变、经济结构调整、制度体制改革、文化建构等内容,具有极为重要的基础地位和独立价值。将生态文明融入经济建设，才能实现经济社会的绿色发展和高质量发展；将生态文明融入政治建设，才能完善生态环境保护的机制体制；将生态文明融入文化建设，才能够更好地培育社会主义生态文明观；将生态文明融入社会建设，才能形成生态环境治理多元化的格局。

生态文明建设成为"五位一体"总体布局的"一位"是中国特色社会主义现代化的内在要求。中国的现代化与西方的现代化不同，西方的现代化是"先发内生型"的"引领型"的现代化，中国的现代化是"后发外生型"的"追赶型"的现代化。中国仅用40多年的时间就走完了西方国家几百年才走完的道路，取得了西方国家几百年才取得的成就，当然也为之付出了资源、环境和生态的代价，发达国家上百年工业化过程中分阶段出现的生态环境问题，在我国20多年的时间里集中出现，并呈现结构型、复合型、压缩型特点，已经严重制约了我国各方面的协调发展，更影响了党的十九大提出的到21世纪中叶把我国建成"富强民主文明和谐美丽的社会主义现代化强国"任务目标实现的进程。党的十九大提出，"我们要建设的现代化是人与自然和谐共生的现代化，既要创造更多物质财富和精神财富以满足人民日益增长的美好生活需要，也要提供更多优质生态产品以满足人民日益增长的优美生态环境需要"。"人与自然和谐共生的现代化"，是继农业现代化、工业现代化、国防现代化、科学技术现代化、国家治理体系和治理能力现代化之后我们党提出的又一极为重要的现代化，为我国社会主义现代化增添了一个重要的因子。实现人与自然和谐共生的现代化，就必然要求建设生态文明，将生态文明建设作为"五位一体"总体布局中的"一位"，将生态文明建设融入经济建设、政治建设、文化建设、社会建设的各方面和全过程，做到经济社会发展与生态环境保护的统一，以最少的资源消耗、最低的环境代价、尽可能小的生态成本支撑中国最大的社会主义现代化成就，要求我们将共产党执政规律、社会主义建设规律、人类社会发展规律与把握生态环境规律、自然发展规律相结合、相统一。

生态文明建设成为"五位一体"总体布局的"一位"，是新时代中国特色社会主义社会主要矛盾的客观诉求。党的十九大报告明确了"中国特色社会主义进入新时代，我国社会主要矛盾已经转化为人民日益增长的美好生活需要和不平衡不充分的发展之间的矛盾"。这一社会主要矛盾决定着我们的根本任务必然是集中力量解决"不平衡不充分"的发展问题，为人民群众创造"美好生活"。只有牢牢抓住这一社会主要矛盾，才能把握社会矛盾的全局，并有效地促进各种社会矛盾的解决。新时代中国特色社会主义社会主要矛盾中"不平衡"应包括生态文明建设与经济建设的不平衡，"不充分"应包括生态产品、生态服务提供得不够充分；"美好生活"自然包括人民群众对优美宜居的生态环境和生活环境的需要。良好生态环境是人民群众生活幸福的增长点,因此改善生态环境必然可以为人民群众带来真真切切的获得感和幸福感。新时代中国特色社会主义社会主要矛盾表明,不仅要创造更多物质财富、精神财富、社会财富来满足人民日益增长的美好生活需要,同时也要提供更多更优质的生态产品来满足人民日益增长的对优美生态环境的需要。改革开放以来,人民群众的物质生活水平得以不断提高,人民群众的幸福指数总体在上升,但在某些方面,如生态环境问题上的"口腹之患""心肺之痛"开始凸显,"痛苦指数"也有所上升。人民群众的需求从"盼温饱"到"盼环保",从"求生存"到"求生态"。生态环境问题已成为全面建成小康社会最突出的短板,美好生态环境已成为最公平的社会公共产品和最普惠的民生福祉。因此,只有以绿色发展理念为引领,推进生态文明建设,加强生态环境保护,像对待生命一样对待生态环境,像保护眼睛一样保护生态环境,才能满足人民对良好生态环境的热切期盼,实现人民对美好生活的向往。

由此可见,生态文明建设是"五位一体"总体布局的重中之重,是事关"中华民族永续发展的千年大计"。本书的写作,一方面立足于党和国家"五位一体"总体布局的宏观战略维度,另一方面从经济、政治、文化、社会、生态环境

"五位"的微观视阈对中国特色社会主义生态文明建设进行系统深入研究，这一研究无疑有助于促进我国经济社会健康持续发展，加快全面建成小康社会、实现美丽中国和社会主义现代化强国的步伐，进而实现中华民族的伟大复兴。

作　者

2019年元月

目 录

第一章 导论 ………………………………… 1
　一、研究的现状及发展趋势 ………………… 2
　二、研究的理论价值和现实意义 …………… 10
　三、研究的主要框架内容 …………………… 14
　四、研究的思路方法 ………………………… 21
　五、研究的创新之处 ………………………… 24

第二章 "五位一体"生态文明建设的必然逻辑 ……… 28
　一、对现代社会生态危机的反思及人类文明的
　　　生态转向 ………………………………… 29
　二、生态文明建设的社会变革 ……………… 53
　三、生态文明建设是"五位一体"中国特色
　　　社会主义的必然诉求 …………………… 130

第三章 生态文明建设在"五位一体"总体布局中的地位
　………………………………………………… 188
　一、生态文明建设晋升"五位一体"总体布局 …… 189

1

二、生态文明建设与经济建设、政治建设、
文化建设、社会建设之间的关系 …………… 226
三、生态文明建设是发展中国特色社会主义的
必然选择 …………………………………… 259

第四章　生态文明建设的思想渊源与理论基础 ……… 284
一、生态文明建设理论溯源——马克思生态自然观……
……………………………………………… 285
二、生态文明建设思想源泉——中国传统文化的
生态智慧 …………………………………… 340
三、生态文明建设理论借鉴——生态学马克思
主义理论评析 ……………………………… 355
四、生态文明建设的理论根基——科学发展观和
绿色发展观 ………………………………… 387

第五章　生态文明建设的历程、经验规律及理论体系 ……
……………………………………………… 411
一、生态文明建设的演进历程 ………………… 412
二、生态文明建设的基本经验 ………………… 476
三、生态文明建设的基本规律 ………………… 509
四、生态文明建设的理论体系 ………………… 532

第六章　生态文明建设的价值目标和框架内容 ……… 577
一、生态文明建设的价值目标 ………………… 578
二、生态文明建设的特殊性 …………………… 597

三、生态文明建设的主体框架 …………………… 618
　　四、社会主义生态文明建设的主要内容 …………… 645
第七章 "五位一体"生态文明建设的路径 ………… 687
　　一、生态文明建设的困境分析 ……………………… 689
　　二、"五位一体"生态文明建设的思维理络 ……… 730
　　三、建立社会主义生态文明建设的评价体系 ……… 778
参考文献 ………………………………………………… 807
后　记 ………………………………………………… 816

第一章　导论

生态文明反映了人类社会的进步状态，生态文明思想理论已构成中国特色社会主义理论体系的重要内容和重要组成部分。生态文明建设与中国特色社会主义存在着密不可分的内在联系，生态文明建设是中国特色社会主义的前提和基础，只有坚持发展中国特色社会主义才能确保真正建设生态文明，"生态文明新时代"必然属于也只能属于社会主义，因此我们必须在中国特色社会主义总布局中理解和加强生态文明建设。建设生态文明是关系人民福祉、关乎民族未来的长远大计。党的十八大提出将生态文明建设融入经济建设、政治建设、文化建设、社会建设各方面和全过程，这凸显了生态文明建设的基础性地位，也体现了我们党关于生态文明建设思想的日益成熟和对生态文明建设认识的不断深化。在推进生态文明建设的过程中，党的十九大明确将"五位一体"作为国家发展的总体布局，这更彰显了生态文明建设在新时代坚持和发展中国特色社会主义中的重要战略地位。生态文明建设不仅涉及生态资源环境、发展方式和产业结构等局部性问题，从中国特色社会主义高度来看，它更牵涉到中国特色社会主义总体布局、建设规律、本质特征、主要矛盾等全局性重大问题。因此，基于"五位一体"视域研究生态文明建设，对于促进我国经济社会健康和谐持续发展，建设富强民主文明和谐美丽的社会主义现代化强国，实现中华民族伟大复兴都具有重大意义。

一、研究的现状及发展趋势

（一）研究的现状

生态环境是人类生存的自然物质基础，是社会可持续发展的重要条件。然而，在经济社会的发展过程中，人们往往忽视了对生态环境进行合理的利用和保护，造成了当今世界普遍关注的环境污染和生态危机。近年来，我国的环境问题随着经济社会飞速发展而日益突出，发达国家上百年工业化过程中分阶段出现的环境问题，在我国20多年的时间里集中出现，呈现结构型、复合型、压缩型特点，已经严重影响和制约了我国各方面的协调发展，特别是对全面建成小康社会提出了严峻挑战。21世纪，生态环境问题已成为迫在眉睫的攸关人类生死存亡的残酷的现实问题。如何保护生态环境，解除生存危机成为关系人类前途的重大课题，而生态文明建设的提出可以说是对这一课题的时代回应。因此，自20世纪中叶以来，围绕生态文明与可持续发展这一重大课题，国内外学者进行了多方面、多角度、多层次的研究。

我国学界从20世纪80年代开始对生态文明展开了热烈的讨论。党的十六大以来，特别是十七大提出的建设生态文明的战略思想，进一步掀起了学界对生态文明建设研究的热潮。自党的十八大提出把生态文明建设融入经济建设、政治建设、文化建设、社会建设各方面和全过程以来，生态文明建设已提升至更为基础的地位和重要的高度，这是对生态文明建设的全新认识，已然推动学界对生态文明的理论范畴与实践方向的研究进入一个新的阶段。到目前为止，专家学者们对社会主义生态文明建设的研究无论是在理论上，还是在实践上，都取得了长足的进步和可喜的成绩，如对社会主义生态文明建设的提出过程、现实性问题、理论基础、建设内容、路径方法等问题的探索。已有的研究不仅使生态文明建设的研究更具针对性、现实性和前瞻性，而且在解决实际问题方面开始走向操作性，具有重要的参考价值，这些为本项目的研究提供了借鉴和参考。然而这些研究成果中也存在着明显的不足：第一，很多研究还停留在表层，对深层次的理论问题触及得不多、不深，对规律性和共性的把握不足，因而不能很好地提升生态文明建设问题研究的理论价值和学术内涵。第二，缺乏多学科、多视角的协同研究和综合研究，研究视角有待进一步多元化。第三，相关的研究成果在观点上重复，雷同现象较为严重，研究范围和内容有待进一步拓展和提升。第四，很多对生态文明建设措施的研究，都停留在理论层面上，缺乏实证调研、生态文明建设评价体系的研究和具体可操作性研究。第五，缺乏"五位一体"视域的生态文明建设的研究，即便有零星的研究，但还不够深入，不够系统。

国外学界对生态文明的关注是从20世纪中叶开始的。由于西方发达国家普遍存在环境污染和生态危机，西方学者较早地从多种视角对生态文明的相关问题进行了研究，"生态"成为当代西方世界政治、经济、文化等领域的关键词之一。国外理论界并没有直接涉及生态文明的概念，主要是关于生态保护和循环经济的研究，有很多理论与方法值得借鉴。国外生态文明理论的研究主要有产业共生理论、清洁生产理论、产业生态理论、生命周期评价理论、零排放理论及逆生产理论。国外生态文明实践的研究主要体现在循环经济上。20世纪90年代以来，循环经济在发达国家迅速发展，在节约资源、保护环境方面也取得了显著的成绩。例如，在企业层面建立小循环模式最著名的是美国的杜邦化学公司；在区域领域建立中循环模式的典型案例是丹麦的卡伦堡工业园区；在社会层面建立大循环最好的是日本。国外学者对生态文明建设的研究重点在于批判资本主义的生产生活方式耗费资源、污染环境、破坏生态平衡。其中，大部分学者将马克思主义理论作为自己立论的重要依据。比如，生态学马克思主义学者就对马克思的生态学思想做了挖掘与分析，有些研究具有相当的深度，但有些研究存在着把马克思主义整个理论体系生态化的倾向。国外生态文明建设的有关研究成果基本上是以发达国家为背景的，对发展中国家的关注很少，其研究几乎没有涉及我国所遇到的一些具体的问题，尤其是对我国处于经济社会转型时期生态文明建设中所出现的问题缺乏解释力。此外，中西方文化、社会制度的差异，导致其研究结论具有很大的局限性，从而使国外有关生态文明建设的研究无法完全解释我国的生态现状或解决我国的具体实际问题。因此，我们对中国特色社会主义"五位一体"生态文明建设的研究，只能借鉴其相关研究结论，不能照搬照抄，同时必须结合中国国情的实际情况。

综上所述,就社会主义生态文明建设研究现状而言,无论是在研究的深度方面还是在研究的全面性和系统性方面,国内外学界的研究都不够,具体表现在:缺乏对生态文明建设在经济社会发展中突出地位作用的研究及生态文明建设与中国特色社会主义之间内在逻辑的研究;对社会主义生态文明建设发展路径的层次性研究也不够,对生态文明建设应采用的经济发展路径、要依赖的社会政治环境及其发展路径的研究还有待深入;对国外关于生态保护和循环经济等理论与实践的研究不够充分,无法吸取其可借鉴的有益成果;对相关的对策性研究还需细化和完善。本书正是以这些研究的不足为基点,以中国特色社会主义"五位一体"总体布局为指导,结合我国基本国情和国外生态文明建设的先进经验,从"五位一体"视域对社会主义生态文明建设理论和实践进行更广泛、更深入、更系统的研究。

(二)研究的发展趋势

"五位一体"生态文明建设既是一个重大的理论问

题，又是一个现实影响深远的实践问题。党的十九大指出"生态文明建设功在当代、利在千秋""建设生态文明是中华民族永续发展的千年大计"①，随着工业化进程经济社会发展的不断深入，尤其是我国"正处在转变发展方式、优化经济结构、转换增长动力的攻关期"，对这一问题的研究也必然向纵深方向发展。大力推进生态文明建设是一项长期而艰巨的历史任务，必须毫不动摇地坚持和与时俱进地发展，不断丰富社会主义生态文明建设的实践特色、理论特色、民族特色、时代特色。

在理论层面上：第一，应进一步研究中国特色社会主义生态文明是马克思主义生态理论中国化的最新理论成果，是中国特色社会主义理论体系的重要组成部分，是传统环境保护思想的超越与升华，也是世界生态文明体系的一种理论形式。第二，应侧重对生态文明重要地位和"五位一体"总体布局的研究，对社会主义生态文明内涵、特

---

① 习近平：《决胜全面建成小康社会 夺取新时代中国特色社会主义伟大胜利——在中国共产党第十九次全国代表大会上的讲话》，新华网：http://www.xinhuanet.com/2017-10/27/c_1121867529.htm。

征和规律的研究。第三，要针对生态文明建设面临的一系列重大问题，从不同的角度、层面、领域进行研究，将研究成果上升到决策层面，就加强生态文明建设具体思路向有关部门建言献策。第四，需深入研究中国特色社会主义生态文明的价值目标——实现经济社会的可持续发展。建设中国特色生态文明，目的就是实现人口、资源、环境、经济和社会的可持续发展；就是在满足现代人需求的同时，既不危害后代人的生存需求，又能给子孙后代留下天蓝、地绿、水净的美好家园。

在实践层面上：第一，推进生态文明建设的系统性和可操作性研究。此研究包括对绿色发展、循环发展和低碳发展，节约资源和保护环境的空间格局、产业结构、生产方式和生活方式，生态文明建设融入经济建设、政治建设、文化建设、社会建设各方面和全过程的系统研究；也包括对国土空间开发格局、资源节约、自然生态系统和环境保护、生态文明制度建设的可操作性研究。第二，对建立生态文明的目标体系、绩效考核和奖惩机制进行研究。要把资源消耗、环境损害、生态效益纳入经济社会发展评价体系，建立体现生态文明要求的目标体系、考核办法、奖惩机制。第三，加强和深化生态示范创建的研究。生态示范创建是推进生态文明建设的重要载体，是建设美丽中国的有效措施。第四，从"五位一体"视域，系统地、全方位地探索中国特色社会主义新时代推进生态文明建设的路径。

二、研究的理论价值和现实意义

（一）研究的理论价值

（1）本研究有助于深刻理解和贯彻党的十九大提出的统筹推进"五位一体"总体布局的战略部署。中国特色社会主义的总体布局，也就是中国社会主义现代化建设的总体布局，是指将中国特色社会主义事业作为一个有机整体，对其结构和格局进行科学的战略安排。中国特色社会主义的总体布局，从"总体布局"概念的提出到"五位一体"总体布局的形成，是党在深刻总结中国特色社会主义建设历史经验的基础上逐步确立和形成的，历经了漫长而艰辛的探索过程。中国特色社会主义的总体布局经历了生产力发展"一位"的经济建设，到物质文明和精神文明"两个文明"，到经济建设、政治建设、文化建设的"三位一体"，再到经济建设、政治建设、文化建设和社会建设的"四位一体"，最后到经济建设、政治建设、文化建设、社会建设和生态文明建设的"五位一体"的演进过程，这一过程体现了中国共产党与时俱进的理论自觉和不断创新的时代精神。继党的十八大对加强和推进生态文明建设做出新要求，提出将生态文明建设放在突出地位，融入经济建设、政治建设、文化建设、社会建设各方面和全过程；党的十九大站在新的历史方位，对中国社会主义现代化建设做出重大战略部署，明确以"五位一体"总体布局推进中国特色社会主义事业发展。从经济建设、政治建设、文化建设、社会建设、生态文明建设五个方面，制定新时代统筹推进"五位一体"总体布局的战略目标，是新时代推进中国特色社会主义事业的路线图，是更好地推动人的全面发展、社会的全面进步的任务书；从理论和实践的高度对当代中国的发展问题做出了科学回答,是中国特色社会主义理论的丰富和发展。因此,从"五位一体"视域研究生态文明建设必然有助于深刻理解和贯彻党的十九大提出的统筹推进"五位一体"的总体布局。

(2)本研究有利于深化对马克思主义生态文明思想理论的研究,进而丰富马克思主义;也有助于学界正确理解和分析西方学者对马克思主义生态自然观的论述,回答其诘难,消除人们长期以来形成的对马克思主义生态自然观的偏执见解,甚至误解。马克思、恩格斯虽然没有直接使用过"生态文明"的概念,但其自然观理论中蕴含着十分丰富的生态文明思想,生态文明思想是马克思主义理论体系的重要内容。本文在研究过程中,将探讨马克思主义生态自然观所包含的科学世界观和方法论及其对中国社会主义生态文明建设的启示,这无疑有助于学界对马克思主义生态文明思想做进一步研究。此外,虽然"生态学马克思主义""马克思的生态学"等西方思潮有许多见解对我们正确理解马克思主义生态思想及生态文明的研究有一定的裨益,但也有学者对马克思主义生态自然观的解读存在一些误解、偏见,甚至提出种种责难。因此,本研究必然有助于我们甄别西方马克思主义的思想,回答西方学者对马克思主义的诘难。

(二)研究的实际应用价值

(1)中国特色社会主义生态文明建设不仅是一个深刻的理论问题,更是一个紧迫的实践问题。本研究有助于唤醒全民族的生态忧患意识,认清生态环境问题的复杂性、长期性和艰巨性,持之以恒地重视生态环境保护工作,尽最大努力去节约能源资源、保护生态环境;也有助于中国有效地迎接经济全球化的环境挑战,逐渐缓解我国资源、环境的瓶颈制约,减缓生态环境的破坏速度,从而摆脱能源危机、生态危机、发展危机和生存危机,实现中华民族永续发展。

(2)本研究能够为中国特色社会主义现代化建设的科学发展路径提供一定借鉴。首先,生态文明建设有助于巩固中国共产党的执政地位。生态环境问题是考验中国共产党执政能力、影响其执政地位的重要因素。党只有及时排解生态环境恶化给人民群众带来的灾难,确立生态文明建设执政理念，才能保证自身始终走在时代前列。其次，生态文明建设有助于化解我国生态危机，实现社会和谐发展。改革开放以来，我国经济社会飞速发展，其代价是过度的资源消耗和生态环境破坏。因此，面对严峻的资源和生态环境形势，只有把生态文明作为一种价值导向，才能强化人们的生态环保和资源节约理念，建设良好的生活环境，实现社会和谐发展和可持续发展。最后，生态文明建设是一项关乎民生的重大工程，是全面建成小康社会的重要保证。随着人民群众生活水平的提高，人们对环境质量的要求也越来越高，环境问题逐渐成为群众最为关心的社会问题。不断产生的生态危机既是对当下我国民生工程的巨大破坏，也是全面建成小康社会的重大隐忧。因此，积极加强生态文明建设，是我党始终代表人民群众利益，切实改善民生，全面建成小康社会的新要求。

三、研究的主要框架内容

本研究基于"五位一体"视域，全面、系统、深刻地阐释了社会主义生态文明建设的理论与现实问题。具体研究的框架内容如下：

第一章，导论。本章概括介绍"五位一体"生态文明建设研究的选题背景，对国内外研究进行综述，分析研究的现状及发展趋势；阐释"五位一体"生态文明建设研究的理论价值和现实意义；建构研究的框架结构内容；提出研究的思路方法及创新之处。

第二章，"五位一体"生态文明建设的必然逻辑。首先，基于对现代社会生态危机的反思及人类文明演进历程的考察，指出人类文明的生态转向，生态文明的出现是人类文明发展的历史必然，阐述人类选择生态文明的重要意义；其次，通过对生态政治、生态经济、生态文化等的深度考量，分析生态文明建设在政治、经济、文化等领域的社会变革；最后，以分析社会主义生态文明的特点为基点，在深刻理解生态文明与中国特色社会主义的内在逻辑关系，即建设生态文明是中国特色社会主义题中应有之义的基础上，阐明社会主义生态文明建设是"五位一体"中国特色社会主义建设的必然诉求，并论述社会主义生态文明建设的重大理论意义和现实意义。

第三章，生态文明建设在"五位一体"总体布局中的地位。首先，追溯梳理中国特色社会主义"五位一体"总体布局的形成历程，明确生态文明建设晋升中国特色社会主义"五位一体"总体布局的紧迫性和必要性，并阐释中国特色社会主义"五位一体"的内在联系。其次，通过对生态文明建设与经济建设、政治建设、文化建设、社会建设的互联、互动、互融、互通关系的分析，明晰生态文明建设在中国特色社会主义"五位一体"总体布局中重要的基础性地位。最后，从三个方面论析生态文明建设是发展中国特色社会主义的必然选择：第一，我国生态情势的现状，明示生态文明建设是发展中国特色社会主义的必然选择。第二，资本主义生态的批判，彰显生态文明建设是发展中国特色社会主义的必然选择。第三，社会主义建设的历程，印证了生态文明建设是发展中国特色社会主义的必然选择。

第四章，生态文明建设的思想渊源与理论基础。本章从理论研究视角，深刻洞察、透视了社会主义生态文明建设的理论溯源、思想源泉、理论借鉴与理论根基，并形成研究结论：第一，马克思主义生态自然观是社会主义生态文明建设的理论溯源。在诠释马克思的自然概念与人的概念的基础上，分析马克思实践人化自然观的生态向度，概括马克思生态自然观的主要内容，归纳马克思生态自然观的基本特征，对马克思生态自然观进行多维审度。第二，中国传统文化的生态智慧是社会主义生态文明建设的思想源泉。梳理分析儒家、道家、佛家自然观的生态思想蕴含，从而彰显中国传统文化"天人合一"的生态智慧，为社会主义生态文明建设提供思想源泉。第三，生态学马克思主义的相关思想理论是社会主义生态文明建设的理论借鉴。以考察生态学马克思主义的形成与发展为基点，分析生态学马克思主义理论的合理性及理论缺陷，呈现生态学马克思主义对中国社会主义生态文明建设的启示。第四，科学发展观和绿色发展观构成社会主义生态文明建设的理论根基。通过解析科学发展观和绿色发展观是具有中国特色的马克思主义生态观，探索科学发展观和绿色发展观的生态文明思想蕴含及对生态文明建设的理论昭示。

第五章，生态文明建设的历程、经验规律及理论体系。本章探索了社会主义生态文明建设的演进历程、基本经验规律及理论体系。首先，探索社会主义生态文明建设的演进历程，包括五个阶段（或称五个时期）：觉醒与尝试时期、积极探索时期、深入发展时期、明确定位时期、积极推进时期。其次，归纳总结社会主义生态文明建设的基本经验：坚定中国特色社会主义道路自信、理论自信、制度自信和文化自信；坚持中国特色的社会主义生态文明发展模式；树立"创新、协调、绿色、开放、共享"五大发展理念；坚持循环经济建设和发展绿色低碳循环产业。再次，提升归纳社会主义生态文明建设的基本规律。生态文明建设过程中必须遵循一定的准则和规律，主要包括：生态系统有序重组及生态因子连锁感应规律；生态系统的涨落突变、对称破缺规律；生态系统的相干协同相变规律；生态文明建设的三大系统（自然、社会、经济）协同发展规律。最后，建构社会主义生态文明建设的丰富理论体系。这一理论体系是由生态文明的核心命题、基本内涵、建设主体、政策基石、历史使命、全球意识所构成的有机统一整体。

第六章，生态文明建设的价值目标和框架内容。本章由四部分构成。第一，明确社会主义生态文明建设的价值目标：为人民创造良好生产生活环境；建设天蓝、地绿、水净的美丽中国；实现中华民族永续发展。第二，分析社会主义生态文明建设的特殊性：中国特色社会主义生态文明建设体现了政府主导与市场动力的结合统一；中国特色社会主义生态文明建设是工业化进程与生态化进程的结合统一；中国特色社会主义生态文明建设是立足本国国情与借鉴别国经验的结合统一。第三，建立社会主义生态文明建设的主要框架：生态文明建设以中国特色社会主义理论为指导思想；以人与自然和谐发展为本质特征；以两型社会建设为实践平台；以经济结构调整、发展方式转变为关键路径。第四，归纳社会主义生态文明建设的主要内容：生态理念文明；生态经济文明；生态政治文明；生态科技文明；生态制度文明；生态行为文明。

第七章，"五位一体"生态文明建设的路径。本章积极探索"五位一体"视域下社会主义生态文明建设的思路与途径,这是本研究的落脚点。首先,在对目前中国生态情境及六大根源分析的基础上,对中国特色社会主义生态文明建设的困境进行解析:主体的生态文明意识薄弱且缺乏正确的生态价值观;生态文明建设中缺乏与之相配套的经济发展模式;生态环境保护与中国发展阶段的矛盾困境;生态文明建设缺乏重要的制度保障;生态文明建设的科技创新能力不足,等等。其次,基于"五位一体"研究视域,探索社会主义生态文明建设的思维理络:一是在思想观念上,培养生态文明建设主体的生态化思维;二是在政策制度上,建立健全系统、完善的生态文明制度体系;三是在经济发展上,建立生态型生产体系,为生态文明建设提供物质基础;四是在生活消费上,建构绿色可持续的生态消费模式;五是在社会发展上,解决效率与公平问题,实现社会资源科学分配。最后,构建社会主义生态文明建设的评价体系:把资源消耗、环境损害、生态效益纳入经济社会发展评价体系,建立体现生态文明要求的目标体系、考核办法、奖惩机制;确立整体性、科学性、目的性、动态性、相对独立性、可操作性的生态文明建设评价原则；选取社会主义生态文明建设的评价方法，包括目标值的确定、指标权重的设定及综合评价方法；确定生态文明建设的评价指标体系的层级结构，即总系统为生态文明系统，子系统为生态经济系统、生态环境系统、生态安全系统、生态人居系统、廉政高效系统和生态保障系统，个体指标为六个子系统下的各自的具体评价指标，并最终形成生态文明建设的评价系统。

四、研究的思路方法

由于"五位一体"生态文明建设研究是一项复杂的系统工程，因此研究思路和研究方法不能是单一的，技术路线不能是直线的，而应按照系统论的思维方式，运用多种现代科学理论与方法，把理论研究和实证研究、宏观探索和微观探索、定性分析和定量分析、静态考察和动态考察、普遍性与特殊性结合起来，坚持从大量事实数据的分析综合中得出结论，而不搞思辨式的理论推演，总的技术路线是综合－分析－综合，具体的研究思路和研究方法

如下:

首先,从逻辑与历史相结合的思维原则出发,运用辩证唯物主义和历史唯物主义的方法,在考察分析现代社会生态环境危机和人类文明生态转向的基础上,深刻分析生态文明在经济、政治、文化等社会各领域的深刻变革;指出生态文明建设是中国特色社会主义应有之义,是中国特色社会主义建设的历史必然;明确生态文明建设晋升中国特色社会主义"五位一体"总体布局的紧迫性和必要性及重大意义。

其次,在理论视角上坚持马克思主义辩证思维的原则和方法,以人与自然的关系为依托,从四个方面着重阐释中国特色社会主义生态文明建设的理论渊源与基础:马克思主义生态自然观是社会主义生态文明建设的理论溯源;中国传统文化的生态智慧是社会主义生态文明建设的思想源泉;国外生态学马克思主义为社会主义生态文明建设提供理论借鉴;科学发展观和绿色发展观是社会主义生态文明建设的理论根基。

再次,坚持综合-分析-综合的技术路线,以理论与实践相结合的视角、历史与现实相统一的维度，在考察生态文明建设的国内、国际生态环境背景的基础上，积极探索中国特色社会主义生态文明建设的历程：从保护环境的基本国策到确立可持续发展战略，到社会主义生态文明建设概念的提出、内涵的丰富和定位的明确，到十八大"大力推进生态文明建设"的布局，再到十九大将生态文明建设纳入"五位一体"总体布局；从中总结社会主义生态文明建设所取得的成绩和获得的经验，进而探索社会主义生态文明建设的基本规律；形成社会主义生态文明建设的主要内容架构和理论体系；建立社会主义生态文明建设的价值目标。

然后，从政治学、哲学、社会学、生态学等多学科相结合的视角，坚持理论与实践相统一的原则，从五个方面探索中国特色社会主义生态文明建设的思维理络：在思想观念上，增强全民节约意识、环保意识、生态意识，提升公民生态文明建设意识，培养生态化思维；在政策制度上，加快建设生态文明政策体系，完善有利于节约能源资源和保护生态环境的法律制度，为生态文明建设提供有力的法律政策保障；在经济发展上，转变经济发展方式，发展循环经济，建立生态型生产体系，走新型工业化道路，为生态文明建设提供物质基础；在生活消费上，积极建构生态消费模式；在社会发展上，解决效率与公平问题，实现社会资源科学分配。

最后，运用系统科学方法、模糊数学方法、运筹学、层次分析法、协同学、控制论方法，并坚持实证调研与规范分析相结合，建立中国特色社会主义生态文明建设的评价体系，包括确立生态文明建设的评价原则、选取评价方法、确定评价指标体系的层级结构，形成中国特色社会主义生态文明建设的评价体系。

五、研究的创新之处

本研究基于"五位一体"视域，坚持逻辑与历史相结合、理论与实践相统一，运用哲学、生态学、经济学、政治学、环境学、伦理学和社会学等多学科相结合的方法，坚持多学科交叉、跨学科研究，全面、系统、深刻地阐释了"五位一体"视域下社会主义生态文明建设的理论与现实问题。因此,本研究学术思想新颖,内容有所创新和突破,视角独特,方法新颖。

(一)本研究学术思想新颖

学界对生态文明和生态文明建设问题从开始关注到深入研究已历经 40 余年的历程,虽然在理论研究上取得了丰硕成果,在实践中取得了重大成效,但总体上仍滞后于经济社会发展。特别是面对资源约束趋紧、环境污染严重、生态系统退化,社会发展与资源环境之间的突出矛盾已成为经济社会可持续发展的瓶颈。如何缓解并解决这一矛盾?本研究紧紧围绕对这一问题的思考,深层次解答生态文明建设中的重大理论和实践问题。从总体上较好地体现出理论探讨、经验总结和规律探索的全面性的特点。本研究以理论与实践相结合的视角、历史与现实相统一的维度,在对生态文明建设进行理论研究和现状考察的基础上,既对以往生态文明建设演进历程进行回顾,总结实践经验,探索基本规律;又正视当下的生态文明建设研究，形成对生态文明建设的价值目标和主要框架内容体系的理解、认同与把握；更为未来生态文明建设构建明确而清晰的思路。这是建设美丽中国，实现中华民族永续发展的必经之路。

（二）本研究在内容上实现了高度、广度和深度的统一

在高度上，本研究紧扣党的十八大和十八届三中、四中、五中、六中全会精神，坚持以党的十九大精神和习近平新时代中国特色社会主义思想为指导，结合各领域生态文明建设的实践布局展开论述，既有全局高度、政治高度和战略高度，又有思想高度、理论高度和政策高度。

在广度上，本研究在理论层面上涵盖了生态文明建设的理论基础和基本问题、战略任务和基本要求、宏观战略和目标愿景，以及经济、政治、文化、社会等各个领域。

在深度上，本研究以党的会议决定等各种文件精神为蓝本，既不是简单引述，也不是对已有生态文明建设相关论著观点的简单重复，而是有着独到见解。其中既有宏观层面的理论思考，也有中观层面的制度创新，还有微观层面的对策思考，从而较好地体现了内容的新颖性和观点的深刻性。

（三）本研究视角独特，方法新颖

本研究以全新的切入点和独特的视角开展研究。生态文明建设本身具有基础性的特点，它渗透于经济、政治、文化、社会、自然等领域范围，是涉及法学、哲学、政治学、社会学、生态学等多学科的重大理论和实践问题。本研究是一项复杂的系统工程，因此研究思路和研究方法不能是单一的，技术路线不能是直线的。本研究克服了目前学界拘泥于某一领域某一学科研究的独立视域，以"五位一体"为视域，坚持多学科交叉、跨学科研究，运用多种学科的理论与方法，特别是遵循系统思维方式、运用系统科学方法，把理论研究和实证研究、宏观探索和微观探索、定性分析和定量分析、静态考察和动态考察、普遍性与特殊性结合起来，确保本研究的可靠性和科学性。

第二章 "五位一体"生态文明建设的必然逻辑

生态文明是人类积极改善和优化人与自然关系,建设相互依存、相互促进、共处共融生态社会而取得的物质成果、精神成果和制度成果的总和。十八大以来,我们党把生态文明建设提升至"关系人民福祉、关乎民族未来的长远大计",将生态文明建设放在突出地位,融入了经济建设、政治建设、文化建设、社会建设的各方面和全过程。这充分表明生态文明建设的基础性地位和战略意义日益凸显,生态文明建设思想日益成熟,对生态文明建设的认识不断深化。社会主义生态文明建设不仅是现代社会生态危机反思和人类文明生态转向的必然结果,也是我国经济、政治、文化等社会变革的主旨方向和重要依托,更是发展中国特色社会主义的必然逻辑。

一、对现代社会生态危机的反思及人类文明的生态转向

由于人类改造自然实践的失控以及由此而导致的自然化过程中的反人化,随着农业文明向工业文明转变,当工业文明在整个人类文明发展中占据主导地位时,生态环境问题日益严峻。迄今为止,文明仍然在对抗中发展,全球化的生态危机、环境污染,特别是震惊世界的八大污染公害事件迫使人类不断反思改造自然的合法性和合规律性,也由此引发了人的理念由对抗自然转向与自然和谐共存,由工业文明转向生态文明。

(一)对现代社会生态危机的反思

虽然全球性的生态运动、环保运动及各国政府环保政策的实施正在如火如荼地进行,然而现代社会的生态危机

非但没有得到根本解决，反而愈演愈烈。这迫使我们必须站在更高、更深的层次上联系社会问题，反思生态环境问题，对现代社会生态危机的实质以及人类的文明基础重新进行审视。

1. 现代社会生态危机的实质

纵观人类文明历史，无论是研究尼罗河谷文明、美索不达米亚文明、印度河流域文明及玛雅文明等古代文明的兴衰过程，还是研究近代工业文明的发展历程，都可以清楚地得出结论：生态危机的实质在于文明系统与生态系统的尖锐对抗及两者的不可调和性。这种对抗在现代社会几乎达到了登峰造极的地步，以至于从一定程度上来说，人类改造自然的力量正在逐步地转变为毁灭自身的力量。恩格斯说："文明是一个对抗的过程，这个过程以其至今为止的形式使土地贫瘠，使森林荒芜，使土壤不能产生其最初的产品，并使气候恶化。"[①]人类命运兴衰的深层次原因是生态环境的改变，文明的衰退必然是由生态环境的

---

① 恩格斯：《自然辩证法》，北京：人民出版社，1984年，第371页。

破坏所致。如果文明所依赖的生态环境机制不被完全破坏的话，那么文明的衰退依然可以再现。如此则需要研究文明系统和生态系统对抗的各种形式，并打破两者的冲突与对立，从而实现"以人为本"与"以自然为友"的完美结合。

我们将迄今为止的文明系统和生态系统的对抗概括为三大范式，即文化-环境范式的反自然性、反生态性，制度-环境范式的反自然性、反生态性，行为-环境范式的反自然性、反生态性。

一是文化-环境范式的反自然性、反生态性。这里的文化指的是狭义文化，是指人类内在的精神世界。西方工业文明长期占据世界的主导地位，使许多发展中国家追随其发展模式，因此工业文化在世界范围内畅行无阻。然而，随着生产力的提高、科技的发展，工业文化所内含的反自然性、反生态性也日益凸显。工业文化的主流特征表现为以人统治自然为指向，以人类中心主义为核心。这种文化特征在西方哲学中表现得尤为明显。以这种文化为主宰，就会只考虑改造自然的合目的性与主动性，而忽略了合规律性与受动性，必然导致对自然及生态环境的破坏，割裂自然与人的延续性和可持续性。农业文明对自然、生态的破坏只在狭小的范围或局部的领域，从大尺度的时空来看，人与自然仍处于平衡的状态。工业文化驱动下的工业文明则把生态环境的破坏推向了全球，造成严重的甚至是不可逆转的生态危机。如生态学和社会学家唐纳德·沃斯特所说，"我们今天所面临的全球性生态危机，起因不在生态系统自身，而在于我们的文化系统。要渡过这一危机，必须尽可能清楚地理解我们的文化对自然的影响"[1]。因此，这种反自然性、反生态性的工业文化，对当今的生态危机必然负有不可推卸的责任。

二是制度-环境范式的反自然性、反生态性。在生态社会主义者看来，现代社会生态危机根源于资本主义制度，它使私有制的利己性达到了顶峰。事实上，马克思早在《哥达纲领批判》中就指出，资本主义制度是未来生态危机的根源，生态环境恶化是资本主义固有的逻辑。在

---

[1] 程红、宋希斌：《生态文明建设理论与实践》，北京：中国林业出版社，2009年，第92页。

资本主义制度下，无限追求利润的生产方式内含着对自然生态环境的破坏，也决定着资本主义不可能真正实现经济的可持续增长，各项环境经济政策不可能实际操作到位。这种制度催生的是大量生产－大量消费－大量废弃的生产模式，而这种生产模式的根本缺陷在于它的先验性，即认为自然资源乃是取之不尽、用之不竭的，对自然的开发可以不受任何约束且自然环境对废弃物的降解能力是无限的。正是这种荒谬的先验性假设在实践中给人类带来了灾难性的后果。再加之许多发展中国家虽身居本国文化土壤，但主导其发展的范式依然是西方工业化的扩张的、反自然的生产模式。这对环境的压力超过了以往的总合，极大地破坏了自然本身的平衡，并出现了自然界的反人化状况。"到目前为止存在过的一切生产方式，都只在于取得劳动的最近的、最直接的有益效果。那些只是在以后才显现出来的，由于逐渐的重复和积累才发生作用的进一步结果，是完全被忽视的。"[1]因此，私有制尤其是

---

[1] 恩格斯：《自然辩证法》，北京：人民出版社，1971年，第160页。

资本主义私有制的反自然本性使其不可能从根本上建立人与自然的共生共荣的和谐关系。相反，社会主义制度摒弃了以追求利润最大化为最终目的的资本主义制度的利己本性，为人与自然的和谐发展提供了制度上的根本保证。

三是行为-环境范式的反自然性、反生态性。在资本主义工业化生产模式及文化倡导下，人的行为也带有了反自然性，导致了消费主义、利己主义的产生与蔓延。人的劳动行为仅仅局限于无限制地改造自然，追求财富，却忽视了人本身也是自然的组成部分，而改造的结果又影响人自身的发展，导致自然化的扭曲，甚至威胁到人的生存。如异化的消费主义行为不仅造成自然资源的透支和生态环境的破坏，而且使人性发生扭曲，威胁地球生命支持系统。正如《21世纪议程》中指出的，"全球环境不断恶化的主要原因是不可持续的消费和生产模式，尤其是工业化国家的这类模式"，施里达斯·拉夫尔在其著作《我们的家园——地球：为生存而结为伙伴关系》中也曾经指出过度消费对环境的危害，"消费问题是环境危机问题的核心，人类对生物圈的影响正在产生着对环境的压力并威胁着地球支持生命的能力"。人类这种不计后果的行为常常遭到自然的报复,恩格斯说:"我们不要过分陶醉于我们人类对自然界的胜利。对于每一次这样的胜利,自然界都对我们进行报复。每一次胜利,起初确实取得了我们预期的结果,但是往后和再往后却发生完全不同的、出乎预料的影响,常常把最初的结果又消除了。"①

2. 对现代社会生态危机的反思

生态危机的实质并不是自然的危机,而是人的危机,其直接威胁着文化的深层结构和基础。因此,对生态危机的反思不应仅从自然本身出发,而更应从人类内部寻求根源。

在哲学意义上,生态危机的根源在于西方哲学传统及基督教中所强调的主客二元对立抑或人与自然的对立。柏拉图、亚里士多德以否认排斥与理性对立的自然为代价来发展理性,形成自然二元论,同时围绕理性领域与自然领域的二元论对立建构他们的哲学。笛卡儿、牛顿则把

---

① 《马克思恩格斯选集》(第4卷),北京:人民出版社,1995年,第383页。

这种对立发展到了极致,并使其具有了完备的科学形态。从那以后的几百年间,牛顿－笛卡儿的二元论自然观便成为对自然攫取的通行证。在对自然的极端排斥、工具化和同质化过程中,人与自然之间的延续性和重叠性完全被摧毁,两者被彻底地二元化了。由此可见,近代环境问题的主要哲学根源在于西方文化传统,强化于基督教教义之中的以及在近代工业和科技革命时代被极度张扬的并包含于传统工业模式,即在资本无限增值逻辑主导下的大量生产、大量消费、大量废弃中的物质和精神、主体和客体、文明和自然、价值和事实的绝对的二元对立所导致的机械化二元论自然观、绝对人类中心主义、价值二元论及反自然文明观的错误理念。上述这些错误理念从本质上来说都是二元论,在实践中忽视了生态的承载极限和发展的可持续性,破坏了人与自然之间的物质交换平衡,导致全球性的生态失衡和环境污染。

在经济学意义上,现代社会的生态危机根源在于传统经济理论的缺失。传统经济理论是人类中心主义的封闭的理论系统,从来就没有把环境和自然资源纳入研究对象中以及生产和再生产的循环中,因此,当自然界不能够支持人类生产活动之时,这种封闭性的再生产也就终结了。在价值观上,这种理论主张自然资源及环境没有凝结人类劳动,因而是没有价值的;由于产权制度上的缺陷,环境保护成为一个"囚徒困境"问题,导致了"公地悲剧";在财富观上,这种理论把资源与环境排除在财富之外,仅仅把财富局限于历史上积累下来的全部生产资料和消费资料的综合;在经济增长观上,则把经济增长直接等同于社会发展,只关注眼前利益和局部利益而忽视长远利益和全局利益,片面强调经济发展而忽视人口、环境、资源的协调发展,从而造成"有增长无发展"甚至"恶性增长"的怪象和生态危机;而基于"经济人"的假设所遵循的个人主义和利己主义的道德准则更加速了环境污染。这种经济理论显然割裂了自然史和人类史的内在联系,正像马克思所指出的,"过去的一切历史观不是完全忽视了历史的这一现实基础,就是把它仅仅看成与历史过程没有任何联系的附带因素……这样把人对自然的关系从历史中排除出去了，因而造成了自然界和历史之间的对立"①。

在生态学意义上，生态系统中存在着物质、能量、信息的流动，始终处于开放状态，并具有一定的稳定性。生态系统的稳定性是生物与环境长期协同进化的结果，环境则需要生物的调节来维持，生物与环境之间存在的相互依存的密切关系，共同影响了全球环境的变迁和人类的命运。从这一视角对现代社会生态危机进行审视，其根源在于人类的生产活动与生活活动排放到自然界的废弃物超过了环境的自净能力，从而导致自然界的自然化无法正常进行，亦即生态系统的能量流动和物质循环发生断裂。这种非正常现象会导致两种严重后果："一是自在世界的运动以其强大的力量强行铲除人化自然的痕迹，使人的活动成果趋于淡化和消失。二是人化自然改变了自然规律起作用的范围和结果，改变了各种自然过程，特别是生物圈内物质、能量的流通与变换。这就可能产生对人并非

---

① 《马克思恩格斯选集》（第1卷），北京：人民出版社，1995年，第93页。

有利的负面效应,如当今出现的生态失衡问题。"①

(二)人类文明的演进及生态转向

文明是人类在适应自然并在改变自然物质形态的基础上形成的,是物质生产成果和精神生产成果的总和,它标志着人类社会的开化状态与进步状态的程度,也标志着人类社会生存方式的变化和发展。迄今为止,人类文明已经历了原始文明、农业文明和工业文明三种形态,正在转向第四种文明形态(即生态文明)。

1. 人类匍匐于自然脚下的原始文明

原始文明大约经历了400万年的时间,在此期间人类在自然面前非常弱小,一切皆由自然主宰,人与自然处于蒙昧的统一状态。原始人主要通过采集和渔猎的方式获取生存资料,他们的生活习惯和生活方式都是以自然环境提供的物质条件为基础的,生产能力只是在狭窄的、有限的范围内发展着,人类活动对自然的影响微乎其微。自

---

① 杨耕:《为马克思辩护》,北京:北京师范大学出版社,2004年,第98页。

然不是作为人类的朋友而是作为敌人与人处于对立状态的。人类的生存每时每刻都受到自然灾害、环境突变、动物侵袭的威胁，人类在自然灾害面前显得软弱无力，对一切自然现象都深感神秘和极度恐惧。于是，他们崇拜风、雷、电、水等自然物质现象，从最初崇拜异己的自然力量，到后来又幻想各种自然现象的背后都有神灵的支配，进而产生万物有灵的观念，企图通过对神的崇拜来实现对自然的干预以达到维持人类自身生存的目的。"任何神话都是用想象和借助想象以征服自然力，支配自然力，把自然力加以形象化。"①这种观念反映在人与自然关系中表现为自然是人类的主宰，人类是自然的奴仆，人类的生存状况是被动地适应、依赖自然。因此，初始而脆弱的原始文明还不足以使人类把握自己的生存命运，人类必须服从自然。因此在这个时期，由于人类改变自然环境的能力非常有限，即使是对自然环境造成了破坏，也主要是过度采集和狩猎而致，消灭了许多物种，破坏了食物来源，自

---

① 马克思:《〈政治经济学批判〉导言》,《马克思恩格斯选集》(第2卷),北京:人民出版社,1972年,第113页。

然环境也能够较快地得以恢复并保持平衡。

2. 人类对自然初步开发的农业文明

人类社会在发展到一万年左右开始进入农业文明时期，人类与自然环境的关系产生了初步对抗。人类伴随着对自然界认识的发展和"原始经验"的积累，逐渐以栽培作物和驯养动物取代了采集和渔猎，农业和畜牧业便得以产生和发展，人们开垦农田，种植作物，开发水利，养殖家禽家畜。这一时期人类对自然虽有一定的主动性，但从整体上来说人还被包容在整个自然系统之中，依然依赖于自然，当然并没有完全消除对自然的神话般崇拜。土地是农业社会的主要财产，人类被固定在土地上，铁器的使用和农牧业的发展极大地推动了农业经济的发展。由于社会生产力的大幅提高，人们逐渐地从对自然的被动依赖转向对自然的主动改造，从而创造出了灿烂的古代文明，如古巴比伦文明、古埃及文明、古中国文明、古印度文明、玛雅文明、古希腊文明等。但因人口的迅速增加而造成的对土地过度使用、毁林开荒、烧毁草原等短期行为破坏了古代文明赖以存在的自然环境机制，终使绝大多数古代文明在历史长河中昙花一现。这些古代文明兴衰的时间和轨迹虽然不尽相同,然而它们的消亡无不与其反环境性质较为严重的农业生产导致的生态环境破坏直接相关。由此可见,人类命运与环境变迁紧密相连,"近年来的深入研究发现,自然环境的改变才是人类命运兴衰的深层原因。人们已经从我们文明的沧桑巨变中找到了有力的证据。这些证据表明,人类历史上许多古老文明的盛衰与自然环境的变迁有着紧密的联系,生存环境的破坏必然导致文明的衰退。相反,只要文明依赖的环境机制不被完全破坏,它依然可以再现"①。从总体上看,这一时期人类对自然环境的负面作用是有一定限度的、渐进的,人类对自然资源的掠夺和生态环境的破坏还没有发展到毁灭自然的程度,而自然对人类的报复也没有从根本上威胁到人类的生存与发展。

3. 人类征服自然的工业文明

在300多年前形成的以蒸汽机为标志的工业文明打破

---

① 雷毅:《生态伦理学》,陕西:陕西人民教育出版社,2000年,第63页。

了数千年的农业文明体系。工业文明时代是人类利用科学技术控制和改造自然的时代,用机器大工业代替手工业,用机器生产取代手工劳作,社会生产力得以快速提高。工业社会以来,人类利用科学技术手段对自然界进行强力征服和索取使生产效率猛增,创造了空前繁荣的物质文明和精神文明。在短短300多年时间里人类创造了比过去几千年农业文明时期所创造的财富总和还要多的物质成果和财富。正如马克思、恩格斯在评论资本主义带来的巨大变化时所说:"资产阶级在它的不到一百年的阶级统治中所创造的生产力,比过去一切时代创造的全部生产力还要多,还要大。自然力的征服,机器的采用,化学在工业和农业中的应用,轮船的行驶,铁路的通行,电报的使用,整个大陆的开垦,河川的通航,仿佛用法术从地底下呼唤出来的大量人口——过去哪一个世纪料想到在社会劳动里蕴藏有这样的生产力呢?"[①]人类不再盲目地崇拜自然而是把自然作为征服的对象。在人类意识的字典里

[①] 《马克思恩格斯选集》(第1卷),北京:人民出版社,1995年,第277页。

有的只是征服自然，宣战自然，自然仅仅是人类征服和控制的对象而非保护并与之和谐相处的对象。人与自然关系的主导理论发展为"人定胜天""人类中心论"。当人类认识到自然界更深层次规律——各学科知识建立起来时，竟固执地认为，人类是自然界的主宰者和立法者，人类可以按照自己的意愿对自然界发号施令。人类的这种傲慢使其陷入了二律背反的尴尬境遇：人类对自然界的胜利反而带来了人类自身的危机，如资源枯竭、大气污染、人口膨胀、土地荒漠化和沙化、水污染、森林锐减、垃圾成灾、生物多样性减少、臭氧层破坏、酸雨污染、气候变暖等，人在其创造的对象世界中又丧失了自身，抑或说人对自然界认识能力的不断提高带来的却是环境的污染与退化及人的机能的退化。这些事实使人类逐渐看到了工业文明的负面效应，进而对工业文明进行深刻的反思：人类要想在地球上继续生存下去，就必须使经济社会发展与自然的承载能力相协调，必须转变人的内在精神价值取向，从根本上调整人与自然的关系并约束人自身的行为，实现人与自然的互存共荣。这就促使人类社会发展迈向生态文明的新时代。

4.人与自然和谐发展的生态文明

人类在传统工业文明的主客二分思维方式主导下走上了人与自然关系被简化为二元对立的片面发展的工业化发展道路。传统工业文明在推动人类不断征服自然、改造自然，创造伟大思想理论、辉煌科学技术、不朽艺术成就及空前社会财富的同时，导致人与自然的严重异化，引发了人类生存环境恶化的生态危机。以征服自然为主要特征的工业文明动摇了人类生存的根基，工业化的发展使征服自然的文化发展到极致。全球性生态危机表明地球再也没有能力支持工业文明的继续发展，生存还是毁灭，这一古老的问题又重新摆在了人类面前。人类在对环境的生态适应过程中创造了文化来适应其生存环境，又以促进文化的发展与进步来适应变化的环境。随着人口、资源、环境问题的不断尖锐化，为使环境的变化朝着有利于人类文明进化的方向发展，人类就必须调整自己的文明来修复因旧文明的不适应而导致的环境退化，这样生态文明便应运而生了。生态文明体现的是人与自然协调发展的文化，是指人们在改造客观物质世界的同时，不断克服改造过程中的负面效应，积极改善并优化人与自然、人与人的关系，建设有序的生态运行机制和良好的生态环境所取得的物质成果、精神成果和制度成果的总和。生态文明以人与自然的和谐共生、良性循环、持续发展为宗旨，适应变化了的环境要求，是在对人类中心主义及传统的经济发展模式深刻反思的过程中逐渐成熟和发展起来的。如果说原始时期人对自然的臣服是出于无知，工业文明时期人对自然的征服是出于对自然的局部规律掌握和运用，那么主张人与自然和谐的生态文明是出于对包括人在内的自然的整体规律认知。生态文明是对其以前的农业文明、工业文明的扬弃与超越，是人类文明发展的逻辑必然。

（三）人类选择生态文明之必然

生态文明的兴起从根本上改变了以往人与自然的关系，实现了人类理念由征服自然到尊重自然、与自然谐和相处的深刻转变。生态文明的选择是现实的要求，也为人类社会未来发展指明了正确的方向。

第二章 "五位一体"生态文明建设的必然逻辑

1. 人类实践活动中正确处理人与自然、人与人的关系，化解生态危机亟须生态文明的指引

环境与文化互动规律表明：历史上的许多文明消亡，除外力之外大多是因为文化不能适应改变了的社会或自然的要求，或是在错误的文化方式指导下所采取的不符合实践要求的方法而导致了文明的崩溃。我们反观6 000年以来的人类历史，特别是近300年以来文化的主流特征，除中国和印度之外，大都是以控制、征服自然为取向，以人类中心主义为核心价值观，形成的是主客二分的二元论的哲学思维模式，这在人与环境关系的认识上便出现了偏差，把人主宰环境的优势归结为控制和征服，"文明人几乎总是能暂时地变成他们所在环境的主人，但是，不能永远成为自然的主人。悲剧在于人类的幻觉认为这种暂时的支配权是永恒的。人类自以为是世界的主人，却不能准确地理解自然的法则"[①]。特别是随着各种科学的建立，这种幻觉使人类更自认为是自然界的尊王和主宰。

[①] 弗·卡特、汤姆·戴尔：《表土与人类文明》，北京：中国环境出版社，1987年，第3页。

然而，随着日益严重的全球性环境污染和生态危机，特别是 20 世纪以来发生的一系列重大的世界公害事件，人类的这种幻觉被彻底打破了。历史不断地重复证明：无论是文明人还是未开化的人都是自然的子孙，是自然的一部分，而反过来自然又是人的无机身体，是人为了不致死亡而必须与之处于持续不断的交互作用过程的人的身体。因此，人类若要保持其对环境的优势就必须使自己的行为符合自然规律。传统文化尤其是传统工业文化的反自然性、反生态性无法找到解决现实环境困境的途径，日益严峻的生态危机要求一场根本性的文化变革以适应现实需要，于是生态文化应运而生，这是人类果断采取的新的文化选择。生态文化，首先应是价值观的转变，是从反自然的、人统治自然的文化向尊重自然、人与自然和谐发展转变的文化。生态文化要求人们树立人人平等、人与自然平等的生态道德观，树立人与自然和谐相处的生态价值观，树立以人为本的生态发展观。生态文化是对传统工业文明的反思和超越，是人类思想观念领域的深刻变革，是在更高层次上对自然法则的尊重与回归，它顺应了人类社会文明发展的潮流。以生态文化为基础的生态文明，将人与自然的关系发展到了一个新高度，在这一高度上，人与自然应该也必然是这样一种状态：以人为核心的天人和谐统一的整体。这一和谐整体不是自然的复归，而是按照人类的本质的发展规律建立的人化自然。生态文明要求人与自然、人与人之间和谐共生、良性循环、持续和全面发展。因此，人类文明的生态化必然是社会发展的基本方向，为化解当今的生态危机指明了方向。

2. 生态文明明确了人类社会发展转型和文明发展的方向

工业化虽然大大促进了生产力的发展，为人类带来了巨大的物质财富和精神财富，然而这种快速的发展是建立在自然资源的过度透支及生态环境的严重破坏之上的。人类的实践证明：工业革命以来所形成的"高生产、高消费、高污染"的传统发展模式及"先污染、后治理"的路子是不可持续的。地球所面临的生态环境问题和生态危机使人们发现自己一夜之间处于种种危机之中，如环境污染、生态失衡、温室效应等，严峻的现实迫使人们不得不对以往的发展模式进行深刻的反思。"我们正站在十字路口上，一条路很容易走，却导向灾难。另一条路看似生疏，却是唯一的生路——那就是尽快保护地球。"罗马俱乐部于1972年发表的《增长的极限》，对传统观念发起了挑战，并警告人类地球的承载力是有极限的。于同年6月5日—15日在瑞典斯德哥尔摩召开的联合国人类环境会议上通过的《联合国人类环境会议宣言》，也向人类发出了告诫：全球性的生态环境问题已成为人类发展的重要制约因素，各国必须行动起来共同保护地球家园。1980年的《世界自然资源保护大纲》首次提出人类可持续发展问题。1987年的《我们共同的未来》则较为系统地提出了可持续发展战略，这标志着可持续发展观正式诞生，同时对可持续发展观做了明确界定："既满足当代人的需要，又不对后代满足其需要的能力构成危害的发展。""从广义上说，可持续发展战略旨在促进人类之间及人与自然之间的和谐。"1992年的《里约环境与发展宣言》标志着可持续发展观已经成为全球性的发展战略。1997年的《京都议定书》对保护环境做出了重大贡献。2003年中国提出了科学发展观,2007年党的十七大又提出了建设生态文明,使生态观念在全社会牢固确立的战略,并对以往的发展理论和发展模式做了全面总结,把人与自然的关系推进到一个新的高度,即建立以人为中心的生态型的人与自然的和谐关系。由此可见,生态文明更加强调人与自然的可持续发展,以资源的可持续利用和生态环境的良性运转为前提,把经济社会发展和环境保护有机地结合起来,促进生态文明优化、经济社会发展,运行了一条由对立型、征服型、污染型、破坏型向和睦型、协调型、恢复型、建设型演变的生态轨迹。因此,生态文明替代工业文明并引领人类发展的未来,是对农业文明、工业文明进行深刻总结的共识,是人类社会发展的客观趋势。

3. 生态文明助推了世界文明一体化发展进程

反思人类文明的发展,农业文明持续性好而发展性差,工业文明发展性好而持续性较差。生态文明则是将农业文明的可持续性与工业文明的发展性相结合,扬弃了农业文明中唯心主义成分和机械的消极思想,在唯物主义的基础上对其进行改造,又强调了实践活动的合目的性与合规律性的统一，扬弃了西方2 000多年来的二元对立的思维方式，使内化于工业文明中的人与自然二元论的观念和行为受到了毁灭性的打击。由此，生态文明实际上是实现了人类文明发展的否定之否定。生态文明是以生态意识和生态思维为主体架构的可持续发展的文明体系，它遵循整体性、公平性、协调性原则，为人类的文化危机及实践的困境带来了新的曙光，指明了人类文明发展的方向。世界文明因黄色的农业文明，尤其是黑色的工业文明陷入自己设置的困境中而不能自拔，又因绿色的生态文明而"柳暗花明又一村"。不管是发达国家还是发展中国家，不论是西方还是东方，生态文明或快或慢，都将是它们生存与发展的必然抉择。几千年前东西方文明曾同时惊人相似地崛起，又在几千年后惊人相似地会师，生态文明就是会师的平台。西方在经过几百年走不通的工业文明之路后，现已走上生态工业文明之路，并形成了可持续发展的理念和思想体系，而我国也提出了科学发展观，建设生态文明是生态观念在全社会牢固确立的战略思想。可见，东西方的发展历程无疑昭示着生态文明必将引领人类文明向生态化发展，助推东西方文明汇流于生态文明，实现人与环境新的平衡，实现人与自然、人与人的和谐、共生、共荣。

二、生态文明建设的社会变革

推进我国生态文明建设不仅是生态文明系统内部建设问题，还应该从调整社会结构，优化社会转型目标，妥善处理生态文明建设与物质文明建设、精神文明建设、政治文明建设、社会文明建设协同发展的视角和立场，探索适合我国国情的生态文明发展道路。生态文明建设的不断推进，已然引起政治、经济和文化等领域的变革。

（一）生态文明引发社会政治变革——生态政治

中国经济社会在历经较长时期的快速发展后，生态环境问题日益凸显出来。生态环境问题不仅是经济问题、民生问题，也是重要的政治问题，因为政治是经济的集中表现。由生态环境问题引发的各类矛盾甚至已成为影响社会政治安全和稳定的重要因素。因此,处理好人与自然环境之间的关系及经济社会发展与环境保护之间的关系是我国各级政府的重要政治任务。党的十八大提出"五位一体"总体布局,强调把生态文明建设放在突出地位,融入经济建设、政治建设、文化建设、社会建设的各方面和全过程,那么作为"五位一体"总体布局的重要内容,推进生态文明建设融入政治建设的领域和过程更具有鲜明的时代意义。党的十八大以来,以习近平同志为核心的党中央,高度重视生态文明建设在中国特色社会主义事业中的重要作用,提出了一系列治国理政的新理念。2013年4月,习近平在海南考察时指出,"良好生态环境是最公平的公共产品,是最普惠的民生福祉";同年4月,习近平在党的十八届中央政治局常委会会议上关于第一季度经济形势的讲话中提出:"如果仍是粗放发展,即使实现了国内生产总值翻一番的目标,那污染又会是一种什么情况?""我们不能把加强生态文明建设、加强生态环境保护、提倡绿色低碳生活方式等仅仅作为经济问题。这里面有很大的政治。"①在中央政治局第六次集体学习时,习近平提出明确要求:"要牢固树立生态红线观念。在生态环境保护问题上,就是要不能越雷池一步,否则就应该受到惩罚。"要求"建立责任追究制度""对那些不顾生态环境盲目决策、造成严重后果的人,必须追究其责任,而且应该终身追究"②。由此可见,生态文明建设已经成为一种新的执政理念,深刻影响着我国社会政治的发展。党的十八届三中、四中全会,将生态文明建设提升到国家治理的重要高度,十八届五中全会提出我国经济社会发展的"五大发展理念",其中的"绿色发展"理念可以说是与两型社会发展理念及"科学发展观"一脉相承的生态表达。"绿水青山就是金山银山""绿色富国""绿色惠民""乡愁"等"习式热词"在体现生态理念的同时也蕴含着深刻的治国理念。这些表明生态文明建设

---

① 《习近平关于全面深化改革论述摘编》,北京:中央文献出版社,2014年,第103~105页。
② 朱光磊:《政治学概要》,天津:天津人民出版社,2008年,第449~450页。

已融入政治建设过程之中，引发了社会政治的变革，生态政治则是这一变革的主要表征。

1. 生态政治的内涵及政治的生态化转向

生态指明了政治学领域与生态直接相关，生态政治是持生态学观点的政治学。生态政治以生态为前提条件和研究定向，落点于生态方面的政治，包括政治领导、政治决策、政治治理、政治管理。生态政治是国家政治运筹的一个组成部分，也是国家的基础性、依托性利益，同时也是国际政治运作的重要组成部分，是国际利益、交会性利益乃至人类共同利益。从发展的意义上说，生态政治涉及国家发展和世界发展、当代发展和后续可持续发展的基础性利益。生态政治的目的性在于调和、调节、化解各方面的生态利益矛盾冲突，以利于生态环境有效保护和可持续发展。生态政治的产生从时间上来说，是由于20世纪70年代生态环境危机的凸显和加剧，人们有关生态利益的矛盾和冲突激化，人与自然关系空前紧张，各国的环境压力沉重；从空间上来说，它波及所有国家，而在发展中国家更为突出，在某些地区（如南部非洲）更有紧迫性，在发达国家具有世纪交替的挑战性，在国际关系中带有焦点问题的性质。这样，我们可以对生态政治概念的内涵做以下表述：生态政治是与生态环境相关的、涉及各国生存发展和整个世界的生存发展的国内政治与国际政治大局的国家战略性问题与国际战略性问题，是围绕一国和全球生态利益出现的一系列政治现象、政治行为和政治活动。生态政治的价值取向是通过一国社会、区域国际社会与全球国际社会的生态环境保护、治理、管理，实现生态利益的最大化。它具体包括由生态利益与经济利益矛盾冲突引发的政治矛盾和冲突，为解决这些矛盾和冲突而发生的政党政治行为、国家行为，有关生态环境保护、治理、管理政策的制定和实施，以及相关的政治领导思想和政治主张等。生态政治的目的是调和、解决人类与自然环境之间的利益矛盾与冲突，以及因此而引起的人与人、人与社会之间的利益矛盾与冲突，促进人与自然的和谐共处。生态政治不仅是国内政治生活的一大焦点话题，而且是国际政治生活的宏观焦点话题。国内生态政治需要加强国家与社会的通力合作，国际生态政治需要加强国际合作。

无论国内还是国际，都应把全球化生态利益作为人类共同利益放在战略决策的首位。

政治的生态化转向是人类走向和谐的重要标志和必然诉求。人类社会的进步是在解决人与人之间和人与自然之间的矛盾的过程中实现的。如果以此视角来观察人类社会的发展，可将其分为狩猎采集文明、农业文明、工业文明和生态文明四个文明阶段。在生态文明阶段，人与人之间、人与自然之间的矛盾才得到圆满解决，最终是作为历史主体的人的全面自由发展。

在狩猎采集文明和农业文明阶段，人与自然的关系具体表现为人对自然的依附状态。人与自然的关系虽然处在一种本然共存的和谐状态，但这种和谐是一种低水平低层次的和谐，是一种不得不保持的和谐。由于生产力水平极为低下，人们只能采用原始低级的方式进行狩猎采集活动和农业生产，人类存在方式的实质是人对自然的依附。虽然这种方式对自然也有一定的破坏，但这种破坏基本在自然环境所能承受的范围之内，也就是自然环境能够进行自我修复，对人类几乎不构成什么威胁。在农业

第二章 "五位一体"生态文明建设的必然逻辑

文明阶段,人类开始了真正意义上的政治生活,原始无政治的社会状态被以"人依附于人"为基本特征的政治秩序所取代,这是刚从野蛮状态摆脱的人类早期政治文明的核心内容。在工业文明阶段,人与自然的关系表现为人对自然的征服。人口不断增长带来人类需求的不断增加,科学技术的迅猛发展导致彻底改变人与自然关系的资本主义大工业的诞生。这种生产方式为人类创造了巨大的财富,马克思、恩格斯曾对此给予高度评价,"资产阶级在它不到一百年的阶级统治中,所创造的生产力比过去一切时代创造的全部生产力还要多,还要大"[①]。大工业给人类社会带来巨大进步的同时也使现代人和现代社会付出了沉重的代价,即自然生态破坏所带来的"生存危机"和主体异化、传统德行失落的"意义危机"。在政治形式上的表现则是对经济利益的追逐使"人依附于人"的状态瓦解,"人依附于物"的状态登场,人们获得了政治上的解放。管理"人"的能力与手段的进步,不仅没有解决人与

---

① 《马克思恩格斯选集》(第 1 卷),北京:人民出版社,1995 年,第 277 页。

自然的关系问题，反而由于对物质财富贪得无厌的追求，人类开始对自然开战，对自然无限度索取，使自然界落入无法自我循环与更新的深渊，导致生态环境危机。人类生存危机呼吁着崭新的生态文明，这种文明的新形式要求人们彻底抛弃对自然的征服和占有观念，树立人与自然和谐发展的新观念，达到人与自然、人与人、人与自身的全面和谐。生态文明不仅体现了以"人与自然和谐"为特征的人与自然关系的新形态，还贯穿在环境资源、社会经济、民主政治等各个方面，并体现着整个人类社会的综合发展水平和文明程度。西方国家从20世纪70年代开始反思工业文明带来的生存危机，生态环境问题逐渐进入人们的视野。生态环境问题从自然领域向人类社会转移，相应地成了政党、政府和公众都极为关注和深入研究的政治问题，生态问题越来越政治化。"绿色政治运动"如火如荼地展开，秉持"绿色政治"理念的绿党登上政治舞台，生态问题不仅被列入各国领导人的政治日程，而且日益成为国际政治的一部分。人与自然矛盾的解决不仅成为经济活动的主题，还作为社会问题成为政治活动的主题，生态政治化和政治生态化成为当代政治运动的一大特点。在此背景下，必然要求政治建设从单纯"经济方面的政治"，即只为物质生产服务的政治，转化为既为物质生产又为生态保护服务的政治，使人、自然、经济、社会达到一种良性循环的和谐状态，真正实现人的自由全面发展和社会的全面进步。

2. 生态与政治的耦合

生态与政治结合并非偶然，人们社会行为最高程度的体现便是政治行为，生态环境危机的一个重要根源在于生态利益关系各种主体的利益矛盾冲突，在生态环境资源有限、有些自然资源不可再生、人类活动造成生态环境恶化的形势下，引发各利益主体的利益矛盾冲突、利益分配不公，这是生态政治行为、行动的核心内容所在。生态环境危机归根结底要通过政治途径来缓和、化解，需要人们通过政治活动来挽回生态在人类发展中的尊严。20世纪80年代人们开始把生态运动与政治行为联系起来，绿党在一些发达国家应运而生，绿党在其政党纲领中融入生态理念，这对生态政治的发展起到了助推作用，一场"绿色"

革命掀起了全球生态建设高潮，生态学在政治、经济、文化等方面显示出旺盛的生命力。当我们对生态环境危机进行深刻反思时不难发现，生态环境危机中不仅包含着人与自然的矛盾冲突，还包含着生态利益的矛盾冲突。这表现在生产关系方面的利益分配矛盾冲突，而这种冲突单纯依靠市场自由竞争机制和社会自治力量是无法调和、调节和解决的，需要提到政治生活议程，由政治领导主体、政治管理主体实行科学规划、政策引导、法律保障，建设人与自然和谐共存、环境友好型社会来支撑；需要经济增长与环境保护双向并举，从政治上加以调和解决，走出危机，实现共存共荣。因此，我们对生态与政治的耦合可以从不同的理论向度进行应然与实然的理解。

第一，生态环境危机的产生与政治制度安排、政治行为密切相关。生态环境危机从表面或直接导因上看，是因为人类经济活动对自然的影响、侵害，使之朝着不利于人类生存的方向发展，这似乎与政治无关，对于生态环境危机政治，人们不用对其负责任，并可以无动于衷。但透过现象看本质，当我们正视事实时就不难发现，生态问题同样是政治问题,其本质是政治与自然关系的失衡,是对人类在整个世界中地位的认识偏差而引起的政治思维和政治制度方面的缺陷,导致人们在错误政策的导向下不适当地干预自然的实践结果。因此,只有将生态问题上升到政治的高度进行深刻的反思才能揭示出其产生的深刻根源,从根本上解决人类面临的严重生态危机。生态环境危机并不是自然界自然而然发生的,生态环境恶化、生态环境危机源于政府主导下的对自然的破坏性征服、盲目性强制改造,源于经济活动中为满足人类自利性需求而对自然进行的过度、无节制的开发利用。人类的经济活动是在一定的政治制度、经济制度框架内进行的,与当局的政治价值观、政绩观和政府行政、公共决策、法治治理等因素直接相关,所以政治运筹、政治管理、政治发展必然直接影响生态环境的境况。

第二,生态环境危机直接引发政治的关注、干预和介入。人类在克服解决生态环境危机的过程中产生了强烈的协调人与自然关系的理念,这种理念率先直接的表现和表达就是绿色政治思潮的兴起与传播和绿色政治运动在全球的发展。20世纪70年代，在欧美一些发达国家兴起了备受人们瞩目的政治新景观——绿色政治思潮和绿色政治运动。以市民为主体，以保护生态、争取妇女权益、反对战争与核军备竞赛为主要内容，人们纷纷走上街头，向政府、社会各界、国际组织发出呼吁，表达诉求，掀起"街头政治"浪潮。绿党和绿党政治跃登于政治舞台便是绿色政治运动发展的结果。绿党制定政治纲领的目的就是实施生态环境保护政策以改变传统不正当破坏生态环境的政策，通过引导、组织具有生态环境保护意识的公民积极参与政治过程，从而使保护生态环境的政治诉求符合民主程序并纳入政治制度化、规模化渠道。绿党直接以参政党参与政治，迫使政府将生态问题提上决策和公共政策层面，制定和实施生态保护措施，以政府为主导，政府与社会合作，积极主动地解决生态环境危机衍生出的种种生态问题。20世纪八九十年代，大多数国家都制定并实施了保护环境的经济社会发展战略以及相应的政策法规，生态环境保护问题从被边缘化转向政治决策的中心，成为社会政治行为的重点。特别是生态环境危机的全球性，促进了国际关系的发展和国际合作的强化。生态环境问题是涉及全人类共同利益的全球性问题,需要各国政府和相关国际组织齐心合力,共同合作制定措施,以保护全球生态环境。

第三,生态环境问题的解决必然涉及政党政治领导层面和政府全面统筹战略管理等国家治理层面,通过政府与社会全面系统的务实合作加以解决。生态环境系统是社会生活系统的承载和依托,社会系统要承受生态环境系统的利害祸福。政治生活系统之于生态环境问题既可以是系铃人,也应该是解铃人,因此,政治统治、治理、管理系统对生态环境问题必须有所作为,必须尽其政治职责。人与自然本是共存、共生、共处的关系,只因人类的不适当活动才加剧了人与自然的矛盾,导致生态环境危机。生态环境问题的解决,还是要靠政治的力量,靠政党、政府的决策,靠综合治理、制度安排和措施,靠国际社会的通力合作,以生态政治眼光、可持续发展战略思维和人类共同利益价值观实施科学发展、开放发展、创新发展、清洁发展、节约发展、环境友好发展的发展战略,建立生态政治意识主导的国内与国际社会政治关系，才能摆脱生态环境困境和危机，化解生态与经济发展矛盾。

总之，生态与政治的联系日益紧密，生态与政治的功能性互动日益强劲，正如有的学者所说，"为了协调人类和自然生态系统的关系，人类社会必须进行深刻的变革，变革的起因在于生态，但变革的本身在于社会和经济，而完成变革的过程则在于政治"①。在生态问题的解决与社会经济发展的共同进程中，政治处于主导地位、核心地位，是具有决定性的动力机制因素。世界著名环境学家诺曼·迈尔斯指出，"每一种环境因素，在某种程度上，都能引起经济崩溃、社会紧张和政治敌对。当然，有些联系在发挥作用时非常分散，因此难以察觉。但是，它们已经真实地存在，并发挥着重要的影响，它们在数量上快速地积累，在范围上不断地扩大。虽然它们不能总是直接地导致冲突的爆发，但是，它们能够加剧这个世界的不稳

---

① 陈敏豪：《生态文化与文明前景》，武汉：武汉出版社，1995年，第15页。

定"①。可见,生态危机虽发轫于生态领域,但直接波及人类的政治领域,如果生态危机得不到有效解决,如果生态利益要求得不到合理满足,民众对政府的期望就会遭受严重打击,对政府的信任度就会降低,进而导致民众对政府能力的否定,使执政党和政府陷入政治上的认同性危机。

3. 生态文明在政治建设中的价值导向作用

将生态文明建设融入政治建设的实质是,政府从执政理念上实行由工业文明向生态文明的转型。从理论形态来看,它是将生态文明建设融入经济建设的合逻辑延伸。在生态经济建设中,单靠"看不见的手"的资本逻辑自行操作是不够的。因为生态市场的实质是实现生态产权交换关系的制度安排,一旦失去了公共产权的维护,必然出现大面积的"市场失灵"状况。因此,生态市场的运行需要代表公共权力的政府来纠偏和调节。在生态市场出现"市场失灵"时,政府有必要因势介入,依据制度安排这

---

① 陆忠伟:《非传统安全论》,北京:时事出版社,2003年,第193页。

一"看得见的手"来能动调控生态市场与循环经济的顺利运行。于是"生态经济建设"获得了演绎为"生态政治建设"的必然逻辑。据上述生态文明对生态经济的价值引领,推而论之,生态文明在政治建设中必然也具有价值导向作用。生态文明在政治建设中的价值导向作用集中体现在对社会主义政治文明建设的引领。

第一,生态文明引领社会主义政治文明建设是合乎逻辑的必然。实现社会主义政治文明建设的目标,意味着民主法治的高度发达,意味着一个运转秩序良好、人的主体性得到充分弘扬、实现了公平正义的社会状态。在人与自然关系恶化,甚至招致自然无情报复的社会状态下,这样的良治无法达到。社会主义政治文明建设不仅要解决"人依附于人"的问题,也要解决"人依附于自然"和"人压迫自然"的问题,如此就必须以生态文明来引领社会主义政治文明建设。首先,它合乎文明发展的整体趋势。生态文明代表了人类文明未来演进的必然趋势,并规范着社会主义政治文明建设的未来发展方向。人与自然的和谐是生态文明的核心,生态文明的实现要通过政

第二章 "五位一体"生态文明建设的必然逻辑

治、经济、文化等领域的具体落实,即通过政治文明、物质文明、精神文明的生态化来体现生态文明的必然趋势。政治是经济的集中体现,政治文明建设具体表现为政治系统要适应对自身进行不断改革和完善的生产力发展要求,这种对生产力的促进包括人类生产与自然环境的良性互动是理所当然的。马克思对人与人、人与自然及人与自身和谐的理想社会形态这样说明:"这种共产主义,作为完成了的自然主义,等于人道主义,而作为完成了的人道主义,等于自然主义,它是人和自然界之间、人和人之间的矛盾的真正解决。"[①]其次,它合乎社会主义政治文明建设的总体目标。政治建设服务于社会的发展与人的发展,这是社会主义政治文明建设的总体目标。中国现阶段社会发展的目标体现为建设和谐社会,人的发展目标体现为摆脱人对物的依附状态,逐步实现人的自由而全面的发展。从社会发展角度分析,我们强调以经济建设为中心,解放和发展生产力,这并不意味着不惜一切代价地解

[①] 《马克思恩格斯全集》(第42卷),北京:人民出版社,1979年,第120页。

放和发展生产力。中国现实的状况是人口基数大，人均资源极为有限，如果不能维系经济、社会、生态的和谐，就很容易导致人与自然关系的失衡，以致灾害肆虐、人心离散、社会动乱。从人的发展角度分析，工业文明模式既带来了人与自然关系的异化，也造成人与人关系的异化。早在工业文明早期，恩格斯就指出："人们实践活动越多就愈会重新地不仅感觉到，而且也认识到自身和自然界的一致，而那种把精神和物质、人类和自然、灵魂和肉体对立起来的荒谬的、反自然的观点，也就愈不存在了……"①艾瑞克·弗洛姆在其著作《占有还是生存》中，把人与外界的关系分为两种，即"占有方式"和"生存方式"。"占有方式"是把外界物质尽可能多地变成"我"的占有物的模式，"生存方式"是发挥其能力以博爱、奉献、创造精神使人与世界融为一体的模式。只有当"生存方式"超过"占有方式"居主导地位时，人才能获得真实的存在，其精神才是健全的。这种理解对于我们

---

① 《马克思恩格斯选集》（第4卷），北京：人民出版社，1995年，第384页。

对当今社会和人的理解无疑具有一定的启示性意义。

　　第二，生态文明是政治文明建设所倡导的政治理念和现实诉求。把生态价值引入政治建设，是中国特色社会主义政治文明建设题中应有之义。政治文明建设要实现自然－人－社会的和谐发展的价值目标，就必须以生态文明为主导，倡导一种以"生存的方式"为特征的人与自然关系的理念，以此来引领以生态价值为核心的政治理念。把生态目标纳入政治文明建设视野，借助公共权力的强制力和引导力，推动生态问题的解决和人与自然的和谐，充分体现政治文明建设的合规律性与合目的性的统一，符合社会主义政治文明建设的总体目标。生态文明建设是政治文明建设的现实诉求。推进生态文明建设的一个主要原因是当前严峻的生态环境问题已经成为阻碍经济社会发展的重要因素。生态文明建设的复杂性和现实必然性让营造一个良好的生存和发展环境显得更加迫切。满足人民群众的生态诉求既是满足人民群众对美好生活向往的重要措施，更是一个政党执政为民的重要体现。2007年党的十七大第一次明确提出"生态文明建设"理念，2012年党的十八大站在国家发展顶层设计的高度提出"五位一体"总体布局,强调建设美丽中国对于实现中华民族永续发展的重要价值。将生态文明建设纳入"五位一体"总体布局体现了党和国家高度的战略眼光。在总体布局中将生态文明建设放在突出的地位,不仅是解决严峻生态环境问题的现实需要,更是在提升国家治理体系和治理能力现代化视野下,不断丰富和发展政治文明建设时代内涵的逻辑必然。生态文明建设是在一定的政治环境中开展的,复杂的生态环境问题已经突破了简单地从思想、制度、技术等层面寻找解决方式,进而演化成为一种新的利益角逐和博弈。生态环境问题背后的利益问题处理得得当直接关系到社会稳定,关系到政治稳定。因此,大力推进生态文明建设,推进包含生态理念、生态制度、生态文化、生态产业等内容的生态文明建设,是实现"环境就是民生""青山就是美丽""蓝天也是幸福"等美好愿景的重要举措,也是满足人民群众生态诉求、实现和维护广大人民群众利益的关键之为。

第三,生态文明建设与政治文明建设的互动考量。其一,生态文明是政治文明建设的前提和基础。生态文明同物质文明一样是政治稳定的基础和条件。如果没有

第二章 "五位一体"生态文明建设的必然逻辑

生态安全,人类自身将陷入不可逆转的生存危机,因为生态环境问题在一定条件下可以引发政治动荡乃至国际政治冲突。一旦生态环境退化,"国家的经济基础最终将衰退,它的社会组织会蜕变,其政治结构也将变得不稳定。这样的结果往往导致冲突,或是一个国家内部发生骚乱和造反,或是引起与别国关系的紧张和敌对"①。其二,生态文明为政治文明建设注入新内容。政治文明建设的目标要求实现民主法治、公平正义、安定有序、人与自然和谐相处,这样的目标在人与自然关系恶化状态下无法实现。社会主义政治文明建设着力解决"人压迫自然"的问题,这更是生态文明关注和要解决的问题。因为生态文明以尊重和维护生态环境为主旨,以可持续发展为核心,以未来人类的发展为着眼点,强调人的自觉与自律,强调人与自然环境相互依存、相互促进、共存共荣,实现人与自然、社会的和谐发展。其三,生态意识的倡导需要在政治文明建设中实现。生态意识"是人与自然环境关系所

---

① 诺曼·迈尔斯:《最终的安全》,上海:上海译文出版社,2001年,第9页。

反映的社会思想、理论、情感、意志、知觉意识,是人与自然环境和谐发展的一种新的价值观念"[①]。生态意识强调地球是人类赖以生存的唯一家园理念,依据该理念我们把合理开发资源和保护环境作为中国长期坚持的一项基本国策;强调人与自然协调理念,人不是大自然的"统治者"和"主宰者",而是大自然中的一员;更加强调保护自然、珍爱自然和善待自然的理念,人类实践活动不能违背经济规律,更不能违背自然生态规律。其四,生态机制的完善需要在政治文明建设中实现。目前的政治与行政体制中存在着生态保护功能的薄弱环节,主要表现在政府热衷于直接参与经济活动并从中获利,然而包括环境保护在内的公共产品、公共服务和市场监管的职能往往不到位;在政府对资源的支配方面,环境资源和其他社会资源分配一样,已经形成制度化的不平等,如污染防治投资几乎全部投入城市工业,农村环保设施的投入几乎为零。解决这些问题就需要建立生态化制度、完善生态机制体

---

① 杨明:《环境问题与环境意识》,北京:华夏出版社,2002年,第76页。

制。其五,生态文明建设需要政治文明建设引导公众参与。公众政治参与有助于生态环境问题的解决,避免政治动荡;公众政治参与有助于对政府的监督,避免政府决策的失灵;公众政治参与有助于政治决策的公开化、科学化;公众政治参与有助于公民实现环境权这一基本生存权利。就目前来说我们的公众参与还存在诸多问题,如公众参与往往是政府主导下的环境参与,公众很难独立地表达自己的意志观点,因而对环境决策和执行还不能实现有效的监督;民间环保组织对政府决策的影响力还很有限;公众普遍的法律意识和环境素养还不高,等等。这些都需要我们在政治文明建设中积极开拓思路,使公众参与制度化和法律化,从而保障公众参与环境保护基本权利得以实现。

(二)生态文明引发社会经济变革——生态经济

1. 经济发展的生态转向:生态经济化与经济生态化的统一

地球是人类赖以生存的家园和活动空间,丰富的自然资源和良好的生态环境是经济社会发展的基础,提高人民生活水平和提升综合国力是经济社会发展的目标。良好的生态环境是造福子孙后代的基石,为后代保留良好的生态环境是当代人必须肩负起的重要使命。因此,我们在关注经济建设的同时还应该注重生态环境的保护,使生态与经济协调发展。然而,生态环境长期以来一直都被人们看作零价格使用的自由物品,人类征服自然的姿态使生态环境受到严重破坏,随着全球性资源能源危机、环境持续恶化、气候变化异常以及自然灾害频发给人类带来生存环境的危机,加剧的生态环境危机越来越成为制约经济持续增长和影响社会和谐发展的关键因素。中国既是一个发展中国家,也是一个人口大国,经济的发展必然会消耗大量资源能源,带来严重的环境污染,加上科学技术水平较低,继续走过去工业化的"先污染、后治理"的老路已经行不通,"等到生态环境破坏了再治理,就要付出更沉重的代价,甚至造成不可弥补的损失"[1]。生态环境治理刻不容缓,我们必须正确应对日趋恶化的生态环境,并不

---

[1] 江泽民:《江泽民论有中国特色社会主义》,北京:中央文献出版社,2002年。

断修复已被破坏的生态环境,而修复生态环境的重要路径是处理好经济与生态的关系,实现经济发展的生态转向,实现生态经济化和经济生态化的统一。一方面,就生态经济化而言,生态经济化就是对于自然资源不仅要考察自然经济资源,还需要考察自然生态资源。对于自然生态资源不仅要考察其生态功能,还要考察其经济价值。自然生态资源必须被视为稀缺宝贵的资源,而不是免费使用的自由物品,要按照经济规律赋予生态环境价值,从而使生态环境资源的使用和流通均可以通过价格机制来实现。总的来说,生态经济化也就是要体现环境容量的资源价格,体现生态保护的合理回报,体现生态投资的资本收益。生态经济化在资源愈稀缺、环境愈恶化的情况下,资源环境的经济价值呈现递增的趋势。另一方面,就经济生态化而言,顾名思义,经济生态化也就是经济的生态化,就是要把生态文明融入社会经济发展全过程,用生态文明的理念引导来发展经济。经济发展所需要的各类要素是必不可少的,而对于人类需求的多样性和无限性而言,有限的资源又是稀缺的。如果某一种自然资源短缺,经济发展就会受到严重制约,要想为经济发展创造更好的条件,就必须强化经济发展的资源环境支撑条件,从而使经济具有可持续发展的潜力。生态经济化和经济生态化必然使生态环境的保护与经济社会的发展相协调、相一致。从传统意义上来说,生态环境的保护与经济社会的发展似乎是两个无法调和的个体,两者之间形成了二律背反的矛盾,一方的增长带来的一定是另一方的衰败。然而,事实上生态环境的保护与经济社会的发展是可以同步协调的,两者并不是此消彼长的关系,在一定方法和制度的协调下,经济增长的同时,也能有效地保护好生态环境。生态环境的保护与经济社会的发展是相辅相成的,良好的生态环境是经济发展的基础,经济的健康发展能为环境保护服务。绿水青山和金山银山也是可以兼得的,利用科学的方法与合理的手段,在创造金山银山的同时,绿水青山也能得到保护。只有当经济与生态达到协调同步的发展状态时,人民才能真正得到福利。

2. 生态经济的概念内涵、特征及原则

生态经济并不是一个简单意义的经济学名词或经济发

展所处的一种经济形态，它是关乎人类的生存和社会可持续发展的战略性命题。生态经济的概念由美国经济学家肯尼斯·鲍尔丁首次提出，他认为人类社会发展面临的共同矛盾是生态系统的资源有限性与人类经济增长的无限性的矛盾，而实现生态与经济协调发展是人类社会可持续发展的必然选择。美国学者赫尔曼·E.戴利认为，人类经济活动必须符合在其所在生态系统中再生产原材料"投入"和吸纳废弃物"产出"的要求，必须保持在生态可持续的发展水平上，这是可持续发展的条件。[1] 目前，对"生态经济"比较权威的界定是美国学者莱斯特·R.布朗，他在《生态经济：有利于地球的经济构想》中对生态经济做了这样的界定："生态经济是一种有利于地球的经济模式，就是能够满足我们的需求而又不会危及子孙后代满足其自身之需的前景。"国外学者对生态经济研究对象的研究，大体形成以下几种观点：一是主张生态经济应以经济研究为主，从经济学视角对自然和经济的相互关系进行分析。

---

[1] 赫尔曼·E.戴利：《超越增长：可持续发展的经济学》，上海：上海译文出版社，2001年，第1页。

这种观点过分夸大经济的作用，而忽视生态环境变化给人类社会带来的生态危机。二是片面夸大生态环境的重要性，认为生态经济应以生态研究为主，甚至以放弃经济的发展来保护生态环境。三是主张将生态环境和经济视为一个整体，并从生态学角度研究经济的发展，这种观点强调经济社会发展的同时要注重生态环境的保护，促进经济与生态的协调、和谐发展。关于生态经济的概念，我国学者周宏春和刘燕华则提出广义、狭义两种界定。从广义来说，生态经济是指基于资源的高效利用和环境的友好所进行的社会生产与再生产活动；从狭义来说，生态经济是指通过废物再利用再循环的社会生产和再生产活动的方式来发展经济，相当于"垃圾经济""废物经济"等。[①] 我国著名的马克思主义经济学家、生态经济学奠基人——许涤新也曾提出类似的观点和主张，他指出："在生态平衡与经济平衡之间，一般来说主导的一面应该是生态平衡，因为如果生态平衡受到破坏，则这种破坏的损失就会落在

[①] 周宏春、刘燕华:《环经济学》(修订版),北京:中国发展出版社2005年,第10~30页。

经济上。"①总结国内外学者对"生态经济"概念内涵的论述，我们对"生态经济"概念内涵进行如此理解：生态经济是在人类活动不断扩大和深入过程中，反思经济社会发展与自然生态环境关系所形成的一种新型经济发展新趋势的经济模式；它是基于人类所面临的环境与发展两大主题考验背景下，维系经济社会全面、协调的经济发展模式；生态经济是既考虑到人与自然平衡又考虑到社会经济发展需要，也不牺牲子孙后代利益的可持续发展经济模式；它是体现人与自然、社会与自然、人与人之间关系的经济发展模式。 由此，发展生态经济必然要求处理好人与自然的关系，扭转人与自然的对立关系，改变传统经济片面追求经济发展而忽略经济发展可持续性的行为模式。发展生态经济还必须处理好经济和生态的关系，处理好经济系统和生态环境系统的关系，只有视经济为生态的一部分才能使经济在增长过程中，在不破坏自然资源稳定限度的同时能够合理地利用自然资源，从而实现经济社会的永

---

① 黄正人、吴国探:《中国生态经济》,山西:山西人民出版社,2001年,第2页。

续发展。总之,生态经济是一种全面发展的社会生态和社会经济行为的统一。生态经济既把环境资源作为经济发展的源泉和前提,又将经济手段视作维护环境资源的物质基础。生态经济的发展追求的是既不把生态凌驾于经济之上,又不把经济置于生态之下,而是两者相互渗透、相互推动,高效地配置资源、优化地平衡环境、科学地发展经济的过程。把人、生态和经济纳入一个系统,使三者和谐有序发展,是新的社会发展阶段赋予生态经济的任务和使命,也使生态经济表现出了有别于传统经济的特征。

首先,生态经济具有整体性。生态中的每一个生物都是生态系统组成的一部分,系统内的每一组成部分都是相互联系的,且每一个生物都应被看成与其他事情相联系的一部分而存在。"在有机的生态系统中,任何因子都没有先验的价值合理性,必须在与其他因子的有机关联中、最后在整体生态体系中才能最终确证自己。"[①]生态系统作为一个有机整体,它通过系统内部诸多子系统的相互联

---

① 樊浩:《伦理精神的价值生态》,北京:中国社会科学出版社,2001年,第21页。

系、相互作用从而达到内部协调，实现动态平衡以及生物的多样性。注重系统整体性对于经济发展至关重要，从系统而非个体的视角看最大化的自我实现即意味着所有生命的最大展现，关注系统整体促使经济系统得以实现最优、最大化发展。因此，生态经济从整体性出发，关注的是自然、人与经济的三方协调，追求的是人与自然的和谐共荣、自然与经济的效益一致、人与社会的共同进步。生态经济考虑的是综合化的经济发展，在动态平衡的生态系统中考虑机械、静止、片面的数字指标，从而获得自然、人与经济的整体性、协调性、进步性、可持续性发展。

其次，生态经济内含生态性。生态经济是从生态视角分析生态危机对经济的反作用。生态系统的整体性与复杂性表明了生态系统中事物联系的多样性，人是生态系统中多种多样相互联系事物的组成部分，人对自然资源和生态环境的依赖也具有多样性；而人类社会这个子系统的存在也必然依赖于生态经济系统中生物多样性起的平衡和自调节作用。因此，当我们用生态观来看待事物的时候，就要把握住生态内部自我调节的方式，把握住事物之间存在的联系性以及生态结果这一核心点。整个世界中"生态就是关于生命的存在状态,生态的观点就是关于生命的观点,而生命的特性就是有机体,因而,世界——包括人、自然、社会——都可以看作有机的生命体。有机性的本质是广泛而内在的普遍联系。生态学要求观察事物之间的关联"[①]。当然,影响生态调节作用的除联系以外还有共生互动。"共生是生物之间相依为命的一种互利关系。共生的双方都能从这种关系中得到好处,如果失去一方,另一方也就不能生存。"[②]不仅每一事物自身的内部结构是互动共生的,事物与其环境中的关系也是互动共生的。互动中的各个生态影响因子相互影响,哪怕是缺少一个也会影响与其相关联的其他因子,从而造成生态链的断裂,影响生态的平衡。

最后,生态经济具有人本性。生态经济的出发点是

[①] 高兆明:《方法:表达一种对存在的理解》,《人文杂志》2001年第6期,第70页。

[②] 尚玉昌:《生态学及人类未来》,北京:中国青年出版社,1989年,第2页。

人、自然、社会构成的生态系统整体，落脚点是以经济发展带动社会文明更大进步，在极大地满足人们物质和精神需要的前提下实现人的全面发展。从价值论维度，传统人类中心主义价值观认为自然的价值仅仅在于其满足人类各种需求及其程度。在此种思想的主导下，人类将对自然的各种索取视为自然，无论是经济发展模式抑或是科学技术，都以尽可能充分利用自然资源促进人类社会发展为目的。这种只注重对自然索取而不考虑自然自身承载力的价值观必然受到自然规律的报复惩罚——生态灾难的频发。频发的生态灾难不仅阻碍了人类进一步满足其各种需求的可能性，也从根本上限制了人的全面发展。生态经济的发展模式是在价值上对人类中心主义价值观的变革，生态经济站在人发展的角度意识到生态环境具有保证社会可持续发展的价值，只有在发展经济的同时考虑自然环境的可承受能力，才能保证满足人类各种需求的能力不断提高，才能实现人的全面发展。可见，生态经济中的人的全面发展体现了生态经济的特征。

生态经济以全新的思维方式与方法引导人类的经济活

动,开拓了人类与自然的新视野,拓展了人类新的发展方向。那么,发展生态经济应如何把握尺度和分寸,这就需要遵循生态经济发展原则来进行经济实践活动。

第一,坚持人与自然和谐发展的原则。自然物质是生态经济的基础,因此人与自然的和谐发展构成生态经济活动的首要原则。人与自然的和谐发展就是人类与自然生态环境在物质、能量、信息等的输入、输出过程中,能够保持人与自然和谐共生、实现动态平衡的交换关系,这是经济与生态协调发展的关键。因此,若使人类经济活动与自然供给达到持久的和谐平衡,就必须坚持人与自然和谐发展的原则,而人们的经济活动一旦超越了自然净化的限度,就必然会导致人与自然关系的失衡。当然,有很多因素会导致人与自然关系的失衡。首先是受人们对自然认识水平的限制。在历史发展的每个阶段,人类对自然认识的水平往往会受到当时政治、经济、文化、宗教等的影响,因而人与自然的关系是不断发展变化的,在不同阶段呈现出不同特点。其次是人类过度迷信科技,认为科技可以征服一切,认为科技发展能解决人与自然之间的矛盾。实际而言,科技是一把双刃剑,运用不好会给自然带来一系列破坏作用,而且生态本身是一个系统,各事物之间是相互影响、相互作用的,科技对自然的作用与反作用都将会在一段时间后呈现出来,结果好坏都将成为影响未来的因素。最后是受价值观的影响。在人类实践过程中,往往只关注自己利益的获取,而忽略了活动结果的好坏以及结果最终由谁来承担。事实上人类改造自然的活动行为是具有双重性的,人们能够正确认识并合理地利用自然规律,正确把握人与自然的关系,增强人对自然适应能力,就能获得正面成果;不能正确认识人与自然的关系,不能正确认识自然规律,甚至违背自然规律地改造自然,必然打破自然平衡、社会平衡及人与自然平衡。因此,生态经济坚持人与自然协调发展的原则就是弥补由人的过度行为带来的对自然和人自身造成的伤害。

第二,坚持生态效益与经济效益相统一的原则。生态经济的特征是系统整体性与内在互动共生的联系性。能否做到生态与经济和谐统一的关键是,在发展生态经济时能否坚持生态效益与经济效益相统一的原则。环境乐观主义者抑或是悲观主义者虽然都看到了人类所面临的严重生态环境问题，却都片面地理解了科技在生态经济中的作用。环境乐观主义者看到技术能在预见范围内解决生态问题，悲观主义者则只看到面对环境问题技术的不足。社会发展需要生态系统结构和功能紧密结合的社会经济发展模式，这就是生态经济。生态效益与经济效益相统一的原则要求经济效益需在生态这个框架中采用最有效的方式使用资源、管理资源，使资源得到充分利用。社会系统是整个生态系统的一部分，社会发展到什么程度取决于整个生态系统的容量与自净能力，越接近生态最大值，经济发展余地越小。生态效益与经济效益相统一要求我们视经济与生态为一体，不能以片面割裂的、机械的方法而是用整体发展的眼光看待两者发展的前景。因为经济发展的前提是生态的供给，生态的保持与修复需要经济活动中的人。人只有在合理利用科技的基础上发挥主观能动性修复和保护好生态，才能促进社会的发展和进步。

第三，坚持可持续发展原则。在人与自然构成的系统中，生态系统的最大负荷程度直接关系经济的发展状况。生态系统负荷限度不是固定不变的，而是根据人类技术水平状况不断变化的。当人们将自然所提供的资源视为一种基本生产要素时，就需要对其进行有效的管理。对于自然的有效管理并非解决所有发展问题的关键所在，却是社会发展的衡量标准。经济发展的状况不仅体现在社会文明程度上，更体现在能否为人们提供满足其生活需要的物质上。衡量生态经济的标准是能否在满足当下人们生活需要的同时，还能顾及未来人们的需要；能否在生态系统内部诸要素之间平衡发展的同时，还能为未来的发展预留资源。走可持续发展道路就是要综合统筹经济增长如何发生、技术朝什么方向发展等问题，更重要的是要用长久利益和整体利益的眼光而非眼前利益和个体利益的眼光处理经济发展中出现的各种问题，真正做到经济发展必须以保护资源环境为基础，这才是实现生态经济可持续发展的关键。

3. 生态文明对生态经济的价值引领

生态文明为经济发展提供良好的自然基础和环境保护，对经济的发展具有重要的意义。我们都知道生态文明以尊重和维护生态环境为主旨,而经济的发展离不开良好的生态环境。经济发展虽然是社会发展的根本动力,但是,如果离开了生态环境这一前提条件,经济发展就是无源之水和无本之木。例如,没有森林,锯木厂的价值就为零;没有鱼,渔业的价值就为零。由此可知,没有生态环境资源,经济就无法发展。以经济学"木桶原理"来说,必须重视生态文明在经济发展中的能动作用,因为决定木桶容量的是最短的木板而不是最长的木板。在如今的社会发展状况下,生态环境这块木板已经越来越短。如果人们还是一味地追求经济价值,忽视生态价值,就算经济木板越来越长,最终也将阻碍发展。

经济发展依赖自然、取之于自然,生态文明通过促进自然生态平衡,为经济发展提供可靠的资源供给。生态文明所倡导的在积极善待自然、利用自然、改造自然的同时发展经济,建立良性循环发展经济模式,是生态经济发展的关键环节和积极的价值导向。生态文明为生态经济的发展构筑了强大的生态支撑,使生态环境承载更艰巨的经济发展使命,增加社会财富,推动经济发展,提高人们的物质生活水平，改善人类的生活环境，从而在强大的经济基础上更好地推动社会全面的发展。建设生态文明，把生态环境的建设提升到文明的高度，对于我们发展生态经济有着重要的意义。只有自觉保护环境，把环境的维护作为经济发展的首要目标，经济发展的源头才能充满活力，经济活动才能生生不息地发展下去，才能解决经济发展和生态环境的尖锐矛盾。没有生态文明作为价值导向，经济活动的持续终将使资源耗竭，人类终将毁于自己的双手之中。因此，生态经济的关键环节就是在生态良性循环中进行经济建设，用生态文明的观念指导人类的经济活动，使生态文明的观念自觉贯穿于所有的经济活动中，使人类在创造高度物质财富的同时享有优美的工作生活环境。生态文明对经济发展的价值导向表现在以下几个方面：

第一，用生态文明的资源利用观引领经济增长。资源与环境是人类生存与发展的基础。20世纪的生态难题带来诸多资源利用的问题。建设生态文明，改变资源利用的现状是人类面临的必然选择。生态文明资源利用观具有以下特征：首先，整体协调观。生态大环境中的各个子环境相互制约，任何一个子环境的破坏极有可能导致一系列环境恶化循环。因此，我们要把资源利用放到生态系统大范围中进行宏观考虑。把人类生产看作一个大系统，资源利用在各个子系统中互补互惠，使各类资源有效整合，各个产业有机结合，资源利用的长期目标和短期目标相结合，局部开发和整体整治相结合，提高资源利用价值，让有限的资源利用最大化。其次，生态补偿观。建设资源节约型、环境友好型的生态文明要求建立和完善资源利用下的生态补偿机制。在经济活动中，人们认为资源是取之不尽、用之不竭的，无偿使用导致资源利用的无序性和盲目性。因此，以经济为手段调节各种利益，从而保护和可持续利用生态资源的生态补偿极有必要。通过政策补偿、资金补偿、实物补偿等生态补偿方式治理、修复受损的生态环境，促进资源开发生态环境的可持续性。最后，循环高效观。开发资源是人类进步的基本手段，通过开发新的资源，提高人民的生活水平，创新技术，形成新的物质来改善资源的有限性。如何保证经济的发展和资源的开发平衡协调是生态文明建设的基本前提。资源的循环高效利用是一个有益手段，依靠科技进步形成废旧物回收处理再利用技术、无公害处理技术、洁净技术、环保技术、生态修复技术等，提高资源的利用率。生态文明指导下的经济增长观通过否定西方发达国家传统工业的片面发展经济轻视生态治理、重物质享受轻生态保护、先污染后治理的过高生态成本，辩证发展了生态文明的新型经济增长观。不否定经济增长，不忽视生态循环。改变人对自然一味索取的状态，走新型工业化道路，调整投入和产出的比例，优化投资结构，在经济增长的过程中走出一条节约资源、改善生态、科技含量高、经济效益好、人力资源充分发挥的新型经济增长之路。推动中国实现生态文明引导的经济增长与生态良性的、双赢的中国特色新型经济增长观。

第二，用生态文明的生态成本观引领经济的低碳循环绿色发展。生态环境的恶化将会导致直接的经济损失，因此，生态成本也成为经济发展的成本之一。生态成本包括环境污染成本、环境生态治理成本、资源维护成本等。生态文明提倡的生态成本观注重生态成本分析，加强生态成本管理，人们总是愿意将有限的资源投入见效快、短期收益高的项目上，忽视生态成本的投入会带来较大的社会效益、经济收益及长远利益，最后的支出往往大于生态成本的投入。生态成本观着力宣传环保教育。培养人们的生态成本观，能够提高劳动者的环保素质。从经济活动的全局出发考虑生态成本，从而降低资源消耗量，节能减排，依靠技术发展循环低碳经济。资源消耗量越多，环境污染性就越大。因此，通过控制生态成本来降低环境压力是关键之举，如：开发绿色产品，研究新型绿色材料代替天然材料，废弃物回收再生产，提高原材料的利用率，节能减排，降低污染物处理成本，产品包装实用简洁，回收包装，减轻污染，废物集中处理，严格控制废物污染问题，崇尚绿色消费，加强生态环境质量监督。生态成本的提出要求我国必须采用一种资源循环利用和低碳排放的发展模式。生态文明的社会建设和经济建设能否双赢，在很大程度上取决于资源的循环利用和低碳经济的形成能否实现。世界各国积极应对资源严峻挑战的同时全力提倡循环利用资源和建设低碳社会的观念。我国也在低碳社会、低碳经济、低碳产业、循环经济、循环技术等方面积极响应与规划,构筑循环经济新战略、新技术、新制度,不断拓宽和深化循环经济的领域,形成规模化的循环经济体系。低碳发展模式减少温室气体的排放,减少原材料的投入和使用,减少废物排放量甚至零排放,从而推动能源利用根本性的转变,发展低碳经济、节约利用能源,对可持续发展具有重要意义。在循环经济和低碳排放领域方面,重点行业能耗逐渐下降;在全社会废物综合利用方面,形成宽领域、全范围、多层次的循环低碳体系。生态文明倡导下的低碳排放和循环经济能够最大限度地利用资源和保护环境。转变传统工业生产模式、消费模式和废物弃置模式,要求在生产、消费的环节和过程中减少投入,资源再利用,节能低碳化,减少资源的消耗和废物排放,从以前的资源－产品－废物的浪费模式转变为资源－产品－废物再利用的循环模式。

第三,用生态文明的创新观引导经济的可持续发展。生态文明的创新观突破旧有的观念、技术和制度,要求经济和环境双赢，社会效益和经济效益双重发展。它包括政治创新、观念创新、制度创新、技术创新、市场创新、消费创新等诸多方面，目的都是在总结以往失败经验的基础上不断丰富和完善人类的生态观念，彻底转变人类对待自然的态度和行为，使人与自然和谐相处，实现可持续发展。首先，以创新规划为基础促进经济可持续发展。把生态资源的发展纳入社会的发展规划中，在经济发展计划中考虑生态资源保护计划，开发资源以坚持保护环境为原则。改变社会经济的发展传统模式，创造性地遵守全面、科学、统一的经济与生态发展原则，在整体统筹规划下分步骤、有计划地进行，人类社会才能发展，才能打破传统发展的盲目性和无序性。其次，以创新科技为手段促进经济可持续发展。继承传统的成功经验和借鉴国外先进的经验，增加科研投入和管理，创造高新的生态保护技术和手段，创新发展形式，走出一条有特色的生态文明科技之路。正确运用科学技术，最大限度地发挥科学技术的正面作用，既要经济持续发展，又要保证原材料的不断供给，使人与自然、生态、经济与社会的发展永不枯竭。再次，以创新管理为关键促进经济可持续发展。改变生态文明的建设与个人无关的认知现状。充分动员国家、企业、个人等各个方面的积极性维护生态环境。认识到生态的优劣与个人的生存和发展也相互依赖，利益共存，个人的行为对生态文明建设的意义也深远重大。生态文明的建设需要每个人从生活小事做起，只有所有人行为的合力，才能推行生态文明的可持续发展观。最后，以创新制度为重点促进经济可持续发展。制度是发展的合法保证。通过制度的完善，加强生态文明建设的管理与监督，生态文明的建设不能完全以 GDP 的升降作为标准，应将节能减排、绿化覆盖率、环境质量、污染指数等作为考评与测量要素。加大治污力度和减排任务，美化环境、绿化城市、宣传环保、倡导监督，形成完整有效的政绩观、消费观。倡导生态价值观和生态保护观，使生态保护观念深入人心，生态保护行为人人参与。总之，发展是硬道理，发展是前进的原动力，只有坚持用创新的办法解决发展中的问题，通过创新发展保护好生态环境，经济才能持续发展，生态文明建设才能得以实现。

(三)生态文明引发社会文化变革——生态文化

文化是民族的血脉和人民的精神家园,是政党的精神旗帜。文化是一个国家能够取得长久发展的必备软实力,具有高度文化自觉的中国共产党在革命、建设、改革各个历史时期都高度重视文化建设,充分运用文化引领前进方向、凝聚奋斗力量、推动事业发展。中华民族具有悠久而厚重的历史文化,使中华民族得以延续发展。文化是经济、政治的反映,必然随着经济社会的发展而变化。在我国工业化进程中,粗放的经济增长方式和不合理的消费方式导致资源环境与经济社会发展之间的矛盾日益凸显,而由此所引发的生态问题又反过来制约经济社会的可持续发展,影响人民生活质量的进一步提高。处理好人与自然环境之间的关系及经济社会发展与环境保护之间的关系不仅是一项重要的政治任务,也是生态文明建设和文化建设的重要职责。因此,我们的发展方式需要转变、文化需要转型,积极推进现有文化的生态转向,使生态文化与生态文明协同共进,才能以强大的精神智慧促进中华民族的伟大复兴和永续发展。党的十八大提出"五位一体"总体布局，不仅将生态文明建设融入经济建设和政治建设全过程，同时强调将生态文明建设融入文化建设全过程，这必将引发社会文化的变革，生态文化便是这一变革的主要表征。生态文化作为新兴的文化，是中国乃至世界21世纪文化发展的主流方向。

1. 生态文化与文化生态辨析

首先，生态文化释义。生态文化有广、狭两义。广义的生态文化是一种生态价值观，或是一种生态文明观，它反映了人与自然和谐的人类新的生存方式。此种定义下的生态文化大致包括三个层次：物质层次、精神层次和制度层次。狭义的生态文化是一种文化现象，即以生态价值观为指导的社会意识形态。结合广、狭两义对生态文化的理解，生态文化是指以生态价值观念、生态理论方法为指导而形成的生态物质文化、生态精神文化、生态行为文化的总称。生态文化是反映"自然、人、社会"复合生态系统之间和谐协调、动态平衡、共生共荣、共同发展的一种社会文化，它是社会生产力发展、生活方式变革、生产方式进步的产物,是社会文化进步的产物,是生态文明的重要组成部分。 我国生态哲学家余谋昌认为,"生态文化是人与自然关系新的价值取向"①,当前的生态文化发展主要表现在制度形态层次、物质形态层次、精神形态层次。 生态文化的产生以生态精神文化为先导,引导人们认识生态规律,启迪生态觉悟,树立生态价值观,并逐渐形成共同认可的生态行为文化和共同遵守的生态制度文化,如生态农业、生态工业就是在生态观念指导下形成的新的经济模式;生态休闲、生态旅游是在生态观念影响下出现的新的行为文化;生态法规是强制性保护生态的制度文化。 生态文化凸显出生态学特有的整体性、生命性、多样性、系统性、动态平衡性等原则,生态原则具有广泛的适用性和多重价值,赋予社会文化以新的内涵。 总之,生态文化的价值体现于在处理人与自然、人与社会关系方面找到了新的途径和方法。 从此意义上来说,生态文化是一种生产和生活文化,也是关乎人类的生存文化。 生态

---

① 余谋昌:《生态文化论》,石家庄:河北教育出版社,2001 年,第 335 页。

学使人类文化发展进入一个真正理性的时代，它基于生态学原则和理论的指导，从人、自然、社会的动态平衡与和谐发展视角对已有文化成果进行反思，对现实文化行为进行审视，对未来文化方向进行展望。生态文化是以有机联系的系统论世界观为基础，以社会生态系统和自然生态系统为生态主体，以生态价值观为取向，以重视生命和挚爱自然的生态文明伦理观为原则，以寻求人与自然的共同发展为主旨的文化。生态文化是当代中国先进文化的重要组成部分，因为它以与时俱进的马克思主义理论为指导，以实现人与自然、人与人、人与社会协调发展为目标，体现了人类社会发展总趋势和先进文化前进方向的要求。它批判地吸收了包括封建主义、资本主义生态文化在内的符合人与自然和谐发展需要的一切文化成果。从本质上来说，它是一种更先进、更优越的生态文化。

其次，文化生态释义。生态即生命的存在状态，是事物有机联系所形成的主体生命力的外在表现。文化生态将文化纳入生态视域，表明文化具有生态性，生态性是文化的重要特征。文化生态是人们对文化的新认识，主要包括文化的生成、传承、存在的生态状况。第一，文化生成的生态性。人类创造文化并非随心所欲，必然会受到特定的自然环境、社会空间和历史条件的制约。因此，文化被认为是人与自然协调发展的产物，是社会历史的产物，文化也因此具有地域性、民族性和历史性等特性。正如马克思所说："不同的公社在各自的自然环境中，找到不同的生产资料和不同的生活资料。因此，他们的生产方式、生活方式和产品，也就各不相同。"①奔流不息的尼罗河、肥沃的淤泥和宽阔的谷地孕育了古埃及文化；蔚蓝的爱琴海、弯曲的海岸及宁静的港湾造就了希腊文化；广袤的沙漠、星罗棋布的绿洲、绵延的商道以及众多的部族等不仅创造了阿拉伯文化，还成就了穆罕默德和伊斯兰教。总之，复杂多样的自然环境和社会历史环境是文化生成的基础和条件。第二，文化传承和传播的生态性。文化传承是指文化在时间上的延续性；文化传播是指文化在空间上的扩散性。文化依赖传承而绵延不绝，依赖传

---

① 《马克思恩格斯全集》(第23卷)，北京：人民出版社，1972年，第390页。

播扩散、释放势能。文化传承和传播的主体是人，正是由于人这种有生命的个体对文化的传承和传播，才赋予了文化以生命意义。在某种意义上，后代在继承前人的习俗、信仰、观念的同时，就是在延续着前辈的生命，文化传承无论在"器"或在"道"上都表现出文化生命的延续。当然，文化传承是有所取舍、有所选择而非一成不变的，文化传承是一种扬弃，既是对传统的承继，也是对传统的再造，更是随着自然、社会、时代变化而动态地承继。正因如此，文化才能不断发展，与时俱进，彰显时代活力。第三，文化存在的生态性。文化存在的生态性可以从三个方面进行理解：其一是文化内部层次之间及结构之间存在相互制约、动态平衡的有机整体联系。整体性是文化生态性的重要特征，其维持着一定文化正常有序的状态。如居住、饮食、服饰、语言、习俗、观念、信仰等就构成了类型多样、稳定有序、互动共生的整体。其二是文化在时间或空间上的整体联系。在时间上，文化的存在是一种历史存在，总是与一定的历史时期相联系，文化的产生与存在不以人们的意志为转移，传统文化和现代文化、外来文化和本土文化、落后文化和先进文化，都不是以人的意志而存在的。在空间上，任何文化总会占有一定的发展空间，具有相对稳定性。空间既为文化有序发展提供了氛围，又使其朝着内在的合力方向发展，同时也提供了全面了解文化内部结构的条件。其三是文化与社会政治、经济等因素处于相互联系、相互作用的生态状态。文化与政治之间也存在密切联系、相互作用的关系，社会政治实践活动往往带有一定的文化色彩，因而也就有了政治文化的说法。文化是一种社会意识形态，其存在和发展离不开一定的社会经济基础，文化的状况决定于经济水平，文化的发展最终也要到经济发展中去寻找。

最后，生态文化的哲学审视。理论是实践的先导，生态文化是生态文明建设的理论先导，推进生态文明建设必须全面、准确地把握生态文化的内涵。由于生态文化作为一种新兴文化，正处在形成和发展中，因此学界对生态文化内涵的认知并没有达成共识。但如果我们能把对生态文化内涵的各种理解模式融合为一体，从哲学视角对生态文化进行理论诠释，就能使人更加清晰地认识到生态文化内涵的意旨。第一，生态文化在本体论层面上强调"人、自然、社会"是有机联系的统一整体。生态文化的整体性视域立足于自然，理解"人、自然、社会"生态系统的内在联系，肯定人是生态系统的有机构成部分，珍视三者的生命关联，认为人能最大限度地了解生态法则、自然资源对人实践活动的制约。强调人的社会属性是建立在自然属性基础上的，人是两者的统一。生态文化的主体性视域强调人和自然的差异性，意识到人在自然界中的主导性、主动性等能动性时，还应注意到其受动性的一面。生态文化的主体是"人、自然、社会"整个生态系统的调控者，基于主体的道德天性，对生态系统的存在状况、质量、未来发展起协调作用。生态文化的整体性视域和主体性视域的有机整合，展示了"人、自然、社会"以彼此相互关联、相互影响及和谐演进的复合生态系统存在着，这是世界本然的存在状态与方式，也启示人类在当代文化背景下，必须关注人与自然的密切相关性，发挥人的主体性，积极建设和改善自然生态系统，实现人的活动的合规律性与合目的性统一。第二，生态文化在价值论层面上关注"和谐共生的万物主体价值"。依据本体论层面的生态文化解读,生态文化在价值论意义上从系统论出发,将人与自然生态系统中的生命都看作主体,两者统称为生态主体。价值主体属于认识实践范畴,是就具体实践活动而言的,也是相对于他物、环境等客体而言的。人作为价值主体,在人与自然之间相互作用的联系中发挥着主导作用,然而人发挥主导作用并不意味人拥有超越自然的权力,而是强调主体人是人与自然关系的调节者、控制者,能够发挥其潜在才智去发现自然运行规则,深入把握人与自然的关联,能够应用科技正面效应调节和控制人与自然的关系及演进趋向,不断推进人与自然的良性循环。自然中的其他生命和生态系统作为价值主题,是因为其本身具有潜在价值或内在价值。生命和生态系统的自组织活动始终处于维系自身的秩序与平稳状态,并向更高层次进化,从而显示出潜在的价值和目的,目的性和进化这两个范畴是与价值息息相关的。生物的自组织运动过程,是不断与周边环境进行物质、能量和信息交换,并摄取环境中的物质和能量的过程。生物可以契合变化了的环境来调整机体的构造效能，又可以借助于环境最大限度地从环境中获取其需要的物质和能量，显示机体的某种程度的能动性和活动的自主性，因此具有了价值主体的雏形。人类的生存以及社会的进步也必然合乎其自身的目的性和生态环境自然的目的性。人类和生态环境系统这两个生态价值主体关系密切，而人类的价值主体处于主导地位。人对环境自然目的性的遵从，不仅是外在强制性的规范，也是人的内在本性要求。因此，人不仅要承认自然生态系统自组织演化中的内在价值和目的性，承认人的生存和发展要受自然生态系统的影响和制约，还要认识到人不可只顾及当前个别的利益需要，必须把自身的生存目的与自然生态系统的演进趋向及法则结合起来，才能促进人与自然的共生共荣。生态文化价值观昭示人类需重新认识主体性内涵，构建生态主体思想，将"人、自然、社会"视作相互联系、相互作用的复合生态系统，结合社会生产方式审视人的价值主体地位，使人类的生产方式以及建立在此基础上的社会文化促进"人、自然、社会"系统的协调发展。第三，生态文化在伦理学层面上推崇"对自然万物的仁爱之心"。生态文化在伦理学意义上扩大了传统道德观的视野,以伦理道德法则处理人类与自然生态环境的关系,把人视为与自然融为一体,人必须尊重自然、热爱万物。马克思曾指出:"随着对象性的现实在社会中对人来说到处成为人的本质力量的现实,成为人的现实,因而成为人自己的本质力量的现实,一切对象对他来说也就成为他自身的对象化,成为确证和实现他的个性的对象,成为他的对象,这就是说,对象成为他自身。"[1]这表明,在马克思看来,人与自然之间的伦理关系是直接的,由于自然界既是人的"作品"又是对象性的人,所以在一定意义上便是人自身。那么,人与自然界之间的联系便是人与自身的联系,大自然是人类"本身",是对象化的人,所以人对于大自然必然存在直接的伦理关系。人类具有爱的本性和利他主义精神,所以必须关爱自然界。如果人类仅仅把爱局限在人与人之间,只强调爱人而不重视爱非人类自然界的其他生命,这只是人类这一物种自私自利的

---

[1] 《马克思恩格斯全集》(第42卷),北京:人民出版社,1979年,第124页。

爱而不是真正的爱,这只能算作人作为"类"的精神失常的自恋。那么,人类要从动物界彻底超脱出来成为真正的人,就必须将爱和利他主义精神延伸至自然界,以人与人之间的伦理去对待自然界,去关爱所有生命,从而建立起人与自然界之间的伦理关系,这是一种真正的尊重、热爱自然万物的生态文化伦理观。有了人与自然界之间的伦理关系,人才不至于在对象中丧失自己的本性,才能把自然固有的天性归入自我意识之中,并依据生命的本性进行改造自然的活动。

2. 生态文明时代文化的生态转向

生态文明时代的社会的政治、经济、科学、环境等发展变化必然引发文化的生态转向,文化的生态化及生态文化的形成与发展具有深刻的理论与现实基础,可以从以下几个方面理解:

第一,文化生态转向具有生态学的科学根基。生态文化是自然科学与社会科学的融合统一。生态一词闪烁着人类智慧的光芒,生态和生态学自20世纪末以来就受到广泛关注。生态学肇始于人类对自身生存环境的忧虑、对人类文明未来发展的担心，是"20世纪人类文明的最重要、最深刻的觉悟之一"①。生态学在19世纪仅囿于自然界而在20世纪中叶便扩展到了人类社会。1866年，恩斯特·海克尔首先使用了这一概念，海克尔认为，生态学是研究生物体同外部环境之间关系的科学。生态是指由空气、土壤、水、植物、动物等因子组成的相互联系、相互依赖、相互制约、相互影响的统一体，在统一体中所有的有机物不仅相互作用，而且受其依存着的环境的影响。1962年，美国作家蕾切尔·卡逊的《寂静的春天》出版，生态学研究才被运用于人和人类社会，从此生态学研究实现了从自然界研究到对人类社会研究的具有历史意义的飞跃，生态学开始思考人类的现实生存和未来命运，聚焦自然与人类社会两个领域及其之间的相互关系，生态价值观念和生态方法获得了普遍意义。生态学向人类社会的蔓延，一方面表明以生态为核心形成了生态观念、生态价值、生态方法、生态思想、生态哲学等，这

---

① 樊浩:《伦理精神的价值生态》，北京:中国社会科学出版社，2001年，第13页。

构成并奠定了生态文化的基础，成为生态文化发展的前提；另一方面也说明生态学向诸多学科的渗透并产生了相关交叉学科，如生态人类学、生态经济学、生态社会学、生态政治学、生态伦理学、生态旅游学等，生态学由此成为生态文化发展的标志。以上这些"生态文化"成果，凸显了生态学思维方式在人类社会中的运用，也显示了生态文化现象正在向全球蔓延。生态文化作为一种社会文化现象，具有广泛的适用空间，它属于全人类。其原因在于：其一，生态文化是建立在生态学这一科学基础之上的，而科学是无国界的，它为所有的人提供正确认识世界的理论基础；其二，生态本身作为一种客观的物质性存在，对所有的人都同样起作用；其三，人类的生存发展需要适宜的生态环境，而生态文化既是这种生态环境状态的产物，又对维护这种状态起着巨大的能动作用。生态文化是人类走向生态文明新时代的文化铺垫，体现了自然科学与哲学社会科学相互融合的文化发展趋势。

第二，文化生态转向蕴含价值观基础。在人类生活中，无论是社会的经济、政治、文化、道德领域，还是个人的生活方面，普遍存在着价值观问题。价值观问题在生态文化的形成和发展中具有基础性作用。价值观是隐含于人意识中最深层的思想，常常不为人所明晰和察觉，但对人的心理情感、意志和信念产生重大的影响。就一般意义而言，人类精神世界中价值取向的偏颇，是最终造成地球生态系统失调的根本原因。仔细考究不难发现，引发当代生态危机的深层社会意识的原因便是与传统发展模式和发展观相对应的传统价值观。人类对工业社会生态环境危机的反思曾引发了人类中心主义和生态中心主义两种价值观的争论。人类中心主义视人类为自然界的最高主宰，将人的利益和需要作为衡量自然万物的根本价值尺度，人类不仅可以不受任何限制地任意开发和利用自然资源，还可以向自然界任意排放污染物。这种价值观认为人类物质财富增长所依赖的自然资源是无穷无尽、永不枯竭的，自然环境只有资源价值，只是人类无偿消费的对象，自然环境对人类废弃物和污染物具有无限的净化能力。这种人类主体意识的过度张扬、缺乏对自然本身内在价值和对人类整体及未来潜在价值的考虑，使其不能从人与自然整体角度认识和把握生态平衡规律，客观上助长了人类对大自然不顾后果的征服、掠夺，导致资源的过度滥用和环境的严重污染。作为与人类中心主义相对立的价值观，生态中心主义在对人类中心主义的质疑中承认自然的内在价值、肯定大自然的权利，主张"生态第一""地球优先"，生态系统及一切物种绝对平等。这表明人类生态意识的觉醒，为人类重新思考人与自然的关系提供了新的理论视域，并引发了新的价值思考，具有一定的合理性。然而生态中心主义把人和物等量齐观，便忽视了人的社会性和能动性，消解了人在自然中的地位。生态中心主义离开人及对人生存利益的关注，仅仅从生态规律的事实直接导出人的生态保护行为，这在逻辑上难以解释，因为说到底生态中心主义的目的就是生态保护，那么，我们进一步追问生态保护又是为了什么？很显然是为了人类更好地存在与生活。可见，生态中心主义仅仅看到了人是生态问题产生、生态环境恶化的主体，却忽视了人又是保护生态环境的主体和受益者。人类中心主义和生态中心主义都属于把人与自然对立看待的机械的二元

113

论思维方式的价值观。人类若要走出生态危机,必须破除工业文明带来的天人分离的人类中心主义和生态中心主义的价值观,树立人与自然共生共荣、和谐相处的生态价值观。在一定意义上,树立生态价值观是人类摆脱生态危机的根本出路,是文化生态转向的价值观基础。从实质来说,生态文化价值观是一种与传统的极端功利型思维方式相对立的思维方式,是一种互利型的思维方式。这种互利型思维方式是人类文化发展进入新阶段的一个重要标志,它体现出人类文化发展演变的基本趋势。生态文化价值观秉持互利互惠的思维方式来处理人与自然的关系,主张保持人与自然和谐,就是在关注人类、关注自然,如此,既能维护人类的利益,又能保护自然的生态平衡,从而实现社会系统和自然生态系统的共存共荣、协调发展。

第三,文化生态化及生态文化产生是生态生产力的客观反映。人们对生产力的认识伴随着人类社会的生态化特征日益明显,已经开始由经济视角转向生态视角。从生态视角来说,现代社会生产力除了具有物质资料生产功能、协调管理功能外,还具有生态环境构建功能。从此意义上来说,生态环境也是一种生产力,对此,马克思在《资本论》中使用的"劳动的各种社会生产力""劳动的一切社会生产力""劳动的自然生产力"等概念已经蕴含着生态环境也是一种生产力的思想。习近平的理解更是深刻,他指出"要正确处理好经济发展同生态环境保护的关系,牢固树立保护生态环境就是保护生产力、改善生态环境就是发展生产力的理念,更加自觉地推动绿色发展、循环发展、低碳发展,决不以牺牲环境为代价去换取一时的经济增长"[①]。这深刻表明了生态环境本身具有生产力的属性。尽管生产力的本质特征是表明人与自然的关系,但完整的生产力不仅包含着社会经济生产力,也包含着自然界的自然生态生产力,是人类的社会经济生产力和自然界的自然生态生产力的有机统一整体。生产力的生态环境构建功能是对人的环境保护活动的一种准确表达。

---

① 习近平:《坚持节约资源和保护环境基本国策 努力走向社会主义生态文明新时代》,人民网:http://cpc.people.com.cn/n/2013/0525/c64094-21611332.html。

环境保护显然不仅是维护和恢复自然界的一种被动性选择，维护自然界的生态平衡是环境保护的基本目标，人在这一活动中表现出一定的能动创造性。依据马克思主义理论，实践是一种赋予对象世界合目的主体性、目的性活动，人化自然是人类实践活动的必然结果。环境保护作为一种劳动过程，也是一种不同于物质资料生产活动的基本实践活动。人们在这一实践活动过程中，只能通过能动的、有效的创造性手段达到保护生态平衡的目的。正因如此，我们用"生态环境构建"替代"环境保护"，生态环境保护本身就包含对自然界进行生态创造的过程。人们在生态创造活动中依据自然界进化的需要，在生态学理论的引导下不断创造出自然界自身所不能产生的，而对于生态系统的持久协调发展又是不可或缺的新型生态因子。发挥生态生产力的生态环境构建的功能需要生态规律的指引。生态生产力是当今人类社会生产力发展的新阶段，它在保持工业文明生产力发达水平和巨大力量的基础上，摒弃了工业文明时代生产力对资源浪费、对生态环境破坏的负面作用，生态生产力体现了生态经济和知识经济的有机统一。它以生态系统持续发展为基础，依靠现代科技的发展，遵循"自然、人、社会"复合生态系统的运行规律，进行组织生产、发展经济、引导消费，达到生态效益、经济效益和社会效益的统一，实现可持续发展。生态生产力强调资源利用的最大化、能量消耗的最低化、废弃物排放的最小化、生活消费的科学化。生态生产力是生产力发展的趋势，是社会生产力发展的必然要求，是国际经济竞争力的关键。人类实践表明，运用生态生产力观指导生产活动、经济活动和生活活动，生产力就得到发展，人们生活水平就得到提高，社会就会步入生态、经济、社会发展的良性循环中，而这些反映在文化层面上则促进了文化的生态转向。总之，生态文化对工业文明的"自然、人、社会"关系的审视，对生态环境遭破坏的呐喊，对人们行为伦理的反思，对生态环境保护建设的讴歌，对知识经济、生态经济的传播，对生态化技术体系、生态文明消费观及其模式的倡导等，都体现了生态生产力发展的必然诉求。

第四，文化的生态转向是绿色生产方式和生活方式的现实要求。20世纪以来，愈演愈烈的全球性生态危机使人们深刻认识到人与自然、经济社会发展与生态保护之间的互存互动关系，现代社会正经历明显的生态文明转向。人们开始探寻摆脱生态危机的出路，对生态矛盾的根源进行深层次思考。事实上，生态危机的产生有着复杂而多重的根源，绝非简单的观念问题。摆脱生态危机诚然需要观念的革新，需要提倡爱护环境、保护自然的生活方式、生产方式，但是如果认为观念上的革新就可以解决生态问题，那么无异于把生态危机幼稚地等同于观念危机和道德危机。生态问题说到底是一个实践问题，文化的生态转向是根植于社会经济基础之中、根植于当今社会的绿色化生产方式和生活方式。恩格斯曾经指出，要实现人与自然关系的协调，仅仅有认识是不够的，为此需要对我们迄今为止的生产方式以及对我们现今的整个社会制度实行完全的变革。为了消除生态危机，人们对经济增长方式、生产方式进行转换和变革，追求绿色生产方式和绿色生活方式的可持续发展模式，使人类的生产活动向着与自然生态系统协调的方向进化发展，使之具有净化环境、节约资源并综合利用资源的新机制，走上人类社会系统与自然生态系统互惠互利、共生共荣、平衡协调的发展道路。绿色生产方式和绿色生活方式的可持续发展实践，极大地促进了人们思想观念的转变和文化价值观的变革。自然能够满足人类的合理需要，却不能满足人类的贪婪。极度挥霍浪费自然资源，无限制地追求物质享受，而无视地球的承载能力犹如饮鸩止渴，只会加剧人类自身的生存危机。美国学者加尔布雷斯在《富裕社会》一书中提道：人们生活的舒适、便利的程度，精神上所得到的享乐和乐趣足够就可以了，不必最多、最大、最好。没有理性的节制，欲望会变成脱缰的野马，人类会变得贪得无厌。因此，人类要实现既为自己，也为子孙后代的可持续发展目标，就必须放弃一切对自然失去理性的享乐主义行为，从价值取向到生活习惯来一场重大变革，倡导绿色消费、生态消费。绿色消费、生态消费模式既符合物质生产的发展水平，又符合生态生产的发展水平；既能满足人的消费需求，又有益于生态环境的保护。这种绿色的生产和生活方式显示了人与自然互利互惠的生态发展趋势，这种趋势必然会影响到人们的思想文化领域,从而促使生态文化的形成和发展。

3. 生态文化是生态文明建设的动力源泉

生态文明建设必须要依靠生态文化理论的支撑,生态文化是生态文明建设的基础,是其精华与灵魂,生态文明则是建立在生态文化基础之上的一个核心目标。建设生态文明与发展生态文化是不可分割的统一体,互为表里、互为内容。

第一,生态文化是促进天人和谐的凝聚力。生态文化是一种促进人与自然协调发展的文化。在人类对地球生态环境的适应过程中,人类创造了自己的文化,但伴随着人口、经济、资源、环境之间矛盾的爆发,为了促使环境能更适宜于人类文明发展的需要,人类不断调整自己的文化来解决日益突出的环境问题。由此可见,创新文化与环境进步两者之间协同发展、和谐共进,这就是生态文化。于生态文化建设而言,生态文明对其基本要求就是创新文化价值观,这主要表现为抛弃传统文化价值观反自然的错误观念,从人类中心主义的禁锢中解放出来,逐步形成以生态伦理、生态道德、生态正义、生态价值等为基本内容的生态文化价值体系,培育人们理性处理人与自然之间关系的生态文化自觉,建立起人与自然和谐、平等的新文化价值观。

中华民族5 000年的历史底蕴孕育产生了博大精深的生态文化,奠定了中华民族精神文化家园的深厚基础。生态文化通过生态意识、价值取向等要素维持、改善自然生态系统的服务功能——供给、调节、支持和文化,实现自然资源与环境的经济价值、社会价值、文化价值以及生态价值。可以说,较之世界上的任何一个民族,中华民族都要更懂得尊重、顺应与保护自然。"道法自然""天人合一"等传统生态文化哲学的智慧,无论是过去还是现在抑或将来,都必将伴随着中华民族的复兴进程,并对其产生深远的影响,成为促进人民追求梦想的凝聚力。

第二,生态文化是推动绿色发展的原动力。生态文化坚持经济效益、社会效益与生态效益三者之间的有机结合,努力走出一条无污染、零排放、高效节约的生产发展道路。因此,大力提倡循环经济的发展,着力培育绿色高新技术产业、绿色人居生态休闲产业以及绿色无污染农产品加工业等,努力倡导绿色环保生活方式以及节能高效的生活习惯。

生态文化内在要求建设资源节约型、环境友好型社会,发展绿色低碳经济。环境友好型社会是一种人与自然和谐共处的社会形态,就是从环境可持续发展的角度落实科学发展观的具体体现。环境友好型社会要求人们倡导生态文化与生态文明,要求树立人与自然和谐相处的观念思想,最终形成尊重自然、保护环境的道德风尚。要求以环境承载力为基础,以遵循自然规律为准则,以绿色发展为动力,节约利用自然资源,保护建设生态环境。

绿色发展理念彻底否定了过去那种高污染、高耗能、低产值、低效能的经济发展模式,承袭了科学发展观的精髓思想,对生态文化的内容进行了时代创新。绿色发展思想是中国传统思想文化、可持续发展观以及马克思主义自然辩证法三者相结合的产物。绿色发展理念讲求人与自然之间的和谐共荣,这种理念显示了中国在生产方式上所做的积极改变,从此走上一条生产发展、生活富裕、生态良好的文明发展道路,从根本上扭转了生态环境恶化的趋势,已基本形成了资源节约、生态恢复和环境保护的空间产业格局以及生产生活方式。

第三,生态文化是建设美丽中国的向心力。生态文化作为生态文明时代的一种主流文化,以"非人类中心主义"的哲学观念作为指导思想,大力倡导人与自然之间的和谐,努力追求经济社会的可持续发展。生态环境良好、社会可持续健康发展以及高尚的灵魂境界,是美丽中国的基本构成要素。人类一直以来都向往蓝天白云、青山绿水,渴望拥有舒适的宜居环境,可以说这是广大民众最基本的生活诉求,也是生态文化建设的核心内容。为此,我们必须通过生态文化建构和生态文明建设,倡导绿色生活,共建"美丽中国"。

和谐社会是中国特色社会主义的本质属性,是建设美丽中国的内在价值。生态文化所倡导的人与自然和谐相处的思想观念,能够为构建和谐社会提供丰富的文化资源。它不仅关注人与自然的和谐相处,还关注人与人的和谐相处,更关注人类的共同利益、长远利益和根本利益，因而能在最大限度上被绝大多数人认同和接受，从而为构建社会主义和谐社会凝聚广泛的力量。只有生态文化真正成为社会文化的主流，人类才能真正实现人与自然的和解以及人与人之间的和解，实现可持续发展的美好愿望。

第四，生态文化是中华民族复兴的驱动力。改革开放40多年来，我国的综合国力不断加强，国际影响力也日益提高，但就文化方面而言，我国在世界上的影响力仍有待提高。然而，中华民族伟大复兴的实现必须要有文化的支撑，而且生态文化作为新时代的创新文化形态更是其中不可或缺的重要部分。为此，我们必须努力继承并大力弘扬生态文化，提升全民生态素质，增强生态凝聚力与竞争力，充分发挥生态文化的重要引导作用，促使中华民族的生态文化走向世界，凭借其优越的渗透力以及感染力，为中华民族屹立于世界民族之林奠定坚实的文化基础。总而言之，生态文化是当今中国先进文化的前进方向，对其进行深入的研究、继承、发展与创新，不断完善生态文化系统整体，逐步增强其与时俱进的适应性，不仅能增强中华民族文化的发展活力,更能切实推动社会主义文化的大发展、大繁荣。

发展繁荣社会主义生态文化,必须要不断提高全民族的生态素养,要以生态文明建设所诉求的生态文化作为努力方向。社会主义生态文化是生态文明建设的总体目标与中国特色社会主义的发展国情相结合的产物,尤其是与中国传统的生态文化的结合,同时积极吸收当代自然科学和人文社会科学的精华。中国作为一个具有悠久生态文化传统历史的大国,其生态文明建设具有坚固的根基,我们通过辩证吸取工业文明的世界观以及价值观,发挥其积极因素的有效作用,合理利用现代科学知识的成果,逐步建立起生态文明建设所需要的生态文化,并以此为依据来提高全民族的生态文化素养,推动具有中国特色的社会主义生态文明建设模式的形成。这不仅对大多数发展中国家的生态文明建设产生了积极影响,也为全球范围内生态问题的解决以及生态环境的恢复带来希望。

4.生态文明对文化建设的价值引领

生态文明是生态文化所追求的价值目标,是生态文化发展的最高表现形式。生态文明是生态文化建设的主旨方向：

第一，生态文明是生态文化建设的诉求。文明是文化的精华，文化是文明赖以产生与生存的土壤与源泉。一般来讲，生态文化被认为是生态文明的基础，生态文明的形成与发展离不开生态文化，它代表着生态文化的发展需求，换言之，生态文明就是生态文化建设的诉求。生态文明与生态文化的提出离不开社会大背景，也就是生态环境日益恶劣、全球气候变暖、地球生态失衡、科学技术不断发展这一系列因素。目前，人类所面临的困境并不局限于人类本质所固有的矛盾，而是文明与文化的危机，也就是说，生态环境危机主要起源于人类的行为失范，人类的行为失范则源于文化这一支配人类行为的观念出现问题，是理论指导上出现了偏差。这就是说，社会的发展需要文化的支撑，培育和弘扬生态文化已成了解决目前面临的生态困境的第一位重要的问题。伴随着生态文化的发展，文明的升华也必将随之而来。因此，生态文明与生态文化之间的关系是具体的正在变动中的现实关系，是正在和准备确立的人类与自然之间的新关系。生态文化要求人类抛弃人类中心主义的错误文化观，改变人与自然之间割裂甚至对立的思维方式，重新确立起人与自然之间和谐相处、互惠共生的可持续发展关系，培育并提倡生态价值观。生态文化作为人类社会一种全新的文化选择，将生态文明的内涵与理念赋予到人类社会发展领域的每一种文化现象之中。生态文明作为一种独立的文明形态，将生态文化作为自身生存与发展的理论基础。人类文化的发展与创新方向必将生态化，而人类文化生态化所追求的宗旨就是生态文明。总而言之，生态文明作为建立在生态文化基础之上的一个目标，是生态文化建设的核心与精华之所在，也是生态文化建设的宗旨与目标，更是生态文化建设的诉求与题中应有之义。

第二，生态文明引领生态文化建设的方向。生态文化的建设最终要归结到生态文明的方向上来。党的十八大突出强调了生态文明的地位和重要性，将其提升到与经济文明、政治文明等共同发展的高度上来，这就说明追求生态文明是当今社会发展的重中之重，那种摒弃自然而发展经济的模式已经无法适应现在高速发展的社会。然而，生态文明的发展必须以生态文化的思想作为观念指导。生态文化作为一种价值取向，主要讲求人与自然的和谐相处、互利共生，它标志着人与社会发展的新阶段，要求实现人与自然的和谐共生、可持续发展。在经济上，生态文明强调集约型的经济增长方式，否定传统的粗放型模式；在政治上，生态文明倡导民主决策，提倡广大公民的广泛参与。这都与和当今发展生态文明步伐一致的文化观相呼应。建立在此种生态文化观念基础之上的价值观念则是一种互利型的价值观，讲求努力克服传统人本思想文化观念之中的反生态性质，积极追求一种适用于人与自然和谐发展、共同持续进步的价值体系。这种价值观的基本原则是既要承认和肯定人类的基本需要以及合理消费，又必须要充分考虑到生态发展的客观需求。此种文化观要求我们必须努力寻求一种生态型的生产发展方式，走出一条人与自然和谐相处、互利共荣的可持续发展之路，最终走上以生态文明发展为方向的可持续发展道路。

第三，生态文明是生态文化建设的内在要求。在早期人类社会的图腾文化中，人类对自然的崇拜虽然带有极大的盲目性，却证实了人类早期生态意识和生态伦理的萌芽。随着社会的发展，农业文化慢慢出现，这使地球出现了一个灿烂辉煌的文明。但是，因为古代的人类无法客观地认识文化与文明之间的本质关系，所以早期人类对土地的不合理使用以及其他各种各样的生态学原因，最终导致原来充满生机的绿色土地变成了荒蛮的黄色沙漠。这些事实足以证明一个道理，那就是文明的演变与发展必须依靠文化的养育与支撑，如果支撑某一文明的文化发生变化，那么人类就必须通过文化的进步与更新来适应全新的生存环境。随着社会发展带来一系列资源与环境的危机，人类从祖先那儿集成下来的绿色意识开始觉醒，人们开始意识到必须创造新的生态文化来挽救支撑人类文明的环境，生态文化也正是在人类这种意识的觉醒之中才得以形成与发展的。如此可见，生态文化在人类庞大的文化体系中占据着举足轻重的地位，关系着人类的家园和人类的命运。文化的发展必然伴随着文明的进步，农业文明以及工业文明已经证明了人类以牺牲生态环境为代价而换

129

取的经济社会发展模式是不正确的。客观来讲，人类文明无论怎样演变与发展，都摆脱不了其对自然的依赖以及自然对它的约束。伴随着生态文化的发展，生态文明也必然产生。通过生态文化，人类必将重新审视自身的所作所为，抛弃过去忽视生态环境而片面追求经济增长的发展模式，积极推进建立一个与大自然和谐共处的绿色文明——生态文明。

三、生态文明建设是"五位一体"中国特色社会主义的必然诉求

随着中国特色社会主义建设实践不断深入，对"什么是社会主义，怎样建设中国特色社会主义，怎样发展中国特色社会主义"等问题的认识亦在逐步拓展与深入。党的十二大提出建设社会主义的物质文明和精神文明，即"两个文明"。以此为基础，党的十五大提出了建设社会主义的政治文明。党的十六大把建设生态良好的文明社会作为全面建设小康社会目标之一。党的十七大提出

第二章 "五位一体"生态文明建设的必然逻辑

"建设生态文明,基本形成节约能源资源和保护生态环境的产业结构、增长方式、消费模式"①。生态文明被写入中国共产党的党代会报告,这是中国特色社会主义理论体系的创新。十八大报告用了整整一个部分(第八部分"大力推进生态文明建设")强调生态文明建设在中国特色社会主义建设中的重要地位,报告指出,"建设生态文明,是关系人民福祉、关乎民族未来的长远大计",要"把生态文明建设放在突出地位,融入经济建设、政治建设、文化建设、社会建设各方面和全过程,努力建设美丽中国,实现中华民族永续发展"②。这表明我们党把生态文明建设同经济建设、政治建设、文化建设、社会建设一起纳入中国特色社会主义现代化建设的总体布局,从而形成中国特色社会主义事业"五位一体"总体布局。将生态文明建

---

① 胡锦涛:《高举中国特色社会主义伟大旗帜 为夺取全面建设小康社会新胜利而奋斗——在中国共产党第十七次全国代表大会上的报告》,北京:人民出版社,2007年,第20页。

② 胡锦涛:《坚定不移沿着中国特色社会主义道路前进为全面建成小康社会而奋斗——在中国共产党第十八次全国代表大会上的报告》,《人民日报》2012年11月18日。

设纳入"五位一体"总体布局，进一步强调了生态文明建设的重要地位和作用，不仅体现了党对生态文明建设的认识在不断深化、实践在不断深入，也体现了党对人类社会发展规律和社会主义建设规律的认识越来越深刻、对未来方向的把握越来越明确，还表明了生态文明建设是建设和发展中国特色社会主义的逻辑必然。若想更好、更准确地理解生态文明建设是中国特色社会主义建设的逻辑必然，那么在理论上必须要更加清晰地阐述社会主义生态文明有什么样的特点、生态文明与中国特色社会主义有何内在逻辑、中国特色社会主义生态文明建设的理论价值和实践意义何在等问题。

（一）社会主义生态文明的深刻内涵及理论特点

十八大以来，党把生态文明建设明确纳入"五位一体"总体布局的重要组成部分，这标志着中国特色社会主义生态文明的社会转型，标志着中国特色社会主义文明的重大进步，标志着中国特色社会主义理论的与时俱进。中国特色社会主义生态文明理论从整体性、全局性、系统性、历史性和发展性的视野展示了生态文明的中国特色，弘扬了中国传统文化的精华，吸收了世界先进文明成果，从而彰显了我国生态文明具有中国特色的社会主义性质、明确的方向、严格的原则和明显的优势。

1. 社会主义生态文明的内涵

首先，中国特色社会主义生态文明是体现有机整体性的生态文明。中国特色社会主义生态文明不仅具有生态文明的一般内涵，还有其独特的科学表达。它是关于人与自然、人与社会、人与人关系的文明成果，是人的全面发展与生态发展、经济发展、文化发展以及社会发展的有机统一，是中国特色社会主义生态有机体与社会有机体的和谐统一，体现了中国特色社会主义生态文明的系统整体性。十八大以来，党把中国特色社会主义生态文明上升为"五位一体"总体布局，彰显了我国生态文明的有机整体性。中国特色社会主义生态文明已然超越了仅局限于自然有机体的传统生态文明，将生态文明融入经济领域、政治领域、文化领域、社会领域之中，进而形成了具有有机整体性的中国特色社会主义生态文明。

其次，中国特色社会主义生态文明是具有统领全局性的生态文明。十八大以来，党将生态文明作为"五位一体"总体布局的重要组成部分，在此意义上所论及的中国特色社会主义生态文明超越了生态文明的一般含义，不仅彰显了我国生态文明的有机整体性，还凸显了我国生态文明所具有的全局性。自然界的生态文明固然重要，但人类社会的生态文明更重要，我们不仅要青山绿水，更要绿色食品、红色文化、廉洁政治及和谐社会。中国特色社会主义生态文明不仅指自然的生态文明，还应包括经济、政治、文化和社会都要实现生态文明，因此，中国特色社会主义生态文明是具有统领全局性的生态文明。

最后，中国特色社会主义生态文明也是具有历史发展性的生态文明。中国特色社会主义生态文明是人类生态文明成果的结晶。中国特色社会主义生态文明吸收了全人类的文明成果，是具有中国特色的生态文明，是中国化的马克思主义生态文明，是中国共产党人领导中国人民进行社会主义建设和改革的又一次理论飞跃所取得的重要成果。中国特色社会主义生态文明秉承了中国古代天人合一的生态思想，吸收了马克思主义生态文明理论，是对马克思主义生态文明理论、中国古代天人合一生态思想及资本主义工业文明的历史超越，是具有中国特色的马克思主义的生态文明，是具有历史继承性和发展性的生态文明。

2. 社会主义生态文明的理论特点

马克思、恩格斯著作中"社会主义"与"共产主义"两个语词表示的是同一个词项的内涵，指的是一种摒弃资本主义私有制，并将其改造成更高级公有制的新型社会形态。20世纪以来，随着科学社会主义理论与实践的不断发展，马克思主义者通常把共产主义社会的第一阶段称为社会主义社会。社会主义生态文明理论是马克思主义核心，即科学社会主义的重要组成部分。当今"生态"这一语词已渗透到各个领域，涉及范畴越来越广泛。"文明"一词源于拉丁语，原意为"公民在道德约束下的行为准则"，随着人类学的产生和发展，"文明"也变为广泛使用的语词。20世纪以后，"文明"一词逐步被引入各个学科，形成各种各样的定义。"生态文明"这一语词并不是"生态"与"文明"的简单组合，而是生态和文明这两个概念的有机结合。生态和文明这两个概念的结合不再单纯地指某物或某人，而是更加强调两者之间的关系。一方面是由生态为基础而引发的对人与自然关系的思考；另一方面是由文明引发的对人与人关系的思考。人与自然关系和人与人关系的实践原本就是在科学社会主义基础框架之中的。因此，社会主义生态文明便可以定义为研究在改变资本主义、建设社会主义的实践中处理好人与自然、人与人关系的一般规律的科学。社会主义生态文明研究的对象范围应包括两个社会形态和两个社会形态之间的过渡时期。资本主义的固有矛盾导致其不能从根本上解决生态问题，加之生态文明的基础性日益明显，生态文明的重要性便随着科学社会主义实践的推进而逐渐显现，尤其是在建设社会主义社会的实践中越发重要。社会主义生态文明理论的重要性之所以随着改变资本主义、建设社会主义过程的推进而逐渐显现，究其原因在于社会主义生态文明理论具有以下几个特点：

第一，社会主义生态文明理论的科学性。社会主义生态文明理论归属于科学社会主义，其能够合理地解释人与自然关系和人与人关系中的各种难题并有效地预见未来，无疑也是科学。我们要以科学的态度对待社会主义生态文明理论；要用科学的方法完整、准确地理解社会主义生态文明理论；要用时代眼光重新审读马克思主义理论经典著作，重新发掘那些有益于处理好人与自然、人与人两大关系的思想。

第二，社会主义生态文明理论的人民性。马克思主义是关于无产阶级和全人类解放的科学。其中，无产阶级是人民群众的核心部分，包含于人民群众之中。无产阶级只有解放全人类，才能最终解放自己。无产阶级利益和广大人民利益是一致的，所以马克思主义学说不仅反映无产阶级的利益，准确地说，更反映最广大人民群众的利益。作为科学社会主义的重要组成部分，社会主义生态文明研究的是处理人与自然、人与人关系的一般规律。社会主义生态文明理论强调给自然以平等态度和人文关怀，但这种"人与自然的和谐"有个前提，就是"人与人的和谐"。"人与人的和谐"会促进"人与自然的和谐"，"人与自然的和谐"反过来又能决定"人与人的和谐"。总之，人与自然、人与人关系都是紧紧围绕着无产阶级和全人类解放这个大主题，社会主义生态文明理论是为无产阶级和最广大人民群众服务的。

第三，社会主义生态文明理论的实践性。理论是实践的反映，是实践的结果，也会随着实践的发展而不断发展。社会主义生态文明理论在19世纪随着马克思主义的诞生而出现，但它没有停留在19世纪，而是随着科学社会主义实践的发展不断前行。中国共产党提出了中国特色社会主义建设"五位一体"总体布局，生态文明的重要性体现出我国的新发展理念，体现出"绿水青山就是金山银山"的强烈意识，也体现出中国共产党执政理念现代化的逻辑必然。这是社会主义生态文明理论在中国特色社会主义建设实践新阶段的新发展。

第四，社会主义生态文明理论的世界性。马克思于19世纪40年代末发出"全世界无产者联合起来"的号召。这个源于《共产党宣言》的号召证明了马克思主义的思想理论体系是超越各种地域、各种肤色和各种文化局限的。当今，同样具有国际性的经济全球化还在不断影响着世界。我们不能否定经济全球化存在积极影响的作用,但是如果认真研究发展中国家的状况就会发现,经济全球化也存在巨大的消极影响,其中有许多是和生态有关的。人与自然作为地球的共同成员,既相互独立又相互依存。人与自然的关系、人与人的关系两个问题在经济全球化的影响下,变得具有国际性。因此,社会主义生态文明理论必然会在全世界、全人类引起共鸣。

(二)生态文明与中国特色社会主义内在统一的逻辑必然

党的十八大以来,尤其是党的十九大对推进生态文明建设进行总体布局和战略谋划,把社会主义生态文明建设作为战略任务,并把生态文明建设作为中国特色社会主义"五位一体"总体布局的重要组成部分,这是对中国特色社会主义认识的深化,是对"什么是社会主义、怎样建设社会主义"的新突破,对于全面推进中国特色社会主义事业具有重大意义。为了更好地推进中国特色社会主义生态文明建设的发展,我们需要在理论上正确认识以下几个问题：为什么社会主义社会能够解决人与自然的关系，解决人类面临的生态危机，实现生态文明？中国的生态文明建设为什么具有社会主义的性质？生态文明建设在中国特色社会主义伟大事业中处于什么样的地位？回答了这些问题，才能够真正从理论上认识清楚中国特色社会主义与生态文明的关系，从而推动中国特色社会主义生态文明建设的发展。

1. 生态文明建设的社会主义方向依赖于中国特色社会主义制度的保证

马克思、恩格斯曾肯定了资本主义制度在推动生产力发展方面的功绩，"资产阶级在它的不到一百年的阶级统治中所创造的生产力，比过去一切世代创造的全部生产力还要多，还要大"①。他们同时也指出资本主义生态环境恶化的根本原因就在于资本主义制度，在资本主义制度下无法解决人类的生态危机。在资本主义私有制下，资本主义对利润最大化的追逐，阻挠了其在社会层面和实践层

---

① 《马克思恩格斯选集》(第1卷)，北京：人民出版社，1995年，第277页。

面及时推进生态文明建设的努力。发达资本主义国家在发展经济、追求利润最大化的同时，消耗了大量的资源，生产了全球绝大部分的有害废料，成为全球环境污染的始作俑者。但是它们在发展起来后仅仅关注环境污染和资源短缺对本国可持续发展的负面影响，并利用不合理的政治秩序国际分工，将资源环境的危机转嫁给广大发展中国家和欠发达地区。从整体上看，发达资本主义国家经历的是先发展后环保、先破坏后修复、先污染后治理，牺牲环境换取经济增长的发展模式。

社会主义制度是对资本主义制度的超越，包含着对工业文明的反思，从而使生态文明成为社会主义的内在要求和根本属性。在资本主义制度下，人与自然的关系是一种破裂的状态，因此，人类同自然的和解必须以人类本身的和解为前提，"要实行这种调节，仅仅有认识还是不够的。为此，需要对我们的直到目前为止的生产方式，以及同这种生产方式一起对我们的现今的整个社会制度实行完全的变革"①。也就是说，必须变革资本主义的生产关系和社会制度，从而解决人与自然的和谐发展的问题。

社会主义实行生产资料公有制能够解决资本主义的基本矛盾和生态危机，实现真正的生态文明。因为，在生产资料公有制的条件下，社会发展的最终目的不是追逐利润的最大化，人们的社会生产活动有计划地进行，从而可以避免资源的浪费、环境的破坏、生产的过剩甚至人口的无序增长，真正实现了人与自然的和谐统一。因此，社会主义社会是实现了人与自然之间、人与人之间"两大和解"的社会。

社会主义制度的本质决定它在实践中更能维持可持续发展，实现社会和谐、人的全面发展，生态文明只有在社会主义社会才能够得到充分展现。生态文明代表了更高级的人类文明形态，是对工业文明的超越，社会主义代表了更美好的社会理想，是对资本主义的超越，两者内在的一致性使它们能够互为基础、互为发展。生态文明为社

---

① 《马克思恩格斯选集》(第4卷)，北京：人民出版社，1995年，第385页。

会主义理论与实践的不断深化提供了发展空间,而社会主义为生态文明的实现提供了制度保障。

2. 建设生态文明是中国特色社会主义的重要组成部分和本质要求

建设生态文明是中国特色社会主义建设实践发展的需要。随着人们的生活水平的提高,人们对生活质量提出了更高的要求,对洁净的空气、干净的饮水和绿色的食品等生态条件和良好生态环境的需求越来越迫切。良好的生态环境是最公平的公共产品,成为最普惠的民生福祉。没有良好的生态条件,人民就不可能有高质量的物质和精神生活享受,小康全面不全面,生态环境是关键。我国经济在快速发展过程中,带来了环境污染和一系列的生态问题。面对资源约束趋紧、环境污染严重、生态系统退化的严峻形势,党的十八大提出,必须树立尊重自然、顺应自然、保护自然的生态文明理念,把生态文明建设放在突出地位。[①] 如果我们不加强生态文明建设的自觉性,就有可

[①] 中共中央文献研究室:《十八大以来重要文献选编》(上),北京:中央文献出版社,2014年,第30页。

能丧失辛苦创造出来的文明成果。

中国特色社会主义社会是全面发展与进步的社会,中国特色社会主义的全面发展与进步是经济、政治、文化、社会、生态等建设协调发展的结果,这五位之间紧密关联,相辅相成,统一于中国特色社会主义的伟大实践。因此,必须把生态文明建设"融入经济建设、政治建设、文化建设、社会建设各方面和全过程,努力建设美丽中国,实现中华民族永续发展"①。党的十八大把建设生态文明作为中国特色社会主义事业中一项重要的战略任务,并写入中国共产党全国代表大会的政治报告,凸显了生态文明建设的重要性和紧迫性。在十八大提出的"五位一体"总体布局中,生态文明建设居于基础性的地位。

第一,生态文明建设融入经济建设,能够更好地促进经济建设的发展。物质文明的发展为精神文明、政治文明和生态文明的发展提供了物质前提和基础。但粗放的经济发展方式使我国的生态环境承受着巨大的压力,这就

---

① 中共中央文献研究室:《十八大以来重要文献选编》(上),北京:中央文献出版社,2014年,第30~31页。

要求经济建设按照促进人与自然和谐发展的要求，实现粗放型向集约型增长方式转变。把生态文明建设融入经济发展，就是要合理地利用自然资源，并提高资源的循环利用能力，改变高消耗、高污染、高排放的生产模式，促使资源消耗型经济发展向资源节约型、环境友好型的转变，形成节约资源和保护环境的空间格局、产业结构、生产方式、生活方式。

第二，生态文明建设融入政治建设，能够促进政治制度和体制的变革与完善。政治建设为中国特色社会主义提供正确的政治方向和稳定的政治环境，而把生态文明纳入政治建设之中，借助国家力量的强制力和引导力，可以推动人类生态环境危机的化解及人与自然的和谐发展。生态环境也影响着政治区域的结构、功能，制约着政治区域内系统的运行以及政府高层决策者的政治举措，促进政治体制改革的发展。只有把环境问题纳入政府决策、公民政治参与、国际政治行为等过程中，才能正确地解决政治建设与生态文明建设的关系。

第三，生态文明建设融入文化建设，能够促进生态文化的形成,为中国特色社会主义提供思想保证和强大智力支持。生态文明建设需要全社会树立全面的生态意识并努力建设生态文化。生态文化是人类在处理与自然的关系的过程中,由人对自然的掠夺、破坏逐渐转变为对自然的尊重,促进人与自然和谐发展而形成的文化的总和。人类需要不断地调整自己的文化来与环境和谐共进。生态文化建设的任务是"加强生态文明宣传教育,增强全民节约意识、环保意识、生态意识,形成合理消费的社会风尚,营造爱护生态环境的良好风气"。

第四,生态文明建设融入社会建设,能够提升社会整体文明程度,推进社会文明建设。社会建设是中国特色社会主义社会进步的体现,社会主义和谐社会中的"和谐"包括人与人、人与自然、人与社会的和谐,人与自然的生态和谐是基础,没有人与自然的生态和谐,就没有人与人的社会和谐。人类社会要发展,只有实施生态文明,对自然资源进行合理开发、利用,实现社会与生态环境的协调发展,才能保障社会发展进步。

第五,生态文明是中国特色社会主义文明体系不可或缺的组成部分。若没有自然环境持续地提供资源、能源和良好的生态环境，人民就不会有丰富的物质生活、崇高的政治信仰、高尚的精神追求。可见，物质文明、政治文明和精神文明的前提和基础都是生态文明。生态文明的成果也会在人们建设物质文明、政治文明和精神文明的过程中加以体现和获得。因此，中国特色社会主义的物质文明、政治文明、精神文明、社会文明与生态文明建设，是相互促进、互为条件、不可分割的整体。

3. 生态文明与中国特色社会主义之间联系的必然

社会主义制度保证了社会主义与生态文明结合的应然，而要使中国特色社会主义生态文明真正具有社会主义的性质就必须在理论上弄清楚这两者之间能不能结合在一起以及如何结合在一起这两个重要问题。唯有如此才能真正说清楚中国的生态文明建设是具有社会主义性质的。

第一，中国特色社会主义与生态文明之间具有一致性。其一，两者在处理人与自然的关系上是一致的。以人为本既是建设生态文明的首要原则，也是建设社会主义必须遵循的原则。生态文明反对人类中心主义和生态中心主义，认为人虽然是价值的中心，但不是自然的主宰，要实现人的全面发展必须促进人与自然的和谐。中国特色社会主义要追求的目标也是要实现以人为本，解决人与自然、人与社会、人与人之间的矛盾，而人与自然之间的和谐在其中居于突出位置。因此，当中国共产党提出构建社会主义和谐社会、建设美丽中国、实现中华民族永续发展，并将其作为中国特色社会主义任务之时，已经把实现人与自然和谐相处、建立生态文明纳入社会主义建设事业之中了。其二，两者在社会发展观上是一致的，都强调社会的可持续发展。生态文明反对资本主义为实现利润最大化，对自然界的无限制掠夺和破坏，强调在保证经济发展的同时必须符合生态原则。当前中国特色社会主义发展面临的外部条件和内部环境的变化，都要求我们必须摆脱原先那种片面注重经济的发展模式，形成节约资源和保护环境的空间格局、产业结构、生产方式、生活方式的新的适应时代潮流的发展模式。中国的发展必须是"绿色"的发展，是全面、协调和可持续的发展。其三，两者在价值追求上是一致的。社会主义和资本主义两种制度

第二章 "五位一体"生态文明建设的必然逻辑

的优劣，不仅要看谁的生产力发展水平高，还要看谁能实现社会公平正义和共同富裕，谁能实现经济社会的可持续发展和人的自由全面发展，谁能促进人与自然、人与社会的和谐。中国特色社会主义是实行生产资料公有制和按劳分配的经济制度以及人民当家做主的政治制度的社会主义，不以追求利润的无限扩张为目的，而以实现人民大众的根本利益为立足点和出发点，把经济社会的全面协调可持续发展和人的自由全面发展作为根本目标。生态文明也倡导建立稳定的社会体系，保障人的发展、社会平等和社会正义，从而促进人与自然的和谐发展。因此，两者在价值追求上是一致的，都要求实现公平和公正。

第二，中国共产党的领导保证了中国生态文明建设的社会主义性质。中国共产党是中国特色社会主义事业的领导核心，党的领导也是中国生态文明具有社会主义性质的重要保证。中国共产党始终把人民的利益作为自己一切工作的出发点，也始终重视生态环境的保护，并推动生态文明建设不断向纵深发展。可以说，提出建设中国特色社会主义生态文明是中国共产党始终坚持和履行党的宗旨的重要体现。提出生态文明建设的任务，是中国共产党全心全意为人民服务的体现，是历史发展的需要，也是社会可持续发展的需要。在生态环境危机全球化的时代，生态环境恶化已成为世界性的问题。中国作为负责任的大国，中国共产党作为负责任的政党，提出建设生态文明不仅是为了实现社会的可持续发展，也是对人民群众负责、对子孙后代负责，更是为世界生态环境保护做出重要贡献。

（三）建设生态文明是中国特色社会主义应有之义

生态文明是人类在遵循自然社会发展客观规律的前提下，在改造主客观世界的实践过程中所取得的一切积极成果的总和。其目的在于促进和实现人与自然、人与社会以及人与人自身关系共生共进的一种进步与和谐状态。我们当前正在开展的社会主义生态文明建设是中国特色的社会主义生态文明。中国特色社会主义就是指立足于我国现阶段的基本国情，对我国社会主义的民族特性、历史传统、现实情况和发展程度所做出的正确定位。处于社会主义初级阶段的中国特色社会主义建设正面临着向工业化、城市化、现代化发展的使命，而实现工业化、城市化和现代化的自然禀赋先天不足，资源匮乏、能源短缺、环境污染、生态破坏等问题日益凸显，这就迫切要求我们必须彻底抛弃西方工业化国家"先污染、后治理"的发展模式，理性地选择一条工业文明和生态文明并举、共同发展的中国式道路，在关注经济发展、政治稳定、文化繁荣和社会和谐的同时，关注生态环境保护，实现人与自然、社会的全面、协调、可持续发展。生态文明建设是科学社会主义的重要内容，体现社会主义的基本原则。一方面，社会主义初级阶段的基本国情决定了我们必须要坚持科学社会主义的本质特征和核心价值，正确处理好人、自然、社会、经济、政治、文化发展之间的相互关系，在批判吸收和借鉴以往社会历史发展经验教训的基础上，创造出一种以人的全面发展为宗旨的、超越资本主义的生活方式和发展方式。另一方面，生态文明的建设和最终的实现是一个长期的过程，它需要通过坚持走可持续、协调发展的道路,有效处理好生态文明建设与社会主义社会的经济、政治、文化和社会发展之间的相互关系,以此来促进人与自然、社会及人自身关系的和谐共生。这也是建设生态文明的本质要求和核心价值所在。因此,从根本上讲,坚持科学社会主义的本质要求和建设生态文明的价值要求是一致的。建设社会主义生态文明,正确处理人与自然、人与社会、人与人之间的关系,实现人的发展、社会的进步与生态环境的优化三者的协调发展、共生共荣,既是社会主义的本质要求,也是社会进步、文明发展的内在要求,理所当然是中国特色社会主义应有之义。马克思在论及人与自然、社会关系时指出,"共产主义是私有财产即人的自我异化的积极扬弃,是人向自身、向社会即合乎人性的复归。它是人和自然界之间、人和人之间的矛盾的真正解决"①。

1. 生态文明体现中国特色社会主义的基本原则

与传统社会主义相比,中国特色的社会主义最鲜明之

---

① 《马克思恩格斯文集》(第1卷),北京:人民出版社,2009年,第185页。

处就在于"以人为本"。这里所说的"人"不再是农业文明下的"自然人",也不是工业文明中所拥有资本的"少数人",而是涵盖了广大人民群众,是个人与整体、少数人与多数人、当代人与未来人的有机联系的整体。"本"的内涵也不再是工业文明时代狭隘地满足的个体欲望,而是指人的存在之本、发展之本以及人的自我价值之本。坚持以人为本,就是要把人民的利益放在第一位,关注人们的生活质量、发展潜能和提升幸福指数,把促进人的自由而全面发展作为其旨归。在工业文明涅槃的痛苦中破茧而出的生态文明也坚持"以人为本"的价值要求和取向,倡导正确处理人与自然、社会之间的关系,实现人的发展、社会的进步与生态环境的优化三者之间的协调发展。因此,中国特色的社会主义与生态文明有着共同的基本原则和价值目标,即坚持以人为本,实现人的自由和全面的发展。

2. 生态文明是践行科学发展观的要义

社会主义生态文明建设不仅要求坚持以人为本,促进和实现人的全面发展,而且强调坚持科学的、可持续的、协调发展的思路来实现人与自然、社会的和谐关系。它要求人们树立经济、社会和生态环境协调发展的新的发展观。作为中国特色社会主义的最核心内容的科学发展观，其第一要义是发展。这里所说的发展，不是单向度的平面伸展，而是多向度的立体拓展，必须是兼顾城乡、协调区域、统筹经济社会、和谐人与自然、平衡国内和对外开放等综合性的发展。其本质要求是强调经济社会的发展必须与自然生态的保护相协调，努力实现经济发展和人口、资源、环境相协调，促进人与自然的和谐共处，推动整个社会走上生产发展、生活富裕、生态良好、社会和谐的新型文明发展道路。就目前中国的国情而言，要落实科学发展观，最重要、最基本的内容就是"统筹人与自然和谐发展"。只有以尊重和维护生态环境为出发点，了解人与自然关系的发展变化，理解人与自然相互作用的规律，才能实现人与自然的和谐相处，才能着眼人类与自然整体协调发展，兼顾人类当前利益与长远利益，最大限度地实现人类自身的利益和保持人类的可持续发展。这也正是我们建设生态文明的核心要义和本质要求。因此，生态文明与科学发展观的本质特征和核心价值是根本一致的，两者共同构成了一个密不可分的系统体系，落实科学发展观，须以建设中国特色生态文明为基点，而建设中国特色生态文明又是实践科学发展观的最强音。

3. 生态文明是和谐社会建设的基础和保障

正如上文所述，和谐社会不仅包含着人与社会的和谐和人生命本体的和谐，而且应内含着人与自然的和谐。人与自然的和谐是构建和谐社会的基础和前提。"人与人之间的和谐和人与自身之间的和谐寓于人与自然之间的和谐之中。尽管人与自然之间的和谐必须以人与人之间的和谐、人与自身之间的和谐为其社会条件，但毫无疑问，人与自然之间的和谐必然成为人与人之间的和谐、人与自身之间和谐的基础，还会成为整个社会文明体系的基础。"[1]在改革向纵深发展的中国，社会管理和建设中凸显出一些不平衡、不协调的矛盾：城乡差别、工农差别、地区差别、收益分配差别扩大，资源、能源耗竭，环境污

---

[1] 陈学明:《生态文明论》,重庆:重庆出版社,2007年,第28页。

染加重,民生问题凸显等。要解决这些棘手的问题,根本出路就在于从制度上、体制上,努力建设一个"民主法治、公平正义、诚信友爱、充满活力、安定有序、人与自然和谐相处的社会主义和谐社会",而其中人与自然的和谐相处能够有力地带动、促进人与社会、人与自身的和谐,是保障其他一切事业顺利推进的前提和基础。生态文明作为新型的、面向未来的文明形态,辩证地汲取、有机地整合了人类发展过程中一切文明的积极与合理因素,并且通过最佳体现人与自然生态和谐一致的关系,使人的生存与发展不断地趋于优化、和谐。[①]

(四)社会主义生态文明建设的理论价值和实践意义

全球生态危机表明,工业文明已经开始走下坡路,并正在走向衰落;生态文明作为新文明正在兴起,将成为人类的新文明。十八大以来,中国共产党将建设生态文明作为国家发展战略,生态文明建设已深刻融入和全面贯穿

[①] 赵正全:《论确立生态价值观与生态财富观》,《岭南学刊》2008年第5期,第10~15页。

经济建设、政治建设、文化建设和社会建设的"五位一体"发展战略,大力推进生态文明建设是建设和发展中国特色社会主义的道路,是中华民族伟大复兴之路。道路决定命运,道路改变命运,社会主义生态文明建设具有重要的理论价值和深刻的实践意义。

1. 社会主义生态文明建设的理论价值

十八大以来,党极为重视生态文明建设,并形成了包括生态文明建设在内的中国特色社会主义"五位一体"总体布局,把生态文明建设提升到中国特色社会主义现代化建设总体布局中,提升到与中国特色社会主义经济建设、政治建设、文化建设、社会建设并列的战略高度,这是中国特色社会主义建设在理论上的重大突破,具有重要的理论意义。

第一,生态文明建设思想的提出是对中国特色社会主义事业总体布局的进一步完善。中国特色社会主义事业的总体布局,就是作为统一整体的中国特色社会主义事业的结构和格局的战略安排。中国特色社会主义事业从"总体布局"概念的提出到"五位一体"总体布局的形成，是党在深刻总结中国特色社会主义建设历史经验的基础上逐步确立和形成的，历经了漫长而艰辛的探索过程。在社会主义现代化建设"总体布局"这一概念尚未正式提出之前，早在党的十二大报告中，邓小平就第一次提出了"建设有中国特色的社会主义"的命题，并明确提出推进"两个文明建设"（社会主义物质文明建设和社会主义精神文明建设）思想，"两个文明建设"的论述、"两个文明一起抓"的战略方针为中国特色社会主义事业总体布局的正式形成奠定了基础。党的十二届六中全会通过的《中共中央关于社会主义精神文明建设指导方针的决议》中最早出现"总体布局"这一概念。党的十三届四中全会后，党在领导中国改革开放和现代化建设的实践中进一步提出在建设社会主义物质文明和精神文明的同时，要建设中国特色社会主义政治文明，至此"三位一体"总体布局形成。党的十六大以来，十六届四中全会提出构建社会主义和谐社会的重大任务，明确了社会建设在中国特色社会主义事业总体布局中的战略地位。随着经济社会的不断发展，中国特色社会主义事业的总体布局由"三位一体"发展为"四位一体",即经济建设、政治建设、文化建设和社会建设。中国特色社会主义建设面临资源约束趋紧、环境污染严重、生态系统退化的严峻形势,党的十八大报告明确提出把生态文明建设放在突出地位,融入经济建设、政治建设、文化建设、社会建设各方面和全过程。党的十九大报告明确中国特色社会主义事业总体布局是"五位一体",从而形成中国特色社会主义事业"五位一体"总体布局,即经济建设、政治建设、文化建设、社会建设和生态文明建设。中国特色社会主义事业总体布局的演进过程,充分体现了我们党对中国特色社会主义建设规律的认识又达到了一个新的高度,体现了中国共产党与时俱进的理论自觉和不断创新的时代精神。

第二,生态文明建设思想的提出是对中国特色社会主义文明认识的深化和拓展。作为中国特色社会主义事业领导核心的中国共产党,对中国特色社会主义文明的认识是在长期的实践过程中不断丰富、发展和逐步深化的。自党的十二大提出物质文明、精神文明都要抓,到党的十六大提出政治文明,党的十七大提出生态文明,再到党的十八大和十九大提出将生态文明纳入中国特色社会主义总体布局,这个过程充分体现了中国共产党人对社会主义文明认识的逐步深化。中国特色社会主义物质文明、精神文明、政治文明、社会文明和生态文明这五种文明形态,共同构成了一个内容丰富、系统完整的中国特色社会主义文明体系。只有正确协调好这五种文明形态之间的相互关系,全面推进五大文明建设,才能使中国真正走上经济富强、政治稳定、文化繁荣、社会和谐、生态良好的科学发展道路。

第三,生态文明建设思想的提出是马克思主义生态文明理论在当代中国的创新发展。马克思主义理论根本宗旨在于人的解放与全面发展和自然的解放与高度发展,并将此作为追求的最高价值归旨贯穿到自己的学说之中。也就是说,马克思、恩格斯始终对人类命运、人类解放给予了极大关注,其思想中蕴含着丰富的人与自然、社会与自然的关系思想。马克思认为,人与自然是相互联系、相互影响、相互制约、相互作用的内在统一整体,人类依赖于自然界,自然界为人类生存和发展提供必要的生产资料和生活资料的来源，人类还是自然界重要的组成部分；但人同时也是社会的产物，具有高于自然物质的社会属性，其表现形式为理性、道德和劳动生产能力，人类不但具有改变自然界的能力，同时人类应该尊重自然规律，保护生态环境，实现人与自然的和谐发展。与此相反，资本主义工业文明的价值观则是把经济增长本身作为目的，其理论实质是以物为中心，以物为本，只见物不见人，只见经济不见生态，人和自然都客体化、工具化了，成为少数资产占有者发财致富的工具（手段），这就形成资本主义文明和工业文明的反人（社会）性和反自然（生态）性的特质。中国生态文明建设思想的提出，不仅指明了人与人的发展是科学发展、和谐发展的终极目标，而且指明了自然与生态发展是科学发展、和谐发展的终极目标。我们建设的社会主义生态文明，是人性化和生态化的崭新社会主义现代文明，它的终极目标是既要保证满足全体人民的可持续生存与全面发展的需要，又要保证满足非人类生命物种可持续生存与生态系统健康发展的需要。这是建设生态文明、发展循环经济、和谐社会建设实践选择的两重目的与终极价值尺度,是自然、人、社会和谐统一为导向的生态文明理论与实践的基本价值取向,也是探索中国特色社会主义生态文明道路的理论归旨。我们确立人和自然都是发展的终极目标的两重价值取向理论,不仅是经济智慧的升华,而且是生态智慧的升华;不仅是生存智慧的升华,而且是发展智慧的升华。中国共产党人提出生态文明建设这一重要目标,是在马克思主义生态思想逻辑框架基础上构筑起来的,是将马克思主义关于生态文明理论与方法运用于中国当代实际所形成的理论成果,是中国化马克思主义生态文明观的集中体现。

第四,生态文明建设思想的提出是中国共产党对我国生态环境建设实践的经验总结和理论升华。中国共产党在长期领导中国社会主义现代化建设和改革过程中,始终高度重视生态环境建设问题。以毛泽东为核心的第一代中央领导集体在积极推进我国向工业、农业、国防和科学技术现代化目标迈进的过程中,也反复强调保护环境的重要性,积极开展了环境保护、植树造林等生态保护工作;改革开放以后,以邓小平为核心的第二代中央领导集体适应时代发展新形势的要求,更加充分地认识到生态建设和环境保护的重要性,积极借鉴和吸收世界各国环境保护与建设的有益经验,紧密结合中国改革开放实际提出了"可持续发展"的思想;以江泽民为核心的中央领导集体在继续推进中国特色社会主义现代化建设过程中,将"可持续发展"思想上升到更加重要的国家战略高度,并将其确定为我国经济社会发展的重要指导方针;党的十六大之后,以胡锦涛为总书记的党中央紧密结合中国特色社会主义新的实践,明确提出了建设生态文明的新目标;党的十八大以来,以习近平同志为核心的党中央把建设生态文明作为事关中华民族伟大复兴的重要内容,并将其正式纳入中国特色社会主义现代化建设总体布局之中。这充分反映了我们党对人类社会发展规律、中国特色社会主义建设规律认识的不断深化,表明我们党对生态文明建设在经济社会发展全局中的重要地位及作用的认识达到了一个全新的高度和境界。

2. 社会主义生态文明建设现实意义

"五位一体"总体布局突出了生态文明建设的重要地

位，这从根本上体现了党对 21 世纪新阶段我国基本国情和时代特征的科学判断，对人类社会发展规律和中国特色社会主义建设规律的深刻把握。建设生态文明不仅具有重要的理论价值，而且具有深刻的实践意义。

第一，生态文明建设破解了经济发展的矛盾和困境。生态文明建设是破解资源利用、环境保护与经济发展矛盾困境，实现经济健康稳定可持续发展的重要基础。工业文明的进步，使人类在对自然界的强力征服中形成了粗放型的经济增长方式，这种传统经济增长方式在推进生产力发展、取得巨大物质财富的同时，由于忽视社会经济系统与自然生态系统间的物质、能量和信息交换、传递、迁移、循环等规律，导致严重的生态环境问题和生态危机。中国作为发展中国家也不可避免地陷入资源利用、环境保护与经济发展之间的矛盾。中国虽然资源丰富，但资源禀赋较差，时空分布不均，人均占有量少，再加之资源利用率低，而单位产出的资源消耗高，这种粗放型经济增长方式始终没有得以根本转变。改革开放以来，中国持续而快速增长的经济恰恰是在以消耗资源和牺牲环境为代价

第二章 "五位一体"生态文明建设的必然逻辑

的条件下实现的。党和国家已经深刻认识到：发展经济固然重要，但不能以牺牲资源和环境为代价，自然生态对经济社会可持续发展意义重大，正如十八大所强调的"面对资源约束趋紧、环境污染严重、生态系统退化的严峻形势，必须树立尊重自然、顺应自然、保护自然的生态文明理念，把生态文明建设放在突出地位"[1]。这里强调的"把生态文明建设放在突出地位"就是为了保护自然生态，保护自然生态的目的则是实现经济健康稳定可持续发展。生态自然是经济发展的基础。事实上，经济系统本身就是生态系统内部的一个开放的子系统，需要不断地同周围生态系统进行物质和能量的交换并使系统保持动态平衡。一旦经济系统的废弃物排放量超出了自然生态环境所能够容纳的污染物的最高数量的界限，自然界生态系统的平衡就会遭到破坏。生态自然之于经济具有重要的基础性作用，为社会经济提供可资利用的自然资源，离开生

---

[1] 胡锦涛：《坚定不移沿着中国特色社会主义道路前进为全面建成小康社会而奋斗——在中国共产党第十八次全国代表大会上的报告》，北京：人民出版社，2012年，第39页。

态环境这一前提条件,经济是不可能发展的。马克思指出,"没有自然界,没有感性的外部世界,工人什么也不能创造"①。同时,只有合理利用资源、保护生态环境,才能促进经济社会健康可持续发展。要保护生态自然就要提倡绿色消费观念和消费行为,这必将导致社会消费结构的改变,进而需要调整社会的产业结构、技术结构和产品质量,形成绿色消费需求与经济增长之间的良性循环。这就必然要求加强生态文明建设,生态文明建设才是解决资源利用、环境保护与经济发展两难困境的根本出路。生态文明建设有助于环境保护与经济发展的良性互动:良好生态环境是经济发展的重要基础和根本保障,而转变经济发展方式也是生态文明建设的重要推动力。因此,必须在经济发展方式转变中为生态文明建设的市场主体创造更好的市场获益空间以推动生态文明建设,更要在生态文明建设实践中积极探索经济发展方式的转变;"加快推进生态文明建设是加快转变经济发展方式、提高发展质量和

---

① 《马克思恩格斯选集》(第1卷),北京:人民出版社,1995年,第42页。

第二章 "五位一体"生态文明建设的必然逻辑

效益的内在要求"①。

第二,生态文明建设助推了社会主义民主法治建设和政治建设。生态环境问题已不仅是一般意义上的经济问题,还是重大的政治问题,生态文明建设能否取得切实的效果,关乎中国特色社会主义建设的全局和整个社会的稳定。中共中央、国务院在《关于加快推进生态文明建设的意见》中指出,加快推进生态文明建设"是坚持以人为本、促进社会和谐的必然选择,是全面建成小康社会、实现中华民族伟大复兴中国梦的时代抉择"②。生态文明建设不仅融入、贯穿于政治建设之中,还与经济建设一样构成政治建设的基础,是政治建设的助推力。

生态文明建设推进了社会主义民主政治建设。党的十八大提出,"社会主义协商民主是我国人民民主的重要

---

① 中共中央、国务院:《关于加快推进生态文明建设的意见》,新华网:http://www.xinhuanet.com/politics/2015-05/05/c_1115187518.htm。
② 中共中央、国务院:《关于加快推进生态文明建设的意见》,新华网:http://www.xinhuanet.com/politics/2015-05/05/c_1115187518.htm。

形式"①。 这里的"协商民主"就是指在党的领导下，各个政党、阶层、团体、群众对共同关心的问题所采取的进行协商的方式，从而形成各方都可接受的决策方案以求得整体发展的实现。 生态文明建设是有益于社会、国家、组织和个人等社会公共利益的系统工程，是社会各类主体共同关注关心的问题，它必然需要通过协商民主的形式来解决。 在全社会范围的生态文明建设中，既需要政府自上而下的推动，也需要企事业单位、社会组织的积极加入，更需要广大人民群众自下而上的参与。 社会各类主体在广泛参与生态文明建设中积极关注自身的生态环境权利，同时勇于承担生态环境责任，这必然会推进社会主义民主政治建设，使社会主义民主制度更加完善、民主形式更加丰富，使人权得到切实尊重和保障。

生态文明建设促进了社会主义法治的建设和完善。一直以来，党和国家都特别强调依法治国，将依法治国基

---

① 胡锦涛：《坚定不移沿着中国特色社会主义道路前进为全面建成小康社会而奋斗——在中国共产党第十八次全国代表大会上的报告》，北京：人民出版社，2012 年，第 26 页。

第二章 "五位一体"生态文明建设的必然逻辑

本方略的全面落实作为全面建成小康社会的重要目标和根本途径,强调全面推进依法治国,实现国家各项工作的法治化。国家各项工作的法治化,其中自然也包括生态文明建设的法治化,法律是治国之重器,良法是善治之前提。十八届三中全会指出,"建设生态文明,必须建立系统完整的生态文明制度体系,实行最严格的源头保护制度、损害赔偿制度、责任追究制度,完善环境治理和生态修复制度,用制度保护生态环境"[①];十八届四中全会进一步强调,"加快建立系统完整的生态文明制度体系,引导、规范和约束各类开发、利用、保护自然资源的行为,用制度保护生态环境"[②]。建设中国特色社会主义法治体系必须坚持立法先行,必须发挥立法的引领与推动作用。从中西方生态文明建设的实践经验来看,通过生态文明的立法形式推进生态文明建设已成为必然。从近年我国生

---

① 《中共中央关于全面深化改革若干重大问题的决定》,人民网: http://cpc.people.com.cn/n/2013/1115/c64094-23559163.html。
② 《中共中央关于全面推进依法治国若干重大问题的决定》,新华网:http://www.xinhuanet.com/politics/2014-10/28/c_1113015372.htm。

态文明建设的现状上看，在不断推进生态文明建设过程中，我国已提出建设生态省、生态市、生态园区、生态社区以及发展生态型经济（包括生态农业、无污染工业、循环经济）等可持续发展的目标，并依据具体情况采取诸多切实可行的措施，但我国生态环境恶化的情势并没有得到根本遏制，从某种意义上表明我国生态文明的法治建设明显滞后，不仅远远落后于发达国家的生态法治水平，也不能适应目前我国生态文明建设的客观需要。生态文明建设的客观形势需要进行生态文明本身的立法；需要全面清理现行法律法规中与加快推进生态文明建设不相适应的内容，加强法律法规间的衔接；需要加快制定有利于生态文明建设的专项法规、办法和标准，进行相关环境保护和资源开发利用、管理的法律制度创新；需要调整一系列相关法律，建立和完善生态文明实践的法制体系。总之，只有加强生态文明法律法规的建立和完善，才能逐步把生态文明建设纳入法制化轨道，进而促进社会主义法治的建设与完善。

生态文明建设融入并贯穿于政治建设，为政治文明建

第二章 "五位一体"生态文明建设的必然逻辑

设注入新的活力。生态文明建设与政治文明建设不同:生态文明建设是人类保护自然生态环境与恢复自然生态环境的一切活动,其主体可以是任何组织与个人;政治文明建设是政治主体借助政治权威,运用政治权力保护或改造自然、社会以及自身的政治活动,其主体只能是特定的组织或个人。不仅如此,生态文明社会的政治与工业文明社会的政治也不同:工业文明社会的政治的主要特征体现为资本专制主义,资本增值是资本主义社会发展的主要动力源泉,资本追求的唯一目标就是利润最大化,为实现资本利润的最大化这一目标,则必须维护资本主义经济和政治制度,资本专制主义必然导致全球性社会危机和生态危机;生态文明社会的政治强调保障人权和民主,十八大报告指出"人民民主是社会主义的生命,坚持国家一切权力属于人民,不断推进政治体制改革"[1],这表明政治文明最直接的表现就是推进民主政治发展,维护人民群众的根

---

[1] 胡锦涛:《坚定不移沿着中国特色社会主义道路前进为全面建成小康社会而奋斗——在中国共产党第十八次全国代表大会上的报告》,北京:人民出版社,2012年,第26页。

本利益。社会主义生态文明社会的政治实际上是一种坚持"以人为本"、人民民主的政治。生态文明"以人为本"的政治建设实际上是从资本专制主义向人民民主主义的发展。虽然生态文明与政治文明有所不同，但在内容上相互交叉、相互包含，一些生态政治运动、绿色环境政治运动及生态政治思潮的兴起就既属于生态文明的内容又属于政治文明的内容。构建资源节约型和环境友好型社会，倡导绿色政治文明不仅是政治文明建设应有的内容，也反映了人民群众的愿望和根本利益，有利于构建和谐社会，这充分体现了政治文明的本质特征。同时，生态文明与政治文明又相互依托、相互促进、共同发展。一方面，生态文明建设同物质文明建设一道构成政治稳定的条件，为政治文明建设提供重要基础和前提，在一定条件下，生态环境问题如生态环境退化能够导致经济基础衰退，政治结构不稳定甚至可以引发政治动荡和政治冲突。另一方面，生态文明建设又积极地推动政治文明的发展，这主要表现在：其一，生态文明以倡导人与自然和谐的思想观念扩展了政治文明建设的内容，促使政治上的民主、平等、公正等意识不仅体现在人与人之间,而且体现在公正、平等地对待万物众生及尊重自然生命权利上。在政治文明建设中,关注生态环境、创建绿色政治文明既丰富了政治文明建设的实质内容,又拓宽了政治文明建设的视域。其二,社会主义生态文明对政治建设提出了新要求。生态文明建设要求政府必须以保护生态环境、实现人与自然和谐为己任进行制度安排和政策法规制定;要从维护人类生存与发展根本利益出发,并坚持眼前利益服从长远利益、局部利益服从全局利益的原则,协调地区间、行业间及各阶层利益关系,从而消除不公正的资源占有和财富分配;要充分运用行政手段规范和防范不符合生态环境保护要求的行为;要在政府履职和业绩评价上克服唯经济发展至上、唯 GDP 至上的倾向,把生态环境因素作为重要考量因素和指标纳入政府部门业绩的评价中。其三,生态文明规定了现代政治文明发展的方向。发展社会主义政治文明,就是要以实施消除贫困、改善民生的政策为契机,关心人民群众切身利益,普遍提高人民生活水平,明显改善人民生活质量,使人居环境更加优美,人与自然关系更加和谐。习近平说，"人民对美好生活的向往就是我们的奋斗目标"，这充分体现了生态文明对政治文明发展的要求。生态文明建设是关乎全人类千秋万代的宏伟事业，以恰当的生态优先价值取向建立超越民族和阶级的全人类利益的价值观，是克服全球性生态危机的重要举措，在一定程度上代表了人类政治文明的发展方向。

第三，生态文明建设促进了文化价值观的变革。众所周知，传统工业文明虽然实现了经济社会的发展，但也形成了社会的畸形文化价值观，即一味强调人类主体对自然界客体的征服和改造，过度张扬了主体精神，贬低了自然界客体的存在价值，从而形成了人与自然绝对对立的文化价值观。在生态文明建设过程中逐步形成了许多新的文化价值观念：生态文明的自然观、生态文明的发展观、生态文明的价值观和生态文明的道德伦理观，这些新文化价值观实现了人与自然关系的和解，是对传统工业文明时代文化价值观的超越，是一种能够促进经济社会发展和生态环境保护相统一的新型文化价值观，因而推动了文化价值观的变革与发展。

第二章 "五位一体"生态文明建设的必然逻辑

生态文明在人和自然主客体关系上蕴含新见解。生态文明的自然观不同于工业文明的自然观,是自然观发展的新阶段、新形态。近代工业文明的自然观以人与自然的主客二分、主客绝对对立的思维方式,将自然视为单一的征服和改造对象,人是自然的绝对主体,正是这种错误的思维方式才导致了现代社会严峻的生态环境问题和生态危机。生态文明的自然观强调人与自然、社会与自然的和谐,在人与自然主客体关系问题上具有不同于工业文明自然观的理解:人与自然这一主客体的关系不再是主客二分、主客绝对对立、主体凌驾于客体之上的关系,而是基于主客体有机联系、和谐一致,充分发挥主体的能动性、主动性和创造性,协调人与自然的关系,最终实现人自身的目的。同时,作为主体的人对作为客体的自然应持尊重和敬畏的态度而不是征服和改造的态度,只有在尊重和敬畏自然中遵循自然界的规律进行活动,才能实现人与自然关系的和谐。当然,尊重自然并不是要否定人的主体性,尊重自然与发挥人的能动性并不矛盾,如果否定了人对自然的主体地位,便等于放弃人类对自然界的改造,那么人类社会何以发展。因此,生态文明建设必然要求主体建立整体性思维,将人的认识活动和实践活动置于自然－社会－人复合系统整体中,既不否认人对自然的主体性,也不限制人对自然的改造,又要尊重自然的运行规律,主动承担维护人与自然生态平衡的责任,使人的认识与实践活动能够兼顾到生态利益、经济利益和社会利益。

生态文明建设要求树立人与自然和谐有序的可持续发展观。生态文明建设是缓解资源利用、环境保护与经济发展矛盾的重要举措,是实现经济健康稳定可持续发展的重要基础。因此,要在保护生态环境的基础上促进社会经济的发展,就必须坚持绿色生产观和生态消费观。绿色生产观是指人类在组织生产过程中按照有利于生态环境保护的原则,以节能、降耗、减污为目标,以管理和技术为手段,实施工业生产全过程污染控制,使污染物的产生量最少化,从而创造出绿色产品,以满足绿色消费的思想观念。按照绿色生产观,若从根本上缓解资源利用、环境保护与经济发展之间的矛盾,"必须构建科技含量高、资源消耗低、环境污染少的产业结构,加快推动生产方式绿

第二章 "五位一体"生态文明建设的必然逻辑

色化,大幅提高经济绿色化程度,有效降低发展的资源环境代价"[1]。在生产方式上须转变高生产、高能耗、高污染的工业化生产方式,实现以生态技术为基础的生态化的社会生产,使生态产业居于产业结构中的主导地位,成为经济增长的主要源泉动力。生态产业成为社会中心产业,这并不是对工业、农业和第三产业的否定,而是依据生态学原理和现代科学技术成果,创造人类新的技术形式,即生态技术,然后运用生态技术和生态工艺对传统产业进行改造,形成生态化的产业体系。生态消费观是指人类在消费过程中所秉持的既符合物质生产发展水平,又符合生态生产发展水平;既满足人的消费需求,又不对资源和生态环境造成危害;既要满足当代人的基本需求,又不能以损害后代人的发展能力为代价,自觉承担在不同代际之间合理分配消费资源责任等的思想观念。生态消费观倡导勤俭节约、绿色低碳、文明健康的生活方式和消费模式,这是一种新的消费理念和消费文化,这样就将生态

---

[1] 中共中央、国务院:《关于加快推进生态文明建设的意见》,新华网:http://www.xinhuanet.com/politics/2015-05/05/c_1115187518.htm。

消费提高至生态文明和生态文化的高度来认识。社会发展不仅仅是经济的发展，还必须是社会文明和社会文化的发展。生态消费本身就是一种文化，所以逆生态消费既是反自然的，也是反文明和反文化的。合理而进步的消费文化不仅是生态消费的反映，反过来也能推动生态消费的发展。生态文明要求建立崇尚自然、适度、合理、文明的生态消费观念，并努力使消费观念转化为行动，实行绿色消费，在消费过程中注意节约资源、保护生态环境，达到经济社会和生态环境协调发展，实现人与自然和谐发展。

生态文明包含着对自然价值的新认识，建立了人与自然和谐共荣的价值观。生态文明建设是对人类中心主义价值观和生态中心主义价值观的新变革。人类对工业社会生态环境危机的反思曾引发了人类中心主义价值观和生态中心主义价值观两种价值观的争论。人类中心主义价值观视人为自然界的最高主宰，人类不但可以任意地开发和利用自然资源，还可以任意地向自然环境排放污染物。将人的需要和利益作为衡量自然万物的最根本的价值尺

第二章 "五位一体"生态文明建设的必然逻辑

度,这种过度张扬人的主体价值、缺乏从整体性上对自然本身内在价值和未来潜在价值进行思考的价值观,不仅不能从人与自然整体角度对生态平衡规律加以认识和把握,更在客观上助长了人类对自然不计后果地征服和掠夺,从而导致资源过度滥用和环境严重污染。作为与人类中心主义相对立的价值观——生态中心主义价值观,在对人类中心主义价值观的质疑中承认并肯定了自然的内在价值和权利,主张"地球优先""生态第一",一切物种及生态系统绝对平等。这为人类重新思考人与自然的关系提供了新的理论视界,表明人类生态意识的觉醒,具有一定合理性,但也引发了新的价值思考:生态中心主义价值观把人和物等量齐观是否是对人在自然中地位的消解?生态中心主义价值观离开对人和人生存利益的关注,仅仅从生态规律的事实直接导出对人的生态保护行为的要求,这在逻辑上是否也难以解释呢?其实说到底,生态中心主义价值观的目的就是生态保护,那么,我们再做进一步的追问:生态保护又是为了什么?很显然,生态保护是为了人类更好地生存与发展。中国特色社会主义生态文明建设的目的是为人民创造良好的生产生活环境,给子孙后代留下天蓝、地绿、水净的美好家园,增强人民福祉,建设美丽中国,实现中华民族伟大复兴。因此,它必然要求变革工业文明带来的天人分离的人类中心主义和生态中心主义的价值观,树立尊重自然、顺应自然、保护自然的生态文明理念,倡导勤俭节约、绿色低碳、文明健康的生活方式和消费模式,提高全社会生态文明意识,建立人与自然共生共荣、和谐相处的价值观。

生态文明建设因倡导生态道德而拓展了社会伦理观。道德作为社会伦理观的基本概念范畴属于社会意识形态,是人的本能,也是后天修养的合乎行为的规范和准则,是调节社会成员之间相互关系的规范准则,是衡量人的行为正当与否的观念标准。人类文明自始至终都是靠道德来维系和保障的,若没有道德或失去道德,人类便无理性、无智慧可言,人类社会甚至会沦为一个动物世界;人类因道德而自尊、自重、自爱,也因道德营造了人与人的生活空间并建立了人类的和谐社会。任何一个社会一般都有社会公认的道德规范,涉及个人、家庭等私人关系的道德称为私德，涉及社会公共部分的道德则称为社会公德。生态文明建设赋予了道德范畴特殊含义，亦即生态道德或环境道德，生态道德是基于维护人的生存发展而形成的调节人与自然关系的行为准则和行为规范，就其本质而言属于环境公德，因此生态道德要求人类在其实践活动中必须以其主体性来约束自己的行为，尊重自然及其规律，建立人类与自然环境的和谐共生关系。只有协调好人与自然的关系，才能协调好人与人的社会关系，才能追求人类社会的和谐发展。生态文明建设所倡导的生态道德丰富了社会生活领域道德观的内涵，从而拓展了社会伦理观：生态文明建设不仅要求人们在日常生活中把是否具有生态文明意识及自觉地节约资源、保护生态环境的行为作为衡量道德水平的标准和依据，还在社会发展层面要求人们普遍树立环境公正和社会公正的文明理念，让所有人在生态环境面前享有平等权利并承担相应义务，以公正平等的态度处理人与自然及人与人之间的各种利益关系。

第四，生态文明建设极大地促进了社会和谐和人的全面发展。在人类社会由工业文明向生态文明过渡的时期，中国面临的最紧迫任务是如何完成传统社会向现代社会的转型，而中国社会的成功转型则有赖于生态文明建设的推进。生态文明是对工业社会带来的生态环境问题和生态危机的积极回应，传统工业文明社会实施资本专制主义，这不仅在人与人社会关系领域形成社会危机，也在人与自然关系领域导致生态危机。中国在生态保护和环境治理上不能再重蹈西方工业文明社会先污染后治理的覆辙，只有实施生态文明建设战略，进行生态文明建设，才能实现人与自然生态关系和人与人社会关系的和解，从而走向自然－人－社会和谐的生态文明社会，促进人全面发展的实现。

生态文明建设是社会建设的重要基础和生态支撑（生态文明建设是社会得以持续健康发展的物质基础和生态支撑）。社会建设最重要、最核心的问题是民生问题，民生问题与生态问题息息相关，生态文明建设是促进民生改善和社会建设的重要条件。如果我们把民生作为生态文明建设的出发点和落脚点，以民生需求来"倒逼"生态文明建设，以民生改善成果衡量生态文明建设，那么，社会持续健康发展的目标就是建立健全公共服务体系，改善民生，保障人民的住房、教育、就业、文化、卫生等方面的基本权益，而要实现这一民生建设的价值目标就是必须把民众的身体健康、生命安全、幸福生活置于首要位置。然而随着环境污染和生态破坏的日益加重，我国的食品安全和饮用水安全等受到严重威胁，食品安全和饮用水安全恰恰是关系到民生的重大问题，又是重要的环境污染和生态危机问题，那么，管控食品安全、饮用水安全和空气质量来维护人民大众的身体健康与生命安全自然成为民生建设的重要组成部分。只有通过生态文明建设，拥有良好的生态环境，才能增强人民群众的健康体质和提升人民群众的生活质量，促进社会建设的良性而健康的发展。

生态文明建设是和谐社会的重要载体，是促进社会和谐的重要因素。和谐社会就其本质而言是由建立在良好自然生态环境基础之上的物质文明、建立在良好社会生态环境和人文生态环境基础之上的政治文明及建立在良好人文生态环境和心理生态环境基础之上的精神文明所构成的"三位一体"的生态文明社会。在和谐社会所包含的物质文明、精神文明、政治文明和生态文明的复杂系统中，人与自然、人与社会、人与人之间的和谐发展、矛盾化解都离不开物质基础，离开物质文明建设的基础就不可能有和谐社会。精神文明为和谐社会提供了科学的理论指导，以其高尚的思想道德、先进的科技教育和文化为和谐社会提供了精神动力和智力支持。政治文明是和谐社会的保障，建设高效、廉洁、公正的政府是构建和谐社会不可或缺的重要内容，科学民主决策和良好社会制度、机制营造了良好民主氛围和法治环境等。生态文明所追求的良好自然生态环境直接关系到人民的身体健康和幸福生活，能够让人民喝干净的水、呼吸清洁的空气、吃放心的食品等都是关系到社会稳定的大事，是构建和谐社会的重要基础。生态文明是继工业文明之后人类文明发展的一个崭新阶段，是人类为保护和建设美好生态环境，遵循自然、社会、人协调发展规律而取得的物质成果、精神成果和制度成果的总和，其追求的宗旨是实现人与自然、人与社会、人与人的和谐共生、良性循环、全面持续、繁荣发展。生态文明承载了人与自然之间的自然生态环境、人

第二章 "五位一体"生态文明建设的必然逻辑

与社会之间的社会生态环境、人与人之间的人文生态环境和人与其自身之间的心理生态环境等良好的生态环境。良好的自然生态环境构成社会物质文明基础,良好的社会生态环境和人文生态环境构成社会政治文明基础,良好的人文生态环境和心理生态环境构成社会精神文明基础。由此可见,生态文明建设是集聚了物质文明建设、精神文明建设和政治文明建设的一个统一整体,是构建和谐社会的重要载体和促进社会和谐的重要因素。因此,应加强生态文明建设,并将其具体化、制度化。

生态文明建设是实现人的全面发展的物质前提和精神需要。人是自然存在物和社会存在物的统一体,既有自然属性又有社会属性,人的发展依赖于自然环境和社会环境双重因素。人首先是自然的产物,不能脱离自然而存在,大自然是人类唯一的栖息地,人从存在的那天起就每时每刻地接受大自然的馈赠,人的生存和发展离不开自然中的大气、水、土壤、生物等因素,因此,人与自然生态环境须臾不可分离。人作为社会存在物又以其自身的活动反作用于自然,这种活动作用从结果上看,对自然的影响表现为两个方面：一方面是对自然环境的积极建设性影响，能够创造出更适合人类生产和生活的生态环境；另一方面是对自然环境的消极破坏性影响，导致自然生态环境的退化甚至恶化。生态环境犹如一面镜子，既能清晰地反映人类的发展状况，又能反过来制约和影响人的全面发展，可以说生态环境与人的全面发展是互为前提基础、相互促进、协调发展的互动关系，生态环境的改善程度是人全面发展程度的自然标志，而人的全面发展程度又是生态环境的改善及发展程度的决定性因素和条件。然而，自工业社会以来人类对自然界的过度索取在许多方面已超出生态系统自我修复的能力，资源的日益枯竭、环境污染的日益加剧、气候的日益恶化等已成为影响人全面发展的重要因素。建设生态文明就是要在人类改造自然的实践活动中不断协调人与自然的关系，从而创造良好的生态环境，这是人的全面发展的自然物质前提。同时，建设生态文明也为人的全面发展提供了精神需要的力量源泉。人的精神生活中的一个重要方面就是审美情趣和美感，爱美之心人皆有之，爱美是人的天性。人类的实践活动体现了真、善、美的统一，人类实践活动中求真的过程是指人必须尊重自然的客观性，尽力正确地认识自然的本质属性和规律，并按自然的本质和规律改造自然；人类实践活动中求善的过程是指人按照自己的目的、需要、意愿、知识、能力等内在尺度改造自然；人类实践活动中求美的过程是指人在真和善的基础上改造自然活动中所唤起的对自然的美感和审美情趣。当然，在审美活动中人又会给予自然生态环境更多的呵护，以美的原则塑造更加美好的生态环境，促进人与自然更加和谐。总之，良好的生态环境是人类的实践活动产物，是人类文明的凝聚和体现，是生态文明建设的成果，也是人的全面发展不可缺少的物质前提和精神需要。

第三章 生态文明建设在"五位一体"总体布局中的地位

建设生态文明是关系人民福祉、关乎民族未来的长远大计。发展中国特色社会主义，需不断加强和推进生态文明建设，党的十八大强调把生态文明建设放在突出位置，融入经济建设、政治建设、文化建设、社会建设各方面和全过程，努力建设美丽中国，实现中华民族永续发展。党的十九大明确中国特色社会主义事业的总体布局是"五位一体"。这充分表明生态文明建设已然晋升为"五位一体"总体布局的基础地位，生态文明建设为什么能够晋升"五位一体"总体布局，其必然性何在？我们通过中国特色社会主义"五位一体"形成的历程以及其内在

第三章 生态文明建设在"五位一体"总体布局中的地位

逻辑的阐释,明晰生态文明建设与经济建设、政治建设、文化建设、社会建设之间的关系,明确生态文明建设是发展中国特色社会主义的必然选择。

一、生态文明建设晋升"五位一体"总体布局

就中国特色社会主义"五位一体"的形成历程及"五位一体"的内在逻辑而言,生态文明建设晋升"五位一体"总体布局具有深刻的必然性。

(一)生态文明建设晋升"五位一体"总体布局的必然性

自党的十八大提出"把生态文明建设放在突出地位,融入经济建设、政治建设、文化建设、社会建设各方面和全过程"[①]以来,日益凸显了生态文明建设在中国特色社

---

① 胡锦涛:《坚定不移沿着中国特色社会主义道路前进,为全面建成小康社会而奋斗》,《人民日报》2012 年 11 月 18 日。

会主义事业中重要的基础性地位；党的十九大提出"中国特色社会主义事业总体布局是'五位一体'、战略布局是'四个全面'"①，由此形成了内含生态文明建设的"五位一体"总体布局。将生态文明建设晋升到"五位一体"总体布局之中，是中国特色社会主义新时代党和国家对国际、国内形势的正确评估，是中国特色社会主义发展实践经验的科学总结。

第一，国际形势新变化。步入文明时代以来，人类改造自然的能力得到显著提高，社会生活也日渐丰富。特别是工业革命以后，人类凭借着先进的科学技术逐步将地球所蕴藏的资源宝藏转化为先进的生产力，促进了人类社会中生产方式、生活方式乃至人类思维方式的转变。与此同时，伴随着工业革命的到来，人类往往将地球视为一个取之不尽、用之不竭的巨大财富宝藏。在社会生产、生活过程中，人类肆意地破坏生态环境，超出了自然界自我

---

① 习近平：《决胜全面建成小康社会　夺取新时代中国特色社会主义伟大胜利——在中国共产党第十九次全国代表大会上的报告》，新华网：http://www.xinhuanet.com/2017－10/27/c_1121867529.htm。

第三章　生态文明建设在"五位一体"总体布局中的地位

修复的能力范围,使生态灾害逐渐成为人类社会生活中的一种常态。 为了满足自身日益膨胀的欲望,人类无视自然规律,肆无忌惮地扩大生产规模,造成了一系列生态环境问题。 各国堆积成山的"白色污染""黑色污染"已经严重威胁到本国人民的身体健康。 美国生物学家蕾切尔·卡逊在《寂静的春天》一书中就曾严重警告人类:今天的地球,已经被工业文明折磨得伤痕累累,已无一处完好。 如果任其继续发展,地球将不适合人类以及其他多数生物生存。 面对愈演愈烈的生态环境问题,为了挽救人类共同的生存家园,世界各国纷纷对现有的高消耗、高投入、粗放型发展模式进行反思。 同时,加强对生态环境的保护,走可持续发展的道路,建设生态文明业已成为世界各国人民美好的愿望。 自 1972 年以来,从《联合国人类环境会议宣言》《里约环境与发展宣言》《21 世纪议程》到 21 世纪联合国提出的"绿色经济"等相关文件都对今后人类社会的发展提出了新的期许,这也得到世界各国的高度认同。 历经 70 多年的经济建设,我国早已成为世界第二大经济体,也是世界上最大的发展中国家。 我国在经济发展上取得巨大成功的同时,也付出了惨痛的生态环境代价。为了避免发达国家在工业化过程中出现的生态环境问题,给我国人民创造一个健康美好的生活环境,我国在今后的发展过程中急需走上一条人、自然、社会三者和谐统一的生态文明发展道路。

第二,国内经济建设。中国特色社会主义建设的过程包含经济建设、政治建设、文化建设、社会建设和生态文明建设等几个方面。经济建设是其他几项建设的物质基础。近些年来,我国各项发展都能够快速取得巨大成就离不开良好的经济建设。但是随着世界经济发展脚步的持续放缓,我国在经济建设过程中存在的问题也逐渐显露出来,已成为影响我国今后发展的隐患。长期以来,在传统的发展方式下,我国在经济建设过程中自然资源消耗十分巨大。但是在传统的观念中,我国是一个幅员辽阔、地大物博的国家。因此,人们在经济建设过程中,单纯地追求经济利益最大化,往往忽视对自然资源的合理开发利用。然而,实际上我国的资源并非如人们所说的那样丰富,并且具有资源产出效率不高、人均占有率低的特点。

持续的粗放式生产方式只会愈发加重我国资源短缺和社会矛盾激化等问题。同时，在传统粗放型生产方式下，环境污染问题也在经济建设过程中逐渐显露出来。环境污染是人们在生产、生活中能够直接感受到的生态问题，这一问题严重地损害了广大人民的身体健康。我国的环境污染问题主要表现在水污染、大气污染、重金属污染、土壤污染等方面。为了解决我国经济发展过程中存在的问题，还给人民一个良好的生产、生活环境，势必要求我们将生态文明融入经济建设之中。生态文明是一种追求人、自然、社会三者和谐发展的文明形态。生态文明的实质就是要求人类摆正人与自然之间对立的关系，实现人与自然的和谐共生，引导人们走上可持续发展的道路。生态文明要求人类在生产过程中尊重自然规律，合理利用自然资源，保持人与自然之间的平衡状态，真正做到"人与自然和解"。这就要求我们在实际工作中积极遵循自然规律。在生产方式上，应逐步采用节约资源、保护环境的新型生产方式，逐步减少对高投入、高消耗、高污染、低产出等传统工业生产方式的依赖。在经济结构上，既要重视重工业发展，又要积极推动新兴产业的发展，特别是加大对于旅游业和高科技产业的投入，实现经济发展与保护环境两者的统一。此外，我们还应该通过加强对生态环境治理项目、新能源开发项目、农村环境基础设施项目的投入，最终实现经济效益和生态效益的统一。

第三，国内政治建设。改革开放40多年来，我国在经济建设上取得了举世瞩目的成就，但是也存在着巨大的生态环境问题，特别是国内一些地区的领导干部为了追求本地区的经济发展常常以牺牲生态环境为代价。近些年来各地时有关于生态环境问题的报道。其中江苏太湖蓝藻事件、云南镉污染事件都严重影响到了相关地区人民的身心健康。在发展中国特色社会主义进程中，虽然经济建设具有举足轻重的作用，但是经济建设也要符合社会发展规律，满足我国人民生存发展需要。良好的经济建设需要政治建设进行保驾护航。政治建设不仅对经济建设具有监督和保护的作用，而且在中国特色社会主义建设事业中起着重要的保障作用。生态文明是我国人民的美好诉求，也是我国政府着重努力的方向，在我国政治建设过程中也常常需要将生态文明思想贯穿其中。特别是近些年来，在经济发展过程中，往往疏于对自然资源的保护，从而导致了一系列生态环境问题，暴露出GDP政绩观的短视和缺陷。构建生态体制是我国政治建设的一项重要内容，符合我国现今发展的要求，也是将生态文明思想融入政治建设中的一个重要表现。在政治建设中将生态文明思想纳入法治化轨道。一方面充分发挥市场的杠杆作用，建立经济社会发展与生态环境改善相互促进的良好循环机制；按照"谁开发谁保护、谁破坏谁恢复、谁受益谁补偿"的原则，强化资源有偿使用和污染者付费政策，综合运用价格、财税、金融、产业、贸易等经济手段，改变资源低价和环境无价的现状，形成科学合理的补偿机制、投入机制、产权和使用交易机制等，从根本上解决经济与环境、发展与保护的矛盾。另一方面完善规划，加强监管，建立并落实节约资源、保护环境的目标责任制和行政问责制；将节约资源和保护环境作为编制实施各级国民经济和社会发展规划及各行业发展规划的重要原则。此外，加强立法，严格执法，推动节约资源和保护环境走上法制化轨道；根据建设资源节约型、环境友好型社会的新情况、新要求，及时制定新的法律，抓紧修订原有法律，并建立科学、合理、有效的执法机制。

　　第四，国内文化建设。中国特色社会主义建设不仅需要给人们带来丰富的物质财富，而且需要不断满足人们日益增长的精神文化需求。自工业时代以来，伴随着人类认识自然的程度不断加深，改造自然的能力不断提高，人类摆脱了对自然的盲目崇拜，逐步转变为征服和奴役自然。人与自然之间关系的改变悄然影响着社会中人与人的关系。特别是在资本主义社会里，随着生产力的提高、生产方式的变革，人类逐步在异化状态下进行劳动。在异化状态下人与人之间的矛盾不断加深，广大工人在劳动过程中只能感受到剥削和压迫，精神需要更是无从谈起。此外，在资本主义文化的背景下，资本家为了满足自身膨胀的欲望只会单纯地追求剩余价值，不顾工人的身心健康，疯狂地为了生产而生产，并榨取工人的劳动果实。在这一过程中资本家变得异常富有，但是人类社会时常遭受到自然灾害的威胁。物种的灭绝、森林的锐减、湿地的退化、臭氧层的破坏使人们开始意识到了人类自身的生存危机。人们渴望探寻到一种新型的发展模式，逐步摆脱资本主义文化的控制。生态文明是新时期人类实现可持续发展的必由之路。在生态文明之下，一方面社会之中人们逐渐形成全民生态意识，牢固树立人与自然之间的和谐观念，保护自然，建设自然；加倍爱护自然，尊重自然规律；对待自然界不能只讲索取不讲投入，只讲利用不讲建设。发展经济要充分考虑自然的承载力和承受范围，坚决禁止过度放牧、掠夺性开采、毁灭性开发自然资源。探索发展过程中将资源消耗、环境损失和环境效益纳入经济发展水平的评价体系中，建立人与自然相对平衡的关系。另一方面确立全民族可持续发展的意识。可持续发展战略事关中华民族的长远发展，事关子孙后代的福祉，具有全局性和长远性意义。应实施可持续发展战略，促进人与自然的和谐，实现经济发展和人口、资源、环境相协调，坚持走生产发展、生活富裕、生态良好的文明发展道路。各地区在推进发展的过程中，必须充分考虑资源和环境的承载力，统筹考虑当前发展和未来发展的需要，既重视经济增长指标,又重视资源环境指标;既积极实现当前发展目标,又为未来发展创造条件。此外,应确立代际公平意识,在抓发展的过程中,高度重视人文自然环境的保护和优化,给后人留下生存空间。

第五,国内社会建设。社会建设主要包括人类生产和生活两个方面的内容。人类社会中生产、生活两个方面的内容的处理直接关系到人类和谐社会的建设。和谐社会是生态文明时代人类追求的美好目标。在和谐社会之中人类能够实现全面发展,这就要求人们积极改变不合理的生产、生活方式。在生产上要求人们逐步实现生态产业。生态产业是一种在经济和环境协调发展的思想指导下,按照生态美学原理、市场经济理论和系统工程方法,运用现代科学技术形成生态上和经济上的两个良性循环,实现经济、社会、资源环境协调发展的现代经济体系。生态产业是包括生态工业、生态农业、生态旅游业、生态环保业等在内的一个生态产业系统。生态工业就是以生态理论为指导,从生态系统的承载力出发,模拟自然生态系统各个组成部分的功能,充分利用不同企业、产

第三章 生态文明建设在"五位一体"总体布局中的地位

业、项目或工业流程等之间的资源、主副产品或废弃物的横向闭合、上下衔接、协同共生的相互关系,依据加环增值、增效或降耗和生产链延长增值原理,运用现代的工业技术、信息技术和经济措施优化配置组合,建立一个物质和能量多层利用、良性循环且转化效率高、经济效益与生态效益双赢的工业链网结构,从而实现可持续发展产业。生态农业主要是指在农业经济和农村环境协调发展原则的指引下,总结、吸收各种农业生产方式的成功经验,运用现代科技成果和现代管理手段,在特定区域内所形成的经济效益、社会效益和生态效益相统一的农业。它的理念和宗旨是:在洁净的土地上,用洁净的生产方式生产洁净的食品,以提高人们的健康水平,协调经济发展与环境之间、资源利用与资源保护之间的生产关系,形成生态和经济的良性循环,实现农业的可持续发展。除此之外,还有生态旅游业和生态环保业。这些产业的一个基本特点就是以降耗、循环和再生为原则,以保护生态环境为前提,逐步提高可再生能源的利用比例,大力发展循环经济,以实现经济社会的可持续发展。另一方面要求人们实现生态生活。生态生活是指与自然生态环境相协调且有益于人类身心健康的一种生活方式。过往工业文明时代，为了发展市场经济，追逐经济利润，不断鼓励和刺激人们的消费欲望，人为地制造了整个社会的过度消费、虚假消费和盲目消费。这种方式的消费以消耗大量的自然资源为条件，以污染和破坏自然环境为代价，以追求豪华奢侈的生活为目的，是完全违背社会和人自身健康发展的一种错误的、扭曲的生活方式。生态生活是在批判和反思传统消费方式的基础上提出的一种新的消费方式和生活方式。这种方式提倡人们过一种简约、简单和简朴的生活，这种方式的一个基本原则就是有利于保护生态环境，有利于减少资源消耗，有利于降低对自然的污染，合乎自然生态的规律。

（二）中国特色社会主义"五位一体"总体布局的形成历程

中国特色社会主义"五位一体"总体布局是中国共产党的几代领导集体在探索中国特色社会主义建设过程中，

第三章 生态文明建设在"五位一体"总体布局中的地位

立足于国情,总结经验中逐渐形成的。"五位一体"总体布局的形成是一个循序渐进逐步完善的过程。

首先,物质文明建设和精神文明建设的提出与实施。1979年,叶剑英在庆祝中华人民共和国成立30周年大会上首次提出"物质文明""精神文明"的概念。他明确指出"我们要在建设高度物质文明的同时,提高全民族的教育科学文化水平和健康水平,树立崇高的革命理想和革命道德风尚,发展高尚的丰富多彩的文化生活,建设高度的社会主义精神文明。这些都是我们社会主义现代化的重要目标,也是实现四个现代化的必要条件"[1]。此后,在物质文明建设的基础上将精神文明建设逐渐发展为我国一项重要任务并将其载入宪法。从1986年的《中共中央关于社会主义精神文明建设指导方针的决议》到1996年的《中共中央关于加强社会主义精神文明建设若干重要问题的决议》,逐步对我国社会主义精神文明建设的战略地位、指导思想、奋斗任务及基本原则都做了系统、明确的

---

[1] 中共中央文献研究室:《十一届三中全会以来重要文献选读》(上册),北京:人民出版社,1987年,第80~81页。

论述，这有力地推动了社会主义精神文明建设的发展。物质文明和精神文明两者之间是存在辩证关系的。从理论上讲物质文明是人类改造自然界的物质成果总和，它包括生产力的状况、生产的规模、社会物质财富的积累程度、人们日常生活条件的状况等。精神文明是人类改造客观世界，同时也改造主观世界的精神成果的总和，是人类的精神生产的发展水平及其成果的体现。精神文明包括思想道德和科学文化两个部分，它是这两个部分的统一。现实生活中物质文明和精神文明是有机统一、不可分割的。物质文明中包括精神文明，精神文明中渗透着物质文明；物质文明的创造需要精神文明的指导和推动，精神文明的实现则需要以物质文明为载体并以此为条件；纯粹的物质文明和精神文明是不存在的。两者之间就是互为条件、互为目的、相辅相成、耦合互动的辩证统一关系。精神文明能够为物质文明提供"精神动力"和"智力支持"。"在社会主义建设时期，物质文明为精神文明的发展提供物质条件和实践经验，精神文明又为物质文明提供精神动力支持,为它的正确发展方向提供有力的思想保证。"①对此,邓小平就主张"两个文明"建设共同发展,坚持物质文明和精神文明两手抓。邓小平指出"我们要建设社会主义国家,不但要有高度的物质文明,而且要有高度的精神文明"②,中国特色社会主义建设需要两个文明建设共同发展,共同进步。他时常强调,一手抓物质文明,一手抓精神文明。针对"一手比较硬,一手比较软"的情况,他反复指出:"经济建设这一手我们搞得相当有成绩,形势喜人,这是我们国家的成功。但风气如果坏下去,经济搞成功又有什么意义? 会在另一方面变质,反过来影响整个经济变质,发展下去会形成贪污、盗窃、贿赂横行的世界。"③

其次,物质文明、精神文明和政治文明三者的和谐发展。社会文明作为一个有机体,包含物质文明、精神文明

---

① 《江泽民文选》(第二卷),北京:人民出版社,2006年,第258~259页。
② 《邓小平文选》(第二卷),北京:人民出版社,1994年,第367页。
③ 《邓小平文选》(第三卷),北京:人民出版社,1993年,第154页。

和政治文明等几个方面。其中政治文明能够表现出一个社会政治制度和政治生活的进步程度,它介于物质文明和精神文明之间,成为规范整个文明体系有序运行的重要保障,对于物质文明和精神文明的发展具有重要的促进作用,是社会文明系统中不可或缺的有机组成部分。

改革开放以来,我们始终没有放松过政治文明的建设。邓小平早在1980年的《党和国家领导制度的改革》讲话中,就对政治体制改革做了总体思考,提出了政治体制改革的基本构想。党的十二届六中全会通过的《中共中央关于社会主义精神文明建设指导方针的决议》也明确指出:"我国社会主义精神文明建设的总体布局是:以经济建设为中心,坚定不移地进行政治体制改革,坚定不移地加强精神文明建设,并且使这几个方面相互配合,互相促进。"[①]在过去的很长一段时间,我们都没有明确提出"政治文明"的概念,没有把政治文明当作整个社会文明体系中一个相对独立的构成部分来加以思考,而是把它放

---

① 中共中央文献研究室:《十二大以来重要文献选编》(下),北京:人民出版社,1988年,第1 173~1 174页。

第三章 生态文明建设在"五位一体"总体布局中的地位

在精神文明建设中,将其作为一个与精神文明相关联的内容加以界定,这就使政治文明在社会中的应有地位没有得到充分显现。随着改革开放的深化和现代化建设的发展,政治文明建设的重要性日益凸显,它在整个社会文明建设中具有不可替代的作用。正是在这样的条件下,江泽民适应形势的发展,于2002年5月31日在中央党校省部级干部进修班毕业典礼的讲话中,首次明确提出了"政治文明"的概念。在谈到发展社会主义民主政治时,江泽民指出,发展社会主义民主政治、建设社会主义政治文明,是社会主义现代化建设的重要目标。在党的十六大报告中,江泽民又把发展社会主义民主政治、建设社会主义政治文明作为全面建设小康社会的重要目标提出来,并全面规划了政治文明建设和政治体制改革的具体方案。"政治文明"概念的提出,绝不是一个简单的名词术语的提出,而是一个重大理论贡献。它适应于我国改革开放和社会主义现代化建设的发展要求,是我们党领导人民坚持和发展人民民主长期实践的必然结论,进一步深化我们党对中国特色社会主义事业的规律性认识。

从物质文明、政治文明和精神文明"三个文明"的构架着眼，我们对于精神文明在政治文明建设中的作用有了更为清醒的认识。从根本上看，精神文明和政治文明的关系是互动的。一方面精神文明的发展需要政治文明做保障，并且在一定意义上直接决定于政治文明的性质和状况；另一方面政治文明的发展也需要精神文明的理论指导和文化支撑。物质文明对于精神文明的决定作用，必然要通过政治文明这个中介来发挥，这就是物质文明和精神文明的发展呈现出不平衡性的根本原因；而精神文明对于物质文明的能动作用，往往也要通过政治文明的折射来实现。三者以政治文明为纽带而有机统一，互为条件，互为目的，耦合互动。

再次，提出生态文明概念，形成"四个文明"的建设体系。党的十六大报告确立了可持续发展战略，提出了走生产发展、生活富裕、生态良好的文明发展道路。党的十六大以来，我国党和政府按照科学发展观的根本要求，提出了"统筹人与自然和谐发展"的方针，把建设资源节约型和环境友好型社会确立为国民经济和社会发展的战略任务，做出了一系列重大部署。正是在这样的基础之上，党的十七大报告进一步提出了"生态文明"的概念。报告指出："坚持节约资源和保护环境的基本国策，关系人民群众切身利益和中华民族生存发展，必须把建设资源节约型、环境友好型社会放在工业化、现代化发展战略的突出位置。"①从1979年"两个文明"的概念，到2002年"三个文明"的提出，再到2007年"四个文明"的确立，充分说明了我们党和政府对于全面建设文明社会认识的深化和发展。如果说21世纪之初，"政治文明"概念的提出反映了改革和现代化建设不断深化的要求，那么，党的十七大报告提出"生态文明"建设的概念，则进一步反映了改革和现代化建设必须走科学发展之路的历史规律。继党的十七大之后，2007年12月中央经济工作会议再次强调，必须把推进现代化与建设生态文明有机统一起来。这标志着在着力建设物质文明、精神文明、政治文明的同时，生态文明被确定为社会主义现代化建设的"第四文

---

① 中共中央文献研究室：《十七大以来重要文献选编》（上），北京：中央文献出版社，2009年，第19页。

明",与其他三个文明建设同等重要。生态文明建设不仅与其他三个文明建设同等重要,而且它们之间存在着相互依存、相互渗透和相互促进的关系,是一个统一的整体。在这个整体中生态文明是社会文明发展的自然前提,物质文明是社会文明发展的经济基础,精神文明是社会文明发展的思想导向,政治文明是社会文明发展的制度保证,四者相辅相成、缺一不可。

最后,社会主义经济建设、政治建设、文化建设、社会建设、生态文明建设"五位一体"的总体布局形成。改革开放以来经济的快速发展满足了人们生产生活需要,然而我国经济的快速发展是以能源和资源的大量消耗以及生态环境的巨大破坏为代价的,是低效率的增长。在这样的发展下,资源能源短缺、环境污染和生态恶化正逐渐消解经济增长所带来的国民福利,俨然成为阻碍我国经济社会进一步发展的重要因素。针对我国经济社会发展中所产生的一系列问题,胡锦涛在全党深入学习实践科学发展观活动动员大会暨省部级主要领导干部专题研讨班开班式上发表重要讲话,并提出:"必须走生产发展、生活富裕、生态良好的文明发展道路,全面推进社会主义经济建设、政治建设、文化建设、社会建设以及生态文明建设,努力加快实现以人为本、全面协调可持续的科学发展。"[1]胡锦涛第一次将生态文明与经济建设、政治建设、文化建设和社会建设并列提出,这标志着"五位一体"总体布局的初步形成。2010年,党的十七届五中全会通过了《关于制定国民经济和社会发展第十二个五年规划的建议》,本次会议提出"加快建设资源节约型、环境友好型社会,提高生态文明水平"[2]。对于如何建设生态文明,胡锦涛在省部级主要领导干部专题研讨班开班式上发表重要讲话,指出"推进生态文明建设,是涉及生产方式和生活方式根本性变革的战略任务,必须把生态文明建设的理念、原则、目标等深刻融入和全面贯穿到我国经

---

[1] 胡锦涛:《全党深入学习实践科学发展观活动动员大会暨省部级主要领导干部专题研讨班开班式上的讲话》,《人民日报》2008年9月19日。

[2] 中共中央文献研究室:《十七大以来重要文献选编》(下册),北京:中央文献出版社,2013年,第166页。

济、政治、文化、社会建设的各方面和全过程"[①]。在十八大上,胡锦涛在报告中对生态文明建设做了更加详尽的阐述,提出了具体举措,同时将建设社会主义市场经济、社会主义民主政治、社会主义先进文化、社会主义和谐社会和生态文明建设作为论述中国特色社会主义道路的五个基本点。在新修改的党章中也更新了"五位一体"的相关内容。这标志着由"四位一体"向"五位一体"的转变在党的代表大会及其所通过的文件中正式确立。党的十九大明确提出"中国特色社会主义事业总体布局是'五位一体'、战略布局是'四个全面'"。由此"五位一体"总体布局确立形成。

(三)生态文明建设在"五位一体"总体布局中的基础地位

弥漫全球的生态环境危机,中国经济社会发展过程中所遭遇的生态环境瓶颈以及人民群众日益增长的更高品质

[①] 胡锦涛:《在省部级主要领导干部专题研讨班开班式上的讲话》,《人民日报》2012年7月24日。

第三章 生态文明建设在"五位一体"总体布局中的地位

的美好生活环境的需求,给我们党提出了必须加快改善我国生态环境步伐的这一重大历史课题。因此,生态文明建设成为"五位一体"总体布局中的一位是新时代中国特色社会主义事业发展的要求,是中国共产党执政规律、中国特色社会主义建设规律、人类社会发展规律的理论体现与表达。"五位一体"是经济建设、政治建设、文化建设、社会建设、生态文明建设全面发展的总体布局,蕴含着新时代中国特色社会主义建设的总目标——富强民主文明和谐美丽的现代化强国,体现了社会发展过程中要素与系统的统一,构成了生产发展、生活富裕、生态良好的文明发展道路;"五位一体"是社会主义市场经济、社会主义民主政治、社会主义先进文化、社会主义和谐社会、社会主义生态文明的总体布局,蕴含着社会主义本质要求和发展规律,构成了实现社会主义现代化强国的基调和总纲;"五位一体"是社会主义现代化建设各方面,即社会结构中生产关系与生产力、上层建筑与经济基础相互协调的总布局,蕴含着社会结构各要素的相互促进辩证发展的关系,体现了社会结构关系与社会发展动力机制的结合与统一，构成了符合新时代中国特色社会主义发展要求的发展方式。由此可见，在中国特色社会主义"五位一体"总体布局中，要把各项建设的系统功能充分发挥出来，就应该以经济建设为物质基础，以政治建设为基本构架，以文化建设为合理内核，以社会建设为重要依托，以生态文明建设为环境保障。中国特色社会主义"五位一体"中经济建设、政治建设、文化建设、社会建设及生态文明建设这五个部分之间相互联系、相互影响、相互作用，其中生态文明建设在中国特色社会主义"五位一体"总体布局中处于基础地位，不仅渗透于经济、政治、文化、社会建设各领域和全过程，而且对经济建设、政治建设、文化建设、社会建设产生重要的影响和作用。

1. "一体"与"五位"的关系

按"五位一体"的总体布局，推进和发展新时代中国特色社会主义，就必须正确认识和把握中国特色社会主义事业的"一体"与经济建设、政治建设、文化建设、社会建设和生态文明建设的"五位"的关系，以及经济建设、政治建设、文化建设、社会建设和生态文明建设"五位"

第三章 生态文明建设在"五位一体"总体布局中的地位

之间的关系。可以说,中国特色社会主义的经济建设、政治建设、文化建设、社会建设和生态文明建设是相互联系、相互促进的有机统一体。五位互为条件、缺一不可,忽视任何一个方面,都会造成发展不协调的被动局面。这是我国社会主义建设经验教训的深刻总结。

辩证唯物主义关于世界普遍联系观点及整体和部分辩证关系原理认为,世界上任何事物都不是孤立存在的,都同其他事物处于一定的相互联系中;任何事物内部的不同部分和要素是相互联系的;整个世界是相互联系的统一整体;整体和部分相互联系、相互依存、相互作用、相辅相成,整体由部分构成,部分是整体中的部分;整体决定部分,部分影响整体;整体不是部分的简单相加,整体具有新的功能和属性;整体中的各个部分之间相互联系。简言之,系统整体与要素之间以及各个要素之间是相互联系、相辅相成的。"五位一体"中的"一体"与"五位"是系统与要素或整体与部分的关系,"五位"相互之间即各个要素或各个部分之间的关系,都是相辅相成的。"一体"与"五位"相互联系、相互依存、相互作用、相辅相成。"一体"即一个整体,是指中国特色社会主义事业的总体,"五位"是布局中的经济建设、政治建设、文化建设、社会建设和生态文明建设。"一体"由"五位"构成,"一体"决定"五位","五位"中的任何一位都不能离开"一体"而孤立地存在和发展,"五位"为"一体"服务。也就是说,中国特色社会主义是全面发展的社会主义,它不仅包括经济的发展,也包括民主法制的健全、文化艺术的繁荣、社会的和谐稳定、生态环境的优美等,五者相辅相成。中国特色社会主义事业为经济建设、政治建设、文化建设、社会建设和生态建设指明了方向,使五个建设之间相互协调,共同指向中国特色社会主义事业这一目标;经济建设、政治建设、文化建设、社会建设和生态建设则依赖于中国特色社会主义事业,不能离开中国特色社会主义事业而存在,并为中国特色社会主义事业服务。

2. "五位"中除"生态文明建设"的其他"四位"的地位与作用

"五位"中的每一位都有其不同的地位和作用,"五位"之间也是相互依赖、相互影响、相互作用、互为条件、缺一不可的。

（1）经济建设是根本

经济建设是政治建设、文化建设、社会建设和生态文明建设的物质前提。如果说"五位"是矛盾统一体中的矛盾的各个方面，那么，经济建设就是矛盾的主要方面。经济建设不仅影响着人们的政治关系、政治意识、政治行为和整个社会的政治制度等，也制约着社会的教育、科学、文化发展水平以及人们的思想道德水平，还制约着城乡人民物质生活水平、身体健康水平及社会保障的提高。改革开放以来，我国面貌之所以发生前所未有的巨大变化，社会事业之所以取得历史性进步，就是因为我们始终坚持以经济建设为中心，通过改革开放使社会生产力得到了极大的解放和发展。在发展中国特色社会主义事业进程中，只有坚定不移地以经济建设为中心，大力发展社会生产力，创造丰富的物质财富，才能为政治建设、文化建设、社会建设和生态建设提供坚实的物质基础。正如十八大报告所指出："以经济建设为中心是兴国之要，发展仍是解决我国所有问题的关键。只有推动经济持续健康发展，才能筑牢国家繁荣富强、人民幸福安康、社会和谐稳定的物质基础。"

（2）政治建设是保证

政治建设对经济建设、文化建设、社会建设和生态文明建设具有重要的保证作用。政治问题、政治体制问题牵涉到国家发展的各个方面，政治体制改革不是在自身范围内就可以完全解决问题的，单纯靠政治体制改革来一举实现社会发展目标的设想也是不切实际的。政治体制改革，只有在经济、文化、社会、环境和政治发展的互动交汇中，才能达到最优化变革。政治是经济的集中表现，受经济决定并反作用于经济，同时也对文化、社会和生态环境产生一定的作用。没有政治建设，就没有充分广泛的人民民主，就不可能充分调动人民群众的积极性、主动性、创造性；没有政治建设，就没有一个以健全法制为保障的发展环境，经济建设、文化建设、社会建设和生态文明建设就不可能顺利进行。只有坚定不移地走中国特色社会主义政治发展道路，扩大社会主义民主，加快社会主义法治国家建设,发展社会主义政治文明,才能为经济建设、文化建设、社会建设和生态文明建设提供坚强的政治保障。只有政治建设搞好了,实施"五位一体"的总体布局才能有可靠的保证。

(3)文化建设是灵魂

文化建设为经济建设、政治建设、社会建设和生态文明建设提供思想保证、精神动力、文化环境和智力支持。文化是社会经济、政治、生态的反映和积淀,对经济、政治、社会和生态有着重要的影响作用。只有发展社会主义先进文化与和谐文化,才能为中国特色社会主义的经济建设、政治建设、社会建设和生态文明建设提供精神动力和智力支持。一方面,先进的文化思想凭借着社会意识的相对独立性,通过宣传教育,提高全民族的思想道德素质,就能为推进中国特色社会主义的经济建设、政治建设、社会建设和生态文明建设提供思想保障和精神动力。另一方面,通过坚持科教兴国战略,提高全民族的科学文化素质,再加上尊重劳动、尊重知识、尊重人才、尊重创造,就能激发劳动者的创造活力,从而为整个社会主义建设提供强大的智力支持。没有文化建设，就没有共同的理想信念和道德规范，就不能形成昂扬向上、开拓进取的主流精神，其他建设就没有精神支撑。只有搞好文化建设，人们拥有了较高的科学文化素养、崇高的理想信念和道德情操，才能为经济建设、政治建设、社会建设和生态文明建设提供思想保证、精神动力、文化环境和智力支持。

（4）社会建设是条件

社会建设是经济建设、政治建设、文化建设和生态文明建设在社会生活领域的综合体现，也反作用于经济、政治、文化和生态文明建设。因此，加强社会建设，发展社会事业，健全社会保障，加强社会管理，构建和谐社会，才能为经济建设、政治建设、文化建设和生态文明建设提供有利的社会环境和条件。没有社会建设，就不能形成促进其他建设的良好社会环境。社会建设就像一条纽带，对经济建设、政治建设、文化建设和生态文明建设具有统合功能和辐射作用，与广大人民群众的切身利益紧密相连。社会建设水平的提升必将有力地促进和带动经济建设、政治建设、文化建设和生态文明建设的发展,使社会主义制度在经济、政治、文化等方面的优越性更加充分地体现出来。

3. 生态文明建设在"五位一体"总体布局中的基础地位和作用

生态文明建设在"五位一体"中是基础,为经济建设、政治建设、文化建设和社会建设提供和谐的生态环境。没有生态文明建设,就不能实现经济、政治、文化、社会的可持续发展。如果说生态文明建设是对传统文明形态特别是工业文明进行深刻反思形成的认识成果,那么,经济建设就是在经济建设过程中保护和改善生态环境的实践结果。改革开放以来,我们的经济社会发展在取得巨大成就的同时,也付出了巨大的能源、资源和生态环境代价。目前,生态文明建设与经济社会发展的不协调,已经对中国特色社会主义事业总体布局的目标产生了重大影响。只有把生态文明建设融入经济建设、政治建设、文化建设、社会建设各方面和全过程,才能实现经济、政治、文化、社会的可持续发展,才能实现中华民族永续发展。因此，生态文明建设是"五位一体"的基础。

生态文明建设对实现环境保护与经济社会两者的协调发展具有指导作用。按照过往的惯性思维和认识，生态环境保护和经济社会发展之间是不可调和、绝对对立的矛盾，经济的持续快速增长必然是以大量消耗资源和牺牲环境为代价。一旦把生态环境保护和经济社会发展割裂、对立起来，就会导致两种负值结果：一种是只注重生态环境保护而经济发展严重不足，"端着金饭碗讨饭吃"；另一种是钱包鼓起来而土壤、空气、水变坏了，生活环境、生活品质越来越糟糕。生态文明则打破了生态环境保护与经济社会发展矛盾的困境，是实现经济健康稳定可持续发展的重要基础。就事实而言，矛盾本身就是对立统一，习近平在2018年4月26日召开的深入推动长江经济带发展座谈会上强调"决不能把生态环境保护和经济发展对立起来"，忽视环境保护搞经济发展是"竭泽而渔"，离开经济发展空讲环境保护是"缘木求鱼"。生态环境保护和经济社会发展并非矛盾的绝对对立关系，不是非此即彼、不可调和的关系，而是辩证的统一关系。一方面，生态环境保护做得好，自然资源再生能力强，发展空间更广阔、后劲更足，经济社会就能可持续发展；生态环境保护做得好，人居环境好，人的健康品质就有保障。另一方面，经济社会发展又能为生态补偿、生态治理修复等提供坚实物质保障。习近平的生态文明思想理念，要求我们必须正确把握生态环境保护和经济发展的辩证统一关系，不断促进经济社会的可持续发展。可持续发展意味着维护、合理使用并且提升自然资源基础，这种基础支撑着生态抗压力及经济的增长。中国作为一个发展中的大国进行社会主义现代化建设，不能走欧美"先污染后治理""过度消耗能源资源"的老路，必须探索一条环境保护优先、节约能源资源的新路，因而以生态文明为基准的绿色发展便从曾经的选择题变为现在的必答题。对于其中的辩证关系，习近平阐述得十分透彻，"不搞大开发不是不要开发，而是不搞破坏性开发，要走生态优先、绿色发展之路""要设立生态这个禁区，也是为如何发展指明路子。我们搞的开发建设必须是绿色的、可持续的""生态文明建设事关中华民族永续发展和'两个一百年'奋斗目标的实现,保护生态环境就是保护生产力,改善生态环境就是发展生产力"。这些习近平生态文明思想,是我们破解生态环境保护与经济社会发展矛盾困境的根本遵循和依据。

生态文明建设助推着社会主义民主法治建设和政治建设。生态文明建设是有益于社会、国家、组织和个人等社会公共利益的系统工程,是社会各类主体共同关注关心的问题,它需要通过协商民主的形式来解决。在全社会范围的生态文明建设中,需要政府、企事业单位、社会组织及广大人民群众的普遍参与。同时,党和国家始终强调依法治国,将依法治国基本方略的落实作为全面建成小康社会的重要目标和根本途径,强调全面推进依法治国,实现国家各项工作法治化,这其中也包括生态文明建设的法治化。近年来,在不断推进生态文明建设的过程中,我国生态环境恶化的情势没有得到根本遏制,生态文明建设的客观形势需要进行生态文明本身的立法,只有将生态文明建设纳入法治轨道,实现生态文明建设法治化,才能在推动社会主义民主法治建设和政治建设过程中,为人民创建更好的生态环境,满足人民日益增长的美好生活的需要。

第三章 生态文明建设在"五位一体"总体布局中的地位

生态文明建设创新了崭新的文化价值观。在生态文明建设过程中逐步形成许多新的文化价值观念。第一，生态文明创生了生态自然观。生态自然观强调人与自然、社会与自然的和谐，并基于主客体有机联系、和谐一致，不仅要充分发挥主体的能动性、主动性和创造性，又要对客体的自然持尊重和敬畏态度，如此才能实现人与自然的和谐关系，实现人与自然和谐共生的目标。第二，生态文明创生了绿色生产观和生态消费观。生态文明建设是破解资源利用、环境保护与经济发展矛盾的重要举措，是实现经济健康稳定可持续发展的重要基础，促进社会经济的发展，必须坚持绿色生产观和生态消费观。第三，生态文明包含对自然价值的新认识，是对人类中心主义价值观和生态中心主义价值观的超越。生态中心主义价值观在对人类中心主义价值观的质疑中承认并肯定自然的内在价值和权利，但是，生态中心主义只是看到了人是生态环境恶化、生态问题产生的主体，却忽略了人是保护生态环境的受益者和主体。所以，人类中心主义和生态中心主义都是将人与自然对立起来的、机械的二元思维价值观。

生态文明的价值观则实现了人与自然和谐统一，是对人类中心主义价值观和生态中心主义价值观的超越。第四，生态文明蕴含着生态道德新范畴。生态文明赋予了道德范畴的特殊含义，即生态道德。生态道德是生态环境的本质反映，体现人类保护生态环境道德要求的行为规范和准则，生态道德也是一种新型的环境公德。因为从根本上说道德是为维护人的生存和发展而形成的调节人与人之间关系的准则规范，同样人为了生存和发展还需形成调节人与自然关系的行为规范和准则。只有协调好人与自然的关系，才能协调好人与人的社会关系，才能追求人类社会的和谐发展。

生态文明建设促进了社会和谐与人的全面发展。社会建设最核心的问题是民生问题，民生问题与生态问题息息相关，生态文明建设是促进民生改善和社会建设的重要条件。如果把民生作为生态文明建设的出发点和落脚点，以民生需求"倒逼"生态文明建设，以民生改善成果衡量生态文明建设，那么，社会持续健康发展的目标就是建立健全公共服务体系，改善民生，保障人民在住房、教育、就业、文化、卫生等方面的基本权益。要实现这一民生建设的价值目标就是必须把民众的身体健康、生命安全、幸福生活置于首要位置。同时，生态文明建设在一定程度上促进和谐社会的发展。在和谐社会所包含的物质文明、精神文明、政治文明和生态文明的复杂系统中，人与自然、人与社会、人与人之间的和谐发展、矛盾化解都离不开物质基础，精神文明为和谐社会提供科学理论指导，政治文明是和谐社会的保障，生态文明所追求的良好自然生态环境直接关系到人民的身体健康和幸福生活，不仅如此，生态文明建设是实现人的自由而全面发展的重要方式。只有建设生态文明，在改造客观世界的实践过程中自觉承认和尊重自然界的客观性，并按照自然的本质和规律要求进行改造自然界的对象化实践活动，才能积极改善和优化人与自然的关系，建立有序的生态机制，创造良好的生态资源环境，为人的全面发展提供物质前提。生态文明建设不仅是实现人全面发展的物质前提，也是实现人全面发展的精神需要。人的发展是包括人的物质生活和精神生活在内的全面发展。生态文明是人类以真、善、美相统一为准则改造自然实践活动的产物,在追求和建设生态文明的过程中既凝聚和体现人的本质力量,又使人的本质力量得到不断的丰富和完善。良好的生态环境能够给人以舒适愉悦的感受,能够净化人的心灵并提升人的精神境界,促进人的全面发展。

二、生态文明建设与经济建设、政治建设、文化建设、社会建设之间的关系

党的十八大将生态文明建设融入经济建设、政治建设、文化建设、社会建设各方面和全过程。生态文明建设能够融入经济建设、政治建设、文化建设、社会建设各方面和全过程是有其必然性的。具体表现为:生态文明建设与经济建设是互联的,生态文明建设与政治建设是互动的,生态文明建设与文化建设是互融的,生态文明建设与社会建设是互通的。

第三章 生态文明建设在"五位一体"总体布局中的地位

(一)生态文明建设与经济建设的互联关系

改革开放以来,中国经济取得了举世瞩目的成绩。但长期以来,以 GDP 增长为导向的粗放型经济增长方式,对我国资源环境造成的破坏尤为突出。作为发展中大国,我国在资源节约、生态环境保护和环境治理上态度极为坚决,从中央到地方做了种种努力,出台了大量政策措施加以推进和保障,但是资源环境形势未能得到根本遏制。虽然我国坚称绝不走发达国家先污染后治理的道路,但实际上,我国的环境形势之严峻,与发达国家历史上环境问题高发阶段相比,有过之而无不及。为了摆脱我国在经济发展过程中的种种困境,实施以生态文明为核心的经济建设已成为全社会的共识。生态文明的经济建设主要包括以下几个方面:

1. 发展低碳经济和建立循环经济体系

低碳经济是一种通过发展低碳能源技术,建立低碳能源系统、低碳产业结构、低碳技术体系,倡导低碳消费方式的经济发展模式。低碳经济包括三个方面的内容:第一，低碳经济是降碳经济。它需要人们在生产生活中改变能源的生产和消费方式，降低碳排放量，控制碳排放的增长速度。第二，低碳经济也是一种低碳生存理念经济。它力求人们改变高碳消费的倾向，实现低碳生存。第三，低碳经济又是促进能源发展模式的经济，它要求人们在生产过程中保持经济增长的同时，降低碳排放量。实施低碳经济需要政府积极发挥自己的职能。一方面，政府积极制定低碳生产政策。这要求企业在能源生产过程中尽可能生产低碳能源，使用低碳能源来代替煤炭和石油等化石能源。同时，在生产过程中尽量采用以低能耗、低污染、低排放为基础的经济模式；以新能源来代替化石能源的使用，减少二氧化碳的排放。此外，还应在社会上推行碳汇奖励政策，这主要是通过植树造林等活动，利用森林吸收并储存二氧化碳的能力，减少空气中二氧化碳的含量。另一方面，实行低碳消费政策，倡导低碳生活方式。低碳生活方式就是尽可能避免消费会导致二氧化碳排放的商品和服务，以减少温室气体生产的生活方式。政府在实行低碳生产政策和低碳消费政策过程中，也应该深化现有的经济体制改革。利用市场规律中的利益机制引导"经济人"逐步走向"低碳"。推进资源价格形成机制改革,制定并实施有利于资源节约和环境保护的财税政策。实施能源价格形成机制改革,加快能源进入日常生产、消费领域。推进碳交易体制机制建设,将碳排放额度作为一种特殊的商品,实现货币化分配,生产者可以进入市场交易,使少排者得到相应的收益。

生态文明建设融入经济建设,需要建立循环经济体系。循环经济是指按照清洁生产要求及减量化、再利用、资源化原则,对物质资源及其废弃物实行综合利用的过程。这里循环经济必须符合生态经济的要求,按照清洁生产的要求运行。循环经济也要符合3R原则,在指导思想上循环经济方式必须与以往单纯对废弃物进行回收利用的方式相区别。循环经济还要求对物质资源和废弃物必须实行综合利用,而不能只是部分利用或单方面利用。发展循环经济必然要遵循循环经济规律,循环经济的基本规律主要包括:第一,生态经济规律。循环经济是建立在生态经济基础上的生态经济,是一种尊重生态规律和经济规律的经济。这种生态规律就其核心而言，是生态系统中物质循环动态平衡规律。第二，两种资源并存和统一规律。循环经济所指的"资源"包括自然资源和再生资源，"能源"包括传统意义上的一般能源和绿色能源，这些资源被称为"第一资源"或"第二资源"。循环经济不仅重视"第一资源"，还重视对"第二资源"的利用。第三，经济效益约束规律。这一规律要求人们在追求自身利益最大化时，必须受当时社会的经济、政治、法律、文化、道德伦理等因素的约束。第四，权责对称规律。这一规律要求必须对企业在生产过程中所形成的负外部性的各种问题制定清晰而合理的规章制度，并在生活中通过社会监督和上层建筑部门的作用，使微观经济主体走上可持续发展之路。

2. 优化国土空间开发格局

国土空间是国家主权管辖范围内的地域空间。国土空间开发是指以陆地国土空间为对象，以聚集人口和经济为目的，大规模、高强度推进工业化和城镇化的过程。优化国土空间开发一般是指经济发达、人口密集、开发密度高、资源环境承载力减弱的地区，通过改变依靠大量占用土地、大量消耗资源、大量排放污染物以实现经济较快增长的模式，把强化生态环境保护作为中心，以加强自主创新能力、促进资源节约利用为手段，使该区域继续成为全国经济社会发展的龙头和参与全球化的主体区域等。优化国土空间开发的主要内容包括国土空间开发的区域和奖励绩效考核评价体系，确保国土空间开发的优化两个方面。优化国土空间开发应选择恰当的实施路径：第一，实施主体功能区战略，构筑高效、协调、可持续的国土空间开发格局。第二，实施轴带集聚战略，构筑若干动力强、联系密切的经济圈和经济带发展格局。第三，实施城市群带动战略，构筑群龙共舞的区域隆起带发展格局。第四，实施特色城镇化战略，构筑大中小城市和小城镇协调发展的多元城镇体系格局。第五，实施产业密集群战略，构筑产业板块发展格局。第六，实施交通基础设施建设网络化战略，构筑高速铁路、高速公路和高速航空一体的新时代格局。第七，实施区域发展总体战略，构筑优势互补的区域发展格局。第八，实施开发海洋资源，建设海洋强国战略。因为海洋占地球表面积的71%,拥有陆上的一切矿物资源,是人类社会发展的宝贵财富和最后空间,是能源、矿物、食物和淡水的战略资源基地。

3. 生态文明的农业经济建设

生态文明的农业经济建设的实质就是要发展生态农业。生态农业是指在保护、改善农业生态环境的前提下,遵循生态学、生态经济学规律,运用系统工程的方法和现代科学技术,形成集约化经营的农业发展模式。生态农业是一个农业生态经济复合系统,将农业生态系统同农业经营系统综合统一起来,以取得最大的生态经济整体效益。生态农业既是农、林、牧、副、渔各业综合起来的大农业,又是将农业生产、加工、销售综合起来,适应市场经济发展的现代农业。生态农业建设的关键在于探索和选择适当的对策路径,以下提出的生态农业建设路径仅供参考借鉴:第一,转变观念,走"混合饲养型耕作制"之路。生态农业建设,重要的是需要变革传统的旧观念,改变单一的"谷物大田耕作制",走"混合饲养型耕作制"之路。第二,正确处理良种和土壤的关系。良种和土壤是生态农业建设的主要元素。生态农业建设必须把良种和土壤作为一个整体进行系统考虑。第三，发展家庭农场。家庭农场是以家庭成员为主要劳动力，从事农业规模化、集约化、商品化经营生产，并以农业收入为主要家庭收入来源的新型农业经营主体。第四，发展蓝色农业。蓝色农业是指在水体中开展的水产农牧化活动，包括所有近岸浅海海潮间带以及潮上带室内外水池水槽内开展的虾贝藻鱼类的养殖业。

4. 生态文明的工业经济建设

生态文明的工业经济建设主要是指发展生态工业。生态工业经济按照生态经济原理和知识经济规律组织的基于生态系统承载力，具有高效的经济过程及和谐的生态功能的网络、进化型工业。它通过两个或两个以上的生产体系或环节之内的系统来使物质和能量多级利用，高效产出或持续利用。生态工业经济结构主要包括资源生产部门、加工生产部门和还原生产部门。建设生态文明的工业经济，一方面要建设生态工业园区。生态工业园区通过园区内部的物流和能源的正确设计、模拟自然生态系统，形成企业间的共生网络，即甲企业的副产品成为乙企业的原材料，乙企业的副产品又成为丙企业的原材料。如此循环，实现园区内企业对能量及资源的梯级利用，实现园区内的工业生产所造成的排放、污染等在自然生态系统的自净力可控制的范围内。另一方面要发展在生态文明理念指导下的产业集群。产业集群是指在特定区域内，具有竞争与合作关系，且在地理上相对集中，有交互关联性的企业、供应商、金融机构、服务性企业以及相关产业的厂商及其他相关机构组成的特定群体。发展以生态文明为指导的产业集群，可以加快以生态文明为目标的工业经济建设进程，并在此前提下提升区域经济合作成效。

（二）生态文明建设与政治建设的互动关系

政治建设主要是指政治制度建设。政治制度在社会制度系统中，位于经济制度和文化制度之间，是由经济基础决定并对经济基础具有反作用的制度形式，是统治阶级通过组织政权以实现其政治统治的基本原则、价值理念、各种方式的总和。我国的政治制度建设既是由中国特色的历史环境决定的,又是由在中国经济政治活动中占大多数的人民及其代表的核心价值观决定的。中国特色社会主义政治制度,作为整个社会结构中执行目标实现功能的"火车头",必须拉着我国社会朝着有利于中国人民构建"人与自然和人与人和谐相处的生态文明社会"的目标前进。

生态文明是以人与自然和谐、人与人和谐、经济有序、政治清明、文化繁荣等为特征的文明形态。它意味着人与自然共存,是人与自然和谐相处的文明形态,是在本质上更高级的后现代制度文明形态。生态文明建设在实际生活中急需政治制度进一步发挥"火车头"的目标实现作用,即通过法律制度建设等手段来引导和推动生态文明的制度建设,使生态环境保护政策的制定更合乎实际,使生态制度的构建更科学、系统。此外,生态文明对政治制度建设的引领,就是要在生态文明制度建设的视域中,探索中国特色社会主义政治制度建设的"理想模式",使之成为拉动我国制度建设的"火车头"。从社会整体结构及其分层结构之间的互动关系看，生态文明不是被动地由政治制度决定的，实际上它是一种能够代表人类文明发展方向的价值选择，把生态文明形态和制度文明形态结合在一起，目标指向的是人与自然和人与人之间和谐相处的理想社会。生态文明政治建设主要包括政治、法律以及国际交流合作三个方面的内容。

1. 政治生态转型

近年来在生态文明政治建设过程中，信息时代的到来改变了人们社会生活中的方方面面，这无形中也推动了生态文明制度建设的转型。建立一套完整的制度，完成生态文明的政治转型势在必行。在政治生态转型中主要包括政府和公民两个部分。

在当代中国，政府在经济社会等各个层次都发挥着巨大作用和无可比拟的影响。政治生态转型的第一要务就需要政府的生态转型。政府的生态转型是指政府能够树立尊重自然、顺应自然、保护自然这一生态文明的基本理念，并能够将这种理念与目标渗透与贯彻到政府制度与行为等诸方面之中去，积极探索人与自然和谐共生的基本诉求,即实现路径的行政管理系统。这就要求政府在转型的过程中树立生态意识。坚持执政理念转型创新、政府职能拓展创新和政绩考核体系转型创新。在这一过程中始终牢记人民的利益高于一切,积极为人民创建良好的生产生活环境。此外,制度创新也是政府转型的一个问题。制度创新主要包括建立完善严格的耕地保护制度;完善水资源管理制度;建立资源有偿使用制度和生态补偿制度;明确政府环境监管的责任;加强生态文明宣传教育工作。政府的生态转型问题,也需要积极构建电子政府,及时调整政府的内部组织结构。

在生态环境治理过程中,政府始终处于绝对的主导地位。但是生态治理的复杂性和艰巨性以及单一主体的治理模式存在诸多限制性问题,这促使政府不得不将市场主体、社会组织和公民纳入生态治理过程中来。公民在这一过程中的作用主要体现在公民环境权和公民参与两个方面。对于公民环境权利问题,《联合国人类环境会议宣言》就明确指出"人类有权在一种能够过尊严和福利的生活环境中享有自由、平等和充足的自省条件的基本权利,并且负有保护和改善这一代和将来的世世代代的环境的庄严责任"。在这里公民环境权利可以理解为公民的基本权利之一,就是公民有良好的生存环境的权利,是指公民享有适宜健康和良好生活环境的权利,包括日照权、通风权、眺望权等。公众参与主要包括三个方面:其一,充分发挥民间组织发育相对成熟、自主性较强的优势,深化社会管理体制改革,为民间组织发挥自身在推进转型升级和生态文明建设上的独特作用提供广阔的空间。其二,充分调动每一位公民对环保事业的参与,帮助人们形成绿色、环保、低碳的生活方式。其三,构筑公众参与的制度保障。要提供公众参与环保事业的较为完备的法律保障,建立政府环境信息披露制度是公众参与环境事务的前提,政府环境信息披露的内容包括政府机构为履行法律规定的环境保护职责而取得、保存、利用、处理的需要为公众所知悉与环境有关的信息。

2.建立完备的法律体系

健全完整的法律体系是生态文明建设的法律保障,也是一个国家生态文明发展程度的重要标志。法律体系的生态转型需要遵循一定的原则，主要包括：一是符合正确处理人与自然关系的要求；二是符合正确处理人与人之间关系的要求；三是符合正确处理自然界生物之间关系的要求；四是符合正确处理人与人工自然之间的关系的要求。

此外，法律体系的生态转型也需要注意一些问题。第一，在法律规范内容上应突出整体性、系统性。如在环境法制问题上，要摒弃"边污染边治理，边治理边破坏"的传统理念，以环境承载力为基础性判断，把包括生态预警、生态治理保护、生态监测的链条纳入环境立法规划和执法程序。第二，法律所规范的对象应该是包括一切个人、经济组织、社会组织、政府组织在内的有关的人类行为。环境保护职责应打破机关与部门的界限，成为所有国家机关共同担当的职责，更加强调所有国家行政机关在环境保护中的协调配合。第三，法律的生态转型要取得全社会的认同，就需要一切社会主体的广泛参与，要最大限度地为各种社会主体的参与提供便利，提供多样化的参与渠道、参与形式，拓展参与的范围，提高参与的有效性。

3. 建立全球环境与生态合作机制

环境问题的全球化、政治化和经济化决定了解决环境问题的复杂性和艰巨性。20世纪80年代以后，人们开始认识到环境问题与人类生存休戚相关，环境问题的解决只靠一国的努力难以奏效，必须全球互动并进行国际合作，共同来保护和改善环境，共同采取处理和解决环境问题的各种措施和活动。

近年来环境问题逐渐具有了全球化、政治化和经济化的特点。第一，环境问题的全球化。伴随着全球经济一体化，生态安全也跨出国境，一国的生态环境问题有可能危及邻国的生态安全。例如，国际性河流，上游国家的截流、溃决和污染物排放都有可能危及下游国家的安全。有资料显示，美国输送到加拿大的二氧化硫量为加拿大本身人为排放量的4~5倍，加拿大有50%的酸雨来自美国。第二，环境问题的政治化。随着全球环境问题的加剧，环境问题的影响正渗入国内政治、国家安全领域，环境外交成为建立世界新秩序和构造未来国际格局的重要途径。在一些国家，特别是发达国家内部，工业增长的利益

第三章　生态文明建设在"五位一体"总体布局中的地位

同保护生态环境之间的矛盾日益突出，这些国家保护环境的舆论压力日益增大，致使不少政党在竞选中也争相打出环保牌。在国家安全问题上，安全的保障越来越多地依赖环境资源，包括土壤、水源、森林、气候，以及构成一个国家的环境基础的所有主要成分。假如这些基础退化，国家的经济基础最终将衰退，其社会组织会蜕变，政治结构也会随之变得不稳定。这样的结果往往会导致冲突，或使一个国家内部发生骚乱，或引起其他国家之间的关系紧张。第三，环境问题的经济化。传统的发展观认为，地球蕴藏的资源是无限的，无论怎样开发，都是取之不尽、用之不竭的。随着工业经济的发展，生态破坏和污染问题也在不断加剧，工业文明的高速发展造成的环境污染日益加剧也是20世纪的一个重要特点，经济发展所带来的负面效应在区域和全球两个层次上，造成了一系列的生态和环境问题。在全球经济一体化的背景下，许多发达国家的跨国公司把能耗高、污染重的企业转移到发展中国家，或者通过合法贸易向发展中国家出售在本国被法律所禁止销售的有毒产品，而发展中国家却因为受限于技术、经济水平低下，只能作为主要的资源输出国与初级产品输出国，并要承担资源消耗与环境破坏的主要后果。

国际合作是生态文明建设的国际层面，需要构建国际合作的新平台，倡导国际合作与全球伙伴关系，这就需要构建生态治理的全球化结构。第一，消除全球异地污染的经济一体化。生产力发展到当今时代，发达国家已经从对发展中国家的商品输出转变为资本输出。发达国家出于生态环境因素考虑，为了减少自己的环境风险而有意识地鼓励一些企业将高环境成本的产业转移出去。这样，一些发达国家在享受经济发展红利的同时，却将环境风险强加给发展中国家，造成了异地污染状况。为了消解这一状况，发达国家应树立全球意识，在为全球经济做出贡献的同时勇担生态责任，利用自己的资金技术优势，将环境风险降到最低限度，而不是通过产业布局的方式转嫁出去。同时，发展中国家也应树立生态忧患意识，在吸引投资时不能只从经济角度考虑，还应考虑环境因素，最大限度地杜绝环境污染的全球扩散。第二，发展跨国界的非政府性生态组织。在生态文化全球一体化进程中，

第三章　生态文明建设在"五位一体"总体布局中的地位

跨国界的非政府性生态组织发挥着不可或缺的重大作用。为了促进生态文化全球一体化，这些组织应在争取政府支持进一步发展的同时，积极宣传自己的生态理念，努力扩大自己的影响力，争取更多民众的支持与参与。各国政府都要在政策、场地甚至资金等方面加大支持力度，在进一步促进现有的国际环保组织发展的同时，动员更多的民众组建更多的生态环保组织。第三，形成生态治理的全球一体化结构。在生态维护与环境保护问题上，世界各国要形成全球性生态共识，改变推脱生态责任的做法，打破各自为政的治理格局，着力于打造一个具有全球生态管理与实践能力的地球政府。

（三）生态文明建设与文化建设的互融关系

生态文明的建设离不开文化的建设。从人类社会发展进程来看，生态文明与文化的结合是在超越传统工业文明观的基础上形成的。生态文明的文化使人类在经济、科技、法律、伦理以及政治等领域建立起一种追求人与自然以及人与人之间和谐的对环境友好的价值观和道德观，并以生态规律来改革人类的生产和生活方式。它致力于形成人与自然、人与人的和谐关系与和谐发展的文化。它是人类思想观念领域的深刻变革，是在更高层次上对自然法则的尊重与回归。在社会发展到经济生活空前繁荣、科学技术高度发达的今天，必须加强对传统文化的保护，建立新的文化体系，通过生态文明观的艺术创作，建立新型的公共文化服务体系，发展生态文化产业，发展现代文化科技，全面建设和谐社会。

在进行生态文明的文化建设过程中既需要对传统文化的继承和发展，又需要推进区域文化的发展和生态文化的全球化。此外，也要在社会上形成一种合力推动生态文明的教育事业的发展。

第一，传统文化的继承和发展。文化作为人类意识的结晶，无疑具有历史继承性。事实上，当今的生态文化正是在批判地继承传统生态文化的基础上创立的。我们在对待传统文化的问题上既要积极地继承中华民族优秀传统文化中的生态思想，也要学会剔除其中不符合时代发展思想的部分。

第三章 生态文明建设在"五位一体"总体布局中的地位

中国古代有着极其深厚的生态文化积淀,为我们创建生态文化、建设生态文明提供了丰富的精神资源。这就要求我们在创建生态文化进而建设生态文明的过程中,积极响应党的十八大提出的"建设优秀传统文化传承体系,弘扬中华优秀传统文化"。道家是中国传统文化中最具有生态思想的学派。"人法地,地法天,天法道,道法自然"为人们提供了处理人与自然关系的思路。在人与自然的关系上,道家借由"人法地"而主张人应顺应自然。这里的"地"体现出人对自然的依赖。因而,"人法地"就是指人应尊重自然,以自然为法则,不能出于自己的需要而随意违反自然的本性,强行干预外部世界。这是因为,在道家的哲学思想中,天地万物并非作为与人相对立的对象性客观实在,而是与人向亲共祖——"道"——的一体之命,天地万物共同构成了人的当下生命存在,是人类的栖息之所。因而,如果人类按照自己的意志去改变万物的自然状态,就会给万物造成损失和破坏,从而有违于"人之道"。佛家主张"尊重生命"的博爱意识。禅宗认为,郁郁黄花无非般若,清清翠竹皆是法身,大自然的一草一木都是佛性的体现，都蕴含着无穷禅机；人与自然之间没有明显的界线，生命主体与自然环境是不可分割的一个有机整体。禅宗不仅主张一切众生皆有佛性，而且强调诸佛性都是平等的。就儒家文化的实质而言，儒学是一个调整人与人关系的伦理学说。"仁"是孔子思想的核心，是儒学中最高的德。儒家进而将"仁者，爱人"发展到"仁民爱物"，由此将对人的关切由人及物，把人类的仁爱主张推行于自然界。法家、佛家以及儒家思想中朴素的生态文明理念为我们创建生态文化提供了得天独厚的文化条件，是我们加强生态文明建设不可或缺的思想资源。

但是，面对工业文明在全球的快速推进，人类若不及时停止破坏环境的行为，目前的工业文明必将危及整个人类文明，及早确立全球生态文明观对摆脱人类的困境具有伦理意义。因此，我们应该积极扬弃传统文化，建立符合人类未来发展的模式。这就要求我们正确处理人与自然的关系。人与自然的和谐是人类生存和发展的基础。由于自然界提供了人类生存和发展所需的资源，人与自然的

第三章 生态文明建设在"五位一体"总体布局中的地位

不和谐必将损害人类本身。生态危机自古有之,但在资本主义社会以前就其影响总体上来说还是区域性和小时空的,因此即使提出人与自然的和谐的观点也不能引起主流社会的足够重视。工业化运动以来人类对生态意识还未做出适应性调整,区域性的生态灾难就已经酿成,进而发展为全球性的生态危机。只有重新定义生产力的内涵,重建生态意识,普及生态伦理,建立和谐的"自然-人-经济"复合系统,才能化解全球性的生态危机,实现经济社会的可持续发展。同时,人与人的关系也需要重新捋顺。人类社会的生产关系构成和谐社会的一个重要内容。不合理的生产关系一方面会造成人类社会本身的畸形发展,另一方面这种畸形效应会延伸到人与自然的关系以及相应的其他关系上。最典型的是工业化时代对资源的占有和对污染的转移,由于不能正确处理人与人、国家与国家的关系,建立在资本原始积累基础上的国际经济旧秩序使得发达国家利用发展中国家的资源并向其输出污染,造成发展中国家严重的生态灾难和环境污染,这种污染通过全球性循环反过来又影响发达国家的环境。重建全球生态文化，重新定义科学技术，发展生态化的生产力、生产关系，建立与可持续发展相适应的社会体制已成为社会发展的大趋势。

第二，区域文化的发展和生态文化的全球化。长期以来，由于区域的分割、交通的不便以及通信的落后等，人类形成了不同的生活和生态类型，进而形成了多样性的文化，这种文化一方面有其合理、优秀的成分，另一方面有其不合理、不符合时代发展的成分。这就要求我们在生态文明的文化建设过程中，弘扬区域文化的先进内容，同时要打破区域分割，克服交通不便与通信落后等不利因素，突破边境界限，使区域文化适应并融入全球一元化的生态文化体系。

伴随着全球化的迅速发展，人们的生活生产方式逐步趋同，但是各地区的文化改变相对来说比较缓慢。到目前为止，文化仍是一种具有区域化分割的文化形态。这主要是因为，一方面不同地区的生产力发展不平衡，另一方面不同地区的生态范型具有差异性。此外，不同地域的生活方式和文化传统存在差异。改变现有各地区文化

第三章 生态文明建设在"五位一体"总体布局中的地位

割据的现状,提升和发展区域文化已成为一种必然。尊重区域的传统文化,不是简单地回到从前,发展不是对传统的否定,而是对传统的尊重,是传统在发展基础上的不断延续。一种文化之所以能历经数百年、数千年,根本在于它的发展属性,与各种文化不断地对话融合,通过注入现代新理念,丰富其内涵,形成全球一体化的生态文化。

现代意义上的生态文化是人们关于自己与自然关系的深度思考,通过对传统文化生态观念的继承以及对人类生态学等相关科学研究成果的借鉴,所产生的一个文化形态。它是以实现人、社会、自然相互之间和谐协调、共生共荣、共同发展的新型关系这一生态价值观为核心,以生态意识和生态思维为主体建构而成的一个全新的文化体系。它标志着人类价值观从人类中心主义向主张人与自然、人与人和谐共生、共同发展的"生态主义"的转变。这种文化必将构造成"空间和时间"和谐统一的生态文明的新型文化。从空间上说,和谐统一,就是要正确处理四大关系:一是在当代要正确处理人与自然的关系;二是在当代要正确处理人与人之间的关系,这是生态文明观中正确处理人与人之间关系的内涵之一;三是在当代要正确处理自然界生物之间的关系;四是在当代要正确处理人与人工自然物之间的关系。从时间上说,和谐统一就是要正确处理当代人与后代人之间的关系,这也是生态文明观中正确处理人与人之间关系的内涵之一。

文化作为一种人类精神文明成果,其传承与物质化无疑是借由一定的机制与媒介来实现的。一般而言,文化传承的首要机制就是文化,其物质化的媒介则是科学技术。因而,要加强生态文化建设,就必须大力发展生态文明的教育与科技事业。党的十八大报告指出"教育是民族振兴和社会进步的基石"。因此,"努力办好人民满意的教育",对我们正在进行生态文明建设而言尤为重要。要发展生态文明的教育事业,就必须在充分认识到当今教育事业发展的生态特征以及生态文明下发展教育事业的必要性的基础上,立足当前我国具体实际,探索切实可行的有效路径。发展教育事业的生态特征主要有教育理念生态化、教育内容生态化、教育过程生态化等。发展生态文明教育事业一方面是发展生态文化的需要,另一方面是社会文明进步的需要。对于发展教育事业,我们既要创新助学形式,又要动员社会参与大教育投入。此外,科技作为当今时代的第一生产力,不仅对提高国际竞争力具有重要作用,也是国家生态文明建设的必然要求。这就要求我们在今后的工作中,时刻关注科技创新,提高国家科技水平。

因此,发展生态文明的教育与科技事业也是文化建设不可缺少的部分。当前发展教育事业需要:首先,创新助学形式;其次,加大教育投入;再次,动员社会参与。对于生态文明的科技事业的发展,我们一是要培养生态科技意识,二是要加大科技研发投入,三是要加大科技成果转化。随着国民生态科技意识的培养、政府对科技研发投入的加大以及科技成果转化的加快,我国生态文明的科技事业必将得到突飞猛进的发展,生态文明建设事业必将得到极大推进。

(四)生态文明建设与社会建设的互通关系

生态文明的社会建设是以生态文明观为指导,对人类一切生存和发展活动赖以进行的结合体本身进行的"建设"。在迈向生态文明社会的过程中，必须根据不断发展的形势和出现的新问题，有针对性地发展各方面社会事业，建立和优化与不同时期的经济结构相适应的社会结构，通过区域协调发展，形成分工合理、特色明显、优势互补的区域产业结构，培育形成合理的社会阶层结构；以社会公平正义为基本原则，完善社会服务功能，促进社会组织的发展，加强政府与社会组织之间的分工、协作以及不同社会组织之间的相互配合，有效配置社会资源，加强社会协调，化解社会矛盾。

第一，节约型社会的建设。节约型社会就是指在社会生产、流通、消费的各个领域，在经济和社会发展的各个方面，通过健全机制、调整结构、技术进步、加强管理、宣传教育等手段，切实保护和合理利用各种资源，提高资源利用效率，以尽可能少的资源消耗获得最大的经济效益和社会收益，实现可持续发展。建设节约型社会对于生态文明建设有着不可或缺的意义。一方面，建设资源节约型社会是从根本上减轻环境污染的有效途径。人类活动的环境影响取决于人口、消费增长、技术能力和经济结构。建设资源节约型社会是防治污染、保护环境的重要途径。建设资源节约型社会要求实施清洁生产，从资源开采、生产、运输、消费和再利用的全过程控制环境问题，即从经济源头上减少污染物的产生，而不是仅在经济过程的末端进行污染控制，这是保护环境的根本措施。另一方面，建设资源节约型社会是应对新贸易保护主义的需要。经济全球化和国际贸易壁垒迫切要求发展循环经济。发达国家把污染严重的产业转移到发展中国家，又把环保作为与发展中国家进行贸易谈判的砝码，迫使发展中国家做出更大让步。在这种形势下，我国只有建设资源节约型社会才能立足国内，迈向国际市场。此外，建设资源节约型社会是提高经济运行效益的重要举措。建设资源节约型社会可以提高资源产出率、综合利用率和循环利用率，使我国总体经济发展实现"科技含量高、经济效益好"的目标。这既有利于推进经济增长方式的转变，又有利于调整和优化产业结构。

建设节约型社会主要应该从个人和社会两个方面进行

考虑。确立绿色的生活方式需要个人与社会两个层面共同努力才能有效促成。从个人的衣食住行方面来说衣服多选择棉质、亚麻和丝绸,草样不仅环保、时尚,而且优雅、耐穿;尽量选择手洗衣服,用太阳光自然烘干衣服,少用洗衣机,这样做不仅环保而且能延长衣服的使用寿命,且晒太阳能杀菌。在饮食方面,要尽量养成良好的餐饮习惯,如出门购物,尽量自己带环保袋,出门自带水杯,多用永久性筷子、饭盒,尽量避免使用一次性餐具,减少吃带包装的食品次数,减少使用包装袋的次数。在住的方面,养成随手关闭电器电源的习惯,随手关灯、关闭开关、拔插头,建议使用竹制家具,因为竹子比其他树木长得快。在行的方面,尽量选用公共交通,如乘坐公交车,多步行,多骑自行车,坐轻轨、地铁,少开车;开车时要注意节能。从社会层面讲,首先,要在全社会提倡低碳生活方式。如建立社会管理制度,按照低碳生活的要求,制定推行低碳城市、低碳社会、低碳企业、低碳校园、低碳家庭的标准,如通过相应的表彰、奖励、处罚措施,对公民的生活行为予以引导。其次,要建立公共服务体系。一是建立和完善对城乡居民低碳生活的支持体系，帮助人们实现低碳生活的目标。如在农村大力推广沼气利用，在城市大力发展公共交通。二是建立公民"碳补偿"的服务体系。再次，要开展全民教育活动。提倡崇尚节俭、合理消费、绿色消费等理念，养成节约、环保的消费方式和生活习惯，遏制浪费、减少浪费。

第二，生态小康社会的建设。建设节约型社会，不是要限制人对生存与发展所必需物质资料的合理需求。恰恰相反，为了促进人的全面发展，必须在限制人们过度需求的基础上，确保对他们的生存保障与发展支撑达到全面小康水平。小康社会是古代思想家描绘的一种社会理想，是人们对宽裕、殷实的理想生活的追求，也是中国共产党所提出的一个社会目标。

建设生态小康社会是社会主义制度优越性的具体体现，也是促进人的全面发展的根本要求。这就要求我们完善相关方面的建设。首先，完善现代国民教育体系。完善国民教育体系构建不仅要从理念上进行创新，还要从制度上进行设计与安排。一方面，要树立国民教育新理念。树立"以人为本"的价值理念,把国民教育与人的自由、尊严、幸福、终极价值紧密联系起来,将其价值目标定位于人的全面发展;要树立"教育公平"的现代理念,做到起点平等、过程平等和结果平等;要确立"以普通教育和职业教育为基础"的教育理念,使职业教育与普通教育共同承担起对我国公民提供公共教育服务的职责;要树立"全民学习、终身学习"理念,在全社会形成良好的学习氛围,着力于培养一大批学习型人才。另一方面,要建立健全国民教育机制,形成国民教育经费保障机制,形成国民享受教育权利的保障机制,形成国民教育的质量保障机制。其次,完善社会保障体系。一是形成城乡一体化的社会保障体系,使之逐步覆盖城乡所有劳动者,整合城乡居民基本养老保险和基本医疗保险制度,逐步做实养老保险个人账户,实现基础养老金全国统筹,建立兼顾各类人员的社会保障待遇确定机制和正常调整机制。二是要增加基金来源,建立稳定、可靠的资金筹措机制,并使其制度化、规范化,建立社保基金机制,扩大社会保障基金筹资渠道,建立社会保险基金投资运营制度,确保基金安全和保值增值。三是完善统一的社会保障体系，包括社会保险、社会救济、商业保险和多种形式的补充保险、住房保障体系等。四是要按照一体化、社会化原则，建立一个全国性、权威性的统一协调领导机构。此外，还需加强和创新社会管理，完善社会管理体系。

第三，生态和谐社会的构建。人与自然的关系是以人与人及社会的关系为中介的。因而，要建设人与自然处于和谐关系之中的节约型社会、生态小康社会以及生态社区，就必须首先处理好人与人之间的关系，实现人与人之间关系的和谐，这就是要求构建生态和谐社会。

构建生态和谐社会是构建社会主义和谐社会的应有之义，也是建设生态文明的必然要求，更是实现人的全面发展的必由之路。建设生态和谐社会，首先，要践行生态正义。生态正义，就是指鉴于生态自然对人类生存与发展所起到的不可或缺的本体作用而对其予以道德关怀和尊重的伦理意识，而践行生态正义的关键与核心就在于通过人的生态实践活动来实现人与自然之间共荣共生的和谐关系。在一定意义上，党的十七大所倡导的科学发展观就是生态正义的科学表达。用科学发展观的语言讲，践行生态正义的实践活动主要包括：加强能源资源节约和生态环境保护建设；开发和推广先进生态技术；发展清洁能源和可再生能源、保护土地和水资源、建设科学合理的能源资源利用体系、发展环保产业、加强荒漠化石漠化治理以及促进生态修复等。其次，要推进生态公正。生态和谐社会就是指在生态问题上人们相互之间实现了和谐关系的社会。构建生态和谐社会就是要推进生态公正。一方面，在共时态意义上，推进生态公正就是要在同时代的不同地域、不同收入的群体之间公平地分配生态利益。这就要求统筹个人和集体、局部和整体、发达地区与欠发达地区等方方面面的生态利益，在全国范围内各个地区、各个阶层、各个行业的人民群众中公平地分配生态利益、共担生态责任。另一方面，在历时态意义上，推进生态公正就是要在不同时代的人中间实现生态利益分配的公平。这就是要求统筹当前与长远、当代人与后代人之间的生态利益。在生态领域无疑就是要求实现代际公平，就是要使不同时代的人们公平地享用环境资源、承担生态责任，当代人不能为了自己的眼前利益而过分地掠夺资源与破坏环境，剥夺后代人公平地享有自然生态的权利。再次，要实现社会公平。人与自然的关系是以人与他人及社会之间的关系为中介的。因而，要借由对生态正义的践行来实现人与自然之间的和谐关系，就必须首先满足公平正义这一中国特色社会主义的内在要求；"坚持维护社会公平正义"，实现人与人之间关系的和谐，这又要求实现利益——生态利益与社会利益的公平分配。也就是说，要建设生态和谐社会，不仅要推进人与人之间在生态利益分配问题上的生态公正，还要缩小贫富差距，实现在社会利益分配问题上的社会公平。

三、生态文明建设是发展中国特色社会主义的必然选择

中国特色社会主义理论是随着中国社会主义建设认识的深化和实践发展而不断拓展的思想理论体系。当前，人类遭遇到了世界瞩目的严峻的生态环境问题和生态危

机，自党的十八大以来逐步确立了中国特色社会主义"五位一体"的总体布局，凸显了生态文明建设的重要地位，这一总体布局无论是对发展中国特色社会主义事业还是对生态文明建设都具有重要的理论价值和深远的现实意义，充分体现了中国特色社会主义发展的历史与逻辑的必然。生态文明是人类文明发展的一个新阶段，与以往的文明形态相比，它更强调生态可持续性、经济可持续性和社会可持续性。生态文明建设与中国特色社会主义之间存在密不可分的必然联系，生态文明建设是发展中国特色社会主义的必然选择，这在我国的生态情势现状、资本主义的生态批判以及社会主义建设的历程中都得到了印证。

（一）我国生态情势现状的明示

进入 21 世纪以来，中国的发展开始面临两大矛盾，生产力发展无法满足人民不断增长的物质文化需求以及经济社会快速发展与人口、资源、环境之间的矛盾。在现代化、工业化、城市化的进程中经济与资源环境之间的矛盾更加尖锐，已经严重影响到国民经济可持续发展和人民生

第三章 生态文明建设在"五位一体"总体布局中的地位

活质量的提高。生态问题成为中国社会主义建设中的一个棘手问题。总结我国改革开放以来的经验教训逐步形成战略指导方针,是解决当前经济社会发展中诸多矛盾必须遵循的基本原则,是我国现代化建设必须长期坚持的重要指导思想,并采取一系列相应措施来保护生态环境,加快推进中国进入生态文明的完善阶段。

如果说20世纪五六十年代生态遭到破坏主要是由于人们的主观意志代替了客观规律,对生态环境保护的重要性缺乏一定的认识而违背了自然规律,那么改革开放以来,在市场经济条件下,因市场经济追求利益最大化的特点而造成的生态破坏则尤为明显。市场经济所遵循的利益最大化会使不同的利益主体在追求自身利益的同时不惜以牺牲资源环境为代价,这种崇尚物质利益、眼前利益的功利价值观使人们不顾一切地开发利用一切可利用的自然资源,尤其是在我国的市场经济体制和法律法规还不健全的时候。在改革开放初期,由于政策的导向,尽管邓小平等领导人反复强调全面发展的重要性,但是在具体实施的过程中,一些地方官员为了片面追求政绩,大搞形象工程，结果是片面地促进了某些地方的发展，却是以环境破坏为沉重代价的。

随着实践的发展，中国共产党对人与自然的认识发生了变化，要求在实际工作中要尊重自然、顺应自然、保护自然，实现"人与自然和谐相处"。我们"对自然界不能只讲索取不讲投入、只讲利用不讲建设"①。"人与自然和谐相处，就是生产发展，生活富裕，生态良好。"②因此，"要科学认识和正确运用自然规律，学会按照自然规律办事，更加科学地利用自然为人们的生活和社会发展服务，坚决禁止各种掠夺自然、破坏自然的做法"③。党的十七大将"人与自然和谐"，建设资源节约型、环境友好型社会写入新修改的党章中。党的十八大报告提出要树立尊重自然、顺应自然、保护自然的生态文明理念。这种

---

① 中共中央文献研究室:《十六大以来重要文献选编》(上),北京:中央文献出版社,2005年,第853页。
② 中共中央文献研究室:《十六大以来重要文献选编》(中),北京:中央文献出版社,2006年,第706页。
③ 中共中央文献研究室:《十六大以来重要文献选编》(中),北京:中央文献出版社,2006年,第716页。

第三章 生态文明建设在"五位一体"总体布局中的地位

对自然前所未有的高度重视,标志着我国的自然观从传统的"向自然宣战""征服自然"向"建设自然""人与自然和谐相处"的实质性转变。

第一,生态文明建设是破解我国发展中面临的诸多难题的紧迫需要。改革开放以来,我们的社会主义现代化事业取得了举世瞩目的重大成就,但我国人口多,地域广,发展基础差,人均资源占有量低,在工业化初期又被迫采取投入大、消耗资源能源多、效益低的粗放型经济发展方式,给我国发展带来一系列难题。例如,为发展所付出的资源、环境代价过大,发展不平衡、不充分、不协调、不可持续的矛盾突出,城乡差别、地区差别、收益分配差别扩大,生态退化、环境污染加重民生问题凸显以及道德文化领域里的消极现象等。这迫使我们只能在加快生态文明建设上找出路,坚持以生态文明的理念和思路解决发展中的矛盾、问题,以生态文明超越传统工业文明,才能在新的起点上实现全面协调可持续发展。对此,胡锦涛在2004年的中央人口资源环境工作座谈会上明确指出,必须清醒地看到,我国人口多、资源人均占有量少的国情不会改变,非再生性资源储量和可用量不断减少的趋势不会改变;资源环境对经济增长的制约作用越来越大,人民群众对生态环境质量的要求也必然越来越高。从长远来看,经济发展和人口资源环境的矛盾会越来越突出,可持续发展的压力会越来越大。对这些突出矛盾和问题,我们务必高度重视,按照树立和落实科学发展观的要求,始终把控制人口、节约资源、保护环境放在重要战略位置,把工作抓得紧而又紧、做得实而又实。①

第二,生态文明建设是全面建设小康社会的紧迫需要。小康社会意指经济社会现代化发展的总体水平或"样态"。它是衡量我国整个社会的经济、政治、社会、文化与生态发展的标准。全面建成小康社会是基于20世纪末已基本实现小康社会的基础上提出的新的阶段性目标。它既包括:"(1)人均国内生产总值超过3 000美元;(2)城镇居民人均可支配收入为1.8万元;(3)农村居民家庭人均纯收入8 000元;(4)恩格尔系数低于

---

① 中共中央文献研究室:《十六大以来重要文献选编》(上),北京:中央文献出版社,2005年,第855页。

40%；（5）城镇人均住房建筑面积为30平方米；（6）城镇化率达到50%；（7）居民家庭计算机普及率达到20%；（8）大学入学率达到20%；（9）每千人医生数为2.8人；（10）城镇居民最低生活保障率达到95%以上"[①]的量化评估体系，又拥有一个明确的衡量指标体系：经济建设、政治建设、社会建设、文化建设和生态文明建设。在生态文明建设中，优美舒适的生产生活环境是全面建成小康社会的重要因素。然而，当前我国的大气污染、水污染、土壤污染等生态环境恶化问题已严重阻碍了我国全面建成小康社会目标的实现，是全面建成小康社会急需解决的问题。因此，要想实现我们党和政府在2020年之前完成全面建成小康社会的"政治使命"，就需要加紧进行生态文明建设。

第三，生态文明建设的提出是对中国生态问题的反思。自中华人民共和国成立以来，尽管我们说中国的社会主义建设事业取得了举世瞩目的成就，但是就生态环境

[①] 郇庆治：《前瞻2020：生态文明视野下的全面小康》，《人民论坛·学术前沿》2016年第18期，第65~73页。

问题而言,人与自然的关系未能得到正确的认识和处理,生态环境问题日益严重,已经严重威胁到我国的现代化建设的实施。从总体上看,我国目前仍处于工业化中期阶段。多数行业沿用的仍是高消耗、低产出、高排放的经济模式。我国竞争力虽有所上升,但竞争力主要在于 GDP 的增长,其他结构性的指标并没有多大改善,突出表现为经济增长中能源消耗快速增长。我国的经济增长更多的是以牺牲环境和对能源的过度消耗为代价的。再加上中华人民共和国成立以来欠下的历史生态旧债,我国的环境情况不容乐观,亟待绿色生态发展理念的引领。

(二)资本主义生态批判的彰显

资本主义生产方式主导下的工业文明是人类文明发展的第三个历史阶段。在这个阶段,人类借助于高度发达的科学技术,从地球表土层面深入它的内部,发掘出它所蕴含的丰富的资源宝藏,把它转化为高度发达的生产力,从而创造了新的高于农业社会的文明形态。工业文明彻底改变了人类的生存方式、生产方式和生活方式,甚至改

第三章　生态文明建设在"五位一体"总体布局中的地位

变了人类的思维方式，它所创造的文明成果加速向前发展，特别是20世纪50年代之后，世界的变化更是日新月异，而且是越来越快地变化，这就是工业文明所呈现出来的一个基本特征。

但是在世界各国经济呈飞速发展的态势之下，地球生态环境却呈一种持续恶化的态势。无论是发达国家还是发展中国家都把工业化作为推动经济社会发展的主要形式，结果使人类在享受工业文明成果的同时，饱尝环境污染的恶果，生态危机已成为威胁人类生存的最大敌人。生态危机主要是指人类在经济活动中对地球生态系统中的物质和能量的不合理开发、利用和改造，在全球规模或局部领域导致生态系统的结构和功能的损害、生命维持系统的瓦解，从而给人类自身的生存和发展带来灾难性危害的现象。生态危机的主要表现是公害事件层出不穷、环境污染现象屡禁不止、能源危机愈演愈烈、地球大气圈中的臭氧层损耗日益严重、全球气候变暖、生物多样性迅速消失以及人类生活质量普遍下降等。人类不合理的实践行为，导致了生态系统的结构和功能的紊乱，破坏了生态系统的和谐和稳定，从而威胁了人类的生存和发展。当代全球性生态危机是人对自然过度"奴役"的结果。

面对已经千疮百孔的地球家园，面对日益恶化的生态环境，人类终于意识到资本主义生产方式主导下的工业文明是无法使人类健康地生活下去的。这主要是因为：第一，资本主义主导下的工业文明所使用的资源是不可再生的，在这里，取得和失去是直接联系在一起的。工业文明所使用的资源主要包括两大类，即作为燃料的矿石能源和作为原料的矿产资源，它们在地球的储存量都是有限的，消耗一点就少一点，在我们所能预见的时间内，科学技术还无法把这些资源用人工的形式再生出来。因此，这些资源终有一天会告罄，而这些作为工业文明基础的资源告罄之时，就是工业文明自身灭亡之时。第二，工业文明所产生的污染物已超出了地球所能承载的能力范围，这一矛盾也无法在工业文明自身的发展中得到解决。自工业文明产生之日起，就存在着这样一个虚幻的观念——地球不仅蕴藏了取之不尽、用之不竭的能源，而且具有无限的自我净化和自我修复的能力。实践证明这种观念是十分错

第三章 生态文明建设在"五位一体"总体布局中的地位

误的。不仅自然界所蕴藏的资源是有限的,其对于污染物和废弃物的承载能力也是有限的。第三,工业文明所构建的日益膨胀的市场化体系与地球资源的稀缺性产生了不可克服的矛盾,这种矛盾在工业文明自身的范围内无法得到解决。在经济形态上,工业文明的存在方式就是无所不在的市场。市场经济与以往传统经济的不同在于,它是建立在以追逐利润为目的、以交换为中介、以消费需求为动力的基础之上的,这就必然会偏离人类经济生产的正常轨道,把高利润和高消费当作人类生产的终极目的,这也必然导致人类生存环境的恶化。

继工业文明之后的人类最高文明形态——生态文明,延续人类社会原始文明、农耕文明、工业文明的历史血脉,承载了物质文明、精神文明、政治文明的建设成果,贯穿在经济建设、政治建设、文化建设、社会建设的各方面和全过程,生态文明建设是全球所有国家和地区共同的事业。在我国推进生态文明建设,具有特别重大的现实意义和深远的战略意义。改革开放以来,我国在经济高速发展的同时也受到了惨痛的教训,如在资源、环境等方面付出代价过大，资源约束趋紧、环境污染严重、生态系统退化的现象日益严峻，经济发展不平衡、不充分、不协调、不可持续的矛盾日益突出，城乡差别、地区差别、收益分配差别进一步扩大，生态退化、环境污染加重民生问题凸显以及道德文化领域里的消极现象等，严重制约了社会主义现代化宏伟目标的顺利实现。这些矛盾和问题可以说直接或间接是由传统工业化造成的。这就要求我们必须树立尊重自然、顺应自然、保护自然的生态文明理念，以生态文明取代工业文明，走生态文明发展之路，把生态文明建设融合贯穿到中国特色社会主义事业建设的全过程，大力保护环境的空间格局、产业结构、生产方式、生活方式，从源头上扭转生态环境恶化的趋势，尽快消除因过度开发而造成的生态环境危机，推动资源节约型、环境友好型社会建设取得重大进展。生态文明建设是一项很有远见、很有深意的重大战略举措，在中国造福于 13 亿多人口，是顺应自然、实现中华民族永久持续发展的必然选择，同时又将对全球生态文明建设和生态安全做出重大贡献。

第三章 生态文明建设在"五位一体"总体布局中的地位

(三) 社会主义建设历程的印证

解决当今时代的生态危机问题,首先就是要重新理顺人与自然的关系。人与自然的关系标志着人类文明与自然演化的相互影响及其结果,和谐共生作为人与自然关系的现实命题,是人类在反思过去的同时,积极建构的一种新型的、符合现代社会发展需要的理念。重新确立人与自然和谐关系是我国进行生态文明建设的重要问题。生态文明建设是中国共产党长期生态环境建设实践的理论升华。中华人民共和国成立后,历代中央领导集体在社会主义建设的伟大历程中,以战略眼光高度重视生态环境建设,对人与自然关系、经济与生态如何协调发展进行了不断探索。

毛泽东在处理人与自然关系中对生态文明思想进行了初步探索。毛泽东关于解决人与自然关系问题主要是从计划生育、植树造林、保护环境、水利建设、勤俭节约几个方面体现的。第一,植树造林,绿化祖国。无论是在中华人民共和国成立前还是在中华人民共和国成立后,人与自然关系一直是以毛泽东为核心领导集体所关注的焦点。革命时期,他们已经认识到生态环境与农业生产有着不可忽视的关系,生态环境的恶化将会对农业经济产生严重影响,并提出应将生态环境保护和建设作为发展农业经济的重要内容之一。早在井冈山时期,毛泽东就提出要防止水土流失,提高农作物产量。在《召开陕甘宁边区第二届参议会第二次大会的决定》(1944)中,毛泽东指出:"为改变边区童山太多现象,应号召人民植树,在五年至十年内每户至少植活一百株树。"[1]中华人民共和国成立后,毛泽东曾多次提出有关植树造林的指示,他的"植树造林"思想和运动为后人描绘了祖国绿化的蓝图。

第二,计划生育思想。面对长期战争造成的经济衰退、物质匮乏,共产党要重新恢复国民经济建设必须控制人口、节约资源、勤俭建国。较快的人口发展,给社会带来一定的压力。人与自然共处于一个生态系统当中,人的发展也要符合自然的规律,如果人口无限制地增长,就会超过

---

[1] 中共中央文献研究室:《毛泽东文集》(第三卷),北京:人民出版社,1996年,第180页。

第三章 生态文明建设在"五位一体"总体布局中的地位

地球这个生态系统所能提供的资源和承载力,就会导致整个生态系统的破坏乃至毁灭。要构建生态文明,就必须对人口自身的生产加以限制。从1955年开始,国家多次下发文件或做出指示,要求减少人口发展带来的压力。特别是1962年12月,中共中央、国务院发出的《关于认真提倡计划生育的指示》是我国计划生育工作的一个重要的里程碑,标志着党和政府已经把计划生育工作提上了重要的议事工程。在这一文件中,国家"提倡节制生育和计划生育,不仅符合广大群众的要求,而且符合有计划地发展我国社会主义建设的要求"[①]。此后,国家还陆续颁布相关文件来控制人口的快速增长。但是随着国家周边环境的改变,毛泽东对于人口问题的认识也发生了相应的改变。到20世纪50年代中期,我国人口已达到6亿多。

第三,水利建设思想。毛泽东重视水利建设,对水利在中国农业生产中的地位有着深刻的认识,提出了"水利是农业的命脉"这一思想内涵深刻的命题。在兴修水利的过

---

① 中共中央文献研究室:《建国以来重要文献选编》(第15册),北京:中央文献出版社,1997年,第763页。

程中，他还主张治水与改土相结合，狠抓水土保持工作。毛泽东这些思想为我们协调人与自然的关系，建设社会主义生态文明奠定了坚实基础。

邓小平对建设生态文明思想的发展。邓小平虽然并没有明确提出和使用生态文明的概念，但是在他的著述和谈话之中所蕴含的生态文明思想是极为丰富的。邓小平关于农业可持续发展思想，关于节约资源、提高资源利用效率，关于控制人口、提高人民素质的思想，关于环境保护的思想，关于生态保护的法律和制度约束，都蕴含了丰富的生态文明思想。第一，重视发展农业。农业是人类社会生产发展的基础，农业对于我们这样的人口大国的重要性更是不言而喻。早在1943年，邓小平在《太行区的经济建设》中就指出："谁有了粮食，谁就有了一切。"[1]这充分说明了他对农业的重视。此外，他还主张通过技术改革和体制改革使农、林、牧等协调发展，最终达到农业的可持续发展。第二，重视农田水利的建设。我国虽

---

[1] 中共中央文献研究室：《建国以来重要文献选编》(第20册)，北京：中央文献出版社，1998年，第587页。

第三章　生态文明建设在"五位一体"总体布局中的地位

然是一个地域广袤的国家,但适宜农业生产的耕地面积不是很多,因此进行农田水利建设势在必行。邓小平很早就意识到了进行农业水利建设的重要性。邓小平指出:"必须大力提倡修筑塘堰,发展小型水利。"[1]第三,合理开发利用资源。我国的人均粮食、人均土地、人均煤炭、人均钢铁等人均指标相对较低。针对这一情况,邓小平指出在发展经济的同时要重视资源的综合利用,提高资源的利用效率,减少资源的浪费,从而实现短期效益与长远发展相协调、资源利用的单项效益与综合效益相协调、资源利用与环境保护相协调,走出一条适合我国国情的新型工业化道路。第四,环境保护思想。邓小平非常重视环境保护,将保护环境上升为基本国策。他说:"核电站我们还是要发展,油气田开发、铁路公路建设、自然环境保护等,都很重要。"[2]他认为环境问题直接关系到人民群

---

[1] 中共中央文献研究室中共重庆市委员会:《邓小平西南工作文集》,北京:中央文献出版社,2007年,第456页。
[2] 中共中央文献编辑委员会:《邓小平文选》(第三卷),北京:人民出版社,1993年,第363页。

众的日常生活和身体健康,因此要坚持防害于先、综合治理的方针,通过发挥人民群众的主观能动性,从植树造林、退耕还林、防治水土流失、防治土地荒漠化、设立自然保护区、合理地进行森林采伐等多方面措施来保护环境,维持生态。

江泽民对生态文明建设的继续深化。伴随着我国人口、资源、环境的矛盾日益突出,以江泽民同志为核心的党中央逐步把保护生态、美化环境提升到基本国策的高度,明确制定了可持续发展战略以及保护生态环境的一系列措施。在继承毛泽东、邓小平生态文明思想的基础上,结合当时国外生态思潮和我国改革开放的现实,中国共产党把生态环境保护提升到执政兴国和可持续发展的高度,将环境保护、可持续发展提升到战略发展的地位。1996年,江泽民在第四次全国环境保护会议上指出,环境保护很重要,是关系我国长远发展的全局性战略问题。[①] 控制人口,保护生态环境是必须长期坚持的基本国策。在加

---

① 中共中央文献编辑委员会:《江泽民文选》(第一卷),北京:人民出版社,2006年,第532页。

快发展中不能只顾经济发展,不顾环境保护,决不能以浪费资源和牺牲环境为代价,经济发展要注重提高质量和效益,要转变经济增长方式和经济体制,坚持以生态环境良性循环为基础,提高发展的持续能力。同时,应重视绿化,实施西部大开发战略。江泽民提出了明确要求,西部地区资源丰富,要把那里的资源优势转变为经济优势,必须坚持合理利用和节约能源的原则。要抓紧开展西部地区土地、矿产、水等自然资源的调查评价和规划。抓紧制定西部地区矿产资源的勘探开发政策,加大西部地区找水工作的力度,为西部大开发提供水源保障。要把加强生态环境保护和建设作为西部大开发的重要内容和紧迫任务,坚持预防为主,保护优先,搞好开发建设的环境监督管理,切实避免走先污染后治理、先破坏后恢复的老路。

胡锦涛以"科学发展观与和谐社会思想"丰富发展了生态文明建设思想。进入21世纪以来,为了彻底解决环境保护与社会发展的矛盾,中国共产党在可持续发展理论基础上,提出了科学发展观与和谐社会的思想,进一步为生态文明建设夯实了思想基础。2002年,中共十六大把

"可持续发展能力不断增强,生态环境得到改善,资源利用效率显著提高,促进人与自然和谐,推动整个社会走上生产发展、生活富裕、生态良好的文明发展道路"列为全面建设小康社会的四大目标之一,明确将可持续发展能力纳入全面建设小康社会奋斗目标。2003年,党的十六届三中全会通过的《关于进一步深化经济体制改革的若干问题的决定》,第一次明确提出了"以人为本、树立全面、协调、可持续的发展观,促进经济社会和人的全面发展"的科学发展观。2004年,党的十六届四中全会正式提出了"构建社会主义和谐社会"的概念。2006年,党的十六届六中全会通过了《中共中央关于构建社会主义和谐社会若干重大问题的决定》,明确指出"我们要构建的社会主义和谐社会,是在中国特色社会主义道路上,中国共产党领导全体人民共同建设、共同享有的和谐社会"。和谐社会的主要内容包括:"民主法治、公平正义、诚信友爱、充满活力、安定有序、人与自然和谐相处。"党的十七大报告明确指出建设生态文明的目标,经由建设"资源节约型、环境友好型社会"的两型社会试验示范实践,体

第三章 生态文明建设在"五位一体"总体布局中的地位

现可持续发展战略的新理念,包括生态文明、和谐社会、低碳发展、循环发展和绿色发展的理念逐渐深入人心,不断地被地方政府、企业和公众接受,协同学成为中国特色生态文明建设的主题。党的十八大报告及十八大党章修正案从治国理政的理念和国家建设与发展的理论与实践需求出发,再次与时俱进地将生态文明建设纳入中国特色社会主义事业"五位一体"的布局中。"五位一体"布局中的各要素是相辅相成的有机整体,而生态文明建设是融入和贯穿经济建设、政治建设、文化建设、社会建设各方面和全过程的基础,是实现美丽中国和中华民族永续发展的重要保障。

十八大以来,以习近平同志为核心的党中央形成了治国理政新理念、新思想、新战略,不断把生态文明建设推向新阶段。"人民对美好生活的向往,就是我们的奋斗目标",这是习近平提出的"建设天蓝、地绿、水净的美好家园"的神州图景,正越来越清晰地展现在世人面前。党的十八大首次将生态文明建设作为"五位一体"总体布局的一个重要部分;十八届三中、四中全会都提出"建立系统完整的生态文明制度体系"，十八届四中全会还提出"用严格的法律制度保护生态环境"，从而将生态文明建设提升到制度层面；十八届五中全会提出"创新、协调、绿色、开放、共享"新发展理念，愈加凸显了生态文明建设的重要性。2017年党的十九大明确提出，"中国特色社会主义进入新时代"，"我国社会主要矛盾已经转化为人民日益增长的美好生活需要和不平衡不充分的发展之间的矛盾"。针对现阶段的主要矛盾，特别是人民日益增长的对优美生态环境的需要与目前生态环境的严峻问题还存在很大差距，十九大报告对生态文明建设和绿色发展给予高度重视。十九大报告为未来中国的生态文明建设和绿色发展指明了方向，指出"我们要建设的现代化是人与自然和谐共生的现代化，既要创造更多物质财富和精神财富以满足人民日益增长的美好生活需要，也要提供更多优质生态产品以满足人民日益增长的优美生态环境需要；必须坚持节约优先、保护优先、自然恢复为主的方针，形成节约资源和保护环境的空间格局、产业结构、生产方式、生活方式，还自然以宁静、和谐、美丽"。同时十九大报告

第三章 生态文明建设在"五位一体"总体布局中的地位

为未来中国生态文明建设和绿色发展规划了实施路线。一是必须加大环境治理力度,着力解决突出环境问题,牢记"决不以牺牲环境为代价去换取一时的经济增长"。二是加快构建环境管控的长效机制。十九大报告明确指出,提高污染排放标准,强化排污者责任,健全环保信用评价、信息强制性披露、严惩重罚等制度。构建政府为主导、企业为主体、社会组织和公众共同参与的环境治理体系。通过建立环境管控长效机制,让环境管控发挥绿色发展导向作用,引导企业转型升级,推进技术创新,走向绿色生产,使绿色产业成为替代产业,接力经济增长。三是全面深化绿色发展的制度创新。完善绿色产业的制度设计,构建市场导向的绿色技术创新体系;完善绿色消费的制度设计,加快建立绿色消费的法律制度和政策导向,要让绿色、生态成为生活消费的新导向;完善绿色金融的制度设计,使金融系统成为经济系统绿色转型的支撑平台;改革生态环境监管体制,设立国有自然资源资产管理和自然生态监管机构;完善生态环境管理制度,统一行使全民所有自然资源资产所有者职责,统一行使所有国土空间用途管制和生态保护修复职责，统一行使监管城乡各类污染排放和行政执法职责。

十八大以来，习近平对进一步推进生态文明建设创造性地提出了一系列生态文明建设的新理念、新思维、新论断：第一，"既要绿水青山，也要金山银山""宁要绿水青山，不要金山银山""绿水青山就是金山银山"的科学论断。这一论断是建立在马克思主义科学、完整地把握人类社会历史进程基础上的，是内在、逻辑地统一于社会主义本质之中的。社会主义生态文明既源自社会主义经济建设、政治建设、文化建设、社会建设与生态环境建设的内在一致性，也源自社会主义能最大限度地遵循人－自然－社会之间和谐发展的规律性。第二，"像保护眼睛一样保护生态环境，像对待生命一样对待生态环境"。"生态环境没有替代品，用之不觉，失之难存。在生态环境保护建设上，一定要树立大局观、长远观、整体观，坚持保护优先，坚持节约资源和保护环境的基本国策。"第三，"生态兴则文明兴，生态衰则文明衰，保护生态环境就是保护生产力、改善生态环境就是发展生产力"。这是习近平以全球视野和人文关怀，对人类文明变迁的历史反思、对当今世界的现实观照、对人类文明发展规律的深邃思考，这一论断与他"人类命运共同体"的思考一脉相承。第四，"推动形成绿色发展方式和生活方式，是发展观的一场深刻革命"。生态文明建设不是简单地就环境来解决环境问题，而是在新的文明观指导下的经济发展方式、生活消费方式、社会发展方式、文化与科技范式等的系统性革命。这是一场广泛而深刻的变革，需用最严格的制度、最有力的举措推动生态文明建设，促进中国经济社会发展更加绿色更有活力。习近平指出，把生态文明建设融入经济建设、政治建设、文化建设、社会建设各方面和全过程，形成节约资源、保护环境的空间格局、产业结构、生产方式、生活方式，给子孙后代留下天蓝、地绿、水清的美好家园。

第四章 生态文明建设的思想渊源与理论基础

社会主义生态文明建设是中国特色社会主义的理论创新和实践创新，这一思想的形成既有其源远流长的思想渊源，又有其坚实深厚的理论基础。社会主义生态文明建设思想是以马克思主义生态自然观、中国传统文化的生态智慧作为其理论渊源与基础，并在对生态学马克思主义理论评析的借鉴中形成的对生态文明的新认识。

一、生态文明建设理论溯源——马克思生态自然观

中国特色社会主义生态文明建设离不开马克思主义理论的指导，而马克思主义理论中的生态自然观更是生态文明建设的重要理论来源。本部分主要对马克思主义生态自然观中自然与人的概念、马克思主义实践人化自然观的生态向度、马克思主义生态自然观的主要内容、马克思主义生态自然观的基本特征以及马克思主义生态自然观的多维度审视等进行研究，马克思主义生态自然观向我们完整地展示出社会主义生态文明建设的理论渊源和基础。

（一）马克思自然与人的概念诠释

人与自然的辩证统一关系构成了马克思主义生态自然观的核心思想，但我们只有了解马克思主义自然概念以及人的概念的基本含义，才能深刻把握以"人与自然关系"为核心的马克思主义生态自然观。

马克思关于自然概念的观点大多散见于他的众多著述之中。通过对其著作的研读,我们会发现马克思对于自然的定义大致包含有三个方面:第一,作为一切存在物总和的自然,这是最广义的自然概念,它包括人的自然和人以外的自然,相当于客观世界和物质的概念。在这个意义上,马克思把人称为"自然存在物""有生命的自然存在物""能动的自然存在物"。[①] 这样,自然概念就既包括"存在于人之外的自然",也包括作为"自然存在物"的人。第二,作为人和人类社会的外部环境和条件的自然。自然界的发展使人作为自然界的一个对立面在自然界中产生。这样,自然概念便获得了一个新的具体内容,即作为与人相对应的概念,这种自然概念是对于人、对于人类社会、对于历史而言的。马克思把整个世界理解为"人类世界和自然界"[②],从而确定了周围自然界作为环

[①] 《马克思恩格斯全集》(第42卷),北京:人民出版社,1972年,第180页。

[②] 《马克思恩格斯全集》(第1卷),北京:人民出版社,1972年,第488页。

境对于人的作用以及人对周围自然界的作用与改造的关系。虽然马克思并没有使用现代系统科学的术语论证人类社会作为一个系统与外部自然环境的作用，但是他关于作为生产过程的劳动过程是人与自然的"物质交换"的观点确实早已包含现代系统论的科学思想了。第三，作为人类活动要素的自然。人类社会与外部自然环境的物质与能量的交换是一个动态过程，是一种活动、一种实践，而人类社会最基本的实践活动就是生产物质生活资料的实践，即人类的生产活动。因此，作为人类社会外部环境、外部条件的自然，首先并主要表现为人类物质生产活动的自然条件、自然环境，即自然是生产劳动的前提条件，存在于人类社会的生活、实践中。可见马克思自然概念的第三层基本含义是作为人类活动要素的自然。作为人类活动要素的自然首先表现为自然是人类生产活动的要素，其次表现为自然是科学活动的对象。从上述马克思自然概念的三个基本含义上看，马克思论述最多、最深刻的是第二、第三种自然概念。作为人类社会外部条件和内在要素的自然，与人类社会对立着，又渗透着、相互作用着，马克思正是从这里展开了其自然观理论的。从马克思自然概念的三层含义上看，它们之间是相互关联的，具有共同的理论特征：客观实在性、社会历史性、人的实践性。

对于人的概念，马克思主要从三个方面来理解：第一，人本来就是自然界，人直接是自然存在物。马克思关于人的概念首先肯定的就是"人直接地是自然存在物"。那些"现实的、有形体的、站在稳固的地球上呼吸着一切自然力的人"，作为自然存在物在进行自己的对象性活动时，他"本来就是自然界"，是"自然界的一部分"。[①]正因为人是自然存在物，所以他就必然在自然界中展开自己的肉体和精神的生活，与自然界的另一部分即外部自然进行交换。"一个存在物如果在自身之外没有自己的自然界，就不是自然存在物，就不能参加自然界的生

---

① 《马克思恩格斯全集》(第42卷)，北京：人民出版社，1972年，第176、195页。

活"①。人作为一种自然物,也有自然物生产活动即历史,这是"人的真正的自然史"②。因此,人必须服从自然规律,服从物质运动规律,但在自然界中又占有自己确定的位置。马克思把人看作自然物并不是对人的贬低,而是肯定了人的自然物质本性,看到了人的生活、活动都是一种物质和能量的过程。

第二,人是社会存在物,人本身的存在就是社会的活动。人作为"自然存在物",作为"自然界的一部分",并不像动物那样仅仅有受动的、被动的一面,而是主动的、有激情的、富有创造的自然存在物。人是社会的存在物,人的本质属性是社会性。人作为自然界的一部分,是在自然界发展的一定阶段上形成的,但人的产生并非纯粹自然的结果,更主要的是社会生产劳动的产物。人的社会性是人与动物区别的重要标志,在从动物状态向人类状

---

① 《马克思恩格斯全集》(第42卷),北京:人民出版社,1972年,第168页。
② 《马克思恩格斯全集》(第42卷),北京:人民出版社,1972年,第169页。

态过渡时,社会的联合力量起了巨大作用。因此,个人总是"从属于一个较大的整体"。人"不仅是一种合群的动物,而且是只有在社会中才能独立的动物"[①]。人的全部活动都是社会的,马克思关于自然概念的不同含义,在人的概念面前表现出了不同的关系。作为一切存在物总和的自然,对于人来说是一种包含关系,自然包括人作为人类社会外部环境和内部要素的自然,对于人来说是一种渗透的、融合的关系,自然返回于人。马克思不满足于以往的哲学家对抽象自然与抽象人的对立的理解,他赋予自然与人之间的具体的、历史的、现实的关系。对于自然来说,人本身就是一个具体。马克思的自然概念正是在与人的概念的联系和结合中得到了丰富的展示。人本身的存在就是社会活动,社会是人同自然的统一。我们可以这样理解,人的社会、人的精神,都是人所特有的自然。社会、思想、意识、意志都是人的合乎自然的行为。与社会相连接的东西渗入人的自然行为,使自然行为成为人的

---

① 《马克思恩格斯全集》(第46卷),北京:人民出版社,1979年,第21页。

行为。正因为如此,马克思所讨论的自然与人的关系,绝不是自然与单个人的关系,而是自然与人的世界的关系,是自然与社会的关系。在马克思的理论中,自然－人－社会构成了一个大系统,这个系统的客观辩证法决定了我们在考察人、社会时不能离开自然界,在考察自然界时又不能离开人与社会。在自然－人－社会的系统中,人具有双重性质,即自然性质和社会性质,因此人与自然的关系也包括人的自然方面与社会方面的关系。

第三,人口生产具有自然和社会的双重关系。马克思在探讨人口生产时指出,通过生育进行的人口生产,与通过劳动进行的物质生活的生产一样,"表现为双重关系相互制约,一方面是自然关系,另一方面是社会关系"[1]。这两种关系相互联结、相互制约。马克思揭示了人与自然规律确实在起作用,但这不是纯粹的生理的或生物的规律,而是在社会历史中的自然规律;人是社会的生物,即便是他的生物学自然规律,也会打上社会的印

---

[1] 《马克思恩格斯选集》(第1卷),北京:人民出版社,1995年,第8页。

记。正如马克思所指出的人口运动的规律"由于是人类本性的历史,所以是自然的规律。但其仅仅是在一定生产力发展水平的一定历史发展阶段上的人的自然规律,而这种生产力的发展水平则是受人类被本身历史过程制约的"①,所以它也是"一定的历史规律"。这里马克思在承认人口运动的自然规律的同时,确定和强调其社会历史性,并强调社会历史因素对自然因素的制约,从而显示了马克思理论中的自然、人、社会的统一。

(二)马克思实践自然观的生态向度

马克思、恩格斯扬弃了黑格尔的人与自然在理念中统一的唯心主义观点和费尔巴哈把自然界看作人与自然统一基础的抽象唯物主义观点,提出了人与自然在劳动实践中辩证统一的唯物主义观点,提出了"实践的人化自然观",从而完成了自然观上的哲学革命。马克思主义自然观从人的对象性活动与自然变化的交互作用中去认识人与

---

① 《马克思恩格斯全集》(第46卷),北京:人民出版社,1979年,第107页。

自然的关系,以实践的人化自然观批判了抽象自然观。人与自然的相互关系构筑了马克思主义自然观的核心问题,我们可以从散见于马克思、恩格斯各个时期的著作之中的有关人与自然关系的论述中,厘清其丰富的生态思想意蕴和向度,从而深刻挖掘一直以来被人们所忽视的马克思主义生态自然观思想。那么,我们应该如何理解马克思主义实践人化自然观的生态向度?

首先,人与自然的辩证关系表现为生态实践关系。人与自然的关系与自然界中其他任何的组成部分与自然界的关系有着本质的不同。人虽是自然界长期进化的产物,是自然界的组成部分,与自然界形成了部分与整体的关系,但人并没有在自然之外生存,而是依然存在于自然之中。因此,人在一定程度上依然受自然界的生态规律制约。然而人所特有的实践活动能力,使人与自然之间的关系由简单而日益复杂化,即不仅表现为认识关系、价值关系、审美关系,还表现为一种生态实践关系。正是这种现实的能动的生态实践关系,使人类具备了有可能改变生态系统状态的能力,并且这种能力随着生产力的不断提高和人类科学技术的不断发展日益增强,以至于有可能最终达到生态系统发生突变的临界点,而导致整个生态系统的剧变。这种剧变有可能向不同的方向演化,使生态系统趋于复杂;向更高的有序结构演化或者使生态系统趋于崩溃,由有序向无序发展。这种剧变同样地对人的生存和发展来说,也可能出现不同的状态,使人类得到更好的生存与发展的机会或者使人类无法生存,而最终与生态系统一起趋于消亡。因此,生态系统突变的临界点出现与否关键在于人类活动的选择及对待自然的态度。人类或者通过自身的努力,将其活动限制在自然可以承受的范围内,维持现有生态系统的稳定,在人与自然之间保持一定的张力;或者停止对自然的过度索取,回归自然。但不论哪种情况,人与自然关系变化方向的最终决定力量是人类社会赖以生存和发展的生产实践方式。当代人与自然的生态环境危机表明,人与自然关系的目前发展趋势显然并不是朝着既有利于人类又有利于自然的方向发展的。因此,必须变革现有的工业化生产方式,改变人与自然的冲突关系,才能促进人与自然这一生态系统的和谐有序发展。

其次,马克思、恩格斯注重从人类社会与自然界的交互关系中,也从社会制度批判、社会变革语境中关注生态问题、解决生态问题。马克思、恩格斯始终认为,人们所关注的自然更应该是社会实践意义上的自然,人们在不同历史阶段所形成的不同状况的社会关系对人与自然的关系有着直接的影响,人类只有结成社会关系,"只有在这些社会联系和社会关系的范围内,才有他们对自然界的关系"[1]。这里表达了一个思想,即不仅应从人与自然的关系层面来关注生态问题,更应该从深层次的社会关系层面来认识和协调人与自然的关系。马克思、恩格斯主张从解决社会问题入手来解决生态问题,认为只有把制度变革和生态变革结合起来,才能实现人与自然、人与人的和谐发展。正是从社会和自然的关系中,马克思、恩格斯立足于资本主义社会现实,剖析了近代工业社会以来生态危机的根源,即不合理的社会制度及其生产方式对自然界的真

---

[1] 《马克思恩格斯全集》(第6卷),北京:人民出版社,1961年,第486页。

实写照，这就为解决生态问题指引了正确的方向。马克思、恩格斯反复强调，在解决生态问题上必须坚持把制度变革、科技进步与人道主义统一起来，马克思认识到开发自然的物质技术和生产工艺的资本主义的实际应用过程内在包含着反自然的逻辑，认为不是科学技术本身，而恰恰是"技术的资本主义使用"造成了人与自然之间、人与人之间的异化。事实上，科学技术的本质在于促进人的进步，在于促进人与自然的关系向着有利于解放人的本质的方向发展，但是科学技术的这种作用必须与先进的社会关系结合在一起。因为只有在先进的社会制度里即在社会主义制度里，科学技术才能得到合理的利用，从而协调好经济社会发展与自然资源利用、生态环境保护的关系，并最终促进人的解放。当然制度变革、科技进步必须是与人道主义的结合，因为马克思社会变革的目标是"社会化的人、联合起来的生产者，将合理地调节他们和自然之间的物质变换，把它置于他们的共同控制之下，而不让它作为盲目的力量来统治自己；靠消耗最小的力量，在最无愧于和最适合于他们人类本性的条件下来进行这种物质变换"①。

(三)马克思生态自然观的主要内容

众所周知,在马克思、恩格斯所生活的时代,生态环境问题没有像今天这样严峻和突出,整个自然生态系统尚未发生实质性危机,因而他们不可能从问题学的视角来讨论生态环境问题,但他们仍然以强烈的前瞻意识关注和研究了这一问题,他们辩证而唯物地阐明了人与自然之间的对立统一关系,为我们提供了解决人与自然之间矛盾、实现人与自然和谐发展的途径。可以说,马克思、恩格斯这一思想为我们提供了一条清晰地认识和解决生态问题的基本思路和线索。

人与自然的关系是以实践为中介的对立统一的系统关系。马克思在《1844年经济学哲学手稿》中指出,"无论是在人那里还是在动物那里,类生活从肉体方面说来就

---

① 《马克思恩格斯全集》(第25卷),北京:人民出版社,1974年,第926~927页。

在于：人（和动物一样）靠无机界生活，而人比动物越有普遍性，人赖以生活的无机界就越广泛。从理论领域说来，植物、动物、石头、空气、水等，一方面作为自然科学的对象，另一方面作为艺术的对象，都是人的意识的一部分，是人的精神的无机界，是人必须事先进行加工以便享用和消化的精神食粮；同样，从实践领域说来，这些东西只是人的生活和人的活动的一部分……在实践上，人的普遍性正表现在把整个自然界——首先作为人的直接的生活资料，其次作为人的生命活动的材料、对象和工具——变成人的无机的身体"[1]。恩格斯在《自然辩证法》中强调"我们必须时时记住：我们统治自然，决不像征服者统治异族一样，决不像站在自然界以外的人一样——相反地，我们连同我们的肉、血、头脑都是属于自然界，存在于自然界的"[2]。马克思、恩格斯的论述表明人对自然的依赖

---

[1] 《马克思恩格斯全集》（第42卷），北京：人民出版社，1979年，第95页。

[2] 《马克思恩格斯选集》（第3卷），北京：人民出版社，1972年，第518页。

感、依赖性，人不仅来源于自然，而且其存在和发展一刻也离不开与自然进行物质、能量和信息的交换。只要人类还存在，无论发达到什么程度，都改变不了人是自然的存在物这一事实，而只要人还是自然的存在物，人与自然就具有天然的不以人的意志为转移的统一性，这种统一性首先表现为人对自然的依赖性。自然是人类生存和发展永恒的、必要的物质前提。自然环境为人类提供了生存的空间，由植物、动物、岩土、空气、阳光等构成的地球生物圈，是人类生活的家园、生存的场所。"只有一个地球"这一警语，便在很大程度上表明了以地球为主体的自然环境对于人类生存的重要意义以及人类对自然环境的依赖性。自然环境还为人类的生活和生产提供了两大类的物资资料源泉：一类是天然的生活资料，如阳光、空气、水等；另一类是天然的生产资料，如煤、铁、石油、天然气等矿物质资源。马克思说"实际上，人的万能正是表现在他把整个自然界——首先就它是人的直接的生活资料而言，其次，就它是人的生命活动的材料、对象和工具而言——变成人的无机的身体。自然界就它本身不是人的身体而言，是人的无机身体。人靠自然来生活"①。其次，人与自然的统一性表现在人类实践活动对自然界客观存在的依赖。马克思在《1844年经济学哲学手稿》中指出"自然界、外部感性世界是劳动者用来实现他的劳动，在其中展开他的劳动活动，用它并借助它来进行生产的材料……不同的公社在各自的自然环境中，找到不同的生产资料和不同的生活资料"②。这表明人类创造历史的实践活动是借助于客观存在的自然界而完成的，不同的生产方式和生活方式的形成与自然环境密切相关。在生产力大体相似、其他社会条件基本相近的前提下，地理环境的优劣、自然资源的丰富与贫乏都会直接影响生产的效率，影响人们的生存状况和生活方式，最终影响经济社会的发展。再次，人与自然的统一性表现为自然的人化性。马克思主义生态自然观是实践的人化自然观，人离不开自

---

① 马克思:《1844年经济学哲学手稿》,北京:人民出版社,1979年,第49页。
② 马克思:《1844年经济学哲学手稿》,北京:人民出版社,1979年,第45页。

然,自然也离不开人,马克思从来不离开人来谈自然、世界和存在。马克思在《1844年经济学哲学手稿》中提出了"人化的自然"概念,"人的感觉、感觉的人性,都只是由于它的对象的存在,由于人化的自然界,才产生出来的"。实践活动使统一的自然界分化为"人化自然"和"天然的自然"并且推动"天然的自然"不断向"人化自然"转化。生产实践不仅使天然自然发生形态的改变,而且把人的目的性因素注入其中,把人的内在尺度运用到物质对象上去,从而按人的方式来规范物质转换活动的方向和过程,改变物质的自在存在形式。在实践中,天然自然这个"自在之物"日益转化为体现人的目的并能满足人的需要的"为我之物",天然自然通过人的实践活动转化为人化自然,又不可避免地要参与到整个大自然的运动过程,仍然要加入由自然规律支配的自在世界的运动过程中。最后,实践不仅使人与自然相互联系,构成一个系统的统一整体,而且使人与自然相互作用。客观的自然规律规定着人的实践活动,人则按照自身的需要积极地利用自然规律来改造自然,使其朝着有利于人的生产和生活的方向发展,这就是在改造自然过程中人的内在尺度与自然的外在尺度的统一。人的内在尺度,是指人在一定社会历史条件下形成的需要、本性以及对自己的需要、本性的自我意识,即人总是根据自己的需要、目的进行实践活动。人按照自己的内在尺度合规律性地改造自然,体现了人的活动与动物活动的本质区别,体现了人在活动中的自觉性和创造性。马克思说:"动物只是按照它所属的那个种的尺度和需要来建造,而人懂得按照任何一个种的尺度进行生产,并且懂得处处把内在尺度运用于对象;因此,他按照美的规律来构造。"[①]自然的外在尺度即不依赖于人的认识对象而客观存在的并作为人的认识对象和实践对象的自然本身所具有的属性和规律。人的内在尺度的形成过程就是以对客观规律的正确认识为基础,并把这种认识转化为目的、计划、方案等,也就是人将自身的需要与自然客观本性、客观规律结合起来的过程,是人的内在尺度与自然的外在尺度相统一的过程。这表明,人一

---

① 《马克思恩格斯选集》(第1卷),北京:人民出版社,1995年,第47页。

方面要按照自己的本性、需要,把自然改造为适合于人的需要的人化自然,使自然的发展服务于人类;另一方面,人又必须顺从自然,按自然规律办事,不能违背自然规律为所欲为。人与自然之间的这种相互作用,表现出自然对人的限制,又表现出人对自然的超越,即人与自然之间的能动性与受动性的统一。

(四)马克思生态自然观的基本特征

马克思主义生态自然观的生态思维就是从辩证思维的维度,对人与自身生存发展其中的自然界,尤其是对人与生态环境之间的复杂关系进行自觉审视和思考,并以人与自然生态环境的协同进化与和谐发展为价值取向的思维方式。这种生态思维与传统思维相比,体现了鲜明的时代特征,也是马克思主义生态自然观最为主要的特征,更是我们深刻理解马克思主义生态自然观在当代生态环境危机情势下的意义和价值的关键。

(1)马克思主义生态自然观表现出双向性辩证思维的生态特征。马克思主义生态自然观最为核心的思想内容是人与自然的关系,其集中表现为马克思主义关于人与自然物质变换的理论。这一理论包括三个层面的含义:其一是自然界内部的各种物质变换;其二是人类社会内部的物质变换;其三是人与自然之间的物质变换。其中人与自然之间的物质变换是最为重要的。人类在不同社会形态的劳动过程中,以劳动作为人与自然的中介和基础形成了各种需要和关系,从而构成一个相互联系的网络。人类通过劳动获得了产品,再根据这个网络在人类社会内部进行分配、交换和消费。因此,马克思主义的物质变换过程是双向甚至是多向的物质循环过程。某一物质在满足自身需要的同时也应满足其他物质的需要,在获得物质或能量的同时也应付出一定的物质或能量。因此,马克思主义的物质变换理论体现了自然到社会、社会到自然的双向往复的思维模式。在马克思主义看来,人与自然是辩证统一的,自然物质资源的有限性与人的认识过程及在此基础上的实践过程的无限性构成了一对矛盾。传统思维最大的局限性就在于它的先验性——而这种先验性恰恰是以自然的局部规律为基础的——认为自然界的物质资源是取之不尽、用之不竭的。人们只为眼前局部利益而大肆地对自然强取豪夺,然而人类的实践表明,生态环境的价值是有限的。因此,我们对非再生资源的开发利用,至少应考虑其怎样利用才能使付出的环境资源成本和代价最低和最小化,使总的效益最优和最佳化,以及寻找替代资源的速度如何才能不低于开发利用的速度。同时,人类对可再生资源的开发利用应该且必须遵循其再生时间过程与再生空间范围以及再生数量规模和再生质量效果。马克思主义生态自然观以辩证思维思考人与自然的关系,它强调在人和自然关系中,人具有主体意识和能动性,具有改造自然的巨大能力,是主导方面;自然界具有满足人类发展的物质、精神生活需要以及消除破坏和污染的自净功能。但人的能动性是有条件的,只有当人按照自然界客观规律活动时,人的能动性才能显现出来,否则人就必然遭到自然界的报复与惩罚。因为自然界的供给和承受总是有限的,所以人必须最大限度地减少其活动的盲目性和主观随意性,并自觉地按照自然界的客观规律办事;变革以破坏生态环境为代价来谋求人类自身利益的价值观,才能真正实现人与自然共同进化、共存共荣、和谐发展。

（2）马克思主义生态自然观体现了系统性整体思维的生态特征。马克思主义生态自然观把包括人在内的整个自然界看成高度相关的有机统一的系统整体，强调了自然界的系统性和整体性。马克思、恩格斯认为物质变换的三个层面即自然界的物质变换、社会的物质变换、人与自然的物质变换是一个统一的整体，在这个统一体中任何层面的物质变换都是与系统内其他物质变换协同发展的过程。自然界的物质变换促进了自然的演进，为生命的延续和社会发展奠定了物质基础；同时自然形态的物质以人类劳动为中介，通过人与自然之间的物质变换促进了社会财富的不断增加，并与社会内部的物质交换共同推动了经济发展和人类社会的进步；在人与自然的物质变换和社会内部的物质交换过程中又会将生产、生活、消费产生的废弃物排放到自然，影响自然界物质变换，对自然资源环境造成压力。自然界的物质变换、人与自然的物质变换既是人类社会的生存和发展的基础，不断地为社会发展创造条件，也对社会发展和进步产生一定的制约和影响。因此，如果自然之物在人类不合理的生产方式下向社会转化,而社会商品又在不合理的方式下进行内部交换与消费,那么就会导致自然物质变换过程的破坏,造成自然生态环境自我修复的能力的下降,出现环境污染、空间损耗、生态失衡和功能衰退等不良后果,进而形成人与自然之间物质变换的断裂,并进一步影响到社会物质变换过程。

(3)马克思主义生态自然观具有循环思维的生态特征。 在马克思、恩格斯看来,整个自然界就是一个有机联系的整体,生存在自然界中的万物都遵循着永恒循环和无限发展的规律。 这实际已经表明了作为整体的自然和社会这个统一客观世界系统运动的基本形式,即物质循环运动,也包括能量流动等循环运动的具体形式在内。① 在这种发展中伴随着能量的不断流动和转换。 它是包括人类社会在内的自然生态系统永续不断地循环运动的自然历史

---

① 刘思华:《生态学马克思主义经济学原理》,北京:人民出版社,2006 年,第 303~304 页。

过程。① 马克思的物质循环分为两类：一类是自然界的物质循环，也叫生态循环；另一类是社会经济的物质循环，也叫经济循环。两大循环在一个具体的系统中通过一定的序列过程，周而复始、永续不断地推动着各自具体系统的运动和发展。人类必须正确地利用自然进行生产活动，规范其活动，善待自然，保护环境，竭尽全力修复已被人类破坏的自然资源和环境。人类只有具备生态思维，才能在能动地发展生产力的同时主动地解放自然力，进而在实践中依据生态资源的承载力与再生力、物质生产的吸纳力与支撑力和环境系统的循环力与自净力，遵循生态环境演化法则与社会经济运行规律的统一，使资源开发与环境保护有序并举、经济建设与生态建设有效结合、经济效益与生态效益有机统一。

（4）马克思主义生态自然观具有社会历史性的人本取向特征。马克思认为作为人与自然关系历史中介的社会关系，直接影响并规定着人与自然的关系，所以我们要

---

① 刘思华：《生态学马克思主义经济学原理》，北京：人民出版社，2006年，第270~271页。

第四章 生态文明建设的思想渊源与理论基础

立足于社会关系和社会进步去认识和协调人与自然的关系,实现自然生态的良性发展。马克思、恩格斯认为人和自然界之间的矛盾在私有制和异化劳动存在的时代无法得到真正的解决。资本家不惜一切手段掠夺自然来追求高额利润。马克思指出:"生产上利用的自然物质,如土地、海洋、矿山、森林等,不是资本的价值要素。只要提高原有劳动力的紧张程度,不增加预付货币资本,就可以从外延方面或内涵方面,加强对这种自然物质的利用。"①马克思揭示了资本主义制度反自然的本性及按其生产方式经营的工业和农业给人和自然带来的严重灾难,"资本主义生产使它汇集在各大中心的城市人口越来越占优势,这样一来,它一方面聚集着社会的历史动力,另一方面又破坏着人和土地之间的物质变换,也就是使人以衣食形式消费掉的土地的组成部分不能回到土地,从而破坏土地持久肥力的永恒的自然条件。这样,它同时就破坏

---

① 《马克思恩格斯选集》(第2卷),北京:人民出版社,1995年,第341页。

了城市工人的身体健康和农村工人的精神生活"[①]。因此,生态环境危机是不合理的社会制度及其生产方式在自然界的真实写照,它不仅是一种自然现实,更是一种社会现实。马克思主义生态自然观的社会历史视角,使我们认识到,当代的环境问题并非由自在自然的变化引起的,而是由人类自身活动引起的,是由人类活动方式的片面和盲目引起的对于人类而言的负价值。因此,由于人与自然矛盾而带来的生态环境问题实际上是社会历史问题,而解决生态环境问题的合理思路,显然应该以人类的生存和可持续发展的价值关怀为参照,通过不断反思和矫正人类活动中的片面性和盲目性,寻求新的有助于人类自身生存和发展的实践活动方式。今天的自然界更主要地以人工自然形态展现在人类面前,在人类所及的一切自然领域,无不深深地打上了人类活动的印记。人在与自然协调发展中处于主导地位的根本原因在于人本质的社会属性,正是由于这种社会属性才使得人可以借助社会的力量通过有组织的活动,

---

[①] 《马克思恩格斯全集》(第23卷),北京:人民出版社,1972年,第552页。

把自然置于自己的控制之下。人并不满足自然界的表面恩赐，而是从人的需要出发改造自然，达到人与自然协调发展。

（五）马克思生态自然观的多维审度

尽管学界对马克思主义自然观的内涵观点各异、见仁见智（卢卡奇等人把它视为一种非本体论意义上的实践辩证法，生态学马克思主义指责其是极端人类中心主义），对马克思主义生态自然观缺乏系统、深入的探索与研究，然而我们期望通过对马克思、恩格斯的《1844年经济学哲学手稿》《德意志意识形态批判》等原著的解读，尝试性地厘清并概括马克思主义生态自然观的主要内容和特征。从中我们发现马克思主义生态自然观超越了黑格尔、费尔巴哈甚至西方马克思主义等人的思想，其原因在于马克思、恩格斯从实践的角度，用生态化的思维去考察人与自然的关系，创立了以实践的人化自然为中心的多维自然观。因此，对马克思主义生态自然观进行多维审度，对于克服生态危机、建设生态文明、实现人与自然和谐统一具有重要意义。

1. 辩证唯物论审度

首先,马克思主义生态自然观坚持了彻底的唯物主义思想,肯定了自然界的优先性和客观性。从马克思、恩格斯自然概念的含义来看,其自然观的唯物主义物质本体论的维度毋庸置疑,马克思多次申明自己的唯物主义立场,坚持自然界的优先地位,人类社会是从自然界中逐渐派生出来的,是自然界不同形式的表现而已,认为"没有自然界,没有感性的外部世界,工人就什么也不能创造"[①]。马克思在批判费尔巴哈直观唯物主义时明确提出了自然界的优先性,他指出,"这种活动、这种连续不断的感性劳动和创造、这种生产,正是整个现存的感性世界的基础,它哪怕只中断一年,费尔巴哈就会看到,不仅自然界将发生巨大的变化,而且整个人类世界以及他自己的直观能力,甚至他本身的存在也很快就没有了";但"在这种情况下,外部自然界的优先地位仍然会保持着,而整个这一

---

① 马克思:《1844年经济学哲学手稿》,北京:人民出版社,2000年,第53页。

点当然不适用于原始的、通过自然发生的途径产生的人们。但是,这种区别只有在人被看作某种与自然界不同的东西时才有意义。此外,先于人类历史而存在的那个自然界,不是费尔巴哈生活其中的自然界;这是除去在澳洲新出现的一些珊瑚岛以外今天在任何地方都不再存在的、因而对于费尔巴哈来说也是不存在的自然界"①。马克思所说的外部自然界不是一般意义的自然界,而是既包括尚未受到人类活动影响的天然自然,也包括打上人类活动烙印的人化自然;所说的人是处在一定社会关系中从事物质生产实践的现实的人而非自然产生的原始的人。这样理解自然界的优先性实际包括两个方面:其一是指时间上的自然界的先在性,即自然界在先,人类社会在后;其二是指逻辑上的自然界的先在性,即自然是人类社会存在的前提,在此意义上强调的是,无论是自在自然,还是人化自然都具有不以人的意志为转移的客观实在性,自在自然转化为人化自然后,自然的客观性也依然存在,只是具

---

① 马克思、恩格斯:《德意志意识形态》(节选本),北京:人民出版社,2003年,第21页。

体形式、具体特点有所改变。人化自然虽然在一定程度上包含了主体性因素,但仍然不能不受自然规律的支配,不能不服从由自然规律所决定的自然世界的运动规律。这说明,自在自然的客观实在性通过人的实践延伸到了人化自然之中,并构成了人类世界客观实在性的基础。

其次,马克思主义生态自然观把辩证法应用到对自然界的探索中,揭示了自然界辩证发展的图景,这是马克思、恩格斯在自然观上的独特贡献,它表明了新、旧唯物主义在自然观上的本质区别,结束了西方哲学史上唯物主义自然观本体论与辩证法长期分离的局面。马克思的辩证法不是没有物质本体论的主观辩证法,而是建立在物质本体论上的实践辩证法。施密特这样说:"马克思把自然——人的活动材料——规定为并非主观所固有的,并非依赖人的占有方式出现的,并非和人直接同一的东西。但他绝不是在无中介的客观意义上,即绝不是从本体论的意义上来理解这种人之外的实在。"[①]西方马克思主义者

[①] A. 施密特:《马克思的自然概念》,北京:商务印书馆,1988年,第14页。

仅仅从社会历史观和辩证法视角看待马克思的自然观,所以从根本上否认了马克思自然观的物质本体论维度。但这又从另一个角度道出了马克思自然观的主要特征不是物质本体论,因为这是一切唯物主义的共同特征,而马克思的自然观新颖之处是突出了实践维度、辩证维度。如果把自然界的优先性仅仅理解为先于人类的原始的自然,这恰恰是马克思所反对的,而且这不是历史的辩证法。自然界的优先性是存在于实践的中介之中的,"主观主义和客观主义,唯灵主义和唯物主义,活动和受动,只是在社会状态中才失去它们彼此间的对立,从而失去它们作为这样的对立面的存在"①。当然,对自然界的优先性不能做简单化、机械化的理解,马克思强调自然界对人的优先性,并非对人的能动性的否定。如果说自然界的优先性是相对于人的存在而言,那么自然界的客观性,就是相对人类的意识来说的,是指人类以外的自然界(外部自然界既指自在的自然,也指人化的自然)存在于人类主观意识

---

① 马克思:《1844 年经济学哲学手稿》,北京:人民出版社,2000 年,第 85 页。

之外。马克思在承认自在自然的客观性的前提下更看重"属人"的自然界,把现实的自然界作为人的对象的自然界来理解:这个自然界是在人类历史中生成的自然界,是人类真正生活于其中的真实的自然界,是被人类本质力量中介了的实践的人化自然界。马克思指出:"被抽象地孤立地理解的、被固定为与人分离的自然界,对人来说也是无。"①仅从客观方面理解的自然界,是抽象唯物主义的表现,脱离人的实践活动只能形成抽象的先在性、抽象的自然界概念。正是这种"实践人化的自然观"凸显了在自然观上马克思主义与旧唯物主义的不同。旧唯物主义不是以实践的方式,而是以感性的、直观的方式把自然界看成独立于人的实践之外的自然存在物,完全忽视了人的实践活动的能动作用。马克思指出:"从前的一切唯物主义——包括费尔巴哈的唯物主义——的主要缺点是:对事

---

① 《马克思恩格斯全集》(第42卷),北京:人民出版社,1979年,第178页。

物、现实、感性,只是从客体的或者直观的形式去理解。"①这直接点明了旧唯物主义的要害。 马克思实践人化的自然观不是物质本体论的自然观,但他并没有消解自然界在本体论上的先在性和本原性。 因此,我们必须既唯物又辩证地来理解马克思的自然观。

最后,马克思主义关于自然界优先性和客观性的思想,对人类厘清自己在自然中的角色与定位、正确处理人与自然的关系、解决全球性的生态问题、摆脱人类目前的困境具有重要的指导意义。 马克思主义唯物的本体自然观揭示了自然对人的先在性,人对自然具有根本的依赖性,决定了人必须尊重和善待自然,尊重自然界的客观规律,按自然界的客观规律办事,才能实现人与自然的共同进化与和谐发展。 人作为社会存在物,其理性深邃、精神境界高尚、能动性巨大,但作为自然存在物,无论如何都不能摆脱对自然环境的依赖,受自然环境的制约。 因此,在本体论上人与自然是相统一的,亦如马克思所说:"自

---

① 恩格斯:《路德维希·费尔巴哈和德国古典哲学的终结》,北京:人民出版社,1972 年,第 50 页。

然界是人为了不致死亡而必须与之形影不离的身体,说人的物质生活和精神生活同自然界不可分离,这就等于说,自然界同自己本身不可分离,因为人是自然界的一部分。"①这就为正确处理人与自然的关系指明了总体方向,人与自然一荣俱荣、一损俱损,人类保护自然就是保护人类自身,损害自然就是损害人类自己,人类必须学会尊重自然和善待自然,按自然界的客观规律办事。马克思主义实践人化自然观揭示了人与自然统一的实现形式是社会实践,实践是人与自然联系的中介。在实践过程中,作为有理性、有意识、有自觉能动性的现实的人,必须能够认识到人并不是以自己为中心来使对象无条件地服从,而是根据人和自然都必须遵循的规律来进行实践。在人类产生之前,自然便有自己的规律,那么,作为自然界产物的人也必然要受到自然规律的制约。人类只有认识自然规律,遵循自然规律,按自然规律办事,才能实现人与自然的和谐相处;如果人的主体的能动性过分膨胀,违背

---

① 马克思:《1844年经济学哲学手稿》,北京:人民出版社,2000年,第56~57页。

自然规律和破坏生态平衡,必然遭受自然的报复。

2. 认识论审度

从认识论的视角来审视马克思主义生态自然观,是从认识与实践的角度去把自然界"人化",是建立在实践基础上的人化自然观。马克思、恩格斯把实践活动指向现实的自然界,而不是抽象的自然界,指向被人类的本质力量中介了的实践的人化自然界。马克思对自然概念的阐发不只是停留在自然界的先在性和客观性上,更是从对象性、实践性和社会历史性上进行研究。因此,马克思主义认识论维度的自然,是指区别于人类并与人类处于对象性关系之中的自然;人类所面对的自然界,是打上人类意志和烙印的自然界,是人通过劳动创造占有和再生产的自然界,实际上就是人化了的自然界,而实践性和社会历史性是人化自然的两个明显特征。马克思指出,"整个所谓世界历史不外是人通过人的劳动而诞生的过程,是自然界对人来说的生成过程"[①],"在人类历史中即在人类社会的

---

① 《马克思恩格斯全集》(第42卷),北京:人民出版社,1979年,第131页。

产生过程中形成的自然界是人的现实的自然界"①。这表明自然界的历史主要是指自然界在人类历史中由人的实践活动引起的变化的历史,人通过实践使自然逐渐转化为属人的自然,即人化自然,而这种人化自然才是人类现实的自然。马克思、恩格斯特别强调从认识与实践的角度把自然界"人化",他们历来主张尽管人与自然之间的关系丰富多样(认识实践关系、价值关系、审美关系等),但实践关系是把握自然的最基本的方式,是第一位的。"不仅五官感觉,而且连所谓精神感觉、实践感觉(意志、爱等),一句话,人的感觉、感觉的人性,都只是由于它的对象的存在,由于人化的自然界,才产生出来的。"②由此,马克思指出了旧唯物主义的要害在于"对事物、现实、感性,只是从客体的或者直观的形式去理解,而不是把它们当作人的感性活动,当作实践去理解,不是从主观

---

① 《马克思恩格斯全集》(第42卷),北京:人民出版社,1979年,第128页。

② 马克思:《1844年经济学哲学手稿》,北京:人民出版社,2000年,第87页。

第四章 生态文明建设的思想渊源与理论基础

方面去理解"①。也就是说,旧唯物主义所主张的不受人的实践活动影响的纯粹的自然界,只能是一种抽象的自然界。马克思在自然观上完全承认自然界的优先地位,但更强调的是实践的人化自然观,从而揭示了人与自然在实践基础上的辩证统一关系的本质特征。马克思早已认识到,人类出现以后自然就是经过人的实践中介过了的自然,"周围的感性的世界绝不是某种开天辟地以来就直接存在的、始终如一的东西,而是工业和社会状况的产物,是历史的产物,是世世代代活动的结果"②。只有通过人的实践活动参与过的自然界,才是作为人的对象的存在物。人类在实践中变革了的那部分自然叫"人化自然","人化自然"同"天然自然"共同构成了"自然环境"。从马克思主义的认识和实践观点所考察的人与自然关系来看,我们所说的自然是地球上经过人类改造过的现实的自

---

① 《马克思恩格斯选集》(第1卷),北京:人民出版社,1995年,第58页。
② 《马克思恩格斯全集》(第3卷),北京:人民出版社,1979年,第48页。

然，而不是人类产生前的那个自然，也不是现在人类还没有达到的宇宙中其他星球的自然。因此，保持生态平衡并不是单纯地消极适应和回归自然，而是在开发和改造过程中自觉地遵循生态规律，积极保护自然环境。生态系统是人类利用和改造的对象，对于那些不利于人类发展的生态系统，应把它改造成为有益于人类与环境发展的良性生态系统。人类改变生态系统的重要前提在于，人类在维护整个生态系统的平衡的前提下改造环境，并努力使其向具有更高的生物生产力和更优化合理的方向发展。

在人与自然的认识和实践关系问题上，马克思主义生态自然观强调"主体是人，客体是自然"①。实践使人从动物界分离出来，促使人与自然之间的主、客体关系的确立，人通过劳动实践成为认识和变革自然的主体，自然成为被人认识和变革的客体。人类活动的实践性从根本上说就是人的主体性，就是人在实践中展现自己的自主、自为、自由的主体性特征。一方面，人把自身之外的自在存

---

① 《马克思恩格斯全集》(第46卷)，北京：人民出版社，1979年，第22页。

在物作为自己生命表现的对象或自然本质展现的对象；另一方面，人又成为他之外的自然存在物的现实对象或其自然本质展开的对象。马克思不仅把自然看作认识的对象，而且看作实践的对象、改造的对象。自从人类产生以后，人类就把自然界纳入了实践的过程，使自然界打上人的烙印，使其合乎人类主体的目的。人能够能动地改造世界，而动物只能被动地适应环境，人同动物的根本区别就在于人能通过生产劳动自觉地利用和支配自然。自然是人类利用的对象，人类"对自然界的独立规律的理论认识本身不过表现为狡猾，其目的是使自然界服从于人的需要"①。在人类与自然这个相互联系、相互作用的关系网络中，人始终处于主体的地位。由于人是主体，因此就要在改造自然、利用自然的过程中，自觉地肩负起保护自然的责任，保护好人类的生存环境。一些生态中心主义者否认人的主体性，极端地认为人类是自然之子，是自然大家庭中的普通一员，因而人类只能顺应自然而不能征服自

---

① 《马克思恩格斯全集》(第46卷)，北京：人民出版社，1979年，第22页。

然，只能保护自然而不能占有自然，他们主张人和动物"平等"，提出"自然的权利"、环境的"自身价值"等概念。这些观点打着"深层环保"的招牌，颇具迷惑性，事实上都否认了人的主体性原则，是一种激进的环境保护思想。按照马克思主义生态自然观，人类保护野生动物和自然资源，不是为了原生态的"美丽和完整"，而是为了人类的可持续发展。马克思主义生态自然观给我们提出的一个值得深思的问题是，人类怎样才能在实践上以合乎人的本性的态度对待自然界呢？要做到这点，首先，人类必须从人与自然和谐共生的角度出发，热爱大自然，这既符合人的本性，也是自然本性的要求。从人的本性上讲，人不是大自然的异在，不在自然之外，而是自然界的一部分，从肉体到精神概莫能外。因此，人类要尊重自然，崇尚自然。其次，人对大自然不应该盲目地、无序地、破坏性地开发和利用，而应顾及自然界的再生能力和承受能力，要按照自然生态规律进行，同时，这种对自然的占有应该以属人的方式进行，其创造物应该既有社会经济价值，又有自然生态价值，并能给人以愉悦、舒适的审美享受。

3. 唯物史观审度

在历史观上，马克思主义生态自然观是自然的社会化与社会的自然化辩证统一的社会自然观，它以生态学的视角将自然与人、自然史与人类史视为有机统一的生态系统，强调自然是历史发展的前提，历史是自然发展的结果，自然与历史是相互制约、相互促进的，从而批判了传统的机械自然观的错误，找到了解决生态危机、实现人与自然和解的社会化途径。

首先，从唯物史观的视角去审视马克思主义生态自然观，乃是出于机械自然观的失误。我们知道，在机械自然观中，自然与历史是两个截然分开、毫无关联的世界。对于黑格尔，虽然其思想有巨大的历史感作为基础，但是他的历史最终还是在他的哲学中终结了，对历史还是没能说出任何确定的东西，因为在他看来，自然界和人都不过是绝对理念的外化，历史也只能是绝对精神的发展史。在费尔巴哈看来，自然界只是人们感性活动的直观的外在形式，忽视了社会历史对自然界的作用和影响。因此，在费尔巴哈的旧唯物主义那里,其自然观和历史观是分离的,自然与历史是根本对立的,自然历史的演进和人类历史的发展是毫无关联的,自然史和社会史是截然分开的,他只是把整个历史看成人们头脑里宗教观念的发展史。马克思对费尔巴哈的批判是:"当费尔巴哈是一个唯物主义者的时候,历史在他的视野之外,而当他去探讨历史的时候,他绝不是一个唯物主义者。在他那里,唯物主义和历史是彼此完全脱离的。"[1]马克思既反对黑格尔用绝对精神来臆造世界历史,也反对费尔巴哈把自然与历史完全对立起来,而是努力消除在自然与历史之间人为构筑的鸿沟。马克思主义生态自然观特别注重从系统整体性,以人类社会历史的视角去认识、理解自然,把自然界看作在社会历史进程中生成的现实的自然界,得出通过工业形成的自然界,才是"真正的、人本学的自然界"[2]的结论。

---

[1] 《马克思恩格斯选集》(第1卷),北京:人民出版社,1995年,第78页。

[2] 马克思:《1844年经济学哲学手稿》,北京:人民出版社,2000年,第89页。

施密特说："马克思的自然观与其他各种自然观的区别，首先在于他的社会历史的特征。"①在人类社会形成之前，自然界只具有自然性而无社会历史性。人类社会产生后，自然作为人的活动的物质基础，作为人的活动对象，被纳入人的社会实践活动的范围。从这时起，自然的历史与人类社会历史便融为一体，并随着人类历史的变化而变化、发展而发展。自然的历史与人类社会历史的这种统一，实际是自然的自然性与社会历史性的统一。一方面，自然仍然保持其固有的自然属性，按其固有的规律运动发展，展开自身的历史；另一方面，又渗入了人的活动的社会性，又在人的社会实践活动的作用下，融入了人类社会活动的历史。事实表明，与人相联系的自然，是社会历史性的自然。人类社会的历史，实际是人类改造自然的历史，自然的人化也只能在社会历史之中，而不能在人类社会之外实现。因此，无论是强调自然的自然性而否定自然的社会历史性，还是强调自然的社会历史性而否

---

① A. 施密特:《马克思的自然概念》,北京:商务印书馆,1988年,第13页。

定自然的自然性，都是错误的。马克思主义不仅在一般意义上阐述了自然与历史、自然史与人类史的相互关系，而且进一步分析了不同自然观产生的社会历史根源，分析了不同社会历史阶段的社会关系与所决定的人们自然观的差异。原始的、封闭的、狭隘的社会关系，决定了人们的自然观必然带有自然崇拜的痕迹。资本主义社会对纯粹经济利益、对资本的追逐，漠视了生态效益和社会效益，从而导致了人与自然关系的异化。

其次，马克思主义生态自然观揭示了自然与社会、自然观与社会历史观的有机统一，不同的自然观都有其产生的深刻的社会历史根源，都由不同社会历史阶段上形成的社会关系决定，彰显了马克思主义解决人与自然的异化问题、解决现代社会生态环境危机、实现人与自然和解的社会化思路。既然自然界与人类社会不可分割，自然生态环境的好坏也就反映出人们对自然的态度，反映出社会经济状况、生产力水平、科学技术水平和政治制度状况等社会情况，所以，马克思主义始终认为，解决人与自然的异化关系问题，要从改造社会入手，社会的解放、人的解放是自然解放的先决条件。只有从社会根源上铲除导致破坏自然生态环境的社会因素,才能真正地解决人与自然、人与人之间的矛盾,达到自然主义与人道主义的本质上的和谐。马克思、恩格斯认为,人类的一切实践活动都是在一定的生产方式下所从事改造自然的活动,因此必然影响、制约着人与自然关系的发展。长期以来,人们并没有充分认识到这种制约和影响,尤其是不能正确估计人类的生产活动。恩格斯指出:"到目前为止,存在过的一切生产方式都只在于取得劳动的最近的、最直接的有益效果。那些只是在以后才显现出来的、由于逐渐的重复和积累才发生作用的进一步的结果,是完全被忽视的。"[①]由于这种忽视,生态危机不仅成为一种自然现实,而且成为一种社会现实。生态问题从根本上来说是社会问题,因此,只有从社会问题入手、从变革生产方式和消费方式乃至技术发展模式入手,才能真正克服人与自然的分离,才能克服社会与自然的异化现象,才能实现生态文明。这就要求

---

① 《马克思恩格斯全集》(第 31 卷),北京:人民出版社,1979 年,第 385 页。

人调整思维观念，首先，人类在认识和把握自然界时，不能脱离社会历史的维度；在处理人与自然关系时，要充分考虑到社会化的自然在人与人之间所起的纽带作用，肆意破坏自然环境就等于割断了人与人联系的自然界的纽带，其受害者还是人类自身。其次，人类的生活与生产方式，不能有悖于人类生活的利益要求和原则，而且必须要符合社会历史发展的趋势。我们不可能返回到野蛮而荒芜的时代去像动物般地归顺于自然，也不可能再搞神秘自然主义的图腾崇拜。我们不能随意地去破坏大自然，也不能无端被动地受制于大自然，这不符合人类的本性，也不是人类生活的要求。当然，也不能奉行生态达尔文主义，更要反对生态帝国主义和生态殖民主义。我们要考虑自己的行为是否有害于他人与后人的生存与发展。最后，人类的生活、生产等实践方式既要体现人的全面性特点，又要体现人与自然的完美结合。按照马克思主义生态自然观的美学思想，人化的自然应该是人的性格、智慧和生命冲创的物化与结晶，应该体现人的伟大与自然美的完美结合。人类的实践活动要按照自然本真的状态、自然美的规律去改造自然，人化自然的过程应是美化自然的过程。如果我们在处理人与自然的关系时认识不到这点，就很有可能使人化了的自然以不符合人性并以有害于人性的方式同人发生关系，现在随处可见的日渐荒芜的山川、被污染的河流、被垃圾包围的城市、浑浊的空气等就是典型的例证。这些东西不但不能算是美的，反而是人类自身行为耻辱的一种表征。因此，我们必须以马克思主义生态自然观的美学思想为指导，努力实现人与自然的完美结合。

4. 价值论审度

首先，马克思、恩格斯对自然界的思考不仅仅是认识论维度的哲学思考，更是价值论维度的哲学思考。马克思曾指出，"在实践上，人的普遍性正表现在把整个自然界——首先作为人的直接的生活资料，其次作为人的生命活动的材料（对象）和工具——变成人的无机的身体。自然界，就它本身不是人的身体而言，是人的无机的身体。人靠自然界生活。这就是说，自然界是人为了不致死亡而必须与之不断交往的、人的身体"①。这里马克思所关注的主要不是作为主体的人的能动实践活动如何使自然界人化,而是人所面对的自然界对于人自身的生存和发展具有何种价值以及如何实现这种价值。马克思从人类自身生存、发展需要的角度,用了"自然界是人的无机身体",来阐述人与自然之间所存在着的需要与被需要的价值关系,把自然界看作人类生存和发展的环境,看作与人类密切相关的生态系统。由此可见,马克思在价值论维度上所阐发的自然观实质是生态自然观。马克思主义生态自然观首先明确肯定人与自然之间存在着满足与被满足、需要与被需要的价值关系,"'价值'这个普遍的概念是从人们对待满足他们需要的外界物的关系中产生的"②。在此基础上,进一步明确自然价值存在不同层面的价值。一方面"以人为尺度",主要是指自然界作为客

---

① 《马克思恩格斯全集》(第42卷),北京:人民出版社,1979年,第95页。
② 《马克思恩格斯全集》(第19卷),北京:人民出版社,1979年,第406页。

第四章 生态文明建设的思想渊源与理论基础

体对主体——人所具有的有用性,也就是自然对于人类生存发展具有的不可替代的工具价值;另一方面"以自然为尺度",主要是指自然万物所承载着的对天地系统的生态系统平衡产生相互影响和互为制约作用的系统价值,也就是说,自然万物都在生态系统的物质循环、能量转换和信息交流中发挥自己不可或缺的功能和作用。因此,人与自然的价值关系与动物不同,它具有两个尺度。正如马克思所说:"动物的生产是片面的,而人的生产是全面的——动物只生产自身,而人再生产整个自然界——动物只是按照它所属的那个种的尺度和需要来构造,而人懂得按照任何一个种的尺度来进行生产,并且懂得处处都把内在的尺度运用于对象。"[①]马克思主义生态自然观在肯定人与自然之间存在着满足与被满足、需要与被需要的价值关系的基础上,特别强调在人与自然的价值关系中,人居于主导地位,人要摆正自己在自然界中的位置,培养对大自然的敬畏感,尊重自然的价值,人有责任和义务去关

[①] 马克思:《1844年经济学哲学手稿》,北京:人民出版社,2000年,第58页。

爱、保护自然。马克思在分析人与自然之间价值分离时认为,人与自然之间价值分离的主要责任不在于自然界,不在于动植物,而在于人。因此,人要以宏阔的视野和博大的胸怀关怀自然万物,要承认、尊重并自觉维护自然的多元性存在和多样性价值,切忌为了眼前局部的一己之利而牺牲自然界生命系统的多元性和多样性。

其次,马克思主义生态自然观向人类展示了人与自然界之间价值对立的根源在于人的异化劳动和急功近利的狭隘价值观。自然界相对于人类的生存和发展需要具有极为重要的生态环境价值,但无论是历史还是现实中都存在着人与自然界之间价值的对立,有些情况下自然界不仅未能向人类显示自己的价值,反而成了奴役人类的一种外在的异己力量。究其根源,马克思主义生态自然观认为"不是神也不是自然界,只有人本身才能成为统治人的异己力量"①。这表明,人必须对人与自然界之间价值的分离与对立负责,因为自然界没有自己的目的和意识,也不可能

---

① 《马克思恩格斯全集》(第42卷),北京:人民出版社,1979年,第99页。

第四章 生态文明建设的思想渊源与理论基础

有自己的价值要求,其本质上是一个受客观必然性制约的客观世界。人则是有意识有目的主体性的存在物,人能够在认识自然界的基础上,通过对自然界的积极能动的实践改造,去实现自己的价值需求。人在与自然界发生对象性关系的过程中,通过能动的实践自觉地与自然界建立起一种目的性的价值关系。马克思深刻分析了人的异化劳动导致人与自然之间的价值对立,并认为,在人对自然界的对象化劳动中,自然界本来是劳动对象、劳动资料、劳动产品,是人类生存和发展的生活资料和生产资料,但在资本主义条件下人们丧失了这种劳动的前提条件和属于自己的对象,出现自然的异化,造成人与自然价值上的分离,而劳动产品作为一种异己的存在物同劳动者相对立,劳动和资本、土地以及工资、利润、地租的分离必然导致人与社会的分离。因此,自然的异化归根结底是人的本质力量的异化,即劳动的异化。马克思指出,"异化劳动从人那里夺去了他的生产的对象,也就从那里夺去了他的类生活,即他的现实的、类的对象性,把人对动物所具有的优点变成缺点,因为从人那里夺走了他的无机的身体即自然界"①。可见,自然的异化是由社会中的人的劳动异化而引起的,所以,在自然界变得不利于人类的生存和发展的情况下,受到责备的不应是自然界,而应是人类自己。人与自然之间的价值对立还源于人们急功近利的狭隘的价值观,即主张索取和占有,以"物"的发展作为衡量人与自然统一的唯一尺度,把自然看作人类实践随心所欲处置的对象,完全无视自然之于人的生态价值。马克思指出,资本主义"剥夺了整个世界——人类世界和自然界——本身的价值……在私有财产和钱的统治下形成的自然观,是对自然界的真正的蔑视和实际的贬低"②。在资本家那里,盲目狂热地把自然界固有的使用价值,通过对他人劳动的占有转化为自己的私有财产,使自然服从于价值增殖的目的。正是人类的这种以功利的态度对待自然,把自然界当作取之不尽、用之不竭的财富源泉,完全

---

① 《马克思恩格斯全集》(第42卷),北京:人民出版社,1979年,第97页。

② 《马克思恩格斯全集》(第1卷),北京:人民出版社,1956年,第448~449页。

不顾及其行为对自然和社会的长远影响的行为,导致能源急剧减少,生态环境严重恶化。因此,人类为了自身的生存和发展必须合理调节人与自然界的物质交换关系,以维护和充分实现自然界对于人的生态环境价值。

最后,马克思主义生态自然观的价值论视角给正面临着严重自然生态环境危机的人类以诸多启示。其一,由于人与自然之间的价值对立在很大程度上起源于人类的异化劳动,因此,要克服人与自然之间的价值对立,实现人与自然的和解,就必须摒弃异化劳动,将人从奴役状态中解放出来,从而实现人的本质回归。异化劳动与私有财产密切相关、相互作用,马克思说:"私有财产是外化劳动即工人同自然界和自身的外在关系的产物、结果和必然后果……后来,这种关系就变成相互作用的关系。"[①]因此,要想从现实中消除这种异化劳动,就必须扬弃私有财产或私有制,而对私有财产或私有制的扬弃也就是对共产主义制度的确立。事实上,当今人类所面临的全球性生

---

① 《马克思恩格斯全集》(第42卷),北京:人民出版社,1979年,第100页。

态环境问题，既不是自然界有意与人类过不去，也不单纯是人类科学技术水平欠发达的结果或人类使用科学技术成果的伴随物，而主要是人类对自然资源的某种利己主义的掠夺性开发所导致的恶果，在根本上源于当代国际资本主义对自然资源的资本主义式的私人占有和利用。这就要求人类在寻求合理地解决全球性生态环境问题对策时，既不能对自然界做拟人化的责备，也不能把希望仅仅寄托在单纯的新技术革命上，而应将新技术革命与对资本主义私有制扬弃的政治革命、社会革命结合起来。其二，我们可以从马克思主义生态自然观中找到"红"与"绿"相结合的思想萌芽。生态学马克思主义者从马克思的著作中吮吸了大量的思想乳汁，他们的许多主张都可以在马克思的论述中找到理论渊源。众所周知，现代西方的新社会运动中的"红"与"绿"结合即把社会革命、社会变革与生态革命、环境保护运动紧密结合起来，是生态学马克思主义的基本价值观。按照这样的价值观，在未来的社会发展中，应该把社会的解放、人的解放与自然的解放一并考虑，使社会的发展与环境的优化同步进行。这符合马克

第四章 生态文明建设的思想渊源与理论基础

思的一贯主张和逻辑,要从解决社会问题入手,解决自然环境问题,只有改造不合理的社会制度,变革生产关系,才可能使自然界真正复活。只有在共产主义社会形态中联合起来的生产者,才可能合理地调节他们和自然之间的物质变换。马克思的这种思想是克服"绿色乌托邦"空泛议论,真正解决人与自然、社会与自然关系异化的有效途径。其三,马克思主义生态自然观的价值论视角启示我们要从社会经济发展的具体条件出发,分析、解决社会发展中面临的自然生态环境问题,要把社会的经济效益、社会效益与自然生态效益统一起来,不能以牺牲一种效益为代价而换取另一种效益。可以说,生态经济为人类展现了一种新型的实践形式。生态经济学是生态科学与经济科学结合的产物,以人与生态环境的相互关系为研究对象,生态自然价值问题以及生态环境生产力问题构成生态经济学的基本理论问题。其研究的经济过程包含两个方面:一方面,生产着满足人类社会生存和发展需要的物质产品,这是经济效益问题;另一方面,生产着更加合理的生态环境,这是生态效益问题,是文明进化必不可少的物质前提。这两种效益问题都离不开经济过程中平衡机制问题，也就是经济平衡和生态平衡问题。经济平衡和生态平衡是同一经济过程中的两个方面，它就是指人类社会的需要量与自然界的供应量、人的生产能力与自然界承受能力之间的平衡。这两者之间也存在着平衡关系，并相互制约：经济平衡的基础是生态平衡，生态平衡的失调最终会体现在经济平衡的破坏上；生态平衡的实现则依赖于经济平衡，人与自然的关系最终要在物质的经济过程中加以协调。因此，在社会、经济生产、自然构成的统一经济过程的系统中，只有严格按自然规律办事，将社会经济效益与自然生态效益结合起来，处理好经济平衡和生态平衡之间的关系，才能使自然界和人类社会得以持续发展。

二、生态文明建设思想源泉——中国传统文化的生态智慧

中国传统文化博大精深、源远流长，蕴含着非凡的生态智慧，即"天人合一"自然观的生态思想，如儒家自然观的

生态思想、道家自然观的生态思想以及佛教自然观的生态思想，这些思想构成了社会主义生态文明建设的思想源泉。

（一）儒家自然观的生态思想蕴含

儒家对"天人合一"自然观做出了最重要的贡献，其主张人是自然界的一部分，人与自然和谐统一，人与自然万物同类，强调自然界具有多种价值。认为人对自然应采取顺从、友善的态度，同时提出了丰富的合理开发利用和保护自然环境的思想，这些思想中蕴含着中国传统的生态伦理思想。具体来说，儒家的自然观应包括以下内容：

首先，"天人合一"即人与自然和谐统一。儒学认为，"天"是创造人和万物的自然界，是四时运行、万物生长的自然界。孔子说："天何言哉？四时行焉，百物生焉，天何言哉？"[①]荀子也指出，"列星随旋，日月递炤，四时代御，阴阳大化，风雨博施。万物各得其和以生，各得其养以成。皆知其所以成……夫是之谓天"[②]。

---

① 《论语·阳货篇》。
② 《荀子·天论》。

《周易·序卦》曰:"有天地,然后万物生焉……有天地然后有万物,有万物然后有男女。"这些思想表明了天、地、人三者各有其道,天之道是"始万物";地之道是"生万物";人之道是"成万物"。天地之道是生成原则,人之道则是实现原则,"生成"与"实现"是统一的,即"天人合一"。孟子以"诚"这一概念阐述天人关系时说:"诚身有道,不明乎善,不诚其身矣。是故诚者,天之道也;思诚者,人之道也。"①这里孟子以"诚"作为"天人合一"的理论指向。第一次明确提出天与人"合而为一"的是汉代董仲舒,他说:"天地人,万物之本也。天生之,地养之,人成之。天生之以孝悌,地养之以衣食,人成之以礼乐。三者相为手足,合以成体,不可一无也……事各顺于名,名各顺于天。天人之际,合而为一。"②正式提出"天人合一"命题的是宋代张载,他认为人和万物是天地所生,人只是天地中一物,人与自然是一个统一整体,正如他所说:"儒者则因明至诚,因诚至

---

① 《孟子·离娄上》。
② 《春秋繁露·深察名号》。

明,故天人合一。"①以程颢、程颐和朱熹为代表的宋儒程朱学派以"天理"为最高哲学范畴,发展了"天人合一"哲学思想。朱熹坚信"天地生物之心",其天地、自然观包含了两个系统,即自然的阴阳理气系统和天地生物之心的价值道德系统,这两个系统是相辅相成的。王夫之亦发展了张载的思想,强调天地人一体,人与自然不可分割。

儒家自然观的实质和核心并不是要求人与自然的绝对无差别统一,而是要求人与自然的辩证的和谐统一,郑家栋先生对儒家自然观做了实事求是的概括,并指出:"儒家思想的核心或曰本质特征并不在于一般地追求自然和谐,而在于谋求自然和谐与差等秩序的统一。"②张载对人与自然应形成以和谐统一为前提的差等秩序思想做了进一步表达:"民吾同胞,物吾与也。"③王阳明则更加明确地表达了人与自然既对立又统一的辩证关系,"禽兽与草木同是爱的,

---

① 《张载集·正蒙·乾称》。
② 郑家栋:《自然和谐与差等秩序》,《中国哲学史》2003年第1期,第11页。
③ 《张载集·正蒙·乾称》。

把草木去养禽兽，又忍得；人与禽兽同是爱的，宰禽兽以养亲与供祭祀，宴宾客，心又忍得；至亲与路人同是爱的，如箪食豆羹，得则生，不得则死，不能两全，宁救至亲，不救路人，心又忍得。这是道理合该如此"①。

其次，"天行有常"的生态自然观。儒家自然观认为，自然界的万事万物按其固有规律运行，不以人的意志为转移，天地各有其位，各司其职，星移斗转，日月阴晴，都有其自身的秩序和规律。因此，人们只有在积极主动地认识自然规律的基础上，遵循客观规律，按客观规律办事，才能达到天、地、人的和谐。儒家"天行有常"的生态自然观最具代表性的是荀子，他认为，"天地之变，阴阳之化""天有常道矣，地有常数矣"②。"天"是具有独立运行规律的自然存在，日月星辰、山川草木、风雨四时，万物不因位之显卑、人之善恶而有不同，都是依自然规律而动，荀子的"天行有常，不为尧存，不为桀亡。

---

① 《王阳明·传习录下》。
② 《荀子·天论》。

应之以治则吉,应之以乱则凶"①的名言既肯定了自然万物运行规律的客观性,又强调人们只有认识并按客观规律办事才能由"乱"致"治",避"凶"趋"吉"。这种"制天命"以"应天时"的主张对后人正确认识自然、开发自然和利用自然具有重要的启迪。

最后,"仁民爱物"和"民胞物与"的生态道德观。儒家主张人要博爱生灵,兼利宇宙万物。儒家哲人大都从自我生命的体验,转而同情他人的生命,并推及对宇宙万物生命的尊重。他们认为,爱惜他物的生命,就是爱惜自己的生命,尊重自然也就是尊重自己,这是儒家对自然万物惜生、重生原则的体现。孔子的仁学以仁爱精神,将生态从善的道德情怀直接施之于自然界,他说"子钓而不纲,弋不射宿"②。这是他热爱自然的淳厚底蕴和超人睿智。孟子以"仁民爱物"思想发展了孔子的"仁者爱人"思想,主张爱护生命。但孟子把"爱"与"仁"做了区别,他虽然主张爱护生命,但对生物不必讲仁,只是一种

---

① 《荀子·天论》。
② 《论语·述而》。

"仁术",物由于它们可以养人因而爱育之,故爱对于人谓之仁,爱物则不谓之仁。荀子则把对生态的保护提到"圣王之制"的高度,视为"王道"的基础。董仲舒完成了"仁"从"爱人"到"爱物"的转变,把"仁"直接扩展到动物,他说:"质于爱民,以下至于鸟兽昆虫莫不爱。不爱,奚足以谓仁?"这样,董仲舒就把"仁"这一道德范畴从人扩展到鸟兽鱼虫。张载从人类万物都是天地所生的观点出发,提出"民吾同胞,物吾与也"①。"民胞物与"说明了天地万物有一致的本性,而非我一人独有。只有道德高尚的人才能顺应自然的本性,以尽其责。人若要自己生存,必须让万物生存;人若要爱自己,必须兼爱他物;人若要自己发展,必须让万物发展。人要把自然本性当作自己的本性,把天地之体当作自己的身体,万物都是我的朋友,人民都是我的同胞。这是多么博爱的情怀,何等深刻的生态伦理。

我们看到,儒家所关爱的所有生命的确是以人为先

---

① 张载:《西铭》。

的，这是因为人能以合乎道德的方式对待他人及其他动物，或者说人因其道德理性而优越于动物，但这并不意味着人就可以为自己的目的和利益对其他生命为所欲为，也不意味着人的价值就绝对比其他生命高。况且在古代社会，生态问题没有形成严重的生态危机，因此，在儒家思想中生态伦理并不是一个中心问题。但在儒家的"天人合一"思想中，蕴含着一种人与天地融洽无间的关系，儒家的"天人合一"与西方的"人类中心主义"有着本质区别，它是从生态整体的视角看问题的，这一思想精神对于现代社会正确认识和处理人与自然关系具有重要的参考价值。

（二）道家自然观的生态思想蕴含

以老庄为代表的道家哲学比较系统地论述了天人关系，从"道"的普遍有效性出发而引申出了一种带有生态伦理意蕴的万物平等论，这在《老子》《庄子》《吕氏春秋》《淮南子》等著作中有着鲜明的体现。

首先，道家最根本的主张是"道法自然"的自然宇宙观。老子说:"道生一,一生二,二生三,三生万物。"①这表明了对道家来说天地并不是最根本的,最根本的是"道","道"为宇宙万物之本原,并在此基础上形成了"道法自然"的思想。老子认为"道法自然"中的"道"是"天道",是自然万物运行的基本规律。"道"既然是自然万物所遵循的规律或万物之所以有规律地运动乃是道的缘故,那么,人类行为也应遵循道的法则,因为人本身就是道演化而来的。在老子看来,人只不过是自然的一部分,他指出"人法地,地法天,天法道,道法自然"②。其意思是人以地为法则,地以天为法则,天以道为法则,道的法则就是自然而然。老子的道法自然思想虽然是从人类行为的一般意义上说的,但内在地包含了人类的道德行为,也表明了老子主张天道与人道、人与自然是和谐统一的。

其次,道家在主张万物自道生的基础上,又提出了万物生而有道这种"贵生"的生态道德观。庄子说:"以道

---

① 《老子》第四十二章。
② 《老子》第二十五章。

观之，物无贵贱；以物观之，自贵而相贱；以俗观之，贵贱不在己。"①意思是说，从道的观点来看，万物在宇宙流变过程中的作用都是一样的，它们本身并没有贵贱之分。从物本身来看，世界万物都有其平等的生存权利和合理的存在地位。万物之所以有贵贱之分，是因为人的主观价值观的不同。因此，在庄子看来，"普天下有形之物各有其功，各有其能，各有其才，各有其用"②。自然界是一个完整的统一整体，各种生物都是自然界不可缺少的部分，它们的存在都有其特殊的作用，这样便确立了应珍视生命、万物平等的观念，这是道家学说中最重要的生态伦理思想，亦是我们今天确立科学生态观最有价值的理论基础。

最后，与"天人合一，物我为一"的天人观和"道法自然"的自然宇宙观相应，道家又建立了"自然无为"的生态伦理原则。道家认为人既然是"道"生化万物过程中的最高产物，也就是说，自然在自己身上达到了自我认

---

① 《庄子·秋水》。
② 《庄子·秋水》。

识，那么人就应遵循天地之道，效法天道自然本性，对一切事物都采取顺应自然的态度，"以辅助万物之自然而弗敢为"[①]，即"自然无为"。"自然无为"是道家生态伦理的主要原则，是"道法自然"的直接体现，其要求是因任自然和不妄加作为。老子认为，"道"生物，"德"蓄物，世界上的万事万物无不尊道贵德，所以人不应当把自己看作自然的主人，做自然的主宰，对自然妄加作为，而应当以自然为师，一切顺其自然，成长万物而不据为己有，化育万物而不自恃其能。然而道家的"无为"并非无所作为，而是不刻意妄为，老子强调要"为无为"，只有"为无为"才能取得"无不为"和"无不治"的效果。可见，道家的"自然无为"是一种人类所企及的"人与自然和谐相处"的人生境界。

道家从非人类中心主义的立场出发，强调人与自然的和谐统一、万物平等。美国学者卡普拉在评价老子的"人法地，地法天，天法道，道法自然"这一循环演化思想时

[①] 《老子》第六十四章。

指出，"道家提供了最深刻最完善的生态智慧，它强调自然循环过程，包括个人和整个社会的一切现象之间潜在的一致性"①。"自然之道不可违""道法自然"这种生态伦理思想对西方的"人类中心主义"是一种否定。美国历史学家、生态哲学家林恩·怀特在《我们生态危机的历史根源》一文中指出，西方的生态危机根源于西方人的基督教观念，即认为人类应该"统治"自然，把自然视为与人无涉的异己，把自然仅仅看作供人类开发的资源库和垃圾场；而中国文化中关于"人－自然"互相协调的生态观念非常值得西方人借鉴，它可以防止人类在自我毁灭的危险道路上走得更远。

（三）佛教自然观的生态思想蕴含

佛教自然观的基本精神是生命平等、清净国土、无情有性、珍爱自然。佛教主张宇宙间的一切生命都是平等的，每个生命都不必自卑，亦不可自傲。"上从诸佛，下

---

① F. CaPra: Uneommon Wisdom, *Conversations with Relnarkable People*. Bantam, 1989, pp36.

至傍生（畜生），平等无所分别"，"一切众生悉有佛性"且佛性平等，没有高下之别。佛教提倡善待一切生灵，构成整个生命群体的个体生命之间要慈悲戒杀，要戒杀、放生、报众生恩。亦如《大智度论》中所说："诸罪当中，杀罪最重；诸功德中，不杀第一。"佛教的这种戒杀放生的生命观构成了保护生态平衡的生态思想的重要来源。清净国土是佛教生态思想的理想观点，佛经里对西方极乐世界的描述，体现了佛教徒对理想生态的设定，佛教徒的最高理想就是升入极乐世界。按照《阿弥陀经》所说，极乐世界井然有序，是无有众苦、但受诸乐、充满祥和的世界。《称赞净土佛摄受经》对极乐的内容做了具体描述：第一，极乐世界井井有条，充满秩序。第二，水是生命存在的基本要素，极乐世界有丰富的水源。第三，极乐世界有丰富的树木鲜花。第四，极乐世界有优美的音乐。第五，极乐世界常有增益身心健康的花雨。第六，极乐世界有丰富多样的鸟类。第七，极乐世界有美妙的空气与和风吹习。因此，佛教的极乐世界，向人们展示了一种美好的生存环境。

第四章 生态文明建设的思想渊源与理论基础

佛教自然观不仅主张生命平等、清净国土,还主张无情有性、珍爱自然。大乘佛教认为万法都有佛性,将一切法都看作佛性的显现。此万法不仅包括没有情识的植物、无机物,也包括有情识的动物。天台宗大师湛然将此明确定义为"无情有性",即没有情感意识的瓦石、大地、山川、草木等都具有佛性。禅宗更是强调"郁郁黄花无非般若,清清翠竹皆是法身"。大自然的一草一木都有其存在的价值,都是佛性的体现,因此,清净国土、珍爱自然就成了佛教徒修为的内在要求与天然使命。湛然认为佛性本身不变,但随条件体现于万物,每物都有佛性,都有平等的价值,这是大乘佛教的理论。小乘佛教则认为木头、石头等没有情识的东西不具有佛性,这是一种狭隘的说法。如果认为无情之物没有佛性,那么,这样一来佛性就没有了普遍性。因此,无论是有情物还是无情物都具有佛性,都是佛性遍及万物的体现,"我及众生皆有此性故名佛性,其性遍造、遍变、遍摄。世人不了大教之体,唯云无情不云有性,是故须云无情有性"[①]。佛教的

---

① 《大正藏》第 46 卷,第 782~784 页。

无情有性说与当代生态学的重要分支大地伦理学颇有相通之处。大地伦理学的奠基人美国的利奥波德从生态学的角度将地球当作一个有机体的整体,提出大地伦理学的概念"大地伦理学扩大社会的边界,包括土壤、水域、植物和动物或它们的集合大地"。"大地伦理学改变人类的地位,从他是大地-社会的征服者转变到他是其中的普通一员和公民。这意味着人类应当尊重他的生物同伴而且以同样的态度尊重大地社会。"[1]利奥波德大地伦理学的继承者美国环境哲学家罗尔斯顿认为"一个物种是在它生长的环境中成其所是的。环境伦理学必须发展成大地伦理学,必须对与所有成员密切相关的生物共同体予以适当的尊重。我们必须关心作为这种基本生存单位的生态系统"[2]。英国历史学家汤因比发挥了佛教的无情有性说,"宇宙全体,还有其中的万物都有尊严性,它是这种意义上的存在。就是说,自然界的无生物和无机物也都有尊

---

[1] A.莱奥波尔德:《大地伦理学》,叶平译,《自然信息》1990年第4期。

[2] H.罗尔斯顿:《尊重生命禅宗能帮助我们建立一门环境伦理学吗》,初晓译,《哲学译丛》1994年第5期。

严性。大地、空气、水、岩石、泉、河流、海，这一切都有尊严性。如果人侵犯了它的尊严性，就等于侵犯了我们本身的尊严性"①。这表明西方学界对佛教所蕴含的生态学价值的肯定，他们意识到其思想与佛教的共鸣，在他们看来，尽管东方文化传统中没有作为科学的生态学，但具有词源学意义上的生态学，这是东方的全球伦理学。总之，佛教思想中热爱自然、尊重生命、维护生态平衡、保护生态环境的主张充满了至善至诚的人文精神和生态智慧，对解决当今世界正面临的生态环境危机具有重要价值。

三、生态文明建设理论借鉴——生态学马克思主义理论评析

社会主义生态文明建设不仅包括对马克思主义自然观和中国传统文化中的生态思想的吸收和继承，也包括对西

---

① 汤因比、池田大作：《展望二十一世纪》，荀春生等译，北京：国际文化出版公司，1984年，第429页。

方生态学马克思主义的理论借鉴。通过对生态学马克思主义形成与发展的认识，逐步分析出生态学马克思主义的合理性和缺陷，以起到对我国社会主义生态文明建设的启示作用。

（一）生态学马克思主义的形成与发展

生态学马克思主义作为西方马克思主义的一个主要分支学派，产生于20世纪70年代，经过80年代的发展，到90年代走向成熟和完善，其主要代表人物有加拿大学者威廉·莱斯和本·阿格尔，法国学者安德鲁·高兹，德国学者瑞尼尔·格伦德曼，英国学者戴维·佩珀以及美国学者詹姆斯·奥康纳、约翰·贝拉米福斯特等。生态学马克思主义，是西方马克思主义者根据变化了的社会现实而对马克思主义的一种新的理论表达，是西方马克思主义对当代全球问题和人类发展困境的哲学反思，是生态学与马克思主义相结合的产物；他们对由资本主义社会的基本矛盾引起的危机表现形式做了重新考察，分析了资本主义社会生态危机的根源，力图寻找一条既能解决生态危机，又能实现社会主义的新道路。其基本出发点是用生态学理论去补充和发展马克思主义,企图超越当代资本主义与现存的社会主义模式,构建一种新型的人与自然和谐发展的社会主义模式。因此,在全球生态环境危机日趋严重的今天,生态学马克思主义越来越受到马克思主义学者的关注,成了马克思主义研究中的一个热点。

生态学马克思主义派别纷呈,学者众多,观点各异,但也具有较为一致的基本观点,因此才能构成一个统一的哲学派别。法国学者安德鲁·高兹在《作为政治学的生态学》(1951)、《生态学与自由》(1977)等著作中,从政治生态学的角度批判当代资本主义以追求利润的最大化取代追求生态利益的最大化,他认为解决当代资本主义的生态危机,应该实行民主的、社会主义的方式,而不是专制的、资本主义的方式;应该停止经济增长,改变生活方式和限制消费,采用分散的和"更加清洁"的技术。他坚信,人类完全可以在民主的和非集权的技术基础上建立起个人自主的、同自然相协调的生态社会主义社会。在生态学马克思主义中,以威廉·莱斯和本·阿格尔的观点最具典型性。威廉·莱斯在《自然的控制》（1972）和《满足的极限》（1976）两部著作中，阐述了生态学马克思主义的主要观点，初步奠定了生态学马克思主义的理论框架。在《自然的控制》中，威廉·莱斯从法兰克福学派"社会对人的统治是以对自然的统治为前提，对人的统治是目的，而对自然的统治是手段"的"双重统治"理论出发，进而提出"控制自然与控制人之间是不可分割的联系"的看法，对深深植根于人类主体意识中的"控制自然"的重要观念进行了广泛的研究，这是其理论很精彩的方面。在威廉·莱斯看来，人类对自然控制的加强，并非转移或削弱对自身的统治，而是恰恰相反。资本主义不断强化对自然的统治，也就"不断地吞噬着它赖以存在的自然基础"，生态危机的爆发是人类依靠科技手段实现对自然的控制，反过来遭到自然的反抗和报复的命运和结果。威廉·莱斯在《满足的极限》中，进一步阐述了资本主义条件下生态危机的表现及摆脱危机的途径方法。他认为人类要生存和发展就必须尊重自然，因为自然并不屈从社会的意志，不是任人摆布的客观物。以追求利润最大化为唯一原则的资本主义生产，必然造成过度生产和"消费异化"，导致生产力与资源的浪费和自然生态环境的破坏。因此，他主张实行新的稳态经济，即经济的零增长，使经济生活从追求量的增加变成追求质的提高；通过资本主义国家干预，压缩生产能力，削减人们物质需求，改变人们消费方式，调整人与自然整体关系，才能克服由于资本主义的无政府生产所导致的生态危机。

本·阿格尔在其 1978 年的著作《西方马克思主义概论》中，阐述了其理论的核心思想"历史的变化已使原本马克思主义关于只属于工业资本主义生产领域的危机理论失去了效用。今天，危机的趋势已经转移到消费领域，即生态危机取代了经济危机。资本主义由于不能为了向人们提供缓解其异化所需要的无穷无尽的商品而维持其现存工业增长速度，因而将触发这一危机。我们将从马克思关于资本主义生产本质的见解出发，努力揭示生产、消费、人的需要、商品和环境之间的关系"[1]。这标志着生

---

[1] 本·阿格尔:《西方马克思主义概论》,慎之等译,北京:中国人民大学出版社,1991 年,第 486 页。

态学马克思主义的诞生。本·阿格尔的生态学马克思主义的基本点主要包括：其一，本·阿格尔主张从马克思关于资本主义生产本质的见解出发，努力揭示商品环境与人的需求、生产、消费之间的关系。其二，在本·阿格尔看来，当代资本主义危机已转移到消费领域，生态危机取代了经济危机而成为资本主义的主要危机。他认为马克思的传统理论所认识的资本主义生产领域及其经济危机远离当代资本主义更富有弹性的现实，并没有充分分析资本主义的消费领域，因此要建立新的生态危机理论。其三，本·阿格尔认为引发当代资本主义生态危机的是"异化消费"，并提出以"期望破灭的辩证法"来克服异化消费及其生态危机。其四，本·阿格尔提出了以"稳态经济模式"和"小规模技术"克服生态危机的生态革命的思想。他认为生态危机的产生与社会的经济机制和技术导向有关，遏制生态危机须改革现有的经济发展模式和改变现有的技术特征。"稳态经济模式"，就是在开发和利用自然资源上要具有一种"类"意识，要充分考虑到其他人和后代人对自然资源的需要，不应把利润的大小当作衡量经济发展的主要标尺，而应该看这种经济模式是否符合生态原则，是否有利于维护生态平衡，是否有利于维持人类的长存和社会经济的持续发展。"小规模技术"就是既能尊重人性的"民主技术""具有人性的技术""中间技术"，又能适应生态规律。最后，本·阿格尔认为变革资本主义社会，使资本主义国家走向社会主义，不能依靠"暴力革命"，要消除导致生态危机的过度生产和过度消费，必须实施"分散化"和"非官僚化"，人类自己也要重新回到生产领域去寻求人生的满足和快乐，改变消费等同幸福的旧价值观。

20世纪90年代之后，以北美学者为代表的生态学马克思主义者，重新发掘了马克思主义对解决全球化背景下生态危机的理论意义，最终产生了奥康纳的双重危机理论、克沃尔革命的生态社会主义理论以及福斯特和伯克特关于马克思的生态学三种具有代表性的生态学马克思主义理论。在《自然的理由》中，奥康纳运用马克思主义的基本理论和观点分析了资本主义生态危机产生的原因——资本积累以及由此造成的全球发展的不平衡，由于资本主义的双重矛盾（奥康纳把马克思主义关于资本主义的基本矛盾概括为第一类矛盾，而把资本主义生产的无限性与资本主义生产条件的有限性之间的矛盾归纳为第二类矛盾，亦即第一类矛盾主要是资本主义生产力与生产关系之间的矛盾，第二类矛盾是资本主义生产力、生产关系与资本主义生产条件之间的矛盾）而导致了资本主义双重危机，即经济危机和生态危机。克沃尔在《自然的敌人——资本主义的终结还是世界的终结》中，不仅批判了资本的求利本性对生态系统的破坏，而且论述了资本主义的发展已经到达了真正的顶峰阶段，任何改良资本主义的思想和方案都是在加速对生态系统的破坏，因此提出了生态社会主义的革命和建设思想。福斯特在《生态危机与资本主义》一书中指出，现代资本主义的生态危机根源于资本主义制度，全球性生态危机在很大程度上是资本主义经济学的"原罪"，是目前经济体制无法克服的瘤疾。在福斯特看来，只有从资本积累出发才能全面清晰地认识生态危机的性质。"资本主义的生产方式使人类同自然相分离，使人类与自然的关系处于对抗状态"①,因而资本主义的生产方式是当今生态危机的根源。 他进一步提出解决生态危机的关键在于实现社会制度的变革和生态革命。 福斯特在2000 年出版的《马克思的生态学唯物主义与自然》一书中,专门研究了马克思主义生态思想,他将马克思、恩格斯置于与自古以来众多具有生态意识的思想家和科学家相联系的脉络之中,以思想史的事实雄辩地证明了马克思主义的生态内涵和关怀。 在 2002 年出版的《反对资本主义的生态学》中,福斯特则提出马克思的人类解放学说不仅是关于人类自身解放的社会学说,而且是关于解放自然的生态学说。 可以说,福斯特是真正走进马克思文本之中的思想家,他的研究最终确立了马克思主义在解决生态问题方面的发言权。 事实上,今天多数学者对马克思主义的生态思想的理解,在很大程度上都是沿着福斯特的思路进行的。

---

① 福斯特:《马克思的生态学唯物主义与自然》,刘仁胜、肖峰译,北京:北京高等教育出版社,2006 年,第 158 页。

（二）生态学马克思主义理论的合理性

通过对生态学马克思主义的研究，我们认识到生态学马克思主义是马克思主义生态思想发展的一个新增长极，两者在很多思想上有着一定的承接性，特别是在自然观上，马克思主义生态自然观与生态学马克思主义具有一定的相通相融性，存在着内在的必然联系。马克思主义生态自然观与生态学马克思主义的相通相融性，首先表现为人与自然关系问题，两者都认为人与自然构成了生态系统的有机统一整体。马克思主义认为人与自然是一种辩证统一的关系：第一，人是自然的存在物。人是自然的存在物强调了没有自然界就没有人类，自然界孕育并养育了人类，人是自然界长期演化的结果，人不能离开自然界而生活，人本身就是自然大家庭中的一个成员。那么，人就应该在自然界中确定自己的恰当位置，人类的活动就必须服从自然规律，人就有义务善待自然界、爱护和关心自己的家园。第二，自然是人的无机身体。自然是人的无机身体是指自然这一无机身体是整个人类的身体，而不是个别人的身体，所以就整个人类而言更不能破坏这个身体。如果说人是自然的存在物表明了人是自然界的一部分的话，那么自然是人的无机身体则表明自然界也构成了整个人类机体的一部分。根据系统论的思想整体和部分相互依赖，不仅部分离不开整体，整体也离不开部分，因此，人类这一整体是不能离开作为人的无机身体的自然界这一部分而存在的。人类的生活和生产资料都是由自然界提供的，但人与动植物的存在方式不同，实践活动是人的根本存在方式，人类在改造自然、变革自然的同时也能够保护自然，这就是自然与人类社会的辩证统一。这深刻地说明了自然向人生成，人靠自然界生活，是自在的自然与人化的自然、历史的自然与社会的自然、实践的自然与价值的自然的高度统一。第三，马克思主义在肯定自然界的先在性的基础上，特别强调了"人化自然"是人类劳动的必然结果。马克思主义认为自然界对于人具有"优先地位"，但又认为自人类产生以后，这个自然界是经过人类实践改造过的自然界，而非原始的自然界；人类按照有用的方式通过自己的活动来改变自然物质的存在状态，不断地把原始的自然界转化为"人化的自然",呈现在人类面前的是一幅"人化自然"的图景。人与自然日益统一的历史过程就是在自然的人化与人的自然化的进程中形成的。在人与自然相统一的基础上,马克思主义又把人类认识和实践的终极价值规定为人类的生存与发展的需要,在处理人与自然的关系时把人类的长远利益与整体利益放在中心的位置上。在人与自然关系问题上,生态学马克思主义与马克思主义的观点是一致的,也认为人与自然是辩证统一的历史过程。人与自然相互影响、相互作用、密切联系不可分割,人类作为自然整体中的一部分必须遵循自然界的内在规律,必须承认第一自然或外部自然的优先性,但同时人类又可以作用于第一自然基础之上的第二自然。当人类把其长远利益与整体利益的需要放在生态系统中的中心地位时,并不否认自然自身系统内其他存在物的生存与发展的需要。在格伦德曼等生态学马克思主义学者看来,包括人类在内的自然界是一个完整的有机系统,系统的整体性决定了人类利益与自然利益的一致,决定了人与自然的统一,人类维护自然生态系统的完整性同维护人类自身的利益是一致的。他们还认为,未来的生态社会主义社会将是一种全新社会组织形式,它克服了人与自然的对立和分裂,进而实现人与自然的和谐,人与自然的和谐是这种社会的最大特征。在生态社会主义社会里,对自然生态的资本主义破坏已不存在,即使存在也是偶然的,可以很快得到修复,资本主义的人与自然的矛盾将随着人与人矛盾的克服而得到解决。生态社会主义社会的发展,应既满足了人类物质与社会自由的充分实现,同时又符合生态原则。科学技术的发展和社会生产力水平的提高,可以使人们更好地实现对自然必然性的把握和支配。虽然物质性的被迫性劳动仍然存在,但社会关系上对资本主义私有制的克服,可以使人们自主地协调自己和自然的关系,从而最大限度地减少对自然环境的破坏。

其次,马克思主义生态自然观与生态学马克思主义的相通相融性表现为,两者均认为资本主义制度与生态危机之间存在必然联系。马克思、恩格斯以人类解放为终极目标,他们深刻分析了当代人与自然关系紧张的根源,指出资本主义生产方式是生态危机产生的最主要原因,揭示了资本主义制度对生态的破坏性。他们认为人与自然的对立、人与人关系的分化最主要的原因在于资本主义的生产方式，资本主义生产方式的内在逻辑是资本的增长、利润的最大化。由于资本主义的生产方式，一切的存在物都变成了资本增值的来源，人成为资本家口袋里的钞票，而自然界更是他们口袋里的金子；资本家拼命地追求利润的最大化，不但造成资本家阶级和工人阶级的两极分化，也造成了城乡的对立，造成了土地肥力的消失，造成了严重的生态环境问题。资本家只关心眼前的利益、自己的既得利益，哪怕后面是洪水滔天，生态环境危机。当代的绿色运动、环境保护运动、自然中心主义、生态激进主义却把生态环境问题归因于或技术恶性膨胀，或传统的价值观，或人口特别是第三世界国家人口的快速增长，或资本主义社会普遍存在的异化消费。从某种程度上说，这些运动和学派对唤醒民众对生态环境的关注和意识、唤醒政府对生态政策的制定起了很大的作用，然而正如美国生态学家科尔曼所问的那样："1970年的首个地球日与1990年的地球日一样，也提出了许多相同的问题，并在其

第四章 生态文明建设的思想渊源与理论基础

后的岁月中极大地提高了公众的环境意识。可为什么大多数环境问题自此以来却反而恶化了呢?"①问题的答案就在马克思这里:"劳动本身,不仅在目前的条件下,而且一般只要它的目的仅仅在于增加财富,它就是有害的、造孽的,这是从国民经济学家的阐发中得出的结论,尽管他不知道这一点。"②生态学马克思主义,严格说来是中后期的生态学马克思主义(代表人物有格伦德曼、佩珀、奥康纳和福斯特等),也认为资本主义制度是造成生态危机的根源,并指出了生态问题主要是由对待自然的"特殊的"方式所造成的,应把自然问题与资本主义基本矛盾联系起来考察,从资本主义生产方式本身去寻找生态危机的原因。福斯特专门写了《生态危机与资本主义》,揭露资本主义利润的无限增长与自然环境的有限性之间存在着不可解决的矛盾。高兹认为,以追求利润为唯一目的的资

---

① 丹尼尔·A.科尔曼:《生态政治——建设一个绿色社会》,梅俊杰译,上海:译文出版社,2002年,第4页。
② 《马克思恩格斯选集》(第42卷),北京:人民出版社,1979年,第55页。

本主义生产，决定了它必然要不断地去掠夺自然，对自然持一种敌视的态度，将自然看作利润的源泉，破坏生态环境。佩珀、奥康纳、福斯特等都认为，资本主义社会存在着一种"成本外在化"的趋向。激烈的资本主义市场竞争要求企业努力降低生产成本，每一个企业都设法把一部分成本推向外部，都不愿意把治理环境污染的费用纳入生产成本，都在想尽一切办法使这部分成本外在化，也就是将其转嫁给社会。奥康纳指出"资本的过度生产（或生产不足，再或者这两种情况同时出现），会带来需要层面的（或成本层面的，再或者这两种情况同时出现）巨大经济压力，这也许就会迫使个别资本努力将其成本更多地加以外化，并借此来重建其利润。这也就是说，资本会把更多的成本转移到环境、土地和社会中去，此时，国家和国际机构却只能坐观这一切发生而无能为力"[①]。资本主义的一些发达国家甚至将一些污染严重、能源消耗大的劳动密集型企业迁移到发展中国家，施行生态殖民主义，掠夺那里

---

① 詹姆斯·奥康纳:《自然的理由——生态学马克思主义研究》，正东、藏佩洪译，南京:南京大学出版社,2003年,第59页。

第四章 生态文明建设的思想渊源与理论基础

干净的水源、清洁的空气、土地和其他自然资源,给发展中国家造成了严重的生态问题。发达国家对不发达国家的生态掠夺和剥削是一种生态殖民主义,它加剧了全球性的生态危机。因此,在利润的追求、资本的扩张、生产规模不断扩大的资本主义生产方式下,资本家只能借助科学技术的力量,对自然资源进行过度的掠夺,借助全球化的过程对广大的发展中国家的资源采取了一种不公正的市场交换规则,疯狂地从发展中国家掠夺大量资源,来保证利润的最大化,而不可能牺牲利润去保护环境。

最后,马克思主义生态自然观与生态学马克思主义的相通相融性还表现在解决生态危机根本路径上的一致,两者都认为只有变革资本主义制度才能解决生态危机。马克思主义把消灭资本主义制度看作解决资本主义社会生态危机的唯一途径。马克思、恩格斯认为,资本主义私有制的存在和劳动的异化及资本主义的生产方式,必然扰乱人与自然之间正常的物质变换,破坏人与自然之间的和谐统一,造成人与自然的对立,导致生态危机。因此,要实现人与自然的重新结合,实现人与自然的和谐发展,解决生态危机,就必须废除私有制,必须废除资本主义生产方式,建立"一个有计划地从事生产和分配的自觉的社会生产组织"①,即共产主义社会。因为共产主义社会消灭了私有制,灭了异化劳动,人们在联合起来的劳动中,自然再也不是一种与人对立的状况,人与自然处于一种和谐的关系,"社会化的人,联合起来的生产者,将合理地调节他们和自然之间的物质变换,把它置于他们的共同控制之下,而不让它作为盲目的力量来统治自己;靠消耗最小的力量,在最无愧于和最适合于他们的人类本性的条件下来进行这种物质变换"②。共产主义实现了人的自然化,自然界实现了人道化,即"自然主义和人道主义的统一"。自然主义的实现是指作为劳动主体的人和作为劳动对象的自然之间的和谐统一,人道主义的实现则是指劳动主体即人与人之间的关系的和谐统一,因而"自然主义与人道主

---

① 《马克思恩格斯选集》(第4卷),北京:人民出版社,1995年,第275页。
② 《马克思恩格斯全集》(第25卷),北京:人民出版社,1974年,第926~927页。

义的统一"就是指达到人与自然的和谐和人与人之间的和谐的共在状态。只有在共产主义社会,生产资料的公有制和有计划的生产、分配以及为满足人的真正需要而进行生产的生产目的,才能消解自然的纯粹有用性,克服资本主义社会由于生产的无政府状态和追求利润的目的而导致的对自然资源的浪费,消除生态危机,实现良性的自然循环以及人与自然的和谐发展。同马克思主义生态自然观解决生态危机的思路一致,生态学马克思主义,如本·阿格尔、威廉·莱斯、格伦德曼、佩珀、奥康纳和福斯特等也都认为只有变革资本主义制度才能解决生态危机,只是在具体的理论分析上有所不同。早期生态学马克思主义主张实行资本主义制度内部价值观的改变,即本·阿格尔所说的"期望破灭的辩证法",实行分散的、非集权的、非官僚化的且工人参与民主管理的生产方式。因此,早期生态学马克思主义通过资本主义制度内部改革来消除生态危机,更趋向于一种改良运动。相比较而言,中后期生态学马克思主义的观点比较激进,主张只有建立新型的社会主义(生态社会主义),废除资本主义制度,才能彻底解决生态问题。从生态学马克思主义的角度来看，资本主义追求利润的动机和目的，促使人们不考虑对自然资源的开发利用是否合理而不断追求最大限度的生产和消费，这样的经济理性必然导致对生态环境的破坏，造成生态危机。因此，格伦德曼、佩珀认为生态系统退化的根本原因不是人类对自然的控制，而是人类对待自然的不合理的方式。要保护生态环境，解决生态危机，必须改变资本主义的利润动机并消灭资本主义生产方式，取而代之以社会主义生产方式。只有以满足人们需要而非追求利润为生产动机和目的的社会主义，才能实施以生态保护为宗旨的理性，即生态理性；只有在社会主义条件下，才可能公平合理地分配劳动产品，限制过度生产和过度消费。生态学马克思主义反对人类中心主义的资本主义形式，要求迅速从根本上改造资本主义社会，彻底否定资本主义追逐利润最大化的固有逻辑，从人类的需要和利益出发，确立人与自然共生共存的关系，而在佩珀、奥康纳看来只有建立生态社会主义才能解决生态危机。

（三）生态学马克思主义理论的缺陷

虽然生态学马克思主义公开宣扬自己是马克思主义，并以马克思主义人与自然关系理论为基础，在分析资本主义生态危机过程中提出了一些非常深刻的思想。然而由于受西方马克思主义社会批判传统的影响，生态学马克思主义将马克思主义的方法与理论割裂开来，采取保留其方法、抛弃其理论的态度，这就使它和马克思主义之间必然存在着区别。从另一方面来说，虽然马克思主义自然观中蕴含了丰富的生态思想，但马克思、恩格斯毕竟是生活在生态危机还没有完全爆发的19世纪中期，生态学马克思主义的理论则是对生态危机已威胁到人类生存的一种反映。因此，马克思主义的生态思想和生态学马克思主义理论之间又存在着很大的相异性，这种相异性首先表现为对资本主义基本矛盾理解的不同。马克思主义认为，在资本主义制度下，生产资料的私人占有与社会化生产的要求存在着不可调和的矛盾，这个矛盾构成了资本主义生产方式的基本矛盾，即生产的社会化与生产资料的私人占有制之间的矛盾，它在阶级关系上则体现为无产阶级与资产阶级的矛盾。这种矛盾是生产力与生产关系之间的矛盾，是资本的生产过剩和经济危机之间的矛盾，它是由需求不足引起的，这就是奥康纳所说的"资本主义社会的双重矛盾"之"第一重矛盾"。这个矛盾贯穿于整个资本主义发展过程的始终，是资本主义自身无法从根本上克服的，这一矛盾必然导致经济危机，而经济危机最终将导致资本主义的灭亡和社会主义的产生。正如恩格斯所指出的，"现在按社会方式生产的产品已经不归那些真正使用生产资料和真正生产这些产品的人占有，而是归资本家占有……生产方式虽然已经消灭了这一占有形式的前提，但是它仍然服从于这一占有形式。赋予新的生产方式以资本主义性质的这一矛盾，已经包含着现代的一切冲突的萌芽"①。在生态学马克思主义者看来，资本主义社会最为根本和主要的矛盾已不再是生产力和生产关系之间以及资本的生产过剩和经济危机之间的矛盾，尽管它们在资本主

---

① 《马克思恩格斯选集》(第3卷),北京:人民出版社,1995年,第744页。

义社会还存在着。生态学马克思主义分析了资本主义生产、消费与受到威胁的生态系统之间的矛盾，把资本主义的基本矛盾置于资本主义生产与整个生态系统之间对立的高度，认为制约资本主义生产扩张主义动力的主要因素是有限的生态环境。奥康纳认为，由于当今社会的生态恶化，应该把第三个同样重要的范畴即生产条件引入马克思关于人与自然的社会理论的两个基本范畴即生产力和生产关系中。在引入生产条件以及使用价值因素后，资本主义与生态发展的对抗会导致资本主义的"第二重矛盾"，即资本主义生产力和生产关系与资本主义的生产条件之间的矛盾，它会引起资本主义社会的生态危机。因此，在生态学马克思主义看来，资本主义最为根本和主要的矛盾是资本主义的生产力、生产关系与资本主义生产条件之间的矛盾，这就是奥康纳的资本主义社会的"第二重矛盾"。奥康纳进一步系统阐述了资本主义社会的"第二重矛盾"，他认为资本主义社会的"第二重矛盾"与"第一重矛盾"一样存在于价值与剩余价值的生产与实现之间。

马克思主义的生态思想和生态学马克思主义的相异性

还表现在对社会主义基本特征理解的不同上。生态学马克思主义虽然提出了"生态社会主义"的理想社会方案，然而其所主张的社会主义与马克思主义的社会主义存在着本质差别。第一，马克思、恩格斯认为高度发展的社会生产力是社会主义的最基本特征。他们认为，物质资料的生产是"人类生存的第一个前提，也就是一切历史的第一个前提"①，而"人们所达到的生产力的总和决定着社会状况"②。因此，社会主义的根本任务是"尽可能快地增加生产力的总量"③，共产主义是"在保证社会劳动生产力极高度发展的同时又保证每个生产者个人最全面的发展的这样一种经济形态"④。生态学马克思主义，特别是威廉·莱斯、本·阿格尔等早期生态学马克思主义把生产力

---

① 《马克思恩格斯选集》（第1卷），北京：人民出版社，1995年，第78页。
② 《马克思恩格斯选集》（第1卷），北京：人民出版社，1995年，第80页。
③ 《马克思恩格斯选集》（第1卷），北京：人民出版社，1995年，第293页。
④ 《马克思恩格斯选集》（第3卷），北京：人民出版社，1995年，第342页。

的过度发展、过度生产、过度消费和过度浪费看作导致资本主义生态危机的主要原因，因而他们要求实现经济的零增长，将生产规模和经济发展速度稳定下来，主张社会主义应当实行"稳态经济"模式，遏制对大自然的掠夺和盘剥，实现人与自然的和谐。中后期的生态学马克思主义虽然放弃了对稳态经济的主张，重提人类中心主义口号，认为生产力的发展、对自然的开发利用必须以人类的长远和整体的利益为尺度，提出了未来的社会主义经济应保持适度的增长，但是仍然批评马克思主义的生产力理论，认为它缺乏生态保护意识，过分强调了人改造自然的能力。第二，马克思、恩格斯认为消灭资本主义私有制，变生产资料由全社会占有，这是社会主义社会区别于资本主义社会最根本的标志。马克思主义的科学社会主义从唯物史观出发，重视环境问题的探索，并提出解决环境问题的社会化思路：以资本主义生产方式的辩证运动为客观依据，以无产阶级的革命运动的社会变革方式来改造社会，最终消灭私有制。马克思主义认为，资本主义制度及其生产关系造成了人与自然、人与人之间的各种冲突与矛盾，阻碍了人类自由发展，所以消灭生产资料私有制是共产主义社会的一个最重要功能，也是最重要特征。马克思、恩格斯指出，共产主义社会是"一个集体的，以生产资料公有为基础的社会"①，"共产主义的特征并不是要废除一般的所有制，而是要废除资产阶级的所有制"②。生态学马克思主义漠视生产资料所有制问题，认为生产资料归谁所有不是决定性的问题，只有政治上的控制权才能最终消除现代化大工业造成的全球性生态危机。在生态学马克思主义者看来，社会主义公有制和资本主义私有制都不利于生态保护和人类的持续发展，所以他们既反对任何集中的社会主义计划经济，也反对自由经营的资本主义市场，主张建立一种市场与计划相结合的"混合型"的社会主义经济。他们比较重视自然资源的合理利用和分配，试图通过重新分配社会个人财富，建立一种"共同体财产所有

---

① 《马克思恩格斯选集》(第3卷)，北京：人民出版社，1995年，第303页。
② 《马克思恩格斯选集》(第1卷)，北京：人民出版社，1995年，第286页。

制"。虽然生态学马克思主义主张建立"保护生态的、自我管理的、解放的社会主义"[①],但它试图以无政府主义的内容来改造科学社会主义,比较接近于欧洲历史上的"小资产阶级社会主义"和现代的"民主社会主义"。具体表现为:其一,社会主义不是彻底变革资本主义生产资料私有制的革命理论,而是价值批判的工具,社会主义是对现有资本主义的一种逻辑发展和内在超越,并不是与资本主义彻底决裂。其二,忽视了生态问题中各种因素的综合作用,片面夸大了消费异化作为一种社会现象的不幸后果。其三,主张以和平方式实现社会主义,鼓吹非暴力原则的社会变革方式。其四,把人与自然界的矛盾夸大为政治行为中的决定因素。从马克思主义与生态学马克思主义的相融性和相异性的分析中,我们看到,虽然生态学马克思主义在理论上还存在着局限性:片面强调民主,反对实行无产阶级专政,不切实际地试图用"生物区"取代国家;偏离马克思主义的历史唯物主义,以人与自然的

[①] 弗·卡普拉、查·斯普雷纳克:《绿色政治——全球的希望》,石音译,北京:东方出版社,1998年,第184页。

矛盾取代马克思主义的"生产社会化与资本主义私人占有"之间的矛盾，将其作为资本主义的更为基本和主要的矛盾；将私有制和公有制混同起来进行批判，企图建立一种超越私有制和公有制之上的第三种所有制，并否认所有制是社会性质的决定因素；没有真正把握自然的历史变化与人类生产方式变革之间的本质联系，把马克思主义关于生产力是社会历史存在和发展基础的观点与生态意识非历史地对立起来，试图通过控制现代科学技术、限制人类生产力的发展来解决生态问题。然而，在全球生态危机日益严重的情况下，生态学马克思主义致力于生态学与马克思主义的结合，努力运用马克思主义的观点和方法，在对人与自然关系进行深刻反思的基础上，分析了当代社会的生态危机，并探索了解决生态危机的途径，这无疑丰富和发展了马克思主义的生态思想，为马克思主义生态自然观在当代的发展与完善注入了新的元素。

（四）生态学马克思主义理论对我国生态文明建设的启示

根据上述的研究与分析，生态学马克思主义理论对中国社会主义生态文明建设提供了一定的理论借鉴与启示。首先，生态学马克思主义把生态环境问题、科学技术的社会作用问题以及人与自然的关系问题当作其理论的切入点，对资本主义社会时弊进行了揭露与批判，并力图从马克思主义思想中寻找解决问题的方案，这一理论突出了马克思主义开放体系的时代感，这种研究问题的切入点和出发点的视角及其敏锐性和现实性，都是值得称道的。其次，生态学马克思主义借用马克思的人与自然辩证关系理论和劳动异化思想，分析了人与自然关系在资本主义社会条件下异化的社会原因，认为生态危机的实质是资本主义政治制度和生产关系的危机，并提出挽救自然就必须变革资本主义社会现实的思想，这一思想对于我们全面了解和认识资本主义社会生态危机的现象和人与自然关系异化具有重要意义，同时对于我们正在进行的社会主义生态文明建设，正确处理经济社会发展与自然生态环境的关系，克服生态危机提供了从社会问题入手解决问题的维度。最后，生态学马克思主义在探讨资本主义社会生态危机以及人与自然关系问题时提出了许多值得我们关注、研究和借鉴的问题。例如，生态学马克思主义者对"异化消费"问题的研究就颇具特色，他们认为异化消费是导致生态危机的重要原因，需加强对消费领域以及消费异化问题的研究来丰富和扩展马克思主义对生产领域的研究。再如，生态学马克思主义从观念形态上，揭示导致生态危机的认识论根源，对一些既定的观念进行重新审视，这对于我们从思想认识的高度去关爱自然、确立环境保护意识、自觉树立正确的自然观和生态文明观是很有意义的。总之，生态学马克思主义为了解决生态危机、建构人与自然和谐共荣的关系，强调以生态效益为核心价值，以人与自然和谐关系为目标，并把人类的经济活动、政治活动置于其中进行思考。这无疑是一种全新的视角，对我们今天形成环保意识、可持续发展观念、解决环境问题具有重要的借鉴价值；对我们重新审视人类文明，努力建设生态文明，走

第四章　生态文明建设的思想渊源与理论基础

向社会主义生态文明新时代提供了有益的启示。

但我们也应该看到生态学马克思主义还存在着明显的不足和缺陷，这些不足与缺陷给我们提供一定的借鉴。第一，生态学马克思主义者对马克思主义生态自然观研究不够，他们对人与自然关系、社会与自然关系问题的研究远未达到马克思的深度，没有挖掘马克思主义自然观中的生态思想，甚至将马克思的生产力理论与生态学对立起来，这是对马克思主义理论的极大误解。后期新一代生态学马克思主义者以格伦德曼和佩珀为代表，明确意识到了这一点，并迅速地纠正了这一认识上的偏差。第二，生态学马克思主义的理论缺乏全球性视野，其立足点是"西方中心论"。他们仅仅从道义上谴责"生态帝国主义""生态殖民主义"的不平等和不道德行为，呼吁发达国家承担环境责任，这是远远不够的，而应该以全球视野，关注不同国家、不同民族的经济实力差异和环境责任差异，提出更有可操作性的、合理的解决生态危机的方法与途径。第三，生态学马克思主义把生态因素夸大为人们政治行为中的决定性因素，以"生态危机论"取代"经济危机论",只注重对资本主义的生态批判,放弃对资本主义的经济批判,只注重资本主义消费异化、消费危机和生态危机的研究,而忽视劳动异化生产危机和经济危机的研究。其结果是用人与自然的矛盾取代资本主义的人与人的矛盾,特别是阶级与阶层的矛盾,这就掩盖了资本主义社会的基本社会关系和基本矛盾,模糊了人们的视野,容易误导阶级斗争的方向。事实上,正是资本主义经济的性质导致了生态环境的恶性化,与其说是生态危机决定了经济危机,不如说是经济危机决定了生态危机。第四,生态学马克思主义理论带有一定的浪漫主义色彩、幻想成分和乌托邦性质,缺乏切实可行的行动方案。他们以牺牲经济发展为代价达到维护生态平衡的目的,提出"零增长"的经济发展模式,这无论是在理论上或是在实践上都是行不通的,是一种不切实际的幻想。生态学马克思主义把实现生态社会主义社会寄托于"示范""教育""思想的革命""思想的启蒙"等"非暴力"手段,然而单纯依靠"生态意识"不能解决所有的生态问题,更不能把资本主义社会"改造"成生态社会主义社会。

四、生态文明建设的理论根基——科学发展观和绿色发展观

科学发展观和绿色发展观是马克思主义生态思想与中国具体实践相结合,即马克思主义生态思想中国化进程中取得的优秀思想理论成果,是具有中国特色的马克思主义生态观,是中国社会主义生态文明建设的理论根基,在理论层面和实践层面,对我国新时代推进社会主义生态文明建设具有重要的指导意义。

(一)科学发展观和绿色发展观是中国马克思主义生态观

对于当前的中国生态文明建设而言,科学发展观和绿色发展观是其最根本的指导思想,这是因为无论是科学发展观还是绿色发展观都体现出对于马克思主义生态观的继承和发展,是新时代具有中国特色的马克思主义生态观。马克思主义生态观中的核心问题就是要处理好人与自然之

间的关系。在马克思看来，首先人是自然界发展到一定阶段的产物，是自然界的一部分。因此，我们不能把人和自然的关系对立起来，不能将人类摆在自然界之外，凌驾于自然界之上去统治自然、主宰自然。如果人类盲目地对地球上的生态资源进行索取和无情掠夺，结果将会既破坏自然界，又破坏人类自己的生存环境。其次，自然是人类生存和发展的基础，是人类实践活动的对象。自然为人类提供了生命活动的外部环境，人类离不开自然界，应该像对待自己的身体一样来对待自然界，树立生态保护意识。最后，人类和自然界的关系是受动性和能动性的统一。这主要包含两层意思：一方面，人类作为受动的自然存在物，受到自然界的制约和限制；另一方面，人类作为能动的自然存在物，能够正确认识世界和通过实践改造世界。此外，人类与自然界的辩证关系决定了人类要与自然界共同进化、协调发展。人类的社会实践活动体现了人类与自然的价值关系。在这种实践活动中人与自然相互作用，其特点是在两者相互关系中生成的整体性和一体化。因此，人类要实现自己的价值，首先就要尊重自然、

第四章 生态文明建设的思想渊源与理论基础

爱护自然，维护生态系统的稳定性和完整性。科学发展观和绿色发展观在继承上述马克思主义生态思想的同时，又对其内容进行了丰富和发展，具体而言主要表现在以下两个方面：

一方面，将人的全面发展贯彻到人与自然的关系之中。从人类的发展历程来看，人类的发展是依托于地球生态系统的良性运转实现的。在人类进化史上，人类在与地球生态系统的互动过程中，通过知识的不断积累和对自然的持续影响，不断突破生态系统对人类的束缚，创造出灿烂的农业文明与工业文明，实现了自身在精神和物质上的巨大发展。但在此过程中，随着人类改造自然的能力不断增强，人类对自身能力一度过于自信甚至达到了自负的程度，由此产生了一味强调人的主观能动性的片面的人类中心主义思想。人类中心主义思想的长期存在，是造成当前日益严重并极可能最终决定人类命运的资源环境问题的根源。这是整体意义上的人类从未面临的严峻形势。此外，当前的资源环境问题，已不是仅仅通过提高人类改造自然的能力以突破自然束缚就能解决的。这种单向思维不仅不能用来谋求人类的进一步发展，反而会成为阻碍人类进一步发展的桎梏。因而，为了推动人类社会的进一步发展，就必须改变原有的发展观。科学发展观和绿色发展观正是在此背景下被构建出来的。

但是我们必须认识到，科学发展观和绿色发展观并不是以生态环境为中心的思想来替代人类中心主义，也不是用以生态环境为中心的思想来否定人类存在的价值。人类中心主义是不可能被根本否定的，因为万物皆以己为中心，人类也不例外。如果人类不复存在，一切讨论恐怕都将没有意义。其实，科学发展观和绿色发展观主要是批判一味强调人的主观能动性的片面的人类中心主义，提醒人们应认识到人是生态系统的有机组成部分，人可以影响自然，但自然反过来也可以影响人类乃至决定人类的命运。因而，人类的存续必须以生态系统的存续为前提，人类的持续发展必须以人与自然的和谐为保证。建设生态文明的根本目的是通过文明的转轨，将生态环境充分、有机地纳入人类的发展之中，在和谐的人与自然关系中实现人的发展。

另一方面，将发展融入处理人与自然关系之中。建设生态文明，是在中国人均国民收入水平刚刚上升到中等收入国家行列、中国工业化仍处于中期阶段、重化工化趋势仍较明显的背景下提出来的。这实际上是试图在相对于发达国家更低的收入水平和工业化水平上，开始建设超越工业文明的生态文明。这也是中国面临的一个前所未有的挑战。因为在当前中国的经济发展水平上，至少在短期内，经济发展与环境保护仍然存在尖锐的矛盾。无论是将有限的资源投向发展经济和继续推进工业化上，还是投向环境保护上，这是中国政府面临的二律背反的艰难选择。显然，中国已不能再走通过牺牲生态环境来实现经济发展和工业化的老路了。但建设生态文明是否就意味着我们只能停下经济发展和工业化的脚步，甚至牺牲已建立起来的工业文明，来实现人地关系的和谐呢？答案是否定的。我们认为，建设生态文明其实是要求在现有文明成果的基础上，建设更高水平的人类文明。如果放弃现有的文明成果，那结果只能是与人发展的要求背道而驰，是历史的倒退。我们不能裹足不前、原地踏步，若果真如此，其后果可能比开历史倒车更为严重。对于尚未建起发达的工业文明的中国而言，唯一的选择，只能是改变以前重"增长"轻"发展"的做法，通过发展，通过发展观与发展方式的转变，通过走新型工业化道路和建设生态农业，来解决发展中出现的人地关系的不和谐甚至激化的问题，最终实现人与自然的和谐发展，乃至人的全面可持续发展。科学发展观和绿色发展观都将发展作为其关注的重点，都要求通过发展来解决发展中出现的问题。

（二）科学发展观的生态文明思想蕴含

从人类的历史发展来看，生态文明是人类经过原始文明、农业文明和工业文明后而逐步发展形成的一种新型的文明形态。生态文明作为一种崭新的文明形态，它主张以尊重和维护自然环境为主旨，以促进人类社会的可持续发展为根据，并着眼于人类在未来社会中的持续健康发展。生态文明的提出是对人类自身的生产方式、生活方式等多方面的重大变革，是人类文明发展的必然结果。作为中国特色社会主义理论的重要成果之一的科学发展观，是在马克思主义生态观中国化进程中形成的"第一要义是发展，核心是以人为本，基本要求是全面协调可持续，根本方法是统筹兼顾"的完整的科学理论体系，其本身蕴含着丰富的生态文明思想。科学发展观是指导生态文明建设的科学理念，而建设生态文明是落实科学发展观的必然要求和必然结果。

首先，"坚持以人为本"与生态价值观对人本主义价值的肯定是一致的。18世纪，以英国的工业革命为标志，人类历史逐渐走进了工业文明时代。工业文明阶段，人类不再满足于与自然的和谐相处，通过大力发展生产力和不断更新的科学技术逐步提高对自然资源的利用，创造出比过往更加丰富的物质财富，极大地提高了人们的生活水平。但是，人类在掠夺自然资源的同时也遭到了大自然的无情报复，土地沙漠化、水土流失、臭氧层漏洞等生态环境问题越来越影响到世界各国人民的生产生活。自20世纪中叶以来，全球性的生态问题并没有得到有效缓解，反而呈现日益加剧的趋势。最早享受工业文明的发达工业化国家的一些学者逐渐认识到问题的严重性，这其中以1962年美国海洋生物学家蕾切尔·卡逊出版的《寂静的春天》和现代环保运动兴起为标志，到1997年世界各国在《京都议定书》上对于节能减排问题达成一致，这表明生态文明的发展方式日益被世界各国所提倡。生态文明主要强调人与自然的和谐发展，在关注人类眼前利益的同时也着眼于人类的未来发展，最大限度地满足人类持续健康的发展。由此可见，生态文明是强调"以人为本"的，同时"以人为本"也是科学发展观的核心要义。科学发展观中的"以人为本"，就是要把人民的利益作为一切工作的出发点和落脚点。可见，两者在"以人为本"问题上保持着高度的一致性，"以人为本"也是两者关注问题的出发点。

其次"全面、协调的发展观"与生态文化价值观对整体性价值的肯定是一致的。生态文明追求的是人与自然、人与社会以及人与人之间的和谐。从原始社会开始人类就不断探寻着自然的奥秘，努力摆脱自然界对人类的束缚。直到工业社会，人类以手中的科技逐渐实现了对自然的征服，"人类中心主义"的思想日渐盛行。但是，

第四章 生态文明建设的思想渊源与理论基础

回顾人类过往的发展,我们会发现整个20世纪,"人类消耗了约1 420亿吨石油、2 650亿吨煤、380亿吨铁、7.6亿吨铝、4.8亿吨铜。其中,人口占世界总人口的15%的工业发达国家,消费了世界56%的石油和60%以上的天然气、50%以上的重要矿产资源"①。巨大的能源消耗也给生态环境带来了巨大的破坏,近些年来世界各地日益增加的自然灾害,时刻为人类敲响警钟。生态文明作为后工业文明时代的新型文明形态,它的出现是基于人类对于当前世界发展中出现的种种问题的反思,也体现出人类自然观的一种转变。生态文明思想主张的是一种协同发展,不再过分追求某一方面的快速增长,而是提倡人与自然以及社会的相互协调,共同发展。同时摒弃工业文明时代"人类中心主义"所强调的征服自然、奴役自然的思想,提倡在促进社会发展进步的同时减少对自然的破坏。科学发展观就是根据中国发展中出现问题的经验总结与理论概括提出来的;全面协调的发展体现了在发展理

---

① 黎祖交、缪宏、孔令首:《姜春云:跨入生态文明新时代》,《绿色中国》2009年第6期。

念上的转变，也是在发展过程中对于保护生态环境所提出的更高要求。两者在发展问题上是保持一致的，都是为了扭转人类在发展过程中出现的种种困局，为人类发展提供一条崭新思路。

再次，科学发展观与生态文明在"共同进步"方面也是一致的。工业化时代社会的进步尤其是经济的发展是依靠"高投入、高消耗、高排放"传统的粗放型发展模式实现的，这种模式对于各国迅速进入工业化时代起到了巨大的作用，同时也给世界各国的生态环境以及各种资源带来了巨大的消耗和浪费。众所周知，自然资源是一种不可再生资源，工业化时代所强调的粗放型发展模式只会越来越加剧自然资源的枯竭，同时也会带来巨大的负面影响。20世纪70年代，阿拉伯世界爆发的中东战争导致西方世界石油供应的异常紧张。生态危机的出现使人类意识到了工业时代发展中的弊端。生态文明是人类在面临危机过程中所探索出的一种新的发展理念。当今世界随着经济全球化的深入发展，世界各国的发展越来越成为一个关系紧密的整体，同样各国在扭转和改善生态环境方面也越来越保持一致。生态文明强调的是一种共同发展、共同进步。这十分契合世界各国的发展理念，也得到世界各国的支持和提倡。同样，科学发展观作为中国政府的执政理念，它所强调和追求的是物质文明、精神文明、政治文明等方面的协同一致与共同进步。如此，科学发展观所强调的共同进步思想就与生态文明保持了高度契合。

最后，科学发展观与生态文明两者在本质上是一致的。两者都是以尊重和维护生态环境为出发点，强调人与自然、人与人、经济与社会的协调发展；以可持续发展为依据；以生产发展、生活富裕、生态良好为基本原则；以人的全面发展为最终目标。生态文明作为社会文明的生态化表现，对科学发展观的贯彻、落实具有重要的指导意义。生态文明的最终实现也必须以科学发展观为基础。生态文明的建设和发展离不开人们思维方式的转换，特别是在承认和尊重自然的内在价值方面，这是生态文明赋予以人为本的本质所在。以人为本的思想告诉我们，在生态文明的建设框架内，我们需要把重心聚焦于人，以培养人更加高尚的境界。在处理人与自然的关系时，人们不应该只是考虑自身的利益，张扬自身的内在价值，还应该关注人之外的自然万物乃至整个的生态系统，承认并尊重这些事物的内在价值。只有当人类真正意识到人对自然界的根本依赖性，并深切认同是自然界中一员的时候，才能够在处理人与自然关系中真正地为了实现以人为本而努力，才能够从生态文明的视角去把握和落实以人为本、人的全面发展在思维方式上的变革。

（三）绿色发展观的生态文明思想昭示

自人类进入工业文明时代以来，人类社会的物质财富得到了快速增长，人类以自然的"征服者"自居，肆意掠夺自然资源，利用先进工业技术试图将人类的意志凌驾于万物之上，严重破坏了地球自然生态系统的平衡。虽然工业文明表面上推动了人类社会的高速发展，但其产生的负面效应也是巨大的，使人类社会发展面临着人口剧增、资源短缺、粮食不足、能源紧张、环境污染的困境，这是人与自然矛盾尖锐化的集中表现。尽管人类对工业文明

第四章　生态文明建设的思想渊源与理论基础

的理念和社会秩序做过许多修补和调整,结果却无济于事,工业文明因面临严重的发展困境必将发生转型。在不断回顾与深刻反思人类文明发展历程的过程中产生了新的文明形态——生态文明。

生态文明的出现是现代人强烈渴望摆脱自身困境而追求健全的生存发展的必然,是人类从自在的过去、自为的现在走向自觉的未来的必然结果。生态文明的核心是人类在改造客观世界的实践中,不断深化对其行为和后果的负面效应的认识,不断调整优化人与自然、人与人的关系。它反映的是人类处理自身活动与自然界关系和人与人之间关系的进步程度,是人类与社会进步、发展的重要标志。

生态文明作为崭新的文明形式主要表现在:生态文明同以往的农业文明、工业文明具有相同点,那就是它们都主张在改造自然的过程中发展物质生产力,不断提高人的物质生活水平。但它们之间也有着明显的不同点,即生态文明遵循的是可持续发展原则,它要求人们树立经济、社会与生态环境协调发展的发展观。它以尊重和维护生态环境价值和秩序为主旨，以人与自然的可持续发展为着眼点，强调在开发利用自然的过程中，人类必须树立人和自然界生物的平等观，从维护社会、经济、自然系统的整体利益出发。在发展经济的过程中，既要慎重对待资源问题，科学制定资源开发战略，使自然资源的消耗不能超过其临界值，又要坚持生态原则，讲求生态效益，不能损害地球生命系统，把人的发展与生态环境紧密联系起来，在保护生态环境的前提下发展，在发展的基础上修复、改善生态环境，实现人类与自然的协调发展。

建设生态文明与人类发展观密切相关，它需要一种更加科学的、更能适应时代发展的发展观作为理论根基和指导。发展是人类社会的永恒主题，是当代全球聚焦的重大问题，更是当代中国走向生态文明新时代、实现美丽中国所面临的最根本最核心问题。发展观是对发展问题包括发展的本质、目的、内涵、要求、价值意义等的总体看法和根本观点，是一定时期经济社会发展需求在人们思想观念层面的反映和聚焦。不同的社会历史发展阶段有不同的发展观。发展观源于实践的需要，又指导和影响实践的发展。有什么样的发展观，就会有什么样的发展道路、发展模式和发展战略。因此，发展观的科学与否对一个国家乃至全球的经济社会发展起着全局性和根本性的作用。党的十九大指出，"中国特色社会主义进入新时代，我国社会主要矛盾已经转化为人民日益增长的美好生活需要和不平衡不充分的发展之间的矛盾"①。在解决这一主要矛盾过程中，如何破解社会发展与生态环境之间的矛盾关系越来越成为困惑世人、国人的世纪难题。习近平新时代绿色发展观的提出正是从当今世情、国情出发，坚持问题导向，破解世纪难题提出的创新理念和思路。习近平新时代绿色发展观是在顺应国际绿色发展的时代潮流、在我国走向生态文明新时代的关键时期、在总结我国经济社会发展的经验与教训过程中所形成的，能够破解当代中国发展难题的一种崭新的发展观。绿色发展观，是一种新型的发展理念，是中国特色社会主义新时代的经济社会

---

① 习近平：《决胜全面建成小康社会　夺取新时代中国特色社会主义伟大胜利——在中国共产党第十九次全国代表大会上的报告》，新华网：http://www.xinhuanet.com/2017-10/27/c_1121867529.htm。

发展的指导思想，是新时代我国妥善处理人与自然、人与人和谐关系问题的指导思想。绿色发展观为我们构建了绿色化的人与自然和人与人的关系，是生态文明思想的题中之义，是对生态文明思想精髓的展现。

（1）绿色发展观坚持发展理念的创新，坚持人与自然、人与人关系的绿色化。绿色发展观在对传统发展理念进行深刻反思的基础上，按照生态化要求，以新发展理念探索一条人与自然关系的生态化道路，即绿色发展道路。绿色发展理念的创新体现为发展价值的全面性，即经济价值、生态价值和人文价值三维价值的结合。在社会整体发展价值意蕴中首先表现为经济价值，经济发展是一切发展的物质基础。社会一切发展的最终目的是人，是不断促进人的全面发展。因此，社会整体发展价值还应包括自然与人和谐发展的生态价值及为人的全面发展所展现的人文价值。绿色发展观坚持人与自然关系的绿色化，人与自然关系的绿色化就是要求人类要尊重自然、善待自然、爱护自然，实现人与自然的和谐共生。十九大报告指出"人与自然是生命共同体"①。绿色发展观在坚持人与自然关系绿色化的基础上,还坚持人与人关系的绿色化。人与人关系的绿色化就是要形成人与人之间的和谐关系,人与人的和谐是建立在人与自然和谐基础之上的,具体来讲,就是实现人与人之间公平合理地开发利用自然资源。

(2)绿色发展观坚持发展方式上的生态性,坚持发展绿色经济、循环经济、低碳经济,实现从经济增长到永续发展。绿色经济、循环经济、低碳经济是20世纪下半叶产生的新经济思想,是人和自然关系重新认识的结果,也是人类在陷入生态环境危机、生存危机中进行深刻反省自身发展模式与改进发展模式的产物。绿色经济以开放市场为导向,通过应用节能产品,体现高效与节能,最大限度地减少对环境的破坏,使生态环境质量得以改善。其主要目标是提高自然资本、社会资本、人力资本使用价

---

① 习近平:《决胜全面建成小康社会 夺取新时代中国特色社会主义伟大胜利——在中国共产党第十九次全国代表大会上的报告》,新华网:http://www.xinhuanet.com/2017-10/27/c_1121867529.htm。

值,以最少量资本创造最大经济收益,实现"经济效率最大化",实现经济效益和生态效益的双赢。绿色经济内含着生产、流通、分配、消费的绿色化,它倡导通过科技进步和技术创新缓解经济增长和环境质量之间的矛盾关系,以"绿色 GDP"来取代传统的 GDP,是一种融合世界文明的现代化与生态化有机结合的无公害化的经济方式;这种经济发展方式以可持续发展观为基础,寻求人-地关系的和谐发展,充分体现了自然-人-社会的系统性和谐发展。循环经济是在资源生态环境危机日益突出严峻的背景下提出的兼顾资源约束、环境污染与经济持续增长能力的经济发展战略,其核心要义是减量化、再循环、再利用。循环经济把结构性污染治理与产业结构调整结合起来,将治理区域性污染与推动生态工业发展结合起来,从根本上解决环境治理问题,推进绿色发展。低碳经济是以低排放、低能耗、低污染为特征,以减少工业化带来的 CO_2、N_2O、CH_4 等温室气体排放为目标而建构的生态环保的创新型经济发展模式。低碳经济的核心是在市场机制基础上全方位、多层次、多尺度地通过政策创新及制度设计，建构减少温室气体排放的措施；其关键点在于创新节能减排技术和可再生能源技术，建立低碳的能源系统及产业结构，在生产、流通、分配、消费各个环节实现低碳化管理与操作；其实质是在可持续发展理念指导下，实现传统能源高效利用、新能源开发和绿色GDP。在实践中低碳经济主要是针对CO_2、N_2O、CH_4的排放，提高单位碳排放的气候生产潜力，保护人类的环境家园和气候条件，解决日趋匮乏的能源安全问题。总之，人类生存发展观念转变的根本核心在于科技进步、环保技术创新、产业结构创新和制度创新。绿色经济是全球应对高碳工业化时代的重要战略举措；低碳经济模式是高碳工业化时代引领世界经济发展方向的现代经济发展方式，是应对气候变暖、加快生态文明建设的现实诉求；循环经济深化了产业转型，催生了新的能源革命和产业革命，是建构低碳绿色生态经济的路径选择。绿色经济、低碳经济、循环经济三种经济发展形式，都是以恢复或创造一种良好生态环境、促进可持续发展为目的，是符合可持续发展理念的经济发展模式，它们具有相同的系统观、发展观、生产观和消费观。绿色发展观坚持把绿色经济、循环经济、低碳经济作为主要发展方式,把三种发展形式作为由追求单一经济增长变为实现永续发展的动力和支撑,这是走中国特色绿色发展之路的必然选择。

(3)绿色发展观坚持人本性的发展目的,不断促进和形成人的全面发展。发展的目的即发展想要达到的最终目标,马克思主义始终把社会历史发展的终极目标指向人的自由而全面发展,真正实现人与自然、人与人的和解、和谐与解放,"使每个人都能够开展自由自觉的、面向整个自然界的、带有审美意义的创造活动,并且以全面而丰富的方式享有整个世界"[1]。人类近代以来的发展或强或弱地带有人类中心主义色彩,而实践证明,以人类为中心的发展观不仅没能实现人的全面发展,反而在一定程度上制约了人的自由而全面的发展。原因很简单,人类中心主义将人与自然视为绝对的二元对立关系,忽略了人与自然之间作用与反作用的辩证关系,如此便割断了人全面发

---

[1] 刘湘荣:《我国生态文明发展战略研究》,北京:人民出版社,2013年,第675页。

第四章 生态文明建设的思想渊源与理论基础

展的自然物质基础。马克思指出,"自然界,就它本身不是人的身体而言,是人的无机的身体,人靠自然界生活。这就是说,自然界是人为了不致死亡而必须与不断交往的人的身体。所谓人的肉体生活和精神生活同自然界相联系,不外是说自然界同自身相联系,因为人是自然界的一部分"①。人生存于自然、依附于生态自然,人与自然具有内在的统一性,自然生态系统的和谐发展是实现人的全面发展的物质前提,自然生态系统的平衡被打破,自然生态环境遭到破坏,人的全面发展便失去了其物质基础。人类中心主义忽略了在人的能动性、自主性和自为性的背后还隐藏着受动性、适应性、合规律性。人类中心主义对人的主体性、主观能动性的过度张扬与夸大,必然带来严重的不良后果,甚至是人自身的异化;"人类与自然的和谐关系被割裂,人类成了万能的代名词,成了能够主导一切、解决一切问题的代言人,人类变得狂妄起来,这种狂

---

① 《马克思恩格斯全集》(第42卷),北京:人民出版社,1985年,第957页。

妄人不可避免造成了人自身的异化"①。

绿色发展观摒弃了传统的把人当作工具和手段的物本主义倾向,把人作为社会的主体和中心,在社会发展中以满足人的需要、提升人的素质、实现人的全面发展为目标,从根本上解决了发展的目的的问题。绿色发展观作为马克思主义发展观的最新发展阶段的成果,把人的全面发展视为理想价值目标也是应有之义。首先,绿色发展观为人的全面发展提供自然生态基础。人与自然关系的发展水平在一定层面上反映着人类生存状况和文明程度,优美和谐的生态环境是人获得全面发展的重要标志,绿色发展意味着人与自然的关系因去功利主义而获得更加丰富的内容,意味着人与自然对立关系的和解。自然界之于人,在物质层面上给予人类以"无机的身体",是人类物质生活资料的来源和栖息地。在精神层面上则显示着人类的精神关照对象和本质力量,人们在人化自然与人的自然化的实践中获得独特的精神享受,体验着自己的本质力

---

① 钟妹贵、吴伟群:《马克思批判人类中心主义的三个维度》,《十堰职业技术学院学报》第21卷第6期,2008年,第11~14页。

量，进而意识到自己是具有丰富内涵的人，不仅是生物的人，还是道德的人、创造的人，建立起人与自然全面关系，诸如伦理关系、道德关系、情感关系、审美关系等，将自然价值融入人文价值，促进人的全面发展。其次，绿色发展观为人的全面发展提供广阔的发展空间。绿色发展观更新了人类发展观念，是生态文明建设视域下一种崭新的发展观，它带来了社会生产方式的重大转变，由传统粗放式的经济增长方式向集约化发展转变，传统粗放式产业资源消耗大、污染重、技术落后、产业被限制，高知识高技术含量的新兴产业得以快速发展。这在客观上促进了人的综合素质的提高，为人的全面发展提供了广阔的空间。绿色发展观还改变了以 GDP 作为唯一的评价标准，短期逐利甚至牺牲人的自由发展为代价的发展方式，使社会经济发展与生态环境相协调，实现人的全面发展与社会进步的有机统一。绿色发展观特别注重尊重人的创造精神，使人类获得更多的创造产品的恩泽，反过来滋养和丰富人的本质力量，鼓励人的自由自觉的智慧力量的发挥，有利于释放人的全面发展的能量。最后，绿色发展观为人的全面发展提供精神力量支持。马克思提出社会发展的终极目标是人的自由全面发展,并最终实现人的彻底解放,这不仅是一种美好的发展愿景,也为人的发展指明了方向。在人类社会漫长的历史实践中,人类在与自然界打交道过程中总是感觉人的本质力量难以全部表现在对象中,因而征服自然界的欲望愈演愈烈,总是以功利化行动对待自然界,而不是在人与自然的和谐关系中把握自然界。绿色发展观打破了人、自然、社会的片面制约与束缚,为人提供一种能充分发展的表现力量,使人以更充分的本质力量、更合乎自由的理性方式、更全面的丰富关系,实现人与自然和谐发展、共生共荣,进而促进人自身的自由全面发展。

第五章 生态文明建设的历程、经验规律及理论体系

20世纪70年代以来,随着全球生态环境的日益恶化,中国作为一个发展中的社会主义国家,在现代化建设征程中也出现了严峻的环境污染、自然资源过度开发、资源短缺等问题,生态环境问题越来越成为制约中国经济社会发展的瓶颈。我国在高度关注生态环境问题的研究与解决过程中,提出了建设生态文明。我们对生态文明建设的认识从无到有,从零到精,经历了一个漫长的蜕变过程。从中国生态文明建设的演进历程来看,不仅在理论研究上取得了丰硕的研究成果,而且在实践中取得了重大实践成效。既积累了丰富的经验,对此我们必须进行系

统的总结并加以传承；也存在着诸多问题，对此我们更应该吸取其中的教训，并加以改善，进而推动生态文明建设的良性发展。本章正是以此为基础，对我国生态文明建设的演进历程进行系统梳理，对生态文明建设的基本经验规律加以总结，对生态文明建设的理论体系进行深入探讨，从而为推进生态文明建设提供坚实的理论基础和丰富的经验借鉴。

一、生态文明建设的演进历程

中国在社会主义建设进程中，从对环境保护、节约利用资源的觉醒，到可持续发展战略的实施，到社会主义生态文明建设的提出，再到生态文明建设的深入发展和不断推进，已历经半个多世纪，追溯社会主义生态文明建设的演进历程，我们将其梳理概括为五个历史发展阶段，即觉醒与尝试时期、积极探索时期、深入发展时期、明确定位时期和积极推进时期。

第五章 生态文明建设的历程、经验规律及理论体系

（一）开始关注生态环境保护的生态文明建设觉醒与尝试时期

自中华人民共和国成立到改革开放实施这一段时间，中国的生态文明建设经历了一个觉醒与尝试的萌芽起步阶段，在此阶段生态文明建设的思想尚未成形，生态文明建设的实践还没有全面展开，生态文明的建设总体处于尝试阶段，问题虽然层出不穷，但我们不能否定这一阶段的重要性，更不能忽视此阶段取得的先进成果，正是经历了这一阶段，才有了社会主义生态文明建设后来的长足发展与进步。

中华人民共和国成立后，修复因长期战争造成的生态环境严重破坏是摆在以毛泽东为核心的党中央领导集体面前的紧迫任务。作为伟大的马克思主义者、党中央领导集体的核心，毛泽东在人与自然关系探索的过程中，对中国的环境保护、资源利用、人口等关乎社会主义生态文明建设的问题进行了难能可贵的探索，为中国社会主义生态文明建设做了许多极为重要的奠基性工作。

（1）对马克思关于人与自然关系思想的运用和创新。

毛泽东坚持辩证唯物主义和历史唯物主义观点,用马克思主义实践观,以自由与必然关系为视角,结合中国当时的具体实践来理解人与自然的关系,提出了"人类同时是自然界和社会的奴隶,又是它们的主人""向自然开战"等观点,这对于我们深刻理解"人与自然是生命共同体",促进人与自然和谐发展、共生共荣的现代人与自然关系理念至关重要。

第一,毛泽东认为实践既是人与自然相统一的基础,也是人与自然相区分的前提。毛泽东指出,"人最初是不能将自己同外界区别的,是一个统一的宇宙观。随着人能制造较进步工具而有较进步生产,人才能逐渐使自己区别于自然界"[①]。这里毛泽东明确了人类所从事的物质生产活动即实践活动是人与自然区分的前提,他认为人从观念上把自己与自然界区分开来,不仅是人类自我意识的开始,而且表明了人类文明的产生,这一切可归结于人类的物质生产活动。毛泽东在强调人类的实践活动是人与自

---

① 中共中央文献研究室:《毛泽东文集》(第三卷),北京:人民出版社,1996年,第82页。

然区分的前提的同时,又认为人类的实践活动是人与自然相联系的基础,因为人来自自然,人类历史来自自然史,人类只有在物质生产劳动中才能认识自然,而只有认识了自然才能克服自然和改造自然,才能从自然界中获得自由。 正如他所说"人的认识,主要地依赖于物质的生产活动,逐渐地了解自然的现象、自然的性质、自然的规律性、人和自然的关系……一切这些知识,离开生产活动是不能得到的"①。 毛泽东的这段话深刻阐述了物质生产活动是人与自然界联系的桥梁与中介,是人类活动与自然规律直接结合的过程,是人与自然统一的现实表现。 毛泽东还运用自由与必然的关系来说明人与自然的关系,他指出,"自由是对必然的认识和对客观世界的改造。 只有在认识必然的基础上,人们才有自由的活动。 这是自由和必然的辩证规律。 所谓必然,就是客观存在的规律性,在

---

① 毛泽东:《毛泽东选集》(合订本),北京:人民出版社,1964 年,第 259~260 页。

没有认识它以前,我们的行动总是不自觉的"①。这段话的意思是,人们只有在了解自然、克服自然、认识自然规律,学会利用自然规律改造自然时,才能从自然中获得自由。毛泽东认为人对自然的认识是不断发展的长期过程,"自然界也总是不断发展的,永远不会停止在一个水平上""人类对客观物质世界、人类社会、人类本身(即人的身体)都是永远认识不完的"②。

第二,毛泽东主张与自然做斗争,以斗争求和谐,亦即人在与自然斗争中求得与自然的和谐。毛泽东坚持并发展了马克思主义关于人与自然关系的基本思想,认为人与自然既和谐又不和谐,人与自然的和谐在于人类历史是自然的延续,人类活动不能离开自然界,必须依靠自然界,否则人类就无法生存;人与自然的不和谐在于人类要发展必须向自然界索取生活资料和生产资料,否则人类历

---

① 中共中央文献编辑委员会:《毛泽东著作选读》(下册),北京:人民出版社,1986年,第833页。
② 中共中央党校教务部:《毛泽东著作选编》,北京:中共中央党校出版社,2002年,第472页。

第五章 生态文明建设的历程、经验规律及理论体系

史只会停步不前。人类历史就是人与自然、人与人不断斗争的历史和过程,由此,毛泽东强调一种斗争的实践,生产实践就是人与自然做斗争。自然界不会主动满足人的需求,人为了自己的生存和发展,必须不断地与自然做斗争,按照自己的要求改造自然,克服自然界中不利于自己生存的因素,从而从自然界获取生存和发展的物质资料。在《关于正确处理人民内部矛盾的问题》中,毛泽东指出"团结全国各族人民进行一场新的战争——向自然界开战,发展我们的经济,发展我们的文化"[①]。人类通过与自然界做斗争的方式来认识自然和改造自然,进而达到人与自然的进一步和谐。毛泽东把人类同自然界的斗争概括为生产斗争和科学实验,无论是生产斗争还是科学实验都是为了更好地协调人与自然的关系。毛泽东还提出了在人同自然的斗争中"人定胜天"的思想,他认为人类可以充分地发挥主观能动性,认识自然界的客观规律,提高改造自然界的能力,从而创造一个人与自然和谐发展的

---

① 中共中央文献编辑委员会:《毛泽东著作选读》(下册),北京:人民出版社,1986年,第770页。

世界，而不是将人与自然截然对立。

第三，毛泽东提出"人类同时是自然界和社会的奴隶，又是它们的主人"思想。毛泽东站在马克思主义认识论的立场，以认识的主客体关系为切入点阐述了人与自然的关系，认为人要想成为自然界的主人，就必须认识自然界的客观规律，否则就只能是自然界的奴隶；要想实现由必然王国到自由王国的飞跃，也只有通过不断认识自然界的客观规律才能达到。这一思想对当代人类认识和处理人与自然关系具有重要的价值和意义。

毛泽东基于生产实践将人与自然区分开来，提出"人类同时是自然界和社会的奴隶，又是它们的主人""人定胜天""向自然界开战"等思想主张，强调发挥人的主观能动性的重要性，这些思想观点是毛泽东从国家和人民当时面临的现实生存状况、从当时的人与自然关系中所处的现实处境出发所得出的认识，因而有其合理的一面，但也暴露了工业文明条件下人对自然征服的愿望，同时没有认识和预测人类征服自然可能产生的负面效应。此外，在当时的历史背景下，由于人们没能真正理解"向自然界开

第五章　生态文明建设的历程、经验规律及理论体系

战""人定胜天"等思想,在改造自然的实践活动中不尊重客观规律只讲革命热情,加之缺乏科学技术手段的合理调控,使活动带有很大的粗放性、盲目性和片面性,导致经济失调、资源消耗严重、自然环境恶化,破坏了人与自然的关系。

（2）毛泽东对可持续发展思想的初探。毛泽东思想中蕴含了一定可持续发展思想,这是中国共产党对可持续发展思想的最早探索。在中华人民共和国成立并进入社会主义建设时期,毛泽东在探索中国社会主义道路的过程中便提出"统筹兼顾,各得其所。这是我们历来的方针"①,在《关于正确处理人民内部矛盾的问题》一文中又指出"这里所说的统筹兼顾,是指对于六亿人口的统筹兼顾。我们作计划、办事、想问题,都要从我国有六亿人口这一点出发,千万不要忘记这一点"②。很明显毛泽东

---

① 毛泽东:《在省市自治区党委书记会议上的讲话》（一九五七年一月）。

② 毛泽东:《毛泽东著作选读》（下册）,北京:人民出版社,1986年,第782页。

关于中国社会主义建设思想中蕴含了系统的可持续发展思想，以胡锦涛为代表的党的领导集体提出的"五个统筹"，正是在毛泽东"统筹兼顾"的基础上，赋予它新的时代精神和内涵，确保中国经济社会持续地向前发展。

（3）毛泽东提出控制人口增长，为将计划生育作为基本国策提供了理论基础和实践前提。中华人民共和国成立之初，党和国家的首要任务是巩固政权和恢复经济生产，人口问题在这个时候还没有得到应有的重视，导致1949—1953年人口迅猛增长。1958—1960年的"大跃进"时期，人口更是剧增。面对中国巨大的人口压力，毛泽东开始重新思考中国的人口问题，特别是1971年，国务院发出了《关于做好计划生育工作的报告》，明确要求在未来20年内逐年降低国内人口自然增长率，努力在1975年达到10%左右的城市人口自然增长率和15%左右的农村人口自然增长率的既定目标，并且为了达到这一目标进行了具体而有效的实践。首先，中央严格把关、层层控制，积极落实计划生育政策。其次，在地方上设立各级地方政府的计划生育办公室，对当地的节育和控制人口增

第五章 生态文明建设的历程、经验规律及理论体系

长问题进行专门而有效的处理。不仅如此,中央以及地方还严格要求各级卫生部门积极配合,严格限制育龄妇女的生育数量。党的十八届三中全会通过的《中共中央关于全面深化改革若干重大问题的决议》提出"逐步调节完善生育政策,促进人口长期发展"的新观点。这是十八届三中全会的又一大理论创新,也是我国调整生育战略思想的重大突破,对中国人口健康发展和长远建设均具有历史性意义。会议还提出"计划生育"应转型为"科学生育",这一思想是对毛泽东1971年关于人口控制思想的完善和创造性发展。

(4)毛泽东确立了艰苦奋斗、勤俭节约的建国方针,自己成为身体力行的典范,为建设资源节约型社会提供了深刻启示。勤俭节约、反对浪费,是毛泽东一贯的主张。早在土地革命战争时期,毛泽东就论述过这一观点。例如,1934年1月23日在江西瑞金召开的第二次全国工农代表大会上,毛泽东告诫人们,为人民服务和贪污浪费是水火不相容的,为人民服务就必须反对贪污浪费,不仅贪污是极大的犯罪,浪费同样是不可容忍的。抗日战争时

期，毛泽东继续强调勤俭节约、反对滥用浪费，如1945年1月10日毛泽东在《必须学会做经济工作》一文中曾提出在任何地方都必须十分爱惜人力物力，决不可只顾一时，滥用浪费的思想观点。解放战争时期，毛泽东仍然坚持这一思想，1948年4月1日毛泽东在《在晋绥干部会议上的讲话》中指出要采取办法坚决地反对任何人对于生产资料和生活资料的破坏和浪费，反对大吃大喝，注意节约。中华人民共和国成立初期，毛泽东也多次强调勤俭节约。1951年12月，毛泽东在《实行精兵简政、增产节约、反对贪污、反对浪费和反对官僚主义的决定》中指出"浪费的范围极广，项目极多，又是一个普遍的严重现象，故须着重地进行斗争，并须定出惩治办法"。社会主义改造完成以后，毛泽东要求在全党和全国人民中发动一个增产节约运动，指出"必须反对铺张浪费，提倡艰苦朴素作风，厉行节约。在生产和基本建设方面，必须节约原材料，适当降低成本和造价"。根据毛泽东的指示，全国各行各业广泛开展增产节约运动，克服各种浪费现象。厉行节约、反对浪费的方针实施几个月之后就产生了显著的效果。

(5) 毛泽东对中国社会主义生态环境建设思想的探索。生态环境的保护和建设是一个涉及水利工程措施,生物措施,改善农业生产条件,城市能源结构,资源的合理利用等诸多方面的、结构复杂的系统工程,是关系到国家经济的可持续发展和资源的永续利用的重大问题。由于社会经济发展不同阶段具有不同任务,因而采取的措施各异,产生的社会效果不同。中华人民共和国成立后的社会主义建设面临着残酷的战争年代所造成的生态环境的严重破坏,以毛泽东为代表的中国共产党第一代领导集体表现出对生态环境的保护和建设问题的高度关注,提出了"植树造林、绿化祖国、建设美好家园"的生态环境建设思想,这是中国共产党历史发展过程中对生态环境保护和建设的觉醒与尝试。

毛泽东对生态环境保护和建设的觉醒与尝试首先表现为其在思想意识上对生态环境建设的强化。绿化祖国,建设美好家园是毛泽东青年时期就有的理想,毛泽东早在革命战争年代就认识到生态环境与农业生产的天然联系以及生态环境恶化对农业经济的影响,指出生态环境保护和建设是发展农业经济的重要内容。中华人民共和国成立后,毛泽东更加重视造林绿化事业,先后多次做出指示。1955年12月,他指示"在十二年内,基本上消灭荒山荒地,在一切宅旁、村旁、路旁、水旁,以及荒地上荒山上,即在一切可能的地方,均要按规格种起树来,实行绿化"。毛泽东提出的在宅旁、村旁、路旁、水旁绿化,也就是后来一直在农村倡导的"四旁"绿化。1956年3月,他发出了"绿化祖国"的伟大号召。1958年,毛泽东针对"大跃进",对生态环境尤其是对森林造成的破坏,提出"要使我们祖国的河山全都绿起来,要达到园林化,到处都很美丽,自然面貌要改变过来"[①],"一切能够植树造林的地方都要努力植树造林,逐步绿化我们的国家,美化我国人民劳动、工作、学习和生活的环境"的任务。1959年3月,他提出"实行大地园林化"的奋斗目标,为后人描绘了祖国绿化的宏伟蓝图。毛泽东提出绿化祖国的设想是宏伟的,目标是远大的,视野是开阔的,

---

[①] 中共中央文献研究室、国家林业局:《毛泽东论林业》,北京:中央文献出版社,2003年,第51页。

意义是深远的，思想是坚定而一贯的，它需要几代人、几十代人艰苦不懈地努力。毛泽东的生态环境建设思想是他对自然环境的一种审美追求，通过绿化达到自然景观的再造，使人民既丰衣足食，又身处美化的自然环境之中，达到人和自然的和谐统一。

毛泽东不仅在思想意识上强化生态环境的保护和建设，并且在实践中对生态环境建设的具体措施、途径进行了尝试性的探索。在探索生态环境建设具体措施的过程中，毛泽东提出农林牧副渔综合平衡、突出发展林业、重视水利建设的思路和主张。毛泽东运用系统论的观点考察农业、林业、牧业、副业、渔业之间的关系，指出"所谓农者，指的农林牧副渔五业综合平衡。蔬菜是农，猪牛羊鸡鸭鹅兔等是牧，水产是渔，畜类禽类要吃饱，才能长起来，于是需要生产大量精粗两类饲料，这又是农业，牧放牲口需要林地、草地，又要注重林业、草业。由此观之，为了副食品，农林牧副渔五大业都牵动了，互相联系，缺一不可"①。可见，毛泽东认为农业、林业、牧业、副业、渔业之间相互依赖、相互影响、相互联系，共同构成一个大的生产系统、生态系统，主张这五项产业要综合发展、平衡发展，这样既可以发展经济满足人民的生活需要，又可以改善生存环境和生态环境。当毛泽东准确定位中国由农业国向工业国过渡之后，在处理农业、林业、牧业三者关系上有了明确的主次之分。因此，发展林业、植树造林、生态环境的保护在日常工作中受到关注，特别是对十年树木、百年树人的思想做了新的解释，提出了更高的要求。毛泽东把林业发展、植树绿化作为第一个五年建设计划中的一项重要工作，初显其生态环境建设的基本思想。毛泽东还非常重视水利建设，他对水利在中国农业生产中的地位有着深刻的认识，形成"水利是农业的命脉"具有深刻思想内涵的命题，提出"兴修水利，保持水土"，主张"在垦荒的时候，必须同保持水土的规划相结合，避免水土流失的危险""必须注意水土保持工

---

① 中共中央文献研究室、国家林业局：《毛泽东论林业》，北京：中央文献出版社，2003年，第71页。

作，决不可以因为开荒造成下游地区的水灾"[1]。这里，毛泽东对开荒的界限做了最大范围的规定，明确了开荒的限度是以不造成水土流失、洪涝灾害、保持好生态系统的平衡为限。还提出"在进行农业生产时，必须注意不要因开荒引起水患，不要因争地引起人民不满"[2]，毛泽东从统筹兼顾、综合发展的角度认为，为广大人民的利益，要治理大江大河，要避免水土流失，在实际工作中要坚持治水与改土相结合的原则。由此可见，毛泽东已注意到了经济、社会和资源环境的综合发展问题。毛泽东善于总结历史经验教训，看到了历史上生态环境失衡后给人民生命财产带来的灾难，为改善生态环境，维护人民利益采取了有针对性的措施，即流域治理、植被建设、水利工程建设互相配合，综合治理。中华人民共和国成立初期，针对淮河流域的水患问题——支流纵横、洪水泛滥、灾害

---

[1] 中共中央文献研究室、国家林业局：《毛泽东论林业》，北京：中央文献出版社，2003年，第38页。
[2] 中共中央文献研究室：《毛泽东文集》（第六卷），北京：人民出版社，1999年，第29页。

多，毛泽东做出果断决策"要根治淮河"。在黄河流域的治理上，他认为既要在黄土高原区进行绿化，缓解水土流失，又要在上中游建设大型水利工程，进行水力控制。对长江流域的治理，他提出"为了广大人民的利益，争取荆江分洪工程的胜利"，应分步进行实施。然而从1966年开始，中国经济建设的命运开始被政治运动所取代，综合治理的思想只取得了前期的效果，没有一直延续下来。但河流治理和水利工程的兴建也确实取得了很好的成绩，不仅对当时的农业发展和积累做出了重大贡献，也减缓了后来加速工业化建设过程中经济建设的压力。

（二）确立保护环境基本国策的生态文明建设积极探索时期

中国经历了"大跃进"和十年浩劫，生态环境破坏严重，水土流失、沙漠化等问题相继出现，经济建设和群众生活受到极大影响之后，以邓小平为核心的党中央领导集体领导中国人民走上了全面实现现代化的新的历史征程。

第五章　生态文明建设的历程、经验规律及理论体系

十年浩劫，百废待兴，邓小平提出改革开放、发展经济、发展生产力，建设有中国特色的社会主义，同时把改善生态环境放在十分重要的位置，充分意识到生态环境保护的重要性。他对统筹经济与自然协调发展、加强生态环境保护等问题进行了宝贵的论述，初步形成中国共产党生态观的基本框架，这对当代中国建设社会主义生态文明，实现经济社会可持续发展具有重要的价值和意义。

1. 邓小平提出人口、资源、环境与经济发展相协调

首先，在人口与社会经济、资源环境的关系上，邓小平认为，要控制人口增长，提高人口素质，以消解人口过多对环境保护和资源利用等的巨大压力，保护和改善生态环境，为经济社会的可持续发展创造条件。邓小平多次强调，增长过快、过多的人口给我国经济发展带来巨大压力，严重制约着人民生活水平的提高和经济与社会的发展。他指出，"人多有好的一面，也有不利的一面。在生产还不够发展的条件下，吃饭、教育和就业就都成为严重的问题。我们要大力加强计划生育工作，但是即使若干年后人口不再增加，人口多的问题在一段时间内也仍然

存在"①,"要使中国实现四个现代化,至少有两个重要特点是必须看到的:一个是底子薄……第二条是人口多,耕地少……比方说,现代化的生产只需要较少的人就够了,而我们人口这样多,怎样两方面兼顾?"②邓小平在论述提高人口素质问题时这样指出,"我们国家,国力的强弱,经济发展后劲的大小,越来越取决于劳动者的素质,取决于知识分子的数量和质量。一个十亿人口的大国,教育搞上去了,人才资源的巨大优势是任何国家比不了的。有了人才优势是任何国家比不了的。有了人才优势,再加上先进的社会主义制度,我们的目标就有把握达到"③。由此可见,邓小平对人口、人口质量与社会可持续发展的关系颇有见地,正是根据邓小平关于人口问题的重要论述,我国更加重视控制人口增长,实行计划生育政

---

① 中共中央文献编辑委员会:《邓小平文选》(第二卷),北京:人民出版社,1993年,第164页。

② 中共中央文献编辑委员会:《邓小平文选》(第二卷),北京:人民出版社,1993年,第163~164页。

③ 中共中央文献编辑委员会:《邓小平文选》(第二卷),北京:人民出版社,1993年,第120页。

第五章　生态文明建设的历程、经验规律及理论体系

策，为实现社会可持续发展提供更好的人口环境。

其次，在社会经济与资源利用、环境保护关系上，邓小平要求必须处理好合理利用、开发自然资源、环境保护与经济建设的关系，为中国社会主义建设事业奠定坚实的基础。资源相对短缺是我国的基本国情之一，也是制约我国经济发展的重要因素，只有合理利用资源，坚持开发与节约并重的原则才能使我国经济和社会发展具有可持续性。邓小平早在改革开放之初就指出，"我们有丰富的资源。中国地方大，在能源方面，在矿藏方面，无论是黑色金属、有色金属还是稀有金属，中国没有的很少。这些资源要是开发出来，就是了不起的力量"①。邓小平认为虽然我们有丰富的资源，但我们能源的紧张程度要比资本主义国家更严重，因此要合理利用、保护、节约资源。邓小平甚至提出对于那些浪费电力和原材料的企业，要坚决关一批，而且行动要坚决。这些思想对资源节约型社会的建设无疑具有重要的指导意义。邓小平在总结我国经济

---

① 中共中央文献编辑委员会：《邓小平文选》（第二卷），北京：人民出版社，1993年，第378页。

建设、发现由于对环境保护未重视而付出了沉重代价时，强调要把环境保护纳入国民经济和社会发展规划中，作为一个发展中国家，我们在致力于经济发展的同时，更要注重控制环境污染和改善生态环境，经济建设和环境保护应同步协调发展。邓小平认为良好的生态环境能带来额外的经济价值，植树造林不仅能美化环境，还能带来经济效益。1980年7月，邓小平在峨眉山考察时这样说，"风景区造林要注意林子色彩的完美。山林就像人的穿着一样，不仅有衣衫，还要有裙子、鞋子。林子下边种茶，四季常绿，还有经济效益"。他主张企业生产中要"讲美学，讲心理学，讲绿化"，以影响人的情绪，使人感到舒适，从而提高生产水平，增加经济效益。同时，他认为生态建设可以促进国家旅游业的发展，良好的生态景观方能吸引游客，要把保护旅游资源、搞好绿化、治理污染、美化环境放在重要的位置。1973年10月，邓小平在陪同加拿大总理特鲁多参观游览广西桂林漓江时，看到大量污水排进漓江的情景，深感痛心地说："桂林那样的好山水，

第五章 生态文明建设的历程、经验规律及理论体系

被一个工厂在那里严重污染,要把它关掉。"①他多次提醒有关部门要保护好风景区,"一定要保护好西湖名胜";新疆天池"风景不错,要保护好";"苏州园林是老祖宗留给我们的宝贵遗产,一定要好好加以保护。苏州作为风景旅游城市,一定要重视绿化工作,要制定绿化规划,扩大绿地面积";"要处理好保护和改造的关系,做到既保护古城,又搞好市政建设"。②邓小平还就正确处理经济发展与合理利用资源、保护环境的关系给出了几个方面的建议:一是通过转变经济增长方式来节约资源,"提高产品质量是最大的节约"③。二是加大对外开放步伐,利用先进的科学技术开发、利用资源。三是注重生态环境保护和治理污染的问题。邓小平敏锐地洞察到以牺牲生态环境为代价来换取经济增长的做法加剧了人口与资

---

① 中共中央文献研究室:《邓小平年谱(1975—1977)》(上),北京:中共中央文献出版社,2004年,第466页。
② 中共中央文献研究室:《邓小平年谱(1975—1977)》(下),北京:中共中央文献出版社,2004年,第889、763、887页。
③ 中共中央文献编辑委员会:《邓小平文选》(第二卷),北京:人民出版社,1994年,第30页。

源、环境的矛盾，造成资源的掠夺性开采和浪费、环境污染与生态问题。因此，他强调在发展社会经济的同时，要注重生态环境的保护，促进人与自然协调发展。

2.邓小平重视农业发展，关注农田水利建设，主张合理开发利用资源

第一，重视发展农业。农业是人类社会生产和发展的基础，对于我们这个人口大国来说，农业显得尤为重要。邓小平非常重视农业生产，早在1943年，他在《太行山的经济建设》中就指出："谁有了粮食，谁就有了一切。"[①]1962年邓小平指出："在农村方面要采取的一些政策，目的就是要多打一点粮食，多种一点树，耕牛繁殖起来，农民比较满意。"[②]邓小平不仅认识到农业问题的重要性，而且主张通过技术改革和体制改革使农业、林业、牧业等协调发展，从而实现农业的可持续发展。邓小

---

① 中共中央文献编辑委员会：《邓小平文选》(第一卷)，北京：人民出版社，1993年，第79页。
② 中共中央文献编辑委员会：《邓小平文选》(第二卷)，北京：人民出版社，1993年，第324页。

第五章　生态文明建设的历程、经验规律及理论体系

平有提出,正视中国人口、资源与环境问题。长期以来,"地大物博""人口众多"是我国引以为豪的优势,然而邓小平同志对此进行了科学辩证的分析,他理性地指出,"人多有好的一面,也有不利的一面"[1]。庞大的人口无疑需要更多生产生活资料,这就意味着要向自然界索取更多资源,生态环境将承受更大压力,所以"人多是中国最大的难题"[2],"也是今后相当长时间的问题"[3]。对于"人口这一战略问题",既"要很好地控制(数量)"[4],又要大力提高人口素质,"我们国家,国力的强弱,经济发展后劲的大小,越来越取决于劳动者的素质,取决于知识分子的数量和质量。一个十亿人口的大国,教育搞上

---

[1] 中共中央文献编辑委员会:《邓小平文选》(第二卷),北京:人民出版社,1993年,第164页。

[2] 中共中央文献编辑委员会:《邓小平文选》(第一卷),北京:人民出版社,1993年,第334页。

[3] 中共中央文献编辑委员会:《邓小平文选》(第三卷),北京:人民出版社,1993年,第29页。

[4] 中央财经领导小组办公室:《邓小平经济理论学习纲要》,北京:人民出版社,1997年,第90页。

去了，人才资源的巨大优势是任何国家都比不了的"①。邓小平提出的"两个飞跃"思想，解决了束缚农业发展的体制机制问题。人民公社化时期，虽然集中广大人民群众开展了一系列农田水利建设，为农业发展做出了贡献，但是由于体制本身的问题，极端的平均主义让人们产生"干多干少一个样"的想法，挫伤了人民的生产积极性，造成生产效率低下，人民公社开始不适合当时生产力发展的要求。1990年3月，邓小平同几位中央负责同志的谈话中提出了"两个飞跃"思想，克服了以往过度平均的弊端，真正贯彻了按劳分配的原则，"多劳多得，少劳少得"成为广大农民的信条，极大地提高了农民的生产积极性，增加了农业生产的活力，解决了农业发展的体制瓶颈问题，制度的完善赋予农民更多的自由生产权利，农村的改革从此拉开了序幕，也为后来城市的改革提供了经验。

第二，重视农田水利建设。虽然我国土地广袤，但是适宜农业生产的耕地在总体上比例不高，丘陵、山地地区

---

① 中共中央文献编辑委员会:《邓小平文选》(第三卷)，北京:人民出版社，1993年，第120页。

第五章　生态文明建设的历程、经验规律及理论体系

的自然条件恶劣,农业生产难度较大,发展小型水利工程,解决农业灌溉问题对我国农业发展极其重要。邓小平很早就注意到我国农业发展问题的不均衡性,重视农业水利建设。1951年,他在西南军政委员会报告中指出:"必须大力提倡修筑塘堰,发展小型水利。"①此后,他还多次强调农业水利问题。农田水利设施的建设,一方面,可以预防旱灾、水灾,提高农民防范自然灾害的能力,加强农田灌溉水平,增加农业产出,提高农民的收入;另一方面,也避免了水土流失,维持农业生态平衡。水利建设能够促进农民的经济收益和自然生态协调发展,从而真正实现农业的可持续发展。

第三,主张合理开发利用资源。针对我国资源状况,邓小平多次强调要充分考虑人均粮食、人均土地、人均煤炭、人均钢铁等人均指标。他说:"我们去年的原煤也达到六亿三千多万吨,似乎不算少。但是,按每人平均占有

---

① 中共中央文献研究室中共重庆市委员会:《邓小平西南工作文集》,北京:中央文献出版社,2007年,第456页。

量计算，我们就少多了。"①因此，他指出在发展经济时要重视资源的综合利用。发展中最大的问题还是要杜绝各种浪费，提高劳动生产率，减少不合社会需要的产品和不合质量要求的废品，降低各种成本，提高资金利用率。他强调要克服盲目开发导致的资源浪费，克服资源利用过程中和回收过程中的资源浪费，通过节约资源、提高资源利用效率减轻资源的高消费对环境的巨大压力，在保证自然环境不被破坏的前提下，实现我国的工业化。这些宝贵的思想是"节约型经济"思想的来源。

3. 邓小平重视环境保护，将保护环境上升为基本国策，提出以科学技术和法律制度加强生态环境建设

邓小平把生态环境的保护和建设看作关系中国经济建设和社会发展全局、关系人民群众生活质量和子孙后代长远利益的大事，是可持续发展的重要条件。当时的中国正处于加速现代化建设时期，经济需要快速发展，随之而来的是环境保护与经济发展矛盾的日益突出，这使邓小平

---

① 中共中央文献编辑委员会:《邓小平文选》(第二卷),北京:人民出版社,1993年,第260页。

特别关注生态环境的保护和建设。他认为环境问题直接关系到人民群众的日常生活和身体健康。邓小平不仅认识到环境保护的重要性,更提出保护环境不能只依靠自觉,还要依靠科学技术和法律制度加强生态环境建设。首先,要按照自然生态规律本身特点,搞好生态环境的保护和建设,注意生态适应性,并因地制宜地制定发展战略。他指出"所谓因地制宜,就是说那里适宜发展什么就发展什么,不适宜发展的就不要去硬搞,像西北的不少地方,应该下决心以种草为主,发展畜牧业"[1];其次,把科学技术作为第一生产力,以科学技术推动生态环境建设。邓小平说"将来农业问题的出路,最终要由生物工程来解决,要靠尖端技术,对科学技术的重要性要充分认识"[2],他还强调"解决农村能源,保护生态环境等等,都

---

[1] 中共中央文献编辑委员会:《邓小平文选》(第二卷),北京:人民出版社,1994年,第316页。
[2] 中共中央文献编辑委员会:《邓小平文选》(第一卷),北京:人民出版社,1994年,第275页。

要靠科学"①正是以这些思想为指导,我国林业在森林护理、育种、遗传等方面,攻克了大量技术难题,保护了生态环境,使我国生态环境建设打上了科技烙印。邓小平的这些思想还启发当代人通过绿色技术的普及与推广,提高资源利用率,保护、控制和治理生态环境和预防环境污染,实现经济社会和环境协调发展。最后,以法律制度保障生态环境建设。邓小平非常重视法制建设,深刻认识到法制对于一个国家是至关重要的,因此一切工作都要有法可依,依法办事,强调生态环境建设方面也要法制化。环境保护政策不到位,就会导致环境污染,灾害频生,直接影响四个现代化的实现。因此,邓小平指出,必须加大环境保护力度,依法治理环境污染,制止和打击破坏环境行为。在邓小平的重视下,我国先后制定了森林法、草原法、环境保护法、水法等自然资源法和环境法,而这些法律法规给开发、利用、保护自然资源和整个生态环境的保护提供了重要法律保障。邓小平主张要把环境保护法律

---

① 中共中央文献研究室:《邓小平年谱(1975—1977)》(下),北京:中共中央文献出版社,2004年,第882页。

意识教育与环境保护法制建设结合起来,因为环境保护法律意识是环境保护法制建设中的一个重要因素。他还提出谁污染谁就应该负责。这一责任制度既起到预防和警诫作用,同时增强了人们的环境保护意识。生态环境建设不能一蹴而就,修复生态漏洞需要时间,为此,邓小平提出了生态环保的宏观策略,以科学技术推动生态环境建设,以法律制度保障生态环境建设,这些对生态环境建设的宝贵探索,为中国特色社会主义生态文明建设奠定了良好的基础。

(三)确立可持续发展战略的生态文明建设深入发展时期

20世纪八九十年代,中国由于工业化进程加速,社会经济发展与生态环境之间的关系遭到某种程度破坏,并成为制约可持续发展的重要因素。以江泽民为代表的党中央领导集体,针对当时中国所面临的人口、资源、环境的新矛盾,在继承发展邓小平生态思想的基础上,把保护生态、美化环境提升到执政兴国和基本国策的高度,确定了可持续发展战略,从而将生态文明建设推进深入发展时期。

1. 江泽民强调将环境保护、可持续发展提高到战略发展的地位

实现可持续发展不仅是世界各国在推进经济社会发展过程中的重要战略选择,对于世界最大的发展中国家——中国来说更加迫切。以江泽民为代表的党中央领导集体,以马克思主义生态思想为理论指导,结合中国国情和时代特点,将环境保护、可持续发展提高到战略发展的地位,并对可持续发展做了深刻的阐述。江泽民首次明确提出"在现代化建设中,必须把实现可持续发展作为一个重大战略"[①],1995年,党的十四届五中全会将可持续发展战略纳入了"九五"规划和2010年中长期国民经济和社会发展计划,要求把社会全面发展放在重要战略地位,大力推进经济与社会相互协调和可持续发展。这是在党的文件中第一次使用"可持续发展"概念。江泽民指出:

---

① 中共中央文献编辑委员会:《江泽民文选》(第一卷),北京:人民出版社,2006年,第463页。

第五章 生态文明建设的历程、经验规律及理论体系

"在我国现代化建设中,必须把实现可持续发展作为一个重大战略方针。可持续发展,就是既要考虑当前发展的需要,又要考虑未来发展的需要,不要以牺牲后代人的利益为代价来满足当代人的利益。可持续发展,是人类社会发展的必然要求,现在已经成为世界许多国家关注的一个重大问题。中国是世界上人口最多的发展中国家,这个问题更具有紧迫性。"[①]

2. 江泽民深刻阐释并凝练了可持续发展的主要内容和基本思路

他这样说:"我们绝不能走人口增长失控、过度消耗资源、破坏生态环境的发展道路,这样的发展不仅不能持久,而且最终会给我们带来很多难以解决的难题。我们既要保持经济持续快速健康发展的良好势头,又要抓紧解决人口、资源、环境工作面临的突出问题,着眼于未来,

---

① 中共中央文献编辑委员会:《江泽民文选》(第一卷),北京:人民出版社,2006年,第518页。

确保实现可持续发展的目标。"①我们"必须切实保护资源和环境,不仅要安排好当前的发展,还要为子孙后代着想,决不能吃祖宗饭、断子孙路,走浪费资源和"先污染、后治理"的路子。要根据我国国情,选择有利于节约资源和保护环境的产业结构和消费方式。坚持资源开发和节约并举,克服各种浪费现象。综合利用资源,加强污染治理"②。这两段论述表明,江泽民以系统整体性、开放性、变动性的思维方式,将"经济、人口、资源、环境"视为一个统一的系统整体,从而形成了中国经济社会可持续发展的主要内容和基本思路。

第一,自然资源的永续利用是经济社会可持续发展的前提基础。科学技术的发展创造了现代工业和农业,使人类物质财富不断丰富,但也严重地破坏了自然资源,使自然资源逐渐枯竭,从而严重地威胁了人类生存。就世

---

① 中共中央文献编辑委员会:《江泽民文选》(第三卷),北京:人民出版社,2006年,第462页。
② 中共中央文献编辑委员会:《江泽民文选》(第一卷),北京:人民出版社,2006年,第463页。

界平均水平而言，中国人均自然资源相当匮乏，国土面积不足世界平均水平的1/3，耕地、淡水资源仅为世界平均水平的1/4，草地、矿产资源不足世界平均水平的1/2；同时由于不合理的开采，我国有限的资源遭到了巨大的浪费，这严重地影响了中国经济社会的可持续发展。对此，江泽民强调"保护和合理利用资源的工作，要按照'有序有偿、供需平衡、结构优化、集约高效'的要求来进行，以增强资源对经济社会可持续发展的保障能力"[1]。这里，江泽民指出了资源对经济社会可持续发展的重要性，资源的永续利用是经济社会可持续发展的基础。

第二，生态环境的改善和保护是经济社会可持续发展的重要条件。虽然我国环境保护工作已经有了较大进展，但由于过度强调经济的发展，忽视了生态环境的保护，因此，江泽民对生态环境保护的重要性、长期性、艰巨性、复杂性，对如何进行防治环境污染及生态环境的改善和保护措施等进行了深刻阐述。他认为：其一，环境保

---

[1] 江泽民：《全党全国要大力增强紧迫感责任感，提高新世纪人口资源环境工作水平》，《光明日报》2001年3月12日。

护工作需要充分认识治理污染,改善环境的长期性、艰巨性、复杂性,处理好经济发展和生态环境保护的关系。其二,进行环境影响评价,加强对资源开发和重大建设项目的监督管理,防治新的环境污染和生态破坏。其三,对重大经济社会发展政策及区域开发和城市规划,抓住经济结构战略性调整的有利时机解决结构性污染问题,确保污染物的排放总量下降。其四,淘汰落后的、对环境造成严重影响的企业、产品和生产方法,采用技术改造、清洁生产等措施,从源头上控制工业污染。其五,提高城市污水和垃圾处理水平,控制城市污水、大气、噪声、固体废物污染,积极发展生态农业、有机农副业,保证农产品安全。其六,抓好重点环保工程,有计划、有步骤地实施退耕还林还草工作,要坚持不懈地搞好水土保持和水资源保护工作,努力使我国江河安澜,青山常在,绿水长流。①

第三,人口因素及人的全面发展是经济社会可持续发展的关键和目标。江泽民认为在经济社会发展中遇到的

---

① 江泽民:《全党全国要大力增强紧迫感责任感,提高21世纪人口资源环境工作水平》,《光明日报》2001年3月12日。

诸如资源破坏、环境污染、生态失衡、教育、吃饭、就业等诸多问题都与人直接相关，所以，人口问题从本质上讲就是发展问题，离开人口与资源环境、经济、社会的协调发展，就不能实现国民经济持续、快速、健康发展。人口作为社会生产行为的基础和主体与经济发展关系密切。中国是世界上人口最多的国家，且人口基数大，素质相对较低，结构不合理，这成为制约中国经济社会可持续发展的重要因素。在江泽民看来，人口因素不仅是经济社会可持续发展的关键，人的全面发展还是经济社会可持续发展的目标，经济社会的可持续发展与人的全面发展是相互作用、相互促进的过程。对此他深刻阐述道"人越全面发展，社会的物质文化财富就会创造得越多，人民的生活就越能得到改善；而物质文化条件越充分，又越能促进人的全面发展。社会生产力和经济文化的发展水平是逐步提高、永无止境的历史过程，人的全面发展程度也是逐步提高、永无止境的历史过程。这两个历史过程应相互结合，相互促进地向前发展"①。

第四,人口、资源、环境的协调发展是经济社会可持续发展的核心要旨。江泽民强调,我国生态环境面临不少亟待解决的突出问题,如人口还将继续增加,老龄人口高峰、水资源短缺和恶化严重等问题依然突出。要把控制人口、节约资源、保护环境放到重要的位置,使人口增长与社会生产力发展相适应,使经济建设与资源环境相协调,实现良性循环。发展既要看经济增长指标,又要看人文指标、资源指标、环境指标。由此可见,江泽民非常重视和强调在经济社会发展中应注意控制人口、节约资源、保护环境,使经济社会和人口、资源、环境协调发展。江泽民指出,"人口、自然资源、生态环境等对经济持续发展的压力在增大"②,"我国的可持续发展还受着国民经济整体素质比较低,以及资源、人口、环境等方面问题的

---

① 江泽民:《在庆祝中国共产党成立八十周年大会上的讲话》,北京:研究出版社,2001年,第34页。

② 江泽民:《论科学技术》,北京:中央文献出版社,2001年,第50页。

第五章 生态文明建设的历程、经验规律及理论体系

严重制约"[①],"我国是人口众多、资源相对不足的国家,在现代化建设中必须实施可持续发展战略……正确处理经济发展同人口、资源、环境的关系"[②]。

3. 推进生态环境保护的法制化进程和国际化交流

伴随经济社会的发展,危害生态平衡的因素逐渐增多,而且变得更加复杂。为了适应这种变化,以江泽民为代表的党中央领导集体不断对解决生态问题的法律制度进行完善,不断加强环境立法,陆续颁布和完善了一系列有关生态环境保护的法律法规,如《中华人民共和国环境保护法》《中华人民共和国大气污染防治法》《中华人民共和国海洋环境保护法》等,避免了各级政府不顾生态保护而片面强调经济增长的错误,形成了全方位的生态制度建设,还加强了生态环境保护的国际化交流。从20世纪90年代开始,一些发达国家就开始以生态问题制约我国的对

---

① 江泽民:《论科学技术》,北京:中央文献出版社,2001年,第74页。

② 中共中央文献编辑委员会:《江泽民文选》(第二卷),北京:人民出版社,2006年,第234页。

外贸易发展,使我国经济难以和世界接轨,影响了我国社会主义的健康发展。以江泽民为代表的党中央领导集体适时地做出了国际生态合作的决策,认为当今环境领域的挑战是全球性的,需要世界各国人民的通力合作和长期努力。我国愿为保护全球环境做出积极贡献,但是不能承诺与我国发展水平不相适应的义务,把中国生态环境工作做好,本身就是对世界的一大贡献。因此,我们要进一步加强与国际社会的广泛交流和合作,充分吸收借鉴国外有关环境保护的先进技术和管理经验,不断提升国内生态环境建设水平。

(四)内涵不断丰富的生态文明建设明确定位时期

21世纪是人类社会向世界多极化、经济全球化和科技飞跃发展的时代,同时更是中国经济高速发展、实现小康社会目标的重要时期。在这样的历史时期,中国的发展开始面临两大矛盾困境:生产力发展无法满足人民不断增长的物质文化需求及经济社会快速发展与人口、资源、环境之间的矛盾。如何使经济、社会、资源、环境、人口相互协调发展,既是世界,也是中国所面临的重大课题。在现代化、工业化、城市化的进程中经济社会发展与资源环境之间的矛盾更加尖锐,已经严重影响到国民经济可持续发展和人们生活质量的提高。生态问题成为中国特色社会主义建设中的一个极为棘手的问题。党的十六大以来,以胡锦涛为总书记的党中央领导集体从 21 世纪新阶段中国发展全局出发,立足于社会主义初级阶段基本国情,深刻把握人类社会发展规律,主动顺应 21 世纪新阶段世界文明发展潮流,科学认识我国经济社会发展的一系列阶段性特征,不断深化对统筹人与自然和谐发展的认识,相继提出"坚持以人为本,树立全面、协调、可持续的发展观""促进人和自然的协调与和谐""构建社会主义和谐社会"等发展理念,明确提出社会主义生态文明建设的概念,确立了生态文明建设的战略任务,从而将我国社会主义生态文明建设推向不断完善的历史新阶段。

1.科学发展观的提出,指明了我国社会主义生态文明建设的发展方向

科学发展观是以胡锦涛为总书记的党中央在党的十六届三中全会第一次提出的。党的十六届三中全会通过的《中共中央关于完善社会主义市场经济体制若干问题的决定》中明确提出"坚持以人为本,树立全面、协调、可持续的发展观,促进经济社会和人的全面发展"的科学发展观。科学发展观要求树立科学的人与自然观,把人类与自然视为相互依存、相互联系的整体,从整体上把握人与自然的关系,并以此作为认识和改造自然的基础。科学发展观的核心要旨是:第一要义是发展,核心是以人为本,基本要求是全面协调可持续,根本方法是统筹兼顾,这些构成了较为完整的科学体系。

第一,科学发展观的第一要义是发展。把发展作为科学发展观的第一要义是对21世纪新时期党和国家根本任务所做的高度概括,是提高我国综合国力和国际竞争能力的要求。它深刻揭示了发展与执政兴国的辩证关系,

第五章　生态文明建设的历程、经验规律及理论体系

突出了发展在党的执政任务中的重要地位。它充分体现了以胡锦涛为总书记的党中央领导集体对马克思主义"世界是永恒发展的，发展是一切事物的根本法则"这一辩证法思想的深刻把握与具体运用。

第二，科学发展观的核心是以人为本。以人为本，就是把人民的利益作为一切工作的出发点和落脚点，不断满足人们的多方面的要求和促进人的全面发展。科学发展观把以人为本作为核心，解决了发展依靠谁、为了谁的问题，这是我们党的根本宗旨和执政理念的集中体现，是社会主义制度本质特征的集中体现，是马克思主义"人民群众是社会历史创造者"历史唯物主义基本观点的生动体现，是我们党群众观点和群众路线在新的历史条件下的贯彻和表现。

第三，科学发展观的基本要求是全面协调可持续。全面是指发展要有全面性、整体性，不仅经济要发展，而且各个方面都要发展；协调是指发展要有协调性、均衡性，各个方面、各个环节的发展要相互适应、相互促进；可持续是指发展要有持久性和连续性，既要保证当前发

展，还要保证长远发展。全面协调可持续发展，就是要实现经济发展和社会全面进步，就是要实现经济社会发展与人口、资源、环境相协调，走生产发展、生活富裕、生态良好的文明发展之路，保证一代又一代的永续发展，促进人与自然的和谐。

第四，科学发展观的根本方法是统筹兼顾。统筹兼顾就是总揽全局、科学规划、协调发展、兼顾各方，其实质是把握经济社会发展全局，处理好各方面的重大关系。把统筹兼顾作为科学发展观的根本方法，深刻体现了唯物辩证法在发展问题上的科学运用，深刻揭示了实现科学发展、促进社会和谐的基本途径，深刻反映了坚持全面协调可持续发展的必然要求。

总之，科学发展观的体系结构内容体现了理论与实践、历史与逻辑的统一，是马克思主义生态理论在当代中国的新发展。科学发展观的内容本身就包含着对生态问题的高度关注，并在指导现代化的实践中采取了一系列相应措施来保护生态环境，为我国生态文明建设指明了方向，也表明中国开始进入生态文明建设的发展完善阶段。

2. 构建社会主义和谐社会理念的提出，促进了人与自然和谐相处

社会主义和谐社会是人类孜孜以求的美好社会，是马克思主义政党不懈追求的一种社会理想。党的十六大以及十六届三中、四中、六中全会，从全面建设小康社会、开创中国特色社会主义事业新局面的全局出发，明确提出构建社会主义和谐社会的战略任务，并将其作为加强党的执政能力建设的重要内容。十六大报告第一次提出"社会更加和谐"的重要目标，十六届四中全会进一步提出构建社会主义和谐社会的任务，并赋予社会主义和谐社会基本内涵，我们所要建设的社会主义和谐社会应该是"民主法治、公平正义、诚信友爱、充满活力、安定有序、人与自然和谐相处"的社会。民主法治就是社会主义民主得到充分发扬，依法治国基本方略得到切实落实，各方面积极因素得到广泛调动；公平正义就是社会各方面的利益关系得到妥善协调，人民内部矛盾和其他社会矛盾得到正确处理，社会公平和正义得到切实维护和实现；诚信友爱就是全社会互帮互助、诚实守信，全体人民平等友爱、融洽

相处；充满活力就是能够使一切有利于社会进步的创造愿望得到尊重，创造活动得到支持，创造才能得到发挥，创造成果得到肯定；安定有序就是社会组织机制健全，社会管理完善，社会秩序良好，人民群众安居乐业，社会保持安定团结；人与自然和谐相处，就是生产发展，生活富裕，生态良好。上述这六方面内容涉及人与自然、人与社会、人与人的多重关系，涵盖了整个社会的经济生活、政治生活、文化生活等各个方面，它们之间相互联系、相互作用，构成完整的有机整体。

构建社会主义和谐社会是根据社会主义的根本属性和当代中国现阶段实际提出来的。它是一种社会状态，是经济社会全面进步的社会，是一个多元、宽容、有序、稳定、公正、诚信的社会，是人与自然和谐相处的社会。"和谐"作为一种社会状态，是马克思、恩格斯所构想的共产主义社会的最高境界，是他们对包括社会主义发展阶段在内的共产主义社会本质的一种概括。马克思在《1844年经济学哲学手稿》中就把共产主义定义为"人与自然界之间、人和人之间的矛盾的真正解决"，恩格斯在《政治经济学批判大纲》中也把共产主义称为"人类同自然的和解以及人类本身的和解"。马克思、恩格斯关于实现"每个人自由而全面地发展"思想是对和谐社会的经典诠释,他们认为共产主义社会是"以每个人的全面而自由的发展为基本原则的……代替那存在着阶级和阶级对立的资产阶级旧社会的,将是这样一个联合体,在那里,每个人的自由发展是一切人的自由发展的条件"①。按照马克思、恩格斯的设想,未来社会将在打碎旧的国家机器、消灭私有制的基础上,消除阶级之间、城乡之间、脑力劳动与体力劳动之间的对立和差别,极大地调动全体劳动者的积极性,使社会物质财富极大丰富、人们精神境界极大提高,实行各尽所能、各取所需,实现每个人自由而全面的发展,在人与人之间、人与自然之间、人与社会之间形成和谐的关系。② 马克思、恩格斯把社会和谐诉诸人类最崇高

---

① 《马克思恩格斯选集》(第 1 卷),北京:人民出版社,1979 年,第 294 页。

② 王丹、刘申时:《构建社会主义和谐社会思想探源和现实依据》,《辽宁警专学报》2007 年第 6 期,第 1~3 页。

理想的共产主义，并建立在对资本主义社会由于资本逻辑而导致的自然资源短缺匮乏、生态环境严重恶化的深刻分析基础之上。马克思、恩格斯深刻揭示了资本主义生产方式与自然和谐存在着不可克服的矛盾：一方面资本主义生产方式创造了农业社会无法比拟的社会生产力；另一方面却造成自然资源的过度掠夺、不合理利用及对生态环境的破坏，资本主义生产方式导致了人类与自然矛盾的激化。中国正处在现代化进程的快速发展时期，各种不和谐现象、各种社会失衡甚至社会冲突，如社会发展滞后于经济的发展、经济发展不均衡、区域发展的不平衡、人与自然关系失衡等影响了社会稳定和安全。为解决当今社会中国所面临的不和谐的现象和问题，中国共产党从社会主义初级阶段的实际出发，以马克思主义的基本思想理论为基础，总结中国特色社会主义建设的经验和教训，提出构建社会主义和谐社会思想理念，人与自然和谐相处是社会主义和谐社会的基本特征之一。实现人与自然和谐相处，要求我们着眼于"自然-人-社会"这个大系统的协调和统一，走出人类中心主义误区，促进人与自然和谐共处、协调发展。这是对人类追求美好社会理想所做出的新贡献。

3.建设资源节约型和环境友好型的两型社会构成生态文明建设的主要内容

党的十六届五中全会首次把建设资源节约型和环境友好型社会确立为国民经济与社会发展中长期规划的一项战略任务。胡锦涛强调,"推进生态文明建设,是涉及生产方式和生活方式根本性变革的战略任务,必须把生态文明建设的理念、原则、目标等深刻融入和全面贯穿到我国经济、政治、文化、社会建设的各方面和全过程,坚持节约资源和保护环境的基本国策,着力推进绿色发展、循环发展、低碳发展,为人民创造良好生产生活环境"①。这充分表明生态文明建设具有基础性、战略性的重要地位。生态文明是人类社会继原始、农业、工业文明之后兴起的文明形态,其在思维方式、价值观念、社会权力结构、社会生产和消费模式等方面都与从前的文明形态有着本质的

---

① 中共中央文献编辑委员会:胡锦涛:《胡锦涛文选》(第三卷),北京:人民出版社,2016年,第610页。

区别。广义的生态文明是指人类遵循自然、人、社会和谐发展客观规律而取得的物质、制度与精神成果的总和;狭义的生态文明是指人与人、人与自然、人与社会和谐共生、良性循环、全面发展、持续繁荣为基本宗旨的文化伦理形态。历史维度的生态文明是继原始文明、农业文明、工业文明后的一种崭新文明形态,是对工业文明的超越;现实维度的生态文明则是与物质文明、政治文明、精神文明、社会文明并列的文明形态,是对社会主义文明观的发展。生态文明建设的首要任务是建设两型社会,这可以从两方面来考察:一方面,从我们党对生态文明建设的认识考察。胡锦涛曾指出:"建设生态文明,实质上就是要建设以资源环境承载力为基础、以自然规律为准则、以可持续发展为目标的资源节约型、环境友好型社会。"[①]党的十七大报告将两型社会作为生态文明核心内容来进行表述,两型社会是生态文明的重要特征,也是生态文明建设的内容和要求。另一方面,从生态文明建设理论的核心

---

① 中共中央文献研究室:《新时期环境保护重要文献选编》,北京:中央文献出版社,2001年。

命题看，需处理好两大关系，即处理好人与自然的关系和人与人之间的关系，这正是两型社会建设的理论与实践要解决的问题。两型社会要求全社会都采取有利于环境保护的生产方式、生活方式和消费方式，建立人与环境、人与自然良性互动的关系。良性的环境也会促进生产、改善生活，实现人与自然和谐相处。那么，若以两型社会建设为着力点推进生态文明建设，则必须做到以下几点：一是加强观念更新，强化资源节约环境保护意识。二是通过相应的制度安排，保证其他政策的制定要在其框架内进行，要树立"节约资源，保护环境"这一基本国策的权威。三是实施技术创新，以科技创新为动力构筑两型社会技术支撑体系。四是探索建立低碳产品标准、标识和认证制度，建立完善温室气体排放统计核算制度，降低能源强度和碳强度。五是按照减量化、再利用、资源化、无害化原则，在资源开采、生产消耗、废物产生、消耗等环节，推进循环经济实现发展转型，逐步建立全社会的资源循环利用体系。六是通过制定符合资源节约、环境友好基本国策的规划，改革不合理的管理体制，严格落实行政问责制,从而建立民主决策、科学决策的体制机制。

4. 生态文明建设概念的提出和理论内涵的不断丰富发展

党的十七大报告指出:"建设生态文明,基本形成节约能源资源和保护生态环境的产业结构、增长方式、消费模式。循环经济形成较大规模,可再生能源比重显著上升。主要污染物排放得到有效控制,生态环境质量明显改善。生态文明观念在全社会牢固树立。"[1] "生态文明"首次被写入党的报告,标志着中国特色社会主义生态文明建设正式拉开了序幕。不仅说明中国共产党对保护环境的理解提升到了前所未有的高度,而且充分体现了我们迎接全球气候变化挑战的信心和决心,是中国作为负责任的大国为保护全球气候履行国际义务的战略举措。同时,提出建设生态文明,既是贯彻落实科学发展观的具体举措和实际行动,也丰富和发展了中国特色社会主义事业的内涵;既是经济发展方式转变的必然要求,也是我们党

---

[1] 中共中央文献研究室:《十七大以来重要文献选编》(上),北京:中央文献出版社,2009年,第16页。

第五章　生态文明建设的历程、经验规律及理论体系

执政理念的深化与发展，进而为全面建成小康社会提供了强有力的措施和重要途径。以胡锦涛为总书记的党的领导集体对社会主义生态文明思想的理论内涵进行了不断的丰富发展，具体表现在：

首先，明确了生态文明的定义和基本要求。党的十七大以来，胡锦涛领导的中国共产党人站在历史发展的文明新高度，提出了生态文明的科学概念，指出要"建设生态文明，基本形成节约能源资源和保护生态环境的产业结构、增长方式、消费模式"，这样就将我国生态问题的解决提到了更高一层的理论形态，始终坚持节约资源和保护环境的基本国策，不但丰富了人类历史上文明的理论，而且使处理我国人口、资源、环境三者之间的关系这一重大课题有了理论性的指导。生态文明思想要求我们建设资源节约型和环境友好型社会，在发展的过程中，不断增强可持续发展的能力，促进人与自然的协调发展，并把这些要求落实到每个单位、家庭和个人，促进人们对生态问题自觉地认识和改善，从根本上抑制生态问题给我国社会主义社会的全面发展带来的阻碍，从而实现人口资源环境真

正的可持续发展。

其次，明确了生态文明建设的途径和社会构建。进入 21 世纪以来，经济的飞速增长造成的一系列生态问题使我国在社会主义建设过程中不得不改变经济增长方式，胡锦涛领导的中国共产党人在提出生态文明建设的行动纲领以后，提出了建设资源节约型和环境友好型的社会构建的思想，更加明确地指出了我国建设生态文明的有效途径。其中包括进一步加强和完善有利于资源和环境的法律法规；开发新能源及可再生资源，提高资源的利用率；对环保产业的大力发展和对节能环保的投入以及对水、大气、土壤等的治理；对水利、林业、水土流失等方面的治理始终加强；在全球气候不断恶劣的背景下，提出了应对气候变化能力的建设，同其他国家共同合作，维护地球这个人类赖以生存的唯一家园，等等。这些系统的生态文明建设的有效途径，为我国的生态文明建设提供了重要的保障。

最后，明确了生态文明建设的目的和目标。生态文明建设要求我们坚持生产发展、生活富裕、生态良好的发展道路，实现资源的节约和环境的保护，实现"速度和结构质量效益相统一，经济发展与人口资源环境相协调，使人民在良好的生态环境中生产生活"，生态文明建设的目的和目标是使我国成为"人与自然和谐相处，生态良好的国家"。只有正确处理人与自然的关系，才能在此基础上谈发展，才能促进中国特色社会主义社会的永续良好发展。

（五）倡导绿色发展的生态文明建设积极推进时期

党的十八大以来，中国特色社会主义发展进入新时代，习近平在党的十九大报告中指出："中国特色社会主义进入了新时代。"进入新时代意味着中国特色社会主义站在更高层级的历史方位上。新时代的内旨是：在国家层面上是指决胜全面建成小康社会，进而全面建设社会主义现代化国家；在人民层面上是指不断创造美好生活、逐步实现人民共同富裕；在中华民族层面上是指奋力实现中华民族伟大复兴；在中国与世界关系层面上是指中国日益走近世界舞台中央、不断为人类做更大贡献。进入新时代的一个极为重要的标志和特征是我国社会主要矛盾的变化,即我国社会主要矛盾从"人民日益增长的物质文化需要同落后的社会生产之间的矛盾"转化为"人民日益增长的美好生活需要和不平衡不充分的发展之间的矛盾"。我国社会主要矛盾的变化是事关当代中国的全局性历史性的变化,这一重要变化对党和国家工作提出了许多新要求,成为我国制定各方面政策的重要依据,也对中国特色社会主义生态文明建设提出了更高的新要求。在中国特色社会主义新时代,以习近平同志为核心的党中央深刻回答了为什么建设生态文明、建设什么样的生态文明、怎样建设生态文明的重大理论和实践问题,并提出一系列新理念新思想新战略,进而形成了习近平生态文明思想。这不仅构成了习近平新时代中国特色社会主义思想的重要组成部分,而且推进了社会主义生态文明建设进入新的时期,即倡导绿色发展方式的生态文明建设积极推进时期。

(1)习近平从人类历史发展的视域深刻认识社会主义生态文明建设的重要性、必要性,提出"建设生态文明

第五章　生态文明建设的历程、经验规律及理论体系

是中华民族永续发展的千年大计"。生态文明建设是"千年大计"的提法，是关于生态文明建设历史地位的新宣示，推动全社会对生态文明建设战略地位的认知发生历史性变化。这一"千年大计"是生态文明变革的深邃的"历史观"的呈现。联系历史与现实，我们看到，中国社会正在向生态文明社会全面转型，中国正在经历最大规模、最为深刻的生态文明变革。"生态兴则文明兴，生态衰则文明衰"，习近平从人类历史发展的角度，对人与自然关系、文明兴衰与民族命运、环境质量与人民福祉等进行了深刻阐述，将如何处理人类生产与自然环境关系的认识论发展到了新高度，充分体现了其对生态问题的历史责任感和整体发展观。2018年5月18日—19日，在北京召开的全国生态环境保护大会上明确了到2035年、到21世纪中叶的"美丽中国"建设蓝图：确保到2035年，生态环境质量实现根本好转，美丽中国目标基本实现；到21世纪中叶，物质文明、政治文明、精神文明、社会文明、生态文明全面提升，绿色发展方式和生活方式全面形成，人与自然和谐共生，生态环境领域国家治理体系和治理能力现代

467

化全面实现,建成美丽中国。 这是一个明确的时间节点,然而目前中国的生态文明建设进入"关键期""攻坚期""窗口期"的三期叠加。 "关键期"是对当前所处历史阶段做出的认识定位。 "攻坚期"说明在当前全面建成小康社会进程中,更高的环境保护要求与经济社会正处于艰难协调发展的状况中。 攻坚期同时也是重大机遇的"窗口期",表明我们在这一阶段有条件、有能力解决生态环境突出问题。 这里所说的"条件"就是我国社会主义制度具有能够集中力量办大事的政治优势,是改革开放40多年来积累的坚实的物质基础,是经济由高速增长转向高质量发展带来的特定历史机遇。 这些充分回答了中国特色社会主义新时代为什么要继续推进生态文明建设,何以推进生态文明建设的根本问题。

(2)习近平将建设生态文明形成良好生态环境看作"最普惠的民生福祉"。 "最普惠的民生福祉"是习近平生态文明思想的重要宗旨,是生态文明建设以人民为中心的"本质论"的彰显,体现了其深厚的民生情怀和强烈的责任担当。 习近平强调,良好生态环境是最普惠的民生

第五章 生态文明建设的历程、经验规律及理论体系

福祉,要坚持生态惠民、生态利民、生态为民,重点解决损害群众健康的突出环境问题,不断满足人民日益增长的优美生态环境需要。 在全面建成小康社会的进程中,习近平强调"小康全不全面,生态环境质量是关键"。 在2018年4月中央财经委员会第一次会议上,他提出,"环境问题是全社会关注的焦点,也是全面建成小康社会能否得到人民认可的一个关键,要坚决打好打胜这场攻坚战"。 我国社会主要矛盾已经转化为人民日益增长的美好生活需要和不平衡不充分的发展之间的矛盾。 生态产品短缺已经成为影响全面建成小康社会的短板。 大力推进生态文明建设就是着眼新时代社会主要矛盾变化,不断满足人民日益增长的美好生活需要,为人民群众提供更多优质生态产品。 什么是"优质生态产品"? 习近平是这样回答的:还给老百姓蓝天白云、繁星闪烁,还给老百姓清水绿岸、鱼翔浅底的景象,让老百姓吃得放心、住得安心,为老百姓留住鸟语花香、田园风光。 "蓝天白云、繁星闪烁,清水绿岸、鱼翔浅底,吃得放心、住得安心、鸟语花香、田园风光",这是中国特色社会主义新时代生态

文明建设目标的真实图景和价值旨归,是人民群众对未来美好生活的憧憬和期盼,是关系民生的重大社会问题。习近平在2016年1月省部级主要领导干部学习贯彻党的十八届五中全会精神专题研讨班上指出,"生态环境没有替代品,用之不觉,失之难存。我讲过,环境就是民生,青山就是美丽,蓝天也是幸福,绿水青山就是金山银山"[1]。习近平这段话深刻说明了生态、经济、发展间的辩证统一关系,保护生态环境就是保护生产力,改善生态环境就是发展生产力。因此,只有坚持正确的发展理念和发展方式,才能实现百姓富和生态美的有机统一。习近平提出生态建设目标与人民群众紧密相关,把生态环境提升到关系党的使命宗旨的政治高度,说明生态文明建设在中国特色社会主义建设事业中的地位发生了根本性和历史性的变化,还表明中国共产党的执政理念和执政方式已经进入新的理论和实践境界。习近平"最普惠"的民生观和"绿水青山就是金山银山"的绿色发展理念深刻体现了

---

[1] 习近平:《在省部级主要领导干部学习贯彻党的十八届五中全会精神专题研讨班上的讲话》,《人民日报》2016年5月10日。

第五章 生态文明建设的历程、经验规律及理论体系

社会主义的本质要求,彰显了以人民为中心的发展思想,明确了生态文明建设的目的,丰富和发展了马克思主义对人类文明发展规律、自然规律、经济规律的认识论。

(3)习近平用"六项原则""五个体系"为新时代如何推进中国特色社会主义生态文明建设指明了方向道路,提供了总体方案。

首先,习近平对新时代推进生态文明建设提出"六项原则"。第一,坚持人与自然和谐共生,坚持节约优先、保护优先、自然恢复为主的方针,像保护眼睛一样保护生态环境,像对待生命一样对待生态环境,让自然生态美景永驻人间,还自然以宁静、和谐、美丽。第二,绿水青山就是金山银山,贯彻创新、协调、绿色、开放、共享的发展理念,加快形成节约资源和保护环境的空间格局、产业结构、生产方式、生活方式,给自然生态留下休养生息的时间和空间。第三,良好生态环境是最普惠的民生福祉,坚持生态惠民、生态利民、生态为民,重点解决损害群众健康的突出环境问题,不断满足人民日益增长的优美生态环境需要。第四,山水林田湖草是生命共同体,要统筹兼

顾、整体施策、多措并举，全方位、全地域、全过程开展生态文明建设。第五，用最严格的制度、最严密的法治保护生态环境，加快制度创新，强化制度执行，让制度成为刚性的约束和不可触碰的高压线。第六，共谋全球生态文明建设，深度参与全球环境治理，形成世界环境保护和可持续发展的解决方案，引导应对气候变化国际合作。[①]这"六项原则"与习近平关于生态文明建设的科学论断、思想内涵、内在逻辑相一致，具有深刻的思想性和指导性，为新时代推进生态文明建设指明了方向。

其次，习近平对新时代推进生态文明建设提出要加快建立健全"五个体系"。习近平强调，要加快构建生态文明体系，加快建立健全"以生态价值观念为准则的生态文化体系，以产业生态化和生态产业化为主体的生态经济体系，以改善生态环境质量为核心的目标责任体系，以治理体系和治理能力现代化为保障的生态文明制度体系，以生

[①]《推动生态文明建设迈上新台阶——全国生态环境保护大会释放四大新信号》，新华网：http://www.xinhuanet.com/2018-05/20/c_1122857971.htm。

态系统良性循环和环境风险有效防控为重点的生态安全体系"。这"五个体系"系统界定了生态文明体系的基本框架：生态经济体系是物质基础；生态文明制度体系是制度保障；生态文化体系是思想保证、精神动力和智力支持；目标责任体系和生态安全体系是生态文明建设的责任和动力，也是底线和红线。"五个体系"是对贯彻"六项原则"的具体部署，是从根本上解决生态问题的对策体系。"六项原则""五个体系"既是指导原则，也是方法论，是植根于辩证唯物主义的"方法论"，进一步丰富了习近平生态文明思想，为今后一段时期坚定不移地走生产发展、生活富裕、生态良好的文明发展道路指明了方向，画出了"路线图"。

（4）习近平提出"四个突出问题"要优先解决的推进生态文明建设的具体措施。习近平要求，"把解决突出生态环境问题作为民生优先领域"，他指出了四个突出领域，即蓝天、清水、土壤、乡村。第一，蓝天——"坚决打赢蓝天保卫战是重中之重，要以空气质量明显改善为刚性要求，强化联防联控，基本消除重污染天气，还老百姓蓝天白云、繁星闪烁"。第二,清水——"要深入实施水污染防治行动计划,保障饮用水安全,基本消灭城市黑臭水体,还给老百姓清水绿岸、鱼翔浅底的景象"。第三,土壤——"要全面落实土壤污染防治行动计划,突出重点区域、行业和污染物,强化土壤污染管控和修复,有效防范风险,让老百姓吃得放心、住得安心"。第四,乡村——"要持续开展农村人居环境整治行动,打造美丽乡村,为老百姓留住鸟语花香、田园风光"。①

(5)习近平提出用制度和责任有效防范生态环境风险。习近平指出,"要有效防范生态环境风险",生态环境安全是国家安全的重要组成部分,是经济社会持续健康发展的重要保障。要把生态环境风险纳入常态化管理,系统构建全过程、多层级生态环境风险防范体系。防范生态环境风险,体现了习近平生态文明思想的系统观。生态环境风险防范需不仅要着眼于生态环境与经济发展的动态平衡,着眼于高质量发展的这条主线,更需要尊重环

---

① 习近平:《生态兴则文明兴——出席全国生态环境保护大会并发表重要讲话》,《人民日报》(海外版)2018年5月21日,第1版。

第五章　生态文明建设的历程、经验规律及理论体系

境保护工作本身的规律、理顺其背后各种关系、踏实执行各项制度、建立落实责任制、对损害生态环境的领导干部进行终身追责。习近平要求各地区各部门要增强"四个意识",坚决维护党中央权威和集中统一领导,坚决担负起生态文明建设的政治责任。对于生态文明建设怎么抓,他给出了具体要求:"地方各级党委和政府主要领导是本行政区域生态环境保护第一责任人""建立科学合理的考核评价体系,考核结果作为各级领导班子和领导干部奖惩和提拔使用的重要依据""对那些损害生态环境的领导干部,要真追责、敢追责、严追责,做到终身追责""要建设一支生态环境保护铁军,政治强、本领高、作风硬、敢担当,特别能吃苦、特别能战斗、特别能奉献""各级党委和政府要关心、支持生态环境保护队伍建设,主动为敢干事、能干事的干部撑腰打气"[1]。严格的制度、严密的法治,有赖于加强党的领导,而加强党的领导,推进体制机制改革,这是推进生态文明建设最有力的

---

[1] 习近平:《生态兴则文明兴——出席全国生态环境保护大会并发表重要讲话》,《人民日报》(海外版)2018年5月21日,第1版。

保障。

总之，习近平始终倡导以绿色发展理念、绿色发展方式积极推进新时代社会主义生态文明建设，已经形成了习近平新时代中国特色社会主义生态文明思想系统科学的理论体系，回答了生态文明建设的历史规律、根本动力、发展道路、目标任务等重大理论课题，是我们党的理论和实践创新成果。习近平生态文明思想是建设美丽中国的行动指南，也为构建人类命运共同体贡献了理论和实践的"中国方案"。

二、生态文明建设的基本经验

中国特色社会主义生态文明建设的理论和实践发展历程表明，中国特色社会主义生态文明理论符合社会的发展和人们对幸福生活的追求。事实证明，只有让人们在优越的生态环境中生存，人们才能感到幸福，社会才能持续发展。自改革开放以来，我国越来越关注生态环境问题的研究与解决，伴随着40多年的努力，我们对生态文明建设的认识经历了一个漫长的蜕变过程。从我国所走过的生态文明建设道路来看，既存在着丰富的经验，对此我们必须进行系统的总结并加以传承；也存在着诸多问题，对此我们更应该吸取其中的教训，并加以改进，不断推进生态文明建设的良性发展。

（一）坚定中国特色社会主义道路

建设生态文明是发展中国特色社会主义的题中应有之义，推进生态文明建设是新时代中国特色社会主义重要的有机组成部分，这已成为中国共产党和全体人民的共识。实践证明，只有坚定不移走中国特色社会主义道路，才是我国生态文明建设的根本之路，这是中国特色社会主义生态文明建设实践中取得的重要基本经验。生态文明是社会主义制度的内在要求，是中国特色社会主义的更高文明形态，实现生态文明必须走社会主义道路。马克思主义的一个基本观点就是从社会制度的层面分析人与自然关系的异化，马克思早在《1844年经济学哲学手稿》中就认为，人与自然关系异化的社会根源在于不合理的社会制度，在于私有制的存在及人与人之间关系的对立。他明确指出："人同自身和自然界的任何自我异化，都表现在他使自身和自然界跟另一个与他不同的人发生的关系上。"①共产主义作为"私有财产即人的自我异化的积极的扬弃"②，能够真正处理好人与人之间的社会关系，能够真正实现人与自然的关系的和解。资本主义不可能解决自身的矛盾，更不可能解决好人与自然的关系，正如环境社会学家布雷特·克拉克和理查德·约克所指出的那样，资本主义无法用一种合乎环境要求的可持续方式来协调自然与社会之间的代谢关系，其行为违反了自然和社会代谢修复的法则，而不断进行的资本积累过程又加剧了对社会代谢的破坏，把资本的追求强加给自然，不顾对自然循环所造成的后果。马克思主义认为，共产主义社会是实现人与自然之间、人与人之间"两大和解"的生态文明

---

① 马克思:《1844年经济学哲学手稿》，北京:人民出版社，2000年，第60页。
② 马克思:《1844年经济学哲学手稿》，北京:人民出版社，2000年，第81页。

社会，是促进人的全面发展的社会。

回顾历史，我国古代文明史上就有一定的生态环境保护的思想意识，在长期开发利用自然资源的过程中也有不同程度的体现，但并没有达到真正意义上的环境保护。中华人民共和国成立以来，我国生态文明建设理论探索的道路并不平坦，生态环境保护的实践也在不同时期不同程度地被忽视，一度出现了毁林开荒、乱砍滥伐、过度开采地下水资源等生态破坏现象，但是中国共产党始终有着强烈的生态环境保护意识，在继承马克思主义生态文明思想的基础上，根据中国的具体国情，走出了一条中国特色社会主义生态文明建设道路。我们应该汲取中华人民共和国成立以来生态文明建设的经验，重视并处理好建设过程中人与自然的关系。处理好人与自然的关系是中国特色社会主义发展的出发点和落脚点，也是马克思主义的本质要求。人与自然的交互作用和互动关系内在地要求人与自然必须协调发展、共同进化。人类必须认识到自身和自然界的一致，承认自然的客观性，摒弃"那种把精神和物质、人类和自然、灵魂和肉体对立起来的荒谬的、反自然的观点"①,要学会尊重自然、顺应自然、保护自然,学会与自然和谐相处,努力实现"人类同自然的和解"。人类社会发展过程中,必须以实现生态文明为社会发展的目标,重视生态环境保护,促进人与自然的和谐发展,实现经济社会的全面可持续发展。正如玻利维亚总统埃沃·莫拉莱斯所指出的,人类若能与自然休戚与共、互相补足、和谐相处,而不是竞争、利用和对自然资源疯狂地消费,那么人类就能够拯救地球。中国几十年来的发展实践证明,走中国特色社会主义道路是中国人民正确的选择,是实现中国特色社会主义生态文明的制度保障,必将促进中国社会人与自然的和谐发展,实现经济社会的全面可持续发展。

(二)坚持中国特色社会主义生态文明发展模式

生态文明与历史上所发生过的其他文明形态不同,它以实现人与自然、人与社会、人与人和谐共生、良性循

---

① 《马克思恩格斯全集》(第3卷),北京:人民出版社,1960年,第821页。

环、全面健康持续发展为宗旨目标，以建立持续的经济发展模式、合理的消费模式以及和睦共处的人际关系为主旨内涵，在倡导人类遵循自然-人-社会三者和谐发展客观规律的基础上，追求并获取物质、精神、制度财富的结果，生态文明注重人与自然的协调发展，关注生态环境的保护与建设。在中国特色社会主义总体布局的形成过程中，生态文明建设提升至"五位一体"总体布局的高度，无疑表明了生态文明建设战略地位的凸显，表明生态文明建设是发展中国特色社会主义战略新方向。推进生态文明建设，必须坚持中国特色社会主义生态文明发展模式。

首先，生态文明是社会主义应有内涵，社会主义蕴含着更多的人文关怀和人本思想，是拥有更高文明的社会形态，在经济发展过程与生态迫切需要关系上，社会主义制度具有超越资本主义制度的优越性。从历史上看，资本主义工业文明走的是一条以破坏生态环境为代价的道路，资本主义生产方式在工业文明的推动下使人类文明得以极大发展，但以破坏资源和环境为代价的发展方式又必然在很大程度上破坏生态环境，由此以生产力迅速发展为主要内容的资本主义工业文明陷入生态困境实则是历史的必然。追求生态文明社会形态的社会主义从根本上是对资本主义工业文明的超越，是对资本主义社会制度的彻底变革。社会主义生活方式形成的一个重要条件是建立人与自然之间的和谐关系，即建设生态文明，生态文明与社会主义的结合具有内在可能性和必然性，体现为：在处理人与自然关系上两者都坚持以人为本的原则；在社会发展观上都要求实现社会的可持续发展；在历史使命上都要求人与自然的和谐；在价值追求上都要求实现公平公正。社会主义与生态文明的结合从应然走向实然仍需一定条件：其一是社会主义为生态文明的实现提供制度保障。与以生产资料私有制为基础的资本主义不同，社会主义实行生产资料公有制，在发展过程中不以追逐利润为出发点，因而能够克服和解决资本主义逐利本性带来的基本矛盾。在社会主义公有制条件下，人们的社会生产活动是市场与计划的统一，计划而非盲目便可以对资本与市场的扩张本性与经济理性本性进行必要的规制，从而可以避免资源的浪费、环境的破坏、生产的过剩甚至于人口的无序增长，真正实现人口、资源、环境的和谐有序发展，从而真正实现人与自然的和谐统一。其二是共产党的领导。共产党以全心全意为人民服务为宗旨，提出的建设生态文明，这是共产党为人民服务的体现，是历史发展的需要，也是社会可持续发展的需要。其三是用社会主义本质要求去规制、约束生态文明建设的实践。生态文明建设要真正体现以人为本的理念，必须采取切实的措施，实现人与自然的和谐相处，生态文明建设的实际效果必须经过社会主义本质的考量，才能真正体现其与社会主义的价值目标的一致性。

其次，社会主义生态文明建设与发展必须是实现和谐社会的本质体现。马克思主义理论的根本宗旨就是人的解放发展和自然的解放发展的高度统一，并把它作为追求的最高价值归旨贯穿于自己的学说之中。在展望未来社会的文明形态时马克思曾这样说，"这种共产主义，作为完成了的自然主义等于人道主义，而作为完成了的人道主义等于自然主义，它是人和自然界之间、人和人之间矛盾的真正解决"①。这就是说，和谐社会的一个重要内容就是实现"人同自然界的完成了的本质的统一"。社会和谐是中国特色社会主义的本质属性，和谐的社会必然是与生态文明而非工业文明联系在一起的。和谐社会以人与自然、人与人、人与社会、人与自身的和谐关系为发展目标和根本宗旨，其中人与自然的和谐是整个社会文明体系的基础，占有突出地位。因此，走和谐发展道路就是走生态文明的道路。生态文明社会也就是最理想的和谐社会。

最后，中国特色社会主义生态文明的发展模式是把生态文明建设与生态导向的现代化进程结合起来，致力于实现美丽中国的价值目标。党的十八大、十九大特别强调，生态文明建设是关系人民福祉、关乎中华民族发展的千年大计，是实现"富强民主文明和谐美丽"的社会主义现代化强国的关键而有效的措施。基于对人类社会可持续发展的考量，社会主义生态文明作为一种新型的文明形态是以人性化和生态化为主线的现代文明，在生产方式上追求

---

① 《马克思恩格斯全集》(第3卷)，北京：人民出版社，1992年，第297页。

经济社会与生态环境的协调发展，在生活方式上追求满足自身需要又不损害自然生态，反对"异化消费"。生态文明倡导充分的人文关怀和给自然以平等态度，从"向自然宣战""征服自然"的理念转向"人与自然和谐共处"的理念；倡导遵循和正确运用自然规律，主张合理有效地利用自然，反对对自然资源无序开发和无节制的攫取；倡导在保护中发展、在发展中保护，留给自然更多修复空间，留给农业更多良田，留给子孙后代天蓝、地绿、水净的美好家园。只有坚持中国特色社会主义生态文明发展之路，才能真正实现人与自然、人与社会、人与人的良性发展，才能建设美丽中国，实现中华民族永续发展。

（三）坚持绿色发展推进生态文明建设

党的十九大报告明确指出，生态文明建设功在当代、利在千秋，并首次将"坚持人与自然和谐共生"纳入新时代坚持和发展中国特色社会主义的基本方略，这充分体现了党中央提升建设生态文明、建设美丽中国的坚定决心和信心，为中国特色社会主义新时代树立起生态文明建设新的里程碑。党的十八届五中全会将"绿色"作为五大发展理念之一,将生态环境质量总体改善作为全面建成小康社会新目标,这表明了中国通过绿色发展来引领、推进生态文明建设,体现了我们党对人民福祉、民族未来的责任担当以及对人类文明发展进步更加深邃的思考。

首先,绿色发展坚持了"尊重自然、顺应自然、保护自然"的绿色理念。绿色发展坚持的绿色发展理念,是推进生态文明建设的思想观念基础。自人类诞生以来,一直致力于两种关系的思考,即人与自然的关系和人与人的关系,然而无论是原始文明时期,还是农耕文明时期,抑或是工业文明时期,始终没有真正建立起人与自然和谐友好的关系,而处理好人与自然关系,又恰恰是实现社会经济可持续发展的首要问题。生态文明的根本特征在于:既要克服农业文明时代人类对自然的过分依赖,又要超越工业文明时期人与自然的紧张对立。绿色发展就是要解决好人与自然和谐共生的问题,所以必须树立"尊重自然、顺应自然、保护自然"的生态理念,让绿色成为大自然的永恒底色。尊重自然,就是要树立人与自然互惠对等的思想，人类在寻求自身存在和发展的过程中，应以平视的眼光、敬重的姿态来考察人与自然的关系，尊重自然的存在权和发展权。大自然完全能够满足人类的需要，但无法满足人类的贪婪，因此，人类不能与自然形成尖锐的对立，也不能凌驾于自然之上，只有对自然保持必要的尊重，人与自然的发展才能相互和谐、相互惠益、相得益彰。顺应自然，就是要遵循和恪守自然界的基本规律。在传统的工业文明社会，在"人类中心主义"观念支配下，人类在强大的资本逻辑驱动下，违背自然演化规律，不顾环境承载能力，对自然资源进行无序和过度的开发利用，在急功近利中遭遇资源环境的制约，以致出现自然界对人类进行报复。生态文明追求的是人与自然和谐共生，因此，人类必须在生态系统所能承受的阈值内，积极主动遵循自然规律，合理调节人与自然之间的物质变换，真正实现"人类与自然的和解"。保护自然，就是人类必须秉持保护自然环境生态系统的基本准则，摒弃"重经济轻环境""重增长轻保护"的"先污染后治理"的令人类饱尝环境恶化之苦后果的传统工业发展模式。生态文明理论的一个重要的核心观点是：严格的环境政策与较高的环境标准是经济持续发展的前提条件而非经济负担，经济发展与环境保护不是相互抑制、相互冲突，而是能够相互支持、相互促进的。因此，我们在思想上必须树立保护自然的观念，坚持节约优先、保护优先、自然恢复为主的方针，通过保护资源环境为经济社会发展提供不竭的动力和广阔的空间。

其次，绿色发展坚持了"以人民为中心"的价值取向。绿色发展确立的"以人民为中心"的思想，是推进生态文明建设的核心价值取向。党的十八届五中全会首次提出了"以人民为中心"的发展思想，既反映了人民主体地位的内在要求，又彰显了人民至上的价值取向；既明确了绿色发展的评价标准和价值准则，也反映了社会主义生态文明建设的制度规定性。坚持绿色发展是为了让人民群众生活得更加美好。与西方社会在要求"经济发展与生态保护"相互协调中追求的是"物本"目标取向不同，我国在进行生态文明建设，实现"经济发展与生态保护"相互协调中追求的是"民本"价值维度。我们的观点是：

第五章　生态文明建设的历程、经验规律及理论体系

只注重经济增长而忽视人民群众生存环境和生活质量的"唯经济增长主义"是不可取的；只关注生态环境而不顾及人民群众的物质需求和生活水平的"唯生态中心主义"也是错误的。生态文明的要求并非简单地保护自然环境和生态安全，而是把这些要求纳入发展的基本要素，最终的目的是满足人民群众日益增长的物质文化、优美环境等全方位需求。这样就解决了树立新发展理念是为什么人、由谁享有发展成果这个根本问题。因此，坚持绿色发展，必须坚持"以人民为中心"的价值取向，否则就会偏离社会主义方向。生态文明的价值旨归是实现经济效益、社会效益和生态效益的统一，那么现实生活中三者之间能否实现一致统一，关键就在于是否把人民群众的根本利益作为经济社会发展的终极目标。正如习近平所说："良好生态环境是最公平的公共产品，是最普惠的民生福祉。"①保护生态环境，关系最广大人民的根本利益，关系到中华民族发展的长远利益，是功在当代、利在千秋的

---

①　习近平:《在海南考察工作结束时的讲话》,人民网:http://politics.people.com.cn/n/2013/0410/c1024-21090468.html。

事业。① 这个论断既是对生态产品的准确定位,也是对民生内涵的丰富发展,深刻揭示了生态与民生的关系,体现了中国共产党人的深厚民生情怀和强烈责任担当。因而,"以人民为中心"是坚持绿色发展的根本目的,展现了社会主义制度的本质规定。坚持绿色发展积极回应了人民群众最为关切的问题。人民群众最关心、最直接、最现实的问题,不仅是物质产品的丰富多样,同时还关心能否居住在青山绿水、鸟语花香的优美的生态环境中。我国经过40多年的快速发展,经济建设虽取得历史性成就,然而生态环境问题已经成为民心之痛、民生之患。老百姓过去"盼温饱"现在"盼环保";过去"求生存"现在"求生态"。因此,只有坚持绿色发展,推进生态文明建设,才能使青山常在、碧水长流、空气常新,才能让人民群众在优美的生态环境中生产和生活。习近平指出:"环境就是民生,青山就是美丽,蓝天也是幸福。要像保护眼睛一样保护生态环境,像对待生命一样对待生态环境,把

---

① 中共中央宣传部:《习近平总书记系列重要讲话读本》,北京:学习出版社,2016年,第231页。

不损害生态环境作为发展的底线。""坚持绿色富国、绿色惠民,为人民提供更多优质生态产品。"①这些重要论断充分体现了发展为了人民,发展要顺应民心、尊重民意,发展要感知群众冷暖、关注群众需求,这些积极回应了人民群众最关注的领域、最迫切期盼解决的问题。

再次,绿色发展要求建立"源头严防、过程严管、后果严惩"的制度体系,为推进生态文明建设提供了制度保障。党的十八届三中全会提出,紧紧围绕建设美丽中国深化生态文明体制改革,首次确立了生态文明制度体系,从源头、过程、后果的全过程,阐述了生态文明制度体系的构成、改革方向及重点任务。2015年9月颁布的《生态文明体制改革总体方案》,系统地阐述了生态文明体制改革的理念、原则、目标以及八项制度具体的改革内容,构建起生态文明建设和生态环保领域全面深化改革的基本框架,确立了产权清晰、多元参与、激励约束并重、系统完整的生态文明制度体系,为我国绿色转型和绿色增长提

---

① 《中共中央关于制定国民经济和社会发展第十三个五年规划的建议》,《人民日报》2015年11月4日,第1版。

供有力的制度保障。习近平说："只有实行最严格的制度、最严密的法治,才能为生态文明建设提供可靠保障。"①源头严防,是指在源头上防止损害生态环境的行为,这是生态文明建设的治本之策。对国家自然生态空间进行统一确权登记,形成归属清晰、权责明确、监管有效的自然资源资产产权制度;健全国土空间开发保护制度,为自然系统的生态服务功能预留空间;建立空间规划体系,克服"政出多门"的体制顽疾;健全资源总量管理和节约制度,为经济集约、高效发展提供制度保障。过程严管,是指在开发和发展过程中,建立一套制度来约束地方和企业行为,这是生态文明建设的关键之举。实行资源有偿使用和生态补偿制度,是为资源和生态产品定价的关键;加强环境治理体系建设,是污染定价的基础,为环境治理市场建设提供保障;确立生态环境保护的市场机制,明确了节能量交易、碳排放权交易、排污权交易、水

---

① 习近平:《生态环境保护是功在当代、利在千秋的事业》,人民网－中国共产党新闻网:http://cpc.people.com.cn/xuexi/n/2015/0805/c385474-27412488.html。

权交易等市场工具的重要作用，规范了绿色金融和绿色产品体系，为环境治理和生态保护市场建设提供了资金保障。后果严惩，是指对环境资源造成损害和破坏的行为追究责任，这是生态文明建设的重要措施。其一，明确了党政同责，实行地方党委和政府领导成员生态文明建设一岗双责制，明确责任承担对象；其二，改革政绩评价机制，把资源消耗、环境损害、生态效益纳入经济社会发展评价体系，实行差异化绩效评价考核；其三，实行生态责任终身追究制度，制定"责任清单"，有助于改变长期以来对领导干部的环保工作泛泛要求、笼统评议、法不责众的问责机制，为生态文明建设提供根本保障。

（四）坚持循环经济建设和发展绿色低碳循环产业

推进生态文明建设必须坚持循环经济建设。循环经济是基于生态经济原理和系统集成战略的减物质化经济模式，循环经济是指社会上的资源能源重复多次的使用，着重于在生产、消费过程中对资源的节约。也就是说，在经济高速发展的模式中，大力发展高科技、无污染的新型产业，使资源得到高效的开发和利用，使经济步入循环运作道路。循环经济发展模式不仅是马克思主义的基本要求，也是实现中国特色社会主义生态文明的有效方式。中华人民共和国成立以来，我国社会主义现代化建设取得了举世瞩目的成就，但与此同时，对部分资源能源的不合理开发和利用，使经济发展必须要付出一定的代价。能源资源的消耗量大，利用效率低，污染物排放严重，不可回收垃圾增多，白色污染及农药残留等，对进一步生产和发展提出了挑战。马克思指出："要从一切方面去探索地球，以便发现新的有用物和原有物体的新的使用属性……要把自然科学发展到它的顶点。"[①] "生产排泄物，即所谓的生产废料再转化为同一个产业部门或另一个产业部门的新的生产要素，就是这样一个过程，通过这个过程，这种所谓的排泄物就再回到生产从而消费（生产消费或个人

---

① 《马克思恩格斯全集》（第46卷），北京：人民出版社，1979年，第392~393页。

消费）的循环中。"①这里马克思阐明了如何跳出资本主义恶性发展模式，建设循环经济的发展道路，实现生态文明的根本要求：一方面，依靠科学技术发明新的生产工具、新的工艺方法，减少废物的排放及提高原料的质量，减轻对生态的破坏和环境的压力；另一方面，加快转变经济发展方式，由主要依靠增加物质资源消耗向主要依靠科技进步、劳动者素质提高、管理创新转变，坚持循环经济发展理念，鼓励和优先发展低耗能和无污染产业，建立健全生态文明的政策及法律法规等保障机制，使"循环经济形成较大规模，可再生能源比重显著上升。主要污染物排放得到有效控制，生态环境质量明显改善"②，实现经济社会永续发展。发展循环经济的实质是以实现可持续发展为根本目的，以尽可能小的环境污染实现最大的经济效益和社会效益，力求把经济对自然资源的需求和对生态

---

① 马克思:《资本论》(第3卷)，北京:人民出版社，1975年，第95页。
② 胡锦涛:《高举中国特色社会主义伟大旗帜 为夺取全面建设小康社会新胜利而奋斗——在中国共产党第十七次全国代表大会上的报告》，《人民日报》2007年10月25日。

环境的影响降低到最低的水平,从根本上消除长期以来资源环境与经济发展之间的尖锐冲突和矛盾,实现人与自然的和谐统一。

推进生态文明建设必须坚持绿色发展,形成绿色循环低碳发展格局。坚持绿色发展是发展观的一场深刻革命,坚持绿色发展,形成"绿色发展、循环发展、低碳发展"的格局是推进生态文明建设的基本途径和有效方式,也是转变经济发展方式的重要内涵和重点任务。绿色发展是建立在资源承载力和生态环境容量约束条件下的,并将保护环境视为实现可持续发展重要环节的新型发展模式,绿色发展的目标就是实现经济、社会和环境的可持续发展,绿色发展的主要内容和途径就是实现经济活动过程和结果的"绿色化""生态化"。就广义而言,绿色发展已经涵盖了循环发展和低碳发展的基本内涵,可以用"绿色发展"这一术语作为绿色、循环、低碳发展的替代名词。循环发展是将自然界生态良性循环规律引入整个社会的经济运行大系统中,把"减量化、再利用、资源化"原则运用到现代化建设各个方面,通过污染治理、资源节约、生态修复等手段，实现经济效益、社会效益和生态效益的三者共赢。低碳发展是以"低耗能、低污染、低排放"为特征的可持续发展模式，低碳发展要求在减少二氧化碳排放的同时提高效益或竞争力以促进经济社会发展。当然，我国"绿色发展、循环发展、低碳发展"与发达国家相比有其自身的特殊性，面临诸多特殊考验：一是我国正处于工业化、城市化、现代化"三化"叠加并进时期，还处在能源资源需求增长阶段；二是我国作为发展中国家，整体科技水平相对落后，技术研发能力有待更进一步提高；三是我国经济结构的主体是第二产业，相对落后的工业生产水平又反过来使经济发展过程中的"污染、线性、高碳"特征更加明显。由此可见，我们必须走符合我国经济与社会发展阶段特点的"绿色发展、循环发展、低碳发展"道路，通过技术创新和政策创新，转变发展方式，形成节约资源和保护环境的空间格局、产业结构、生产方式、生活方式。其一，绿色发展要求必须推动生产方式绿色化。关于推动生产方式绿色化，习近平指出，"必须加快推动生产方式绿色化，构建科技含量高、资源消耗低、环境污染少的产业结构和生产方式,大幅提高经济绿色化程度,加快发展绿色产业,形成经济社会发展新的增长点"①。那么,如何推动生产方式绿色化? 依据党的十八届五中全会意见,推动生产方式绿色化需建构绿色化的能源结构和产业结构。绿色化能源结构的建构有三种方式:一是节约利用,即通过加强用能管理,降低消耗、制止浪费,合理有效地利用能源;二是清洁利用,即通过绿色开发和低碳利用,提高资源利用效率,实现由末端治理向污染预防和过程控制转变;三是替代利用,即通过开发利用风能、太阳能、核能等新能源来替代传统的化石能源。绿色化产业结构的建构有三条途径:一是通过降低消耗、升级改造、循环利用等方式加快传统产业绿色化;二是依靠科技进步、管理创新和劳动者素质的提高,加快新兴产业绿色化,培育和形成新的经济增长点;三是通过政策引导、技术主导、投资带动等方式,大力发展节能环保产业,加快形成新的支柱产业。其二,绿色发展要求必

---

① 《中共中央国务院关于加快推进生态文明建设的意见》,《人民日报》2015年5月6日,第1版。

须推动生活方式绿色化。2015年中共中央、国务院在《关于加快推进生态文明建设的意见》中提出,"要加快推动生活方式绿色化,实现生活方式和消费模式向勤俭节约、绿色低碳、文明健康的方向转变,力戒奢侈浪费和不合理消费"[1]。如果说"生产方式绿色化"着眼于从国家宏观层面上推进生产方式的重大转变,那么,"生活方式绿色化"则强调公众个体在日常生活中的行为养成和观念转变。生活方式绿色化,不仅包括节约的生活方式和消费理念,还应包括尊重自然、珍惜生命,追求天人合一的生态伦理道德。公众既是污染的受害者,也是污染的制造者,我们在享受社会进步的同时,也要履行社会成员应尽的环境责任。因此,加强生态文明建设,需要充分发挥人民群众的积极性、主动性、创造性,凝聚民心、集中民智、汇聚民力。生活方式绿色化首先需要理念上的认同,其次需要实现生活方式和消费模式向勤俭节约、绿色低碳、文明健康的方向转变。在衣着穿戴、餐饮食用、交通

---

[1] 《中共中央国务院关于加快推进生态文明建设的意见》,《人民日报》2015年5月6日,第1版。

工具、消费习惯等各个方面，都要体现出绿色环保的行为和理念，逐步让自然、环保、节俭、健康的生活方式深入人心，成为大众化的主流选择。更重要的是，生活方式绿色化需要全社会共同的努力，每一位公民都不能置身事外、袖手旁观，要从自己做起，倡导绿色低碳生活方式，养成绿色生活的日常行为和习惯。群星荟萃，方成灿烂星河；涓流汇集，方成浩瀚海洋。让我们每个人从力所能及的小事做起，树立人人、事事、时时崇尚生态文明的社会新风尚，共同保护和建设我们美丽的家园。

（五）坚持生态文明建设与"四个"建设协调同步

将生态文明建设融入经济、政治、文化、社会建设的各个方面，形成"五位一体"总体布局，这是中国共产党在新的历史条件下做出的全新战略决策，因此推进生态文明建设必须从"五位一体"视角，坚持生态文明建设与其他"四大建设"协调同步进行。

首先，推进生态文明建设需与物质文明建设协调一致。物质文明是指人类社会物质生活的进步状况，主要

第五章 生态文明建设的历程、经验规律及理论体系

表现为物质生产方式以及经济生活进步程度。生态文明建设作为物质文明建设的坚实基础，物质文明建设作为生态文明建设的根本途径，两者是须臾不能分离与割裂的。离开生态文明建设单纯搞经济发展会使经济发展偏离既定目标，同样，抛离经济建设只谈生态文明不会有真正发展。生态文明建设与经济发展之间存在着既对立又统一的矛盾。人类的生存发展以及经济社会的进步必然会带来环境污染，严重的就会爆发生态危机，而保护生态环境必然会在一定时空范围内制约经济的发展。但反过来思考，环境保护与经济发展又是统一的，因为保护环境仍旧是为了更好地发展经济，为人类社会的进步以及人类的生存提供良好的环境基础。这就是两者之间的现实矛盾。总之，生态文明建设与经济发展两者之间是一种既对立又统一的关系。目前，中国社会的经济发展越来越受到资源和环境的限制，而且，经济活动的盲目性和生态环境的不断恶化已经使人类社会经济的发展与生态环境的保护之间矛盾不断尖锐化。因此，我们必须把生态文明建设融入物质文明建设之中。经济发展与生态文明建设之间虽

然存在着一定的矛盾，但是在现实中是可以达到和谐的辩证统一。总而言之，进行经济建设的同时必须加强生态文明建设，促使两者之间达到平衡发展的状态。

其次，推进生态文明建设需与政治文明建设协调呼应。政治文明是指人类社会政治生活的进步状态以及政治发展所取得的成果，其主要包括政治制度和政治观念两个层面的内容。生态文明作为一种新的文明形态，其建设并非工业文明顺势前行的自发过程，而是一个需要人类自觉逆转的艰难过程。也就是说，这一过程不可能如原始文明到农业文明再到工业文明这样一个顺次发展的必然结果，而是一种反向校正。一方面，生态文明建设需要政治文明作为保障。生态文明建设需要政治文明建设为其提供基本政治方向和有利政治环境。将生态文明建设与政治文明发展相融合，要注重各种关系之间的平衡，避免由利益分配不均以及权力滥用所造成的干扰和破坏。强调生态文明建设，不是单纯地强调环境保护，也包含了追求自然生产与社会生态和谐一致的内在思想含义，即将人类社会政治发展所取得的优秀成果融入生态文明发展过程。 另一方面，政治文明建设能够推动生态文明建设。作为政治文明建设重要组成部分的民主法治建设，可以通过完善民主制度、强化环境立法，将生态文明理念融入其中，从而促进生态文明建设的发展。 第一，要建立坚强的组织领导保障体系。 第二，要树立正确的生态观和发展观。 第三，要加强建立完备的法律制度保障体系。 第四，要督促人民群众发挥主体作用。

再次，推进生态文明建设需与生态文化建设相互促进。 生态文化是指人类在社会历史发展的过程中创造的反映人与自然关系的物质财富以及精神财富的总和。 广义而言，人类的精神文明成果就是文化成果，属于广义的文化范畴，从这个角度上讲生态文化建设属于精神文明范畴。 生态文明建设与文化建设两者之间既相互交叉又相互重叠。 将生态文明建设纳入文化建设的范畴，强调的是要注重自然生态与人文生态的协调发展，提倡的是尊重自然及其发展规律，意图建立起一种适宜于人的全面发展的生态文化理念。 一方面，生态文化是生态文明的重要组成部分。 它作为生态文明建设的原生力量必然得到倡导，要用生态文明理念指导生态文化的创作；生态文化是推进生态文明发展的重要动力，生态文化继承中华民族优秀生态思想，又融入现代文明成果，成为促进人与自然和谐相处的重要文化载体；生态文化是推动绿色发展的动力，推动绿色发展正是生态文化的时代内容与创新；生态文化是建设美丽中国的向心力，美丽中国的蓝天白云和青山绿水是生态文化体系建设的重要内容；生态文化是提升国家软实力的驱动力，国家软实力的提升必须要有文化的复兴作为支撑，生态文化正是这样一种不可或缺的力量。另一方面，构建生态文化能够促进生态文明建设的发展。要从根本上实现全社会科学发展，就要切实做到既抓好生态文明建设，又不断加强生态文化建设，牢固树立生态文明理念，倡导生态道德，发展生态科技，努力促使资源节约、环境保护成为人们共同的价值目标和自觉行动，鼓励人们热爱、珍惜自然，与自然和谐相处。

最后，推进生态文明建设需与和谐社会建设相互支撑。我国一直以来将生态文明建设与和谐社会发展作为两大重要的战略目标。深刻认识并正确把握两者之间的关系，不仅具有重大的理论意义，同时对推进美丽中国建设，实现中华民族伟大复兴，也具有长远而深刻的意义。首先，建设生态文明是实现和谐社会的条件和目标。和谐社会要求生产发展、生活富裕、生态良好的高度统一，人与自然和谐是其基本特征之一，良好的生态环境既能为和谐社会的构建提供必要的环境基础以及资源保障，又能促进和谐社会的可持续发展。其次，生态文明建设能够促进美丽中国建设。在中国现代化建设的过程中，加强生态文明建设就是将其置于国家整体发展的战略高度来看待。只有加强生态文明建设，才能实现我们党所提出的美丽中国的价值目标，真正实现人与自然、人与社会、人与人和谐发展，共生共荣。

（六）坚持生态文明建设与工业化、信息化建设并行

党的十八大报告指出，建设生态文明，是关系人民福祉、关乎民族未来的长远大计，必须把生态文明建设放在突出地位，努力建设美丽中国。当今世界正迈向工业与信息时代，信息资源的投入、信息技术和智能化生产工具的广泛应用，在节约能源资源和保护生态环境方面发挥了举足轻重的作用，为人类社会由工业文明迈向生态文明提供了技术基础。我们应该顺应信息化这一世界潮流，努力建设环境优美、生态良好的美丽中国，为中华民族伟大复兴中国梦的实现营造优美的环境。当前学界对生态文明建设的研究，主要围绕量化指标体系、"五位一体"总体布局、生态文明制度构建等方面展开，而关于信息化对生态文明建设影响的研究相对薄弱。从历史唯物主义关于"生产力革命引起生产方式变革，随之建立起与之相适应的文明"这一观点来看，克服工业文明在生产方式维度上的缺陷是走出生态困境的根本出路。第三次科技革命以来信息化的快速发展，从生产、流通、消费等方面为我国生态文明建设提供了重要的破题思路。

工业化与生态文明建设的良性互动，主要是指在工业化与生态文明建设过程中，互为条件与推动力量，相互促进，协调发展。一方面工业化的发展以生态文明理念为指导，注意资源的节约与生态环境的保护，克服工业化对生态环境的负面效应，同时工业化发展为生态文明建设创造物质条件，推进生态文明建设的发展。另一方面，生态文明建设促进环境优化、资源持续利用和生态的良性循环，不仅为工业化的发展提供支撑与保证条件，同时可以缓解工业化与环境和资源的矛盾，推动工业化的可持续发展。工业化与生态文明建设，任何一方发展，都将给另一方发展提供条件与保证，并推动另一方的发展，实现工业化和生态文明建设相互促进，协调发展。

工业文明时代的社会扩大再生产，是靠人们对物质产品的大量消费来维系的。为了发展生产，各国政府都采取了刺激物质性消费的基本策略，从而催生了生产和消费之间的恶性双向膨胀效应。该模式虽然在一定程度上带来了经济繁荣和社会进步，但又不可避免地浪费了大量资源。信息化时代知识和信息越来越多地融入产品的生产中去，消费品更加趋向信息化和智能化，产品生产过程和产品本身的节能性大为提高，越来越符合生态系统可持续运转的标准。由此可见，信息化时代经济的增长将不再依赖高消耗产品的拉动，生产、消费和环境之间形成了良性协调的局面。这种注重知识与信息作用的经济形态必将会促使人类消费观念和消费方式的转变，将会使人们认识到把自己的消费需求水平控制在地球承载能力范围以内的重要性。以信息化带动工业化，奠定生态文明建设的经济结构基础。经济是社会发展的物质基石，生态文明建设离不开经济结构的绿色化。我国传统工业化模式造就了目前第一、第二产业整体技术落后、消耗过大、污染过多，第三产业劲头不足的现状。信息化的深入发展为我们改造传统工业、优化升级产业结构、夯实生态文明建设的经济结构基础提供了良好的契机。

对于如何走符合生态文明理念的新型工业化道路，中国需要寻找自己的途径。要以信息化带动工业化，以工业化促进信息化。做到科技含量高、经济效益好、资源消耗低、环境污染少、人力资源优势得到充分发挥。走新型工业化道路，要做到清洁生产，鼓励绿色制造；产品的设计要符合生态理念，发展循环经济要模仿自然生态系统中物质循环和能量流动规律，做到减量化、再循环、再利用。要把绿色低碳循环经济的发展作为生态文明建设的重要内容，要拓宽经济增长、环境改善的双赢之路。

三、生态文明建设的基本规律

规律是事物运动变化发展过程中本身所固有的、本质的、必然的、稳定的联系，是事物发展变化过程中必须遵循的基本准则，生态文明建设有其自身的发展路径及发展方向，在这个过程中应遵循以下规律。

（一）生态系统有序重组规律

生态文明建设是一个巨大而复杂的生态系统工程，因此生态文明建设理应遵循生态系统的有序重组规律。生态文明建设的有序重组规律，即生态文明建设系统总是沿着无序－重组－有序这种程序循环往复不断演化发展。若理解这一规律，必须注意把握以下几个方面的问题。

1. 把握有序和无序两个概念范畴

有序就是有秩序、有规则，是客观事物在时空排列和运动变化过程中的一种状态或普遍属性。人们常见的太阳系的八大行星绕太阳有规则地运转、大雁南飞排成整齐划一的人字形、水分子有规则地排列成晶体等，这些都是一种有序的运动或状态。与之相对应的则是无序，亦即无规则、混乱。无序也是客观事物在时空排列和运动变化的一种状态或普遍性。比如，星际空间里的尘埃物质、山谷里的杂草野花等，都是一种无序的运动状态。科学史上有物理学家认为，客观自然过程只能从有序走向无序；有生物学家则提出，生物进化过程是从无序走向有序。很久以来这一科学理论矛盾没有得到解决，耗散结构理论和协同学问世以后才把两个相矛盾的结论或自然过程统一起来，提出自然、社会的发展演化过程既可以从有序到无序，也可以在一定内在机制和外部条件影响下从无序到有序。把握了有序和无序这两个范畴及其相互关系，也就比较容易理解有序重组规律了。

2. 认清"重组"和"自组织"概念内涵

"重组"是指自然、社会系统的结构与功能被改变后再重新组建的活动，包括"自组织"和"被组织"两个方面。自组织是指自然系统、社会系统靠自身机制而形成的有序结构和功能的过程。例如，金刚石结晶体的形成、人体的生长发育过程都是自组织现象,这些都是靠自身力量或内在动因而实现的。若自然系统、社会系统完全依靠外部输入的指令而强制形成某种有序结构和功能,这就是"被组织"。当然,这并不是说自组织不需要外部条件,外部条件只是为系统进行自组织提供可能,并不对系统的有序结构做特定干预。"自组织"是客观事物固有的一种普遍过程,其内在机制包括非线性动力学过程、反馈控制和随机涨落等。非线性动力学过程是指系统内部各要素运动变化不能简单相加,而应遵循非线性微分方程。反馈控制是指一个系统因输入某种信息而发生的状态或功能的变化,同时又将变化结果反过来影响输入的信息,从而对系统状态或功能的下一步变化进行调节的过程。如果说反馈信息一次次反复增强系统的状态或功能的变化,就称为正反馈;反过来说,如果反馈信息一次次反复减弱系统状态或功能的变化,促使系统达到预期的目的,便称为负反馈,负反馈是实现目的性行为的内在根据。随机涨落是指构成系统的个别要素,由于内部环境的微观动因而发生的偶然扰动。这种微小的随机扰动可能被正反馈放大而形成巨涨落,也可能被负反馈减弱以至消除。那么,生态文明建设系统从无序到有序的重组过程,既有生态文明系统内各要素的自组织作用,也有外部环境的作用,如政府管理机构的调控作用,这是一个艰巨而复杂的运动变化过程。

3.理解有序重组规律对生态文明建设的重要意义

生态系统的有序重组规律对生态文明建设具有重要意义,它为有效推进生态文明建设提供了理论根据、指明了原则。由于生态文明系统由很多子系统及大量要素构成,受内部和外部多种因素的影响和干扰,所以其运动变化具有多种可能性,那么,根据生态系统的有序重组规律,生态文明建设过程中应遵循无序－重组－有序的基本规律。如此,生态文明的建设主体在掌握有序重组规律的基础上,便可以经济地创造条件调节系统内部诸要素的自组织活动,从而使生态文明建设系统的演化按照规律进行,并不断地趋于优化,实现其价值目标。

（二）生态因子的连锁感应规律

生态文明作为巨大而复杂的生态系统工程，其建设不仅要遵循生态系统的有序重组规律，还应该遵循生态因子连锁感应规律。连锁感应规律是指生态文明系统内各个要素及子系统之间存在传感效应，其中某一个要素的嬗变都会导致或引发另一个乃至更多要素的变化；而多个要素的变动也会导致或引发某一个甚至多个要素的演变。生态文明系统内的各个要素之间相互影响，相互作用，彼此协同，产生轰动的过程。理解生态因子的连锁感应规律要注意把握以下几个要点。

1. 理解生态因子及其作用

生态因子是指环境中对生物生长、发育、生殖、行为和分布有直接或间接影响的环境要素，如温度、湿度、食物、氧气、二氧化碳和其他相关生物等。生态因子中生物生存所不可缺少的环境条件，有时又称为生物的生存条件。所有生态因子构成生物的生态环境。具体的生物个体和群体生活地段上的生态环境称为生境，其中包括生物本身对环境的影响。生态因子和环境因子是两个既有联系，又有区别的概念。生态因子的作用是多方面的。生态因子影响着生物的生长、发育、生殖和行为，改变生物的繁殖力和死亡率，并且使生物产生迁移，最终导致种群的数量发生改变。当环境中的一些生态因子对某一种生物不适合时，这种生物就很少甚至不可能分布在该区域，因此，生态因子还能够限制生物物种的分布区域。但是，生物对自然环境的反应并不是消极被动的，生物能够对自然环境产生适应。由此可见，生物和环境之间的关系是相互辩证的。正因为如此，生态系统在不同条件下需要进行有序重组，才能促进生态系统的良性发展，而生态系统的有序重组就是生态因子连锁感应发生、发展的全过程，在此过程中不同的生态因子起到不同的作用。第一，生态因子具有综合性的作用。环境中各种生态因子不是孤立存在的，而是彼此联系、相互促进、相互制约的，任何一个单因子的变化，都可能引起其他因子不同程度的变化及其反作用。因此在进行生态分析时，不能只片面地注意到某一生态因子而忽略其他因子。例如，一个地区的湿润程度，不只决定于降水量这一个因素，而是诸气象因素相互作用的综合效应。湿润程度既决定于水分收入（降水），又决定于水分支出（蒸发、蒸腾、径流和渗漏等）。可以认为，蒸散是太阳辐射、温度、大气相对湿度、风速以及地表覆盖等诸因素综合作用的结果。由于蒸散不便于取得可靠的观测资料，而温度与蒸散的关系极为密切，所以许多气象学家、生态学家常用干燥度来表示一个地区的湿润程度。第二，主导因子的主导作用。对生物起作用的诸多因子是非等价的，其中有1~2个是起主要作用的主导因子。主导因子的改变常会引起其他生态因子发生明显变化或使生物的生长发育发生明显变化，如光周期现象中的日照时间和植物春化阶段的低温因子就是主导因子。第三，生态因子的阶段性作用。由于生物生长发育不同阶段对生态因子的要求不同，因此，生态因子的作用也具有阶段性，这种阶段性是由生态环境的规律性变化造成的。例如，光照长短，在植物的春化阶段并不起作用，但在光周期阶段十分重要。另外，有些鱼类是终生定居在某一个环境中，根据其生活史的各个不同阶段，对生存条件有不同的要求。例如鱼类的洄游,大马哈鱼生活在海洋中,生殖季节就成群结队洄游到淡水河流中产卵,鳗鲡则在淡水中生活,洄游到海洋中生殖。第四,生态因子的不可替代性和补偿性作用。生态因子虽非等价,但都不可缺少,一个因子不能由另一个因子来代替。但某一因子的数量不足,有时可以由其他因子来补偿。例如光照不足所引起的光合作用的下降可由 CO_2 浓度的增加得到补偿。第五,生态因子的直接性和间接性作用。依生态因子与生物的相互作用可将生物因子分为直接作用和间接作用两种类型,区分其作用方式对认识生物的生殖、发育、繁殖及分布都很重要。环境中地形因子,其起伏程度、坡向、坡度、海拔高度及经纬度等对生物的作用是直接的,但是它们能够影响光照、温度、雨水等因子的分布,因而对生物产生的作用是间接作用;这些地方的光照、温度、水分状况则对生物类型及其生长和分布起直接作用。

2. 理解连锁感应规律的多重表现形式

规律是客观内在的,但其外在的表现形式是多种多样的。连锁感应规律的外在表现丰富多彩，主要表现形式概括起来有四种：第一，直线式感应。这种表现形式是指生态因子或要素之间感应变化具有单一性，没有纵横交叉，呈直线形式，其实质是一因一果的联系。第二，发散式感应。生态文明的这种感应形式是指由于生态因子或一个要素的运动变化会引发周围各有关要素的运动变化，这些要素的运动变化又会导致外层诸多要素的振荡，这样一层一层向外辐射扩展，从而形成发散式感应，其实质是一因多果的联系。第三，会聚式感应。会聚式感应是同发散式感应相反的一种感应形式，它是系统外围因子或要素的运动变化，由外而内地会聚一级一级引发中心要素产生剧烈振荡的感应方式，其实质是多因一果的联系。第四，网络式感应。网络式感应变化方式，是指生态文明系统的生态因子或各要素之间多因多果的联系所导致的必然结果，此种感应形式可以说是直线式感应和发散式感应两种感应变化方式的结合。具体来说，网络式感应是指系统中每个要素的运动变化都会引发多个要素的运动变化，同时其自身又会受到多个要素运动变化的影响，多个要素之间互动感应,纵横交错,形成网状联系,所以称为生态文明的网络感应变化形式。上述四种形式只是对生态文明的连锁感应规律进行的简单归纳,现实中这一规律的表现更加丰富多彩。

3.理解连锁感应规律的意义

首先,连锁感应规律要求在整体联系中考察要素的特点及功能。根据连锁感应规律,生态文明系统的要素之间存在着互动感化效应,在互动感应中各要素产生变化的性质不尽相同。这就是说,生态文明系统的各要素都不是孤立静止地存在,在考察某个要素的性质、状态、特点和作用时不能孤立地而是应在与相关要素的互动感应联系中进行,一定要把它放到系统整体的联系中来确定其性质状态和特点功能,否则就不能准确认识它在系统中的作用。其次,连锁感应规律要求在生态文明建设中不断促进建设性轰动,避免破坏性轰动。依据连锁感应规律,生态文明系统的各个要素之间,由于互动感应,具有相同性质和方向的要素变化比较容易产生轰动,但这种轰动既有建设性的也有破坏性的。因此,掌握了连锁感应规律,就可以采取适当方法或措施,促进建设性轰动的实现,谨防破坏性轰动的发生。

(三)生态系统的涨落突变规律

生态文明系统的运行演化具有多方面的特征、内容和形式,如果从生态文明建设的机制上考察问题将会发现其存在一种内在的本质的必然联系,即通过涨落实现突变的规律性。为了更好地掌握生态文明系统的涨落突变规律,我们需要理解以下几个概念和问题。

1. 涨落

依据耗散结构理论,系统的宏观状态总是不断地受到来自系统内外环境的扰动,这种扰动会使系统在某一时刻某个局部空间范围产生对系统宏观状态的微小偏离,这种微小偏离便是涨落。不论系统宏观状态及外部环境是否发生变化,系统的涨落行为都会不断发生。涨落是基于组成系统的微观元素无规则运动及外界环境的不可控的微观变动而产生的,因此客观存在是随机的不可预言的偶然事件。就生态文明系统而言,它受制于社会巨系统而处于稳定状态时，也不是绝对的稳定，也是会产生一定范围内的涨落。一是生态文明自身产生的涨落是自发性偏离，这种自发性偏离主要是基于生态文明内部各因素合规律运动以及相互作用而产生的；二是社会巨系统作为生态文明的环境对生态文明发生影响而产生涨落。因此，从生态文明内部结构及外部环境的复杂性、多元性来看，其在时间和结构的任何一点上，都可能出现涨落，也就是说这种涨落是大量的、随机的。研究表明，涨落的结果有两种：一是系统宏观状态为平衡态或平衡附近的某个定态时，只要系统不处在相变的临界点，呈现衰减涨落，这种微小的衰减涨落自然不可能对系统宏观状态产生很大影响；二是在系统处于非平衡态，外部控制参数达到临界值时，涨落会有很大反常，最初只在小范围内产生，之后会被迅速放大，在更大范围内出现，成为能够在根本上改变系统原有状态的巨涨落。就生态文明系统来说，多数情况下由于系统本身的稳定性，其中心具有很强的吸引作用，刚出现的一些微小涨落的影响逐步衰减，直至最后消失。但某一涨落真正代表系统未来演化的方向，便属于生命力顽强的涨落,其扩散的动力学方程是足够迅速的,使自己能够获得更多的能量和信息,以新的方式来控制系统的涨落,最终制约整个系统的行为。

2. 临界点和突变

临界点通常是指物质系统由一种状态变为另一种状态的条件。比如某气体在一定温度和一定压力条件下可以均匀连续地转化为液体,那么这种温度(临界温度)和压力(临界压力)就是该气体的临界点。氧气的临界点为-118.8 ℃、49.7个大气压。临界点在耗散结构理论中具有更丰富的内涵,主要指系统离开有序转向混沌的相变点,当系统与外界物质和能量交换达到阈值时由无序结构向耗散结构转变的点。生态文明系统的临界点是该系统由无序混乱状态转变为有序规则稳定状态的外部临界条件,生态文明系统演化的临界点是多种条件和因素的综合。例如,世界先进思想文明观念的输入,社会经济、政治、文化的改革及管理部门的调控措施等。突变是指客观事物突然急剧的非连续性变化,哲学上称作飞跃。生态文明系统的演化发展过程也会随内部因素和外部条件的变化发生突变或飞跃。这种突变包括生态文明系统的状态和功能等的跃变。

3. 涨落突变规律及其意义

基于上述几个概念和问题，我们对涨落突变规律的基本内涵进行概括：生态文明系统内部经常随机发生不同形式的微观涨落，当某种微观涨落被正反馈作用放大超过临界点时便形成巨涨落，系统就会产生突变形成规则稳定的有序状态。这就是生态文明系统运动演化的涨落突变规律。涨落突变规律具有重要意义：一是可以识别代表未来演化方向的微观涨落。社会巨系统的内外环境影响非常复杂且多变，因此生态文明系统产生大量的、随机的微观涨落是不可避免的。然而，并非所有微观涨落都能导致生态文明的进步和发展。那些不具有合理性的微观涨落因其自身生命力的软弱将会被淘汰，而只有真正代表生态文明发展方向的微观涨落在一定外部条件下才能形成巨涨落，实现生态文明的进步和飞跃。这便需要有自觉能动性的人或社会管理组织准确识别代表未来演化方向的微观涨落，创造条件加速其振荡，以推进生态文明建设朝着进步方向发展。二是自觉调控实现突变的临界点。生态文明系统通过涨落实现突变，形成规则稳定的有序状态，其关键在于临界点的高低和严宽。临界点高和严，实现突变的可能性就小，突变的速度就慢；临界点低和宽，实现突变的可能性就大，突变的速度就快。临界点的高低和严宽在于微观涨落的强弱和外部条件的难易。那么，具有能动性和智慧的人便可以自觉地调控临界点，从而加速或减缓突变实现。

（四）生态系统的相干协同相变规律

生态文明作为巨大而复杂的生态系统工程，其建设还应该遵循生态系统的相干协同相变规律，这一规律与协同学有着紧密联系，是协同学研究的主要内容。协同学是近十几年来获得发展并被广泛应用的研究不同事物共同特征及其协同机理的新兴的综合性学科。它着重探究各种系统从无序变为有序时的相似性，协同学创始人哈肯曾说，他把这个学科称为"协同学"，其原因有两个：一是由于其研究的对象是基于许多子系统的联合作用以产生宏观尺度的结构和功能；二是由于许多不同学科进行合作，来发现自组织系统的一般原理。协同学主要研究远离平衡态的开放系统在与外界进行物质或能量交换的情况下，如何通过内部协同作用，自发地出现时间、空间和功能上的有序结构。协同学以现代科学的最新成果——系统论、信息论、控制论、突变论等为基础，吸取了耗散结构理论的大量营养，采用统计学和动力学相结合的方法，通过对不同领域的分析，提出了多维相空间理论，建立了一整套的数学模型和处理方案，在微观到宏观的过渡上，描述各种系统和现象从无序到有序转变的共同规律。

客观世界存在着各种各样的系统，如社会的或自然界的、有生命的或无生命的、宏观的或微观的系统等，这些看起来完全不同的系统，却都具有深刻的相似性。协同学则是在研究事物从旧结构转变为新结构的机理的共同规律上形成和发展的，它的主要特点是通过类比对从无序到有序的现象建立了一整套数学模型和处理方案，并推广到广泛的领域。它基于"很多子系统的合作受相同原理支配而与子系统特性无关"的原理，设想在跨学科领域内，考察其类似性以探求其规律。

协同学的相干协同相变规律认为，千差万别、属性不尽相同的系统，在整个大环境中，各个系统间存在着相互影响、相互作用而又相互合作、相互协同的关系。这其中也包括普遍的社会现象，比如不同单位之间的相互协作与配合，部门之间关系的协调，企业之间的相互竞争、相互作用以及系统之间的相互干扰和制约等。应用协同学方法和规律，可以把已经取得的研究成果，通过类比拓宽至其他学科和领域，为探索未知领域提供有效的手段；还可以用于找出影响系统变化的控制因素，进而发挥系统内子系统间的协同作用。依据协同规律研究的内容，由大量子系统组成的系统，在一定条件下，子系统之间总是相互作用和相互协作的。这一研究内容和规律也是从自然界到人类社会各种系统演化发展过程所遵守的共同规律。

按协同规律的内容和要求，推进社会主义生态文明建设，必须坚持"经济－政治－文化－社会－生态"五位相互促进共同发展的规律。党的十八大及十八大以来将生态文明建设纳入"五位一体"中国特色社会主义总体布局，要求"把生态文明建设放在突出地位，融入经济建设、政治建设、文化建设、社会建设各方面和全过程"。作为"五位一体"总体布局的组成之一的生态文明建设不仅要发挥重要的成员功能，还要与其他"四大建设"融为一体，共同发展，齐力推进中国特色社会主义现代化建设和实现中华民族伟大复兴，因而其地位更加突出，其功能也更加特殊。生态文明建设通过净化人与自然的关系，重塑人与人、人与社会的关系，协调"五位一体"内部各组成部分之间的关系，最终协调生产关系与生产力、经济基础与上层建筑的关系。经济建设、政治建设、文化建设和社会建设是一个有机整体，生态文明建设这一新成员的加入，通过融入"四大建设"的各方面和全过程，打通各建设系统之间的有机联系，有利于各建设系统之间形成相互支持、彼此推动的良性机制。工业文明具有强大的惯性，生态文明不可能像从原始文明到农业文明再到工业文明一样，自发、自动地形成，而必须对现行体制机制进行生态化改造，对生产关系不适应生产力发展水平、上层建筑不适应经济基础的弊端进行绿色变革和创新，从而为经

第五章 生态文明建设的历程、经验规律及理论体系

济、文化、社会建设的生态化提供强制力量,在这个过程中,不仅促进了生产力的发展和解放,也促进了生产力与生产关系、经济基础与上层建筑的相互协调。经济、政治、文化和社会是现实运行中的系统,生态文明建设融入这个系统,不是简单叠加,也不是以一个独立的外在因素"输入"或"植入",而是在基本不改变现实系统结构和功能的前提下,将生态文明建设的要求、目标和内容等要素,体现和融合在现实系统的目标、任务与部署之中,使之成为现实经济社会运行系统的有机组成部分,从而实现生态文明建设与现有经济社会发展紧密结合、相互促进。

生态文明建设融入经济、政治、文化与社会等建设的过程,既是一个生态化的过程,也是一个绿色转型和质量提升的过程。我国在工业化尚不发达、工业文明程度还不高的情况下建设生态文明,不是全盘否定工业文明,而是对被工业文明固化和锁定的价值理念、行为模式和制度安排等进行生态化改造和绿色提升。通过实施空间管治,控制开发强度,调整空间结构,优化国土空间开发格局,建立可持续的产业结构、生产方式和消费模式,加快

转变经济发展方式,使空间开发更加有序,资源环境利用更加集约、节约,产业结构更加生态化、高级化,生态制度更加法制化,从而提高经济社会发展的质量和效益,促进我国经济发展的活力和竞争力、文化软实力以及可持续发展能力都提升到新的水平。

(五)生态文明建设的三大子系统(自然子系统、社会子系统、经济子系统)协同发展规律

人类社会是一个以人的行为为主导、以自然环境为依托、以资源流动为命脉、以社会文化为经络的社会-经济-自然复合生态系统。自然子系统是由水、土、气、生、矿及其间的相互关系来构成的人类赖以生存、繁衍的生存环境;经济子系统是指人类主动地为自身生存和发展组织有目的的生产、流通、消费、还原和调控活动;社会生态子系统由人的观念、体制及文化构成。这三个子系统是相生相克、相辅相成的。三个子系统之间在时间、空间、数量、结构、秩序方面的生态耦合关系和相互作用机制决定了复合生态系统的发展与演替方向。复合生态系统理论的核心是生态整合，通过结构整合和功能整合，协调三个子系统及其内部组分的关系，使三个子系统的耦合关系和谐有序，实现人类社会、经济与环境间复合生态关系的可持续发展。

第一个子系统即人的生存环境，可以用水、土、气、生、矿及其间的相互关系来描述，是人类赖以生存、繁衍的自然子系统。首先是水，水资源、水环境、水生境、水景观和水安全，有利有弊，既能成灾，也能造福；其次是土，人类依靠土壤、土地、地形、地景、区位等提供食物、纤维，支持社会经济活动，土是人类生存之本；再次是气和能，人类活动需要利用太阳能以及太阳能转化成的化石能，能的驱动导致了一系列空气流动和气候变化，提供了生命生存的气候条件，也造成了各种气象灾害、环境灾害；然后是生物，即植物、动物、微生物，特别是我们赖以生存的农作物，还有灾害性生物，比如病虫害甚至流行病毒，与我们的生产和生活都息息相关；最后是矿，即生物地球化学循环，人类活动从地下、山里、海洋开采大量的建材、冶金、化工原料以及对生命活动至关重要的各种微量元素，但我们在开采、加工、使用过程中只用了其中很少一部分，大多数以废弃物的形式存在，产品用完了又都返回自然中造成污染。这些生态因子数量的过多或过少都会发生问题，比如水多、水少、水浑、水脏就会发生水旱灾害和环境事故。

第二个子系统是以人类的物质能量代谢活动为主体的经济生态子系统。人类能主动地为自身生存和发展组织有目的的生产、流通、消费、还原和调控活动。人们将自然界的物质和能量变成人类所需要的产品，满足眼前和长远发展的需要，就形成了生产系统；生产规模大了，就会出现交换和流通，包括金融流通、商贸物质流通以及信息和人员流通，形成流通系统；接下来是消费系统，包括物质的消费、精神的享受，以及固定资产的耗费；再就是还原系统，城市和人类社会的物质总是不断地从有用的东西变成"没用"的东西，再还原到自然生态系统中进入生态循环，也包括我们生命的循环以及人的康复；最后是调控系统，调控有几种途径，包括政府的行政调控、市场的经济调控、自然调节以及人的行为调控。

第五章 生态文明建设的历程、经验规律及理论体系

复合生态系统的第三个子系统即社会生态子系统。一是人的认知系统,包括哲学、科学、技术等;二是体制,是由社会组织、法规、政策等形成的;三是文化,是人在长期进化过程中形成的观念、伦理、信仰和文脉等。三足鼎立,构成社会生态子系统中的核心控制系统。这三个子系统相互之间是相生相克、相辅相成的。研究、规划和管理人员的职责就是要了解每一个子系统内部以及三个子系统之间在时间、空间、数量、结构、秩序方面的生态耦合关系。其中时间关系包括地质演化、地理变迁、生物进化、文化传承、城市建设和经济发展等不同尺度;空间关系包括大的区域、流域、政域直至小街区;数量关系包括规模、速度、密度、容量、足迹、承载力等量化关系;结构关系包括人口结构、产业结构、景观结构、资源结构、社会结构等;还有很重要的序,每个子系统都有它自己的序,包括竞争序、共生序、自生序、再生序和进化序。

总之,在生态文明建设过程中,必须遵循自然子系统、经济子系统、社会子系统这三大子系统协同发展规

律,唯有如此,才能实现人类经济、社会与环境间复合生态关系的可持续发展。

四、生态文明建设的理论体系

中国特色社会主义新时代,构建生态文明理论体系既是满足推进生态文明建设的现实需求,也是完善中国特色社会主义理论的迫切需要。中华人民共和国成立以来我国社会主义生态文明建设的实践经验和理论研究,不仅取得了巨大的实践成就,更取得了重要的理论成果。我们对社会主义生态文明建设理论体系进行了深入的探讨和研究,并对生态文明建设的理论体系从六个方面加以概括和总结,从而形成我国社会主义生态文明建设系统的体系框架:

生态文明建设的核心命题——人与自然和谐发展共生共荣;

生态文明建设的基本内涵——建设资源节约型、环境友好型的两型社会;

生态文明建设的实践主体——中国共产党领导下的广大人民；

生态文明建设的政策基石——生态文明的制度建设；

生态文明建设的历史使命——走向社会主义生态文明新时代；

生态文明建设的全球意识——倡导一个地球的人类命运共同体意识。

（一）生态文明建设的核心命题——人与自然和谐发展共生共荣

生态文明的提出是人类对人与自然关系现代性反思的必然，生态文明建设的核心是实现在人与自然发展中从"人统治自然"到"人与自然的协调发展"的进化。它以尊重和维护自然为前提，以人与自然、人与人、人与社会和谐共生为宗旨，以建立可持续的生产方式和消费方式为内涵，引导人类社会发展走持续、和谐发展之路。它强调人的自觉自律，强调人与自然的相互依存、相互促进、和谐发展、共生共荣。

1. 人是自然界的"一部分"

把人视为自然界的"一部分"是马克思、恩格斯生态哲学思想的基本观点。马克思、恩格斯认为，人与自然的相互作用既是自然的人化过程，即"自然界向人的生成"过程，又表现为人的自然化过程，即"人向自然界的融合"过程。物质生产活动"把整个自然界——首先作为人的直接的生活资料，其次作为人的生命活动的材料、对象和工具——变成人的无机的身体"[①]。人不是超自然的存在物，而是"自然界的人的本质"的实现，人靠自然界生活，决定了人类永远不可能越出自然界而存在，自然界是人类生存的永恒前提。从发生学的视角看，作为地球生物进化的产物，人类起源于地球自然，是自然界的一部分。19世纪40年代，马克思、恩格斯在考察人类发生发展的历史时，明确提出："人是自然界发展到一定阶段的产物，历史本身是自然史的即自然界生成为人这一过程的

---

① 《马克思恩格斯全集》(第3卷)，北京：人民出版社，2002年，第272页。

第五章 生态文明建设的历程、经验规律及理论体系

一个现实部分。"[1]但是人从自然界产生并不是自然界自发展的结果,单纯的生命进化规律并不能很好地解释人的现实性。人的类本质不仅使人有能力通过劳动脱离自然界,而且人类对自然界来说形成了自己的利益,从人类自身的利益出发,人类和自然界的关系就具有了属人的意义。人类怎样从自然界脱离出来,就应该怎样去理解人与自然的关系。恩格斯在《劳动在从猿到人转变过程中的作用》中提出:"劳动,是整个人类生活的第一个基本条件,而且达到这样的程度,以致我们在某种意义上不得不说:劳动创造了人本身。"[2]劳动创造人也就创造了人的一切关系,其中最基本的关系是人与自然的关系。人靠自然界生活决定了人的生命活动的一切方面都必须不断地与自然界进行物质交换,但人的生命活动与动物不同。人与动物不同的生命活动内容表现在一切活动上,在本能

---

[1] 《马克思恩格斯全集》(第3卷),北京:人民出版社,2002年,第308页。
[2] 《马克思恩格斯选集》(第4卷),北京:人民出版社,1995年,第373~374页。

活动上人与动物没有区别,但是人之所以为人是因为他能够对本能活动进行改造,正是这种改造的结果使人的活动获得了人的类本质规定。

人作为有生命的自然存在物,既构成了自然界的一个对立面,又直接是自然存在物。人类的生存与发展离不开对象性的现实自然界,人类的物质生活和精神生活都离不开感性的外部世界。马克思主义创始人坚持彻底的唯物主义立场,在人类实践的基础上把人看作"自然存在",并且是"活生生的自然存在""活动的自然存在"。"当现实的、肉体的、站在坚实的呈圆形的地球上呼出和吸入一切自然力的人""直接地是自然存在物"[1]。马克思把人看作"自然存在物",指出了"人的自然的本质"[2],人是按照自然规律形成的;他的感觉以自然客体的存在为前提,他的感性生活也以自然界的多样

---

[1]《马克思恩格斯全集》(第3卷),北京:人民出版社,2002年,第324页。
[2]《马克思恩格斯全集》(第3卷),北京:人民出版社,2002年,第307页。

性为前提。马克思、恩格斯认为,作为生物进化质变和飞跃的结果,人在物种关系中从动物界提升出来,成为具有新质的存在——"人的自然存在物""不仅仅是自然存在物,而且是人的自然存在物,就是说,是自为地存在着的存在物,因而是类存在物"①。

2. 人与自然关系的本质

马克思、恩格斯从人类劳动这种最基本的实践形式的视角考察人与自然的关系问题,科学地揭示出人与自然的关系本质上是一种实践关系。实践关系蕴含着主体与客体、自然环境的制约性与人的能动性、自在自然与人化自然的关系及其统一。

首先,人与自然实践关系的标志性体现的是主体与客体的对立及其统一。正如马克思所指出的:"主体是人,客体是自然。"这是分析和研究人与自然其他方面关系的基础,也是正确认识和解决生态环境问题的前提。在马克思看来,人作为"有意识的类存在物"使人的活动具有

---

① 《马克思恩格斯全集》(第3卷),北京:人民出版社,2002年,第326页。

了自觉性，因而使人脱离了动物界，成为"能动的自然存在物"。人通过实践活动把自身之外的自然变成自己活动的对象，变成自己的客体，与此同时，也就使自己成为相对的主体，人的主体地位是在实践中被自觉意识到的。"在马克思看来，人是从自然中发现的唯一的主体，也是在自然中发挥目的论作用的唯一的主体，人应该在非主体的外界物的自然界中边劳动边确证自己。"①通过实践，主体与客体密切联系、相互作用。

其次，从实践关系的主体维度和客体维度统一的角度出发，马克思、恩格斯认为人与自然的关系又是自然环境对人类的制约性和人类对自然环境的能动性的统一。一方面，自然界对人类的制约性并不仅表现在人本身就是自然存在物，是自然界中的一部分，这种人对自然的本原依赖性方面，更为重要的是体现在自然是人的外部环境和人类活动的要素。马克思、恩格斯认为，既然人是自然的存在物，他就必然地在自然界中进行自己的肉体和精神生

---

① A.施密特：《马克思的自然概念》，欧力同、吴仲昉译，北京：商务印书馆，1988年，第173页。

活，与自然界的另一部分即外部自然进行交换，这个外部自然界就是人的外部环境。另一方面，人是有意识、有意志的自然存在物，确切地说是社会的存在物，具有改变外部世界能力的能动的自然存在物。人类能够正确认识自然规律，从而正确地说明、解释和预见自然现象，并根据对这些规律的认识能动地支配自己的行为，达到能动地对自然环境的改造。能对自身行为的长远影响进行预见和调控也是人类对环境能够进行能动性改造的确证。

再次，从实践关系把握人与自然之间的本质联系，马克思、恩格斯对"自在自然"与"人化自然"之间的关系做出合理的解释和说明。"人化的自然界"概念是马克思在《1844年经济学哲学手稿》中最早提出来的，它表明马克思实际上把"自在自然"与"人化自然"做了区分。"自在自然"包括人类历史之前的自然，也包括存在于人类认识或实践之外的自然；"人化自然"则是指作为人类认识和实践对象的自然，是打上人类认识和实践烙印的自然。实践活动使统一的自然界分为自在自然和人化自然，它作为介于自在自然和人化自然之间的活动，推动前者不断向后者转化。

3. 人与自然关系的现实形式

马克思把人与自然的关系纳入社会历史领域中,从而深刻地阐述了人与自然关系的现实形式。依照马克思的看法,在人与自然进行物质交换的劳动结构中,人与自然关系的现实形式就是人与自然的生态关系和人与人的社会关系的相互制约。两种关系的相互制约就是社会与自然互为中介:人与人的关系以人与自然的关系为中介,人与自然的关系又以人与人的关系为中介。因此,当人以一定形式的社会存在物的方式进行劳动活动,进而与作为对象的自然发生关系时,自然才成为"人化的自然",而人才成为真正的人,社会也因此生成和发展。劳动这一人与自然关系的最基本形式是人类最初的社会活动形式,从一开始就具有社会性,并在再生产人与自然关系的同时不断地再生产着相应的社会形式。人、自然、社会作为历史上永远处于变动之中的人类生命活动形式——社会历史过程中彼此联系的三个最基本的因素,在劳动实践基础上相互联系、相互发展。

首先，人与自然的关系和人与人的关系是人类实践活动中的两重维度，它们彼此交织、互为中介。马克思、恩格斯强调人类社会实践活动的"一个方面是人们对自然的作用。另一方面，是人对人的作用"[①]，他们坚决反对把人与自然界的关系从历史中排除出去，进而造成自然界和历史之间的对立的观点。

其次，人与自然的关系和人与人的关系在实践活动中处于不同的层面，其作用和地位也是各不相同的。人与自然的关系是实践活动的显性层面，该层面揭示的是人类实践活动中的认识论维度，关注的是人如何发现自然规律进而改造自然界的问题，属于实践活动中的感性和技术层面，它对人与人的关系具有发生学的意义；人与人之间形成的社会关系则是实践活动的隐性层面，该层面揭示的是实践活动中的本体论维度，属于实践活动中的社会存在基础，它对人与自然关系的展开方式、性质和前景具有决定性的作用。在马克思看来，任何存在都是对象性的存在，

---

① 《马克思恩格斯全集》(第3卷)，北京：人民出版社，1960年，第41页。

现实的、真正的自然只能是工业中与生产中的自然，人与自然的关系只有在这些现实的生产关系之中才能得到揭示。马克思在别人只看到人与物的关系的地方发现了人与人的社会关系，这是马克思人与自然理论的独特贡献和深刻意义，人与自然关系的状况映射的正是人与人之间的物质利益关系的状况。

（二）生态文明建设的基本内涵——建设资源节约型、环境友好型的两型社会

生态文明与两型社会是两个在理论内涵存在密切联系的范畴。关于生态文明的内涵，综合归纳国内学者的看法可做以下诠释：在广义上说，生态文明是指人类遵循人、自然、社会和谐发展这一客观规律而取得的物质成果、制度成果与精神成果的总和；在狭义上说，生态文明是指人与自然、人与人、人与社会的和谐共生、良性循环、全面发展、持续繁荣为基本宗旨的文化伦理形态。从历史维度看，生态文明是对农业文明和工业文明的超越。关于两型社会的内涵国内虽没有统一界定，但其核心思想内容基本一致。顾名思义，两型社会是指资源节约型社会和环境友好型社会。资源节约型社会是指在生产、流通、消费等领域和环节通过采取经济、行政、技术、法律等综合性措施不断提高资源利用效率，以尽可能少的资源消耗和环境代价来满足人们日益增长的美好生活需要的社会发展模式。环境友好型社会是指人类的生产和生活要与自然生态系统协调持续的人与自然和谐共生的社会发展形式。总之，两型社会是指以资源节约和环境友好为发展主题，坚持走新型工业化和新型城市化道路，强调转变经济增长方式，注重经济建设、社会建设与生态建设的统一，实现资源的最优配置与持续利用，达到人与自然和谐统一、共生共荣的社会发展状态。建设生态文明与两型社会建设既具有内在同一性，又具有一定的从属性。一方面，建设生态文明与两型社会建设具有内在一致性，两者都倡导人与自然和谐的伦理价值观，都追求可持续的绿色发展观，都提倡资源节约、环境友好的消费观，都要求转变经济发展方式，大力发展循环经济，都要求加强生态法律制度建设。另一方面，建设生态文明与两型社会建设具有一定从属性，两型社会建设从属于生态文明建设范畴，因为生态文明是两型社会建设的重要目标指向，两型社会建设是生态文明建设的基本内容和内在要求。生态文明所遵循的生态价值理念对两型社会建设具有重要的指导意义。从价值理念的层面看，两型社会建设就是要树立并践行生态价值观，着力破除工业文明的以人类为中心的人类中心主义价值观，追求维护生态系统平衡的可持续发展观。解决能源资源短缺与人类可持续发展之间的矛盾，不仅要做到保护和节约能源资源，而且要不断创新生态发展理念、生态技术手段和生态管理模式，逐步形成节约能源资源和保护生态环境的增长模式。目前，首要问题是统筹促进经济增长与调整经济结构、转变经济发展方式的关系，逐步形成节约能源资源和保护生态环境的产业结构。两型社会建设所倡导的节约能源资源和保护生态环境的绿色消费、绿色生活方式等无疑都需要生态文明的思想理念和价值观的指导。

我国历经 40 多年的改革开放，经济社会取得了辉煌成就，但同时经济活动与生态环境之间的矛盾日益激化，

第五章 生态文明建设的历程、经验规律及理论体系

资源短缺、环境污染、生态失衡等问题已成为制约我国经济社会发展的瓶颈，环境危机、资源能源危机已经威胁到中国的现代化建设的长期发展，因此，"资源节约型、环境友好型"的两型社会建设已成为必然。只有以建设两型社会为抓手，才能全面建成小康社会，建设美丽中国，实现中华民族复兴的中国梦。中国当前处于一个历史性关头：限制中国继续繁荣的不再是人造资本的稀缺，而是自然资源、环境容量等自然资本的稀缺。在全球自然资本普遍稀缺的情况下，中国的现代化将不得不走出一条与传统的西方工业化不同的道路，即通过经济社会发展模式的历史性变革，从工业文明走向新的文明，即生态文明。由此可见，建设"资源节约型、环境友好型"的两型社会已构成生态文明建设的基本内涵。党的十九大报告提出，到21世纪中叶，"把我国建成富强民主文明和谐美丽的社会主义现代化强国"。这充分表明社会主义现代化强国必须是物质文明、政治文明、精神文明、社会文明、生态文明的全面提升。生态文明建设是实现这一发展战略安排的重要的实质性内容，"资源节约型、环境友好

型"的两型社会建设则构成生态文明建设的基本内涵和重要举措。

第一,建设两型社会,是推进我国现代化建设、全面建设小康社会的内在要求。坚持以经济建设为中心,按照全面建设小康社会、走新型工业化道路的要求,着力转变经济增长方式,全面提高国民经济的整体素质和竞争力。多年来,我们在转变经济增长方式、提高经济增长的质量和效益方面做了大量工作,也取得了一定成效,但经济增长粗放型投入多、产出少、消耗高、浪费大、污染重的问题还没有得到根本解决。要实现2020年全面建成小康社会的目标,必须从根本上转变经济发展方式,加快建设节约型社会,在社会生产、建设、流通、消费的各个领域,在经济和社会发展的各个方面,切实保护和合理利用各种资源,提高资源利用效率,以尽可能少的资源消耗获得最大的经济效益和社会效益,保障经济社会的可持续发展。

第二,建设两型社会,是有效缓解资源供求矛盾、保障国家经济持续发展的选择。人口众多、资源相对不足、缓解承载能力较弱,是我国的基本国情。能源和矿产短缺、淡水和耕地紧缺是制约我国经济社会发展的"软肋"。随着我国人口的增长,工业化不断推进,城市化步伐加快,居民消费结构逐步升级,经济规模的进一步扩大,资源供求矛盾将更加突出,环境压力越来越大。解决我国资源供求矛盾,促进经济社会持续快速发展,根本出路在于坚持节约与开发并重、节约优先的方针,合理开发和有效利用资源,加快建设两型社会。

第三,建设两型社会,是保护生态环境、提高人民生活质量的根本途径。多年来的高投入、高消耗、高排放,导致水污染、空气污染、植被破坏、沙漠化、酸雨等问题越来越突出,严重影响了人民群众的身体健康和生活质量。落实科学发展观,要求我们必须加快建设节约型社会,大力发展循环经济,切实减少资源消耗,做到废物的资源化利用和循环利用,对最终废物进行无害化处理,尽量减少污染物排放和对生态环境的破坏。

第四,建设两型社会,是保障国家安全和提高中国综合国力的重要举措。解决中国建设需要的资源问题,着眼点和立足点必须放在国内。建设资源节约型、环境友好型社会，能够控制和降低对国外资源的依赖程度，确保国家经济安全和国家安全，能够提高中国的综合国力。建设两型社会，是推进社会主义和谐社会建设的重要内容。人与自然和谐相处是社会主义和谐社会的基本特征之一，建设资源节约型、环境友好型社会，能够实现人与自然和谐相处。

（三）生态文明建设的实践主体——中国共产党领导下的广大人民

中国共产党领导的广大人民是社会实践的主体，也必然是生态文明建设的实践主体。根据马克思主义理论，人类社会的基本矛盾是推动人类社会发展的基本动力，包括生产力与生产关系的矛盾和经济基础与上层建筑的矛盾，并且这两对基本矛盾存在于一切社会形态，并贯穿于每一社会形态的始终。在这两对基本矛盾的运动中，人民群众不仅是认识世界的主体，而且是改造世界的主体；不仅是物质财富的创造者，而且是精神财富的创造者。

第五章 生态文明建设的历程、经验规律及理论体系

总之，根据马克思主义唯物史观，人民群众不仅是历史的创造者，还是人类社会实践的主体，更重要的是人民群众的社会实践是检验真理的唯一标准。群众观点是我们党的基本政治观点，群众路线是我们党的根本工作路线。中国共产党成立以来的奋斗历程和基本经验充分说明，只有一切为了群众，一切依靠群众，充分相信群众，密切联系群众，才能不断取得革命、建设和改革开放的伟大胜利，这是由我们党的全心全意为人民服务的根本宗旨决定的。因此，在我国进行生态文明建设的过程中，一定要从群众中来，到群众中去，必须讲群众观点，并且一定要坚持和发扬党的群众路线。在坚持和发扬党的群众路线过程中，最重要的是要坚持实事求是。各级领导干部在任何时候、任何情况下都要将党的事业放在思想的最高位置，要坚持把人民群众的利益放在首位，并在思想上增进对人民群众的感情，建立起与群众直接进行沟通交流的渠道，到群众中去，自觉与广大人民群众打成一片，以人民为师，善于向群众学习，认真分析和深入研究人民群众的呼声与要求，办好顺民意、解民忧、惠民生的实事。唯有

如此，党做出的决策才能符合人民群众的根本利益，进而真正做到权为民所用、情为民所系、利为民所谋。

要坚持人民主体地位，我们必须充分认识到中国特色社会主义实践是亿万人民群众自己创造的伟大事业，只有坚决依靠最广大的人民群众——工人阶级、农民群众以及广大知识分子等，才能真正坚持人民群众主体地位。我国生产方式已经发生重大变化，打破了传统格局和工作方式，这种转变从长远来看有利于提高工人阶级的整体素质，进而发挥工人阶级的整体优势和坚持工人阶级的领导地位。从我们党奋斗的经验来看，农民阶级是我国无产阶级天然的同盟者，虽然现在在我国新城镇化的过程中，出现了很多新情况与新问题，使农民的生活方式与生活习惯发生了转变，但是要坚信党中央最终会解决，并会始终真正坚持广大人民群众的主体地位。知识分子是人民群众的重要组成部分，科学技术是第一生产力，这更加凸显出了知识分子的地位和作用，只有坚持知识分子的主体地位，才能发展先进生产力，推动我国走上新型工业化道路，实现跨越式发展。中国特色社会主义是亿万人民自己的事业，除了要紧紧依靠工人、农民和知识分子，还需要整个社会方方面面的、拥护中国特色社会主义事业的成员一起共同奋斗。因此，在大力推进生态文明建设过程中，必须坚持人民主体地位，深刻认识到人民群众是社会实践的主体，更好地保障人民权益，更好地保障人民当家做主，实现每个人的中国梦。

中国共产党领导的广大人民是生态文明建设的驱动力。党的群众路线的立场和核心观点是"一切为了群众，一切依靠群众"，"从群众中来，到群众中去"，尊重、捍卫和坚持人民群众的主体地位。群众观点要求执政党始终保持着同人民群众的血肉联系，将群众的利益作为核心利益，在社会经济建设中以人为本，顺应人民群众的诉求，坚持问政于民、问需于民、问计于民，着力解决人民群众反映强烈的问题，以人民群众不断增长的物质、文化、环境等需求为社会发展的驱动力。伴随着我国社会、经济、文化的迅速发展，环境问题日益突出，越来越多的人认识到环境保护的重要性，人类的生产生活、发展进步都离不开生态环境，人们深刻意识到保护生态环境就是保护好人类自己,人民群众生态环境保护的主观愿望已成为生态文明建设的驱动力。因此,只有在中国共产党的领导下,坚持群众路线,满足人民群众对生态环境保护的强烈愿望,使人民群众以主人翁精神积极参与到生态文明建设中,才能形成凝聚社会发展的巨大力量,不断推动生态文明建设,为实现富强民主文明和谐美丽的社会主义现代化强国和中华民族的伟大复兴提供坚强有力的主体保障。

在推进生态文明建设中,中国共产党若要更好地发挥其在生态文明建设中的领导核心作用就必须做到:第一,制定中国特色社会主义建设"五位一体"奋斗目标,确立生态文明建设"五位一体"中的基础地位,并通过法定程序上升为国家意志,依靠法律实现对生态文明建设的政治领导。第二,适应不断发展的经济社会发展和生态文明建设的新形势,与时俱进,不断提高党的执政能力,坚持科学执政。第三,遵循中国特色社会主义社会的发展规律和生态平衡规律,统筹人与自然和谐发展,努力建设美丽中国,实现中华民族永续发展。第四,要更好地发挥党员的先锋模范作用,牢记党的宗旨和使命,不忘初心,为人民群众做好服务，做人民群众的贴心人，带领人民群众共创美好生活。

（四）生态文明建设的政策基石——生态文明的制度建设

生态文明制度建设是生态文明建设的重要内容，它关系人民福祉、关乎民族未来，是建设美丽中国、实现中华民族永续发展的必然选择。目前，资源约束趋紧、环境污染严重、生态系统退化的严峻形势仍然是制约我国经济社会持续发展的障碍和瓶颈。这种严峻的生态环境问题虽然有自然和历史的原因，但主要有改革开放以来我国经济快速发展导致部分领域和区域的盲目无序开发和过度开发的原因，更有改革不到位、体制不完善、机制不健全的深层面制度原因。因此，党的十八大和十八届三中全会提出"加强生态文明制度建设，保护生态环境必须依靠制度"，十八届四中全会提出"全面推进依法治国，建设社会主义法治国家""用严格的法律制度保护生态环境，促进生态文明建设"。生态文明作为一种新型的现代文明形态，其建设具有综合性、长期性和艰巨性，只有依靠系统完整的法律制度体系才能顺利进行。只有通过制度建设，用制度来保护生态环境，才能规范好权力运行，调节好利益格局，从根本上保护好生态环境。当今世界很多国家通过制度化措施来管理资源和保护环境。因此，把生态文明建设纳入制度化轨道，是推进我国新时期生态文明建设的科学部署，是实现美丽中国的根本保障。

首先，生态文明制度建设是生态文明建设的基石。党的十八大报告提出加强生态文明制度建设的战略任务。党的十九大报告提出"加快生态文明体制改革，建设美丽中国""改革生态环境监管体制""完善生态环境管理制度""构建国土空间开发保护制度""完善主体功能区配套政策"。制度建设是推进生态文明建设的重要保障，建设美丽中国，要靠制度先行。生态文明作为一个更高层次的社会文明形态，归根结底要靠制度安排来保障。充分发挥制度安排对生态文明建设的引导作用，通过制定完备的、具有可操作性的制度落实生态文明的各种具体要求，通过制度去规范人的各种可能影响环境的行为，从而保护生态环境。在实际工作中，必须在各个层面建立各种体制、机制来切实保障社会主义生态文明的实现。

其次，生态文明制度能够保证生态文明建设的发展方向。生态文明制度首先是社会主义制度体系的一部分，在制定的过程中坚持了社会主义的方向，坚持了以人为本的原则，符合人民对良好生态的期盼。制度的制定过程既是顶层设计的过程也是一个"兼听则明"的过程。生态文明制度是在经过全方位的论证及考虑和吸收社会各基层的建议和意见的基础上形成的，是各级政府、部门和社会各阶层能够接受的，共同遵守的合理制度。生态文明制度为了保证生态文明建设的方向，需要全面审视生态文明建设的各个方面，反思建设中的各种问题，然后才能制定出其目标、手段和方法。这是一个认识、提高、再认识、再提高的过程，经过这些过程之后，建立的制度体系才能更加合理和完善。制度一旦建立就具有了稳定性和长期性的特征，保证政策不会随意地被改变，使生态文明建设不会偏离社会主义的方向。

再次，生态文明制度的建立使生态文明建设"有法可依"。制度就是各种法规、章程的总称,是人们行动的依据和准则。生态文明制度建设就是要制定出符合生态文明建设要求的目标体系、考核评价体系和奖惩机制。生态文明制度的好坏,直接决定了生态文明建设的成败。好的制度能够使生态文明建设做到事半功倍,而坏的制度能使建设半途而废。各种生态文明制度的不断完善和相互配合是生态文明建设得以正常开展和发挥预期作用的根本依据。推进生态文明建设亟须法律制度的引领规范和保驾护航,只有将生态文明建设纳入法治的轨道,才能形成保护生态环境的长效机制。

最后,生态文明制度能够约束和监督生态文明建设的实践。生态文明制度的建立只是生态文明建设的起点,更重要的是制度的执行。生态文明建设能够在制度的有效监督和约束之下保证其更好、更快地发展。在生态文明建设过程中必须遵守制度的规定,确保制度的执行力,维护制度的权威性和严肃性。通过各种手段来对照生态文明建设的实践,可以了解制度的落实情况,能够做到及时纠正生态文明建设中存在的问题,避免建设中的偏差,解决建设中存在的违背制度的问题。只有正确地贯彻落实生态文明制度，才能保证生态文明建设的实践取得成效。

当然，长期以来我们过多地关注经济发展的指标，而忽视了环境建设和生态保护，我国的生态文明制度建设虽然有了较大的突破，但是仍存在制度建设滞后的状况，目前仍无法满足人们期望的良好生活和美丽中国的诉求。从现状来看，我们已经出台了不少生态环境保护方面的制度措施。但现有制度还不系统、不完整、不配套，在资源环境管理上，存在制度缺位、管理不严、体制不顺、责权利不统一等一系列问题，没有真正体现源头治理、从严监管、统一管理以及谁使用谁付费、谁损害谁赔偿、谁收益谁补偿的原则等问题。我们必须依据党的十八大以来特别是党的十九大精神，不断深化生态文明体制改革，加快建立生态文明制度体系，推进生态文明建设，实现美丽中国这一人民群众的美好愿景。

（五）生态文明建设的历史使命——走向社会主义生态文明新时代

生态文明建设是关系人民福祉、关乎民族未来的大计。党的十八大以来，以习近平同志为核心的党中央以高度的使命感和责任担当，直面生态环境面临的严峻形势，高度重视社会主义生态文明建设，把生态文明建设融入经济建设、政治建设、文化建设、社会建设各方面和全过程，坚持绿色发展，加大生态环境保护力度，推动生态文明建设在重点突破中实现整体推进，坚持和贯彻新发展理念，正确处理经济发展和生态环境保护的关系，坚定不移地走生产发展、生活富裕、生态良好的文明发展道路，积极推进美丽中国建设，努力走向社会主义生态文明新时代。

1. 社会主义生态文明新时代是人类文明演进的必然逻辑

人类文明的演进发展推动生态文明新时代的到来。从生态文明研究的大量文献中，关于"生态文明"一词基

第五章 生态文明建设的历程、经验规律及理论体系

本有两种用法,即横向共时态用法和纵向历时态用法。当我们从五个维度,即"物质文明、精神文明、政治文明、社会文明和生态文明"的语境中运用生态文明,就是横向共时态用法。当我们说人类文明发展经历了"原始文明、农业文明、工业文明、生态文明"时,这里的"生态文明"就是纵向历时态用法。人类文明从原始文明开始,历经农业文明而后发展到今天的工业文明,由于工业文明是不可持续的,所以必须走向生态文明。每一种文明都代表着一个大时代,农业文明是历经数千年的大时代,工业文明从18世纪欧洲产业革命算起,是经历200多年的大时代,而今走向社会主义生态文明则是新的大时代。人类文明自诞生起,就伴随着人为与自然之间的张力。人类文明是不断发展的,技术进步是发展的鲜明标志,技术进步恰恰是人为能力提高的表现,人为能力的提高便会加剧对自然环境的破坏。就此意义而言,原始人也会破坏生态平衡,但原始社会的发展是非常缓慢的,因此原始文明对自然环境的破坏是微乎其微的。进入农业文明,技术进步明显加快,发展明显加速,但相比工业文

明，农业文明的发展仍然是缓慢的。以中华农耕文明为例，因人口增长而进行的垦荒、统治阶级的奢侈生活等都导致了生态环境的破坏。但中华农耕文明主要是利用太阳能的文明，其经济系统主要利用农作物养活人口并为统治阶级的奢侈生活提供条件，人在农作物生长中只起到一点辅助作用。在此经济系统中，人们使用的技术主要是农耕技术，生产的产品主要是农产品。农耕技术是一种绿色技术，农产品是绿色产品。绿色发展是以使用绿色技术和绿色能源为基础的发展，绿色发展是朝向太阳的发展（太阳能是最重要的绿色能源），所以，中华农耕文明的发展可以说是一种绿色发展。工业文明的出现加快了文明的发展速度，是人类文明发展史上的一次巨大飞跃。伴随着空前加速发展起来的科学技术，人们对自然进行征服的能力大幅提高，人类完全独立于自然之外，唯我独尊，凭借现代科学技术对大自然呼风唤雨，上天入地，移山填海，过度开发资源能源等，严重破坏人与生态环境之间的生态平衡。工业文明使用的主要能源是煤、石油、铀等矿物能源，而不再是太阳能、风能等绿色能源。矿物能源是黑色能源，所以有人称工业文明的发展为"黑色发展"。工业文明中，人们使用征服性技术和黑色能源进行"大量开发、大量生产、大量消费、大量排放"。不可否认，工业文明的成就是巨大的、不可抹杀的，如工业文明时代科技的迅猛发展、物质财富的充分涌流、民主法治的进步发展等。但工业文明导致了空前的能源匮乏、环境污染、气候变化、生态破坏，因而是不可持续的，因此，走向社会主义生态文明新时代是人类文明演进的逻辑必然。

2. 绿色发展是社会主义生态文明新时代的根本特征

英国著名历史学家、哲学家阿诺德·约瑟夫·汤因比认为，文明的发展不同于非人生物的缓慢进化，文明的本质特征是发展。既然文明的本质特征是发展，那么我们便可以从发展方式上来看不同文明的基本特征，进而看各时代的基本特征。绿色发展是生态文明的基本特征，但这并不是对农业文明绿色发展的简单复归，而是人类历史进程中螺旋式的上升和更高水平的绿色发展。生态文明的绿色发展是在继承并提升工业文明高新科技基础上的绿色发展。根据汤因比的观点，原始社会还不能算是真正的文明，农业社会才是真正的文明。文明的发展正好遵循了辩证法的"三段式"否定之否定的发展：由没有发达科技支撑的农业文明的绿色发展到有发达科技支撑的工业文明的黑色发展，再回归到有发达科技支撑的高水平的生态文明的绿色发展。工业文明的黑色发展是对农业文明的绿色发展的否定，生态文明的绿色发展又是对工业文明的黑色发展的否定，这体现了文明发展的"否定之否定"过程。社会主义生态文明新时代是超越工业文明的大时代。这个时代是以高新科技为支撑的绿色发展时代。工业文明的黑色发展转变为生态文明的绿色发展必须进行能源和技术革命，由大量使用煤炭、石油等矿物能源转变为大量使用太阳能、风能、潮汐能等绿色能源，由黑色征服性技术创新转向绿色技术创新。为此需要实现制度变革及人们思想观念的改变。保护环境、节能减排绝非仅仅是调整产业结构和技术革新的事情，而是涉及文明的各个维度。生态文明建设就是对工业文明的能源技术、产业结构、增长方式、经济制度、政治制度、价值观念、文化观念的联动变革。走向生态文明新时代，我们只有坚持绿色发展方式，才能把人为与自然之间的张力保持在安全限度内，从而实现经济社会的可持续发展。

3.生态文明建设是走向社会主义生态文明新时代需要有的宏阔思路和重要举措

推进生态文明建设，走向生态文明新时代是一项长期、复杂、艰巨的历史任务，必须打破旧的条条框框和思维定式，树立新的发展理念，创新发展思路，转变生产方式和生活方式。

第一，推进生态文明建设，走向社会主义生态文明新时代，必须树立尊重自然、顺应自然、保护自然的生态文明理念。树立尊重自然、顺应自然、保护自然的生态文明理念，是推进生态文明建设的重要思想基础，体现了更为全面的价值取向和更为深刻的生态伦理。纵观人类文明发展史，人与自然的关系经历了人类依赖自然、畏惧自然再到征服自然的变化。在原始文明时期，人类本身是自然长期进化的结果，始终依存于自然。在农业文明时期，人们敬畏自然，主张顺天应时。到了工业文明时期，人们在改造自然的能力迅速增强的同时，走向了自然的对立面，宣称要战胜和征服自然。这种观念导致对自然无穷无尽的掠夺，可利用资源日益枯竭，生态环境日趋恶化。尊重自然，就是强调自然与人处于对等的地位，在处理人与自然的关系时，不绝对化人的主体性，也不无限夸大人对自然的超越性。人是自然界的一分子，要把自身的活动限制在保证自然界生态系统稳定平衡的限度之内，实现人与自然和谐共生、协调发展。顺应自然，强调人类在活动中要认识和正确运用自然规律。自然规律具有客观必然性。人应在按自然规律办事的前提下充分发挥能动性和创造性，合理有效地利用自然。保护自然，强调发挥人的主观能动性，从保护的角度处理人与自然、社会的关系。人类为了生存和发展，需要在一定范围内改造和利用自然，但是绝不能把自然当作随意改造的对象。自然的某些部分可以通过改造为人类所用，但另一些部分只能保持原貌，人类不能对其加以改造和破坏。

第二，贯彻新发展理念，注重绿色发展。发展理念是发展实践的先导，是发展思路、方向、着力点的集中体现，是管全局、管根本、管方向、管长远的理念。理念对了，目标任务就好定了，政策举措也就好定了。党的十八届五中全会提出要坚持创新、协调、绿色、开放、共享的五大发展理念。这五大发展理念是在深刻总结国内外发展经验教训的基础上，针对我国发展中突出矛盾和问题提出来的，是在深刻分析国内外发展大势的基础上形成的，集中反映了我们党对经济社会发展规律认识的深化。习近平同志指出，绿色发展，就其要义来讲，是要解决好人与自然和谐共生问题。绿色循环低碳发展，是当今时代科技革命和产业变革的方向，是最有前途的发展领域，我国在这方面的潜力相当大，可以形成很多新的经济增长点。我们必须坚持节约资源和保护环境的基本国策，坚定走生产发展、生活富裕、生态良好的文明发展道路，加快建设资源节约型、环境友好型社会，推进美丽中国建设，为全球生态安全做出新贡献。推进绿色发展要坚决摒弃损害甚至破坏生态环境的发展模式和做法。要推动自然资本大量增值，让良好生态环境成为人民生活的增长点、成为展现我国良好形象的发力点，让老百姓呼吸上新鲜的空气、喝上干净的水、吃上放心的食物、生活在宜居的环境中，切实感受到经济发展带来的实实在在的环境效益，让中华大地天更蓝、山更绿、水更清、环境更优美，走向生态文明新时代。

第三，正确处理经济社会发展和生态环境保护的关系。经济社会发展和生态环境保护的关系就是金山银山和绿水青山的关系问题，是我们应该直面的现实矛盾，是推进生态文明建设、坚持绿色发展首先必须解决的矛盾。有人说，发展不可避免会破坏生态环境，因此发展要宁慢勿快，否则得不偿失；也有人说，为了摆脱贫困必须加快发展，付出一些生态环境代价也是难免的、必需的。这两种观点犯了同样的错误，都把经济发展和生态环境保护绝对地对立起来。习近平早在浙江工作期间就提出"既要绿水青山，也要金山银山，其实绿水青山就是金山银山"的思想，后来又对"两山论"进行了更加深刻、系统的理论概括和阐释。"保护环境就是保护生产力，改善环境就是发展生产力。""绿水青山和金山银山的关系，是实现可持续发展的内在要求，也是我们推进现代化建设的重大

第五章 生态文明建设的历程、经验规律及理论体系

原则。""金山银山固然重要,但绿水青山是人民幸福生活的重要内容,是金钱不能代替的。""绿水青山和金山银山绝不是对立的,关键在人,关键在思路。""为什么说绿水青山就是金山银山?'鱼逐水草而居,鸟择良木而栖'。如果其他各方面条件都具备,谁不愿意到绿水青山的地方来投资、来发展、来工作、来生活、来旅游?从这一意义上说,绿水青山既是自然财富,又是社会财富、经济财富。"[1]他还指出,一些地方生态环境基础脆弱又相对贫困,要通过改革创新,探索一条生态脱贫的新路子,让贫困地区的土地、劳动力、资产、自然风光等要素活起来,让资源变资产、资金变股金、农民变股东,让绿水青山变金山银山,带动贫困人口增收。习近平特别强调,我们绝不能以牺牲环境为代价换取一时一地的经济增长,绝不能走"先污染后治理"的路子。不能再简单以国内生产总值增长率论英雄,不是不要发展,关键是要树立正确的

---

[1] 习近平:《在参加十二届全国人大二次会议贵州代表团审议时的讲话》,转引自闻言:《建设美丽中国,努力走向生态文明新时代》,《人民日报》2017年9月30日。

发展思路。经济发展不应是对资源和生态环境的竭泽而渔,生态环境保护也不应是舍弃经济发展的缘木求鱼,而是要坚持在发展中保护、在保护中发展,实现经济社会发展与人口、资源、环境相协调。①

第四,推动形成绿色发展方式和生活方式。推进生态文明建设,坚持绿色发展,必须从源头抓起,采取扎扎实实的举措,形成内生动力机制。这就要求我们必须坚定不移地走绿色低碳循环发展之路,引导形成绿色生产方式和生活方式。习近平强调,推动形成绿色发展方式和生活方式,是发展观的一场深刻革命。我们要充分认识形成绿色发展方式和生活方式的重要性、紧迫性、艰巨性、长期性,坚持节约资源和保护环境的基本国策,坚持节约优先、保护优先、自然恢复为主的方针,形成节约资源和保护环境的空间格局、产业结构、生产方式、生活方

---

① 中共中央文献研究室:《习近平关于社会主义生态文明建设论述摘编》,北京:中央文献出版社,2017年。

第五章　生态文明建设的历程、经验规律及理论体系

式,为人民创造良好生产生活环境。① 生态环境保护的成败,归根结底取决于经济结构和经济发展方式。要根本改善生态环境状况,必须改变过多依赖增加物质资源消耗、过多依赖规模粗放扩张、过多依赖高能耗高排放产业的发展模式。习近平强调,要结合推进供给侧结构性改革,加快推动绿色、循环、低碳发展,形成节约资源、保护环境的生产生活方式。调整产业结构,一手要坚定不移化解过剩产能,一手要大力发展低能耗的先进制造业、高新技术产业、现代服务业。这两手都要坚定不移,下决心把推动发展的立足点转到提高质量和效益上来,把发展的基点放到创新上来,塑造更多依靠创新驱动、更多发挥先发优势的引领型发展。

第五,推进生态文明建设,走向社会主义生态文明新时代,必须坚持节约优先、保护优先、自然恢复为主的方针。这是推进生态文明建设的基本政策和根本方针。发

---

① 习近平:《推动形成绿色发展方式和生活方式　为人民群众创造良好生产生活环境——中共中央第四十一次集体学习》,新华网:http://www.xinhuanet.com/politics/2017-05/27/c_1121050509.htm。

569

展是第一要务。发展的质量和效益决定着发展的脚步能走多远。进入21世纪以来，资源环境约束加剧、社会矛盾凸显，我国已经到了以环境保护优化经济发展的新阶段。只有坚持节约优先、保护优先、自然恢复为主的方针，才能更好地推进社会主义生态文明建设，走向社会主义生态文明的新时代。

（六）生态文明建设的全球意识——倡导一个地球的人类命运共同体意识

各国共处一个世界，人类只有一个地球，国际社会日益成为一个你中有我、我中有你的"命运共同体"，面对复杂的世界经济形势和全球性问题，任何国家都不可能独善其身，必须倡导"人类命运共同体"意识。"人类命运共同体"是中国对于人类社会如何发展提出的新理念。人类命运共同体旨在追求本国利益时兼顾他国合理关切，在谋求本国发展中促进各国共同发展。2011年《中国的和平发展》白皮书提出，以"命运共同体"新视角寻求人类共同利益和共同价值的新内涵。人类命运共同体这一全球价值观包含相互依存的国际权力观、共同利益观、可持续发展观和全球治理观。当前国际形势的基本特点表现为：政治多极化、经济全球化、文化多元化和社会信息化。资源短缺、环境污染、气候变化、粮食安全、人口剧增、网络攻击、疾病流行、跨国犯罪等全球非传统安全问题层出不穷，已对国际秩序乃至人类生存构成了最为严峻的挑战。人们不论是何国籍、信仰何如、是否愿意，实际上都已经处在一个命运共同体中。由此，一种以应对人类共同挑战为目的的全球价值观——人类命运共同体意识开始形成，并逐步获得国际上的共识。保护生态环境、建设生态文明关乎人类未来，建设绿色家园是人类的共同梦想。那么，我们应该如何推动国际社会携手合作，探索人类可持续发展路径和治理模式，维护生态安全，共谋全球生态文明建设之路？推进生态文明建设，我们应在更深层次和更广范围内达成全球共识。

首先，深刻认识保护生态环境是全球面临的共同挑战。保护生态环境，应对气候变化，维护能源资源安全，是全球面临的共同挑战，任何一国都无法置身事外。习近平强调,气候变化关乎全人类生存和发展,需要在全球范围内采取及时有力行动。国际社会应该携手同行,共谋全球生态文明建设之路。只有团结协作,才能凝聚力量,有效克服国际政治经济环境变动带来的不确定因素。只有共商共建共享,才能保护好地球,建设人类命运共同体。要促进国际社会达成一个全面、均衡、有力度、有约束力的气候变化协议,提出公平、合理、有效的全球应对气候变化解决方案,探索人类可持续发展路径和治理模式。

其次,坚持正确义利观,积极参与气候变化的国际合作。中国一直本着负责任的态度积极应对气候变化,将应对气候变化作为实现发展方式转变的重大机遇,积极探索符合中国国情的低碳发展道路。中国政府已经将应对气候变化全面融入国家经济社会发展的总战略。习近平强调,中国将继续承担应尽的国际义务,同世界各国深入开展生态文明领域的交流合作,推动成果分享,携手共建生态良好的地球美好家园。中国是负责任的发展中大国,是全球气候治理的积极参与者。中国已经向世界承诺将于2030年左右使二氧化碳排放达到峰值,并争取尽早实现。我们要着力推进国土绿化、建设美丽中国,还要通过"一带一路"建设等多边合作机制,互助合作开展造林绿化,共同改善环境,积极应对气候变化等全球性生态挑战,为维护全球生态安全做出应有贡献。

再次,坚持绿色低碳发展,建设清洁美丽世界。2015年年底,巴黎大会成功通过《巴黎协定》,为2020年后全球合作应对气候变化指明了方向,标志着合作共赢、公正合理的全球气候治理体系正在形成,具有深远的历史性意义。习近平强调,《巴黎协定》符合全球发展大方向,成果来之不易,应该共同坚守,不能轻言放弃。这是我们对子孙后代必须担负的责任。国际社会应该以落实《巴黎协定》为契机,加倍努力,有效应对气候变化挑战。人与自然共生共存,伤害自然最终将伤及人类自身。空气、水、土壤、蓝天等自然资源用之不觉、失之难续。我们应该遵循天人合一、道法自然的理念,寻求永续发展之路。

最后,加强国际生态文明建设交流合作。生态文明的建设离不开国际交流与合作,必须充分重视别国有益的生态文明建设经验，把开展国际交流与互动作为推进生态文明建设的重要手段。吸收借鉴世界各国先进的技术和管理经验，正视他国生态文明建设各方面的优秀成果，最终有效促进我国生态文明建设的良性发展，实现美丽中国，美丽世界。生态文明建设是一个全球性课题，需要全球的互动与努力。我国生态文明建设更需要国际空间以及国际互动。其一，通过自身努力推动国际互动。中国作为一个经济大国，同时也是一个人口大国和生态大国，要承担自己的大国责任。承担责任的主要方式是率先履行承诺，加快推进生态文明建设，在保护生态环境方面走在世界前列，以此发挥示范带动作用，在中国的示范作用下，生态文明国际互动已经开始从被动、不平等向各个国家主动参与和公平转变。其二，促使发达国家承担历史责任。全球气候变化谈判的核心是公平，中国参与国际气候谈判就是要与世界各国共同努力，建立起应对气候变化的公平合理的国际制度。温室气体排放是基本的人权问题，发达国家不仅要承担历史的责任，更应该承担现实和未来的责任。其三，推进生态文明建设国际合作。生态文明技术是当前科技创新的前沿领域，资金投入大，研发风险高，决定了其快速发展需要各国发挥各自的比较优势，取长补短，通力合作。中国作为最大的发展中国家和生态大国，在推进生态文明国际互动的进程中，要积极主动参与有关国际规则的制定，在国际生态博弈中掌握主动。

总之，生态文明建设是一项全球全人类的共同事业和行为，它要求必须倡导一个地球的人类命运共同体意识，集思广益、各施所长、各尽所能，把多方优势和潜能充分发挥出来，聚沙成塔，积水成渊，持之以恒加以推进，从而让建设成果更多、更公平地惠及全世界各国人民，最终打造人类利益共同体和命运共同体。中国坚持生态文明建设与"一带一路"倡议，中国生态环境治理经验已经对世界许多国家形成了示范效应。虽然美欧等发达国家比中国早几十年经历了工业化发展导致的环境恶化，这些国家的学者从20世纪六七十年代就开始思考人类的可持续发展问题，而且提出了许多有价值的见解，但是被利益集团操控的西方发达国家政府无法真正带领国家走上可持续发展的道路。因此,中国的生态文明建设行动在世界上得到了广泛关注与赞誉,也感染了越来越多的国外有识之士投身生态文明事业,这是中国"软实力"上升的一个体现。著名后现代思想家、西方社会绿色 GDP 的最早提出者、美国人文与科学院院士、中国生态文明促进与研究会外籍顾问小约翰·柯布博士一直看好中国的生态文明,他坚信"生态文明的希望在中国",并指出"今天我们的使命就是在世界范围推广我们向中国所学的生态文明理念。这个术语和它所代表的思想在西方日益普及。我们已经受益于中国思想。我们真诚希望中国在生态文明建设中走在前列,以便我们今后继续受益"。

第六章　生态文明建设的价值目标和框架内容

生态文明是人类对文明发展的新选择，是在继承和保留工业文明的优秀成果并克服工业文明的不足和缺失基础上所形成的崭新文明形态。工业文明的主要缺失在于文明自身的扩张性而导致各种矛盾和冲突频繁发生，导致人与自然矛盾的尖锐化，加剧人类生存环境的不断恶化。生态文明要解决的是减损文明的扩张性和对抗性因素，调整人类文明的发展方向，实现人与自然共生共荣协调发展。生态文明建设是一项浩繁的、系统的社会工程，当今社会生态文明已经不是空洞的概念与符号，而是现实的因素、活动或过程。生态文明建设没有现成的模式可以遵循，世界各国都在探索符合本国国情的生态文明建设道路。我国社会主义生态文明建设应在正确把握生态文明建设的普遍性要求和特殊性选择基础上，准确理解生态文明的核心价值，确立生态文明建设的价值目标，在生态文明建设的框架体系内不断丰富生态文明建设的内容，从而在人与自然的生命共同体中真正实现人与自然环境的友好相处。

一、生态文明建设的价值目标

社会主义生态文明建设的价值目标可以从三个方面来理解：一是为人民创造良好的生产生活环境；二是建设天蓝、地绿、水净的美丽中国；三是实现中华民族永续发展。

（一）为人民创造良好的生产生活环境

工业革命以来，人类社会中的生产力和科技水平都得到极大的提高，率先进入工业文明的资本主义国家为了更

第六章 生态文明建设的价值目标和框架内容

好地发展本国经济，加大了对自然资源的掠夺，人类不再满足与自然界的和平相处，开始不断征服自然、改造自然。工业文明时代人类创造出比以往更加丰富的物质财富，人类的生产生活也得到极大的改善。然而，自然界并没有臣服于人类社会，而是对人类社会进行无情的报复。进入20世纪以来，全球各地频繁爆发的自然灾害逐渐引起世界各国的关注，但是工业文明所带来的巨大财富并没有让世界各国停止对自然资源的疯狂掠夺。对此，正如恩格斯早就告诫人们的："我们不要过分陶醉于我们对自然界的胜利。对于每一次这样胜利，自然界都报复了我们。每一次的胜利，在第一步都确实取得了我们预期的结果，但是在第二步和第三步却有了完全不同的、出乎预料的影响，常常把第一个结果又取消了。""因此，我们必须时时记住：我们统治自然界，决不像征服者统治异民族一样，决不像站在自然界以外的人一样，——相反地，我们连同我们的肉、血和头脑都是属于自然界和存在于自然之中的。"①从过往人类社会所遭受到的环境灾害问题来看,人类正逐渐品尝着征服自然所带来的苦果。

改革开放以来,我们党和国家逐渐意识到发展经济对于改善人们生产生活的重要性,逐步将工作重心转移到经济建设上来。经过几十年来的快速发展,我们取得了举世瞩目的成就,国民生产总值长期稳居世界前列,综合国力也得到显著提高。但是在国家取得巨大成就的同时我们也无法忽视经济高速增长的背后是以牺牲资源和环境为代价的。据统计,中国的能源消费量由1978年的5.7亿吨标准煤增加到2006年的24.6亿吨标准煤,增长了约3.3倍,占全球能源消费量的比例达到11%;中国消耗的铁矿石从2000年的2亿吨急速增加到2006年的6亿吨,占全球铁矿石消费量的比例达到45%。环境污染不断加剧,二氧化硫排放量从20世纪90年代初的1 800多万吨增加到2005年的2 594万吨,增长约40%;废水排放量从1997年的416亿吨增加到2006年的536万吨,增长了约

---

① 《马克思恩格斯文集》(第9卷),北京:人民出版社,2009年,第559~560页。

30%。 2007年，我国创造的GDP占全球的6%，却消耗了全球15%的能源、30%的铁矿和54%的水泥。世界银行发展报告将中国和印度同列为经济高增长、环境高污染的国家。[①] 环境保护部原副局长王玉庆给污染造成的损失贴上了价签：2011年，环境损失占中国国内生产总值（GDP）的比重可能达到5%~6%，大致相当于2.6万亿元人民币（合4100亿美元），相当于中国庞大外汇储备的1/8。据官方估计，2004年中国环境损失相当于GDP的3%。这一比例在2008年和2009年维持在3.8%左右，但在2011年大致提高了1倍。[②] 巨大的能源消耗越来越引起国人的注意，同时经济全球化的迅速发展使世界各国之间的联系日益紧密。我国的经济发展方式使人民的生产生活越来越受制于自然资源和生态环境。以往世界各国，特别是发达的工业化国家所采取的"先污染后治理""先破坏后恢复""先开发后保护"的经济发展模式

[①] 刘铮：《中国特色社会主义的生态文明理论内涵与价值意蕴》，《毛泽东邓小平理论研究》2014年第5期，第60~65+91~92页。

[②] 《中国环境损失大幅上升》，《英国金融时报》2012年3月15日。

已经不适用于当前各国的整体发展模式。

在探寻适合人类社会发展道路的过程中,世界各国纷纷做出努力。从1972年联合国召开的第一次人类环境会议开始,到1997年世界各国通过的《京都议定书》,生态文明发展道路逐渐得到世界各国的认同。生态文明主要以尊重和保护自然环境为主旨,以可持续发展为根据,以未来人类的继续发展为着眼点。[①] 生态文明强调人与自然之间的和谐共存,主张在发展生产力的过程中,时刻关注自然生态环境。同时,生态文明作为迄今为止人类发展的最高文明形态,涉及人类社会发展的方方面面,尤其是人类的生产方式和生活方式是其关注的重点。在生产方式上,自西方工业文明时代以来世界各国的发展主要以传统粗放型发展方式为主,并且带有高投入、高消耗、高排放等特点,往往是以巨大的资源浪费为代价,忽视对自然资源的可持续发展。生态文明则更重视人与自然,社会与自然的整体协调发展,提倡建立符合生态规律的发展方

---

① 白明政:《论科学发展观与生态文明建设》,《贵州社会科学》2009年第12期,第26~30页。

第六章 生态文明建设的价值目标和框架内容

式。生态文明主张转变经济发展方式,在实现经济发展目标的同时,更加追求提高生态质量。此外,在生态文明时代,产业生态化已经成为各国经济发展的潮流模式。作为一个发展中国家,我们需要建立完善的产业生态化市场机制,其主要手段有产业结构调整、产品结构优化、环境设计、绿色技术开发、资源循环利用和污染控制等。①这样才能从根本上改变我国传统的经济发展模式,转变落后的生产方式,真正做到为人民创造良好的生产生活环境。在生活方式上,当今时代发达的资本主义国家在全球范围内迅速扩张,资本主义生产方式越来越得到世界各国的认可。资本主义的生产方式在全球范围内的广泛实行使世界各个国家为了追求利润不断扩大生产规模,逐渐形成高生产、高消费的生产生活方式。同时,各国人民也逐渐养成一种以消费为核心的消费主义价值观。消费主义价值观的形成使人们逐渐抛弃过往以满足自身生产生活需要的价值理念,"越多越好"成为人们追求的价值目

---

① 廖曰文、章燕妮:《生态文明的内涵及其现实意义》,《中国人口·资源与环境》2011 年第 21 卷第 S1 期,第 377~380 页。

标。消费主义价值观的盛行必然使人们加大对自然资源的掠夺，从而造成一系列恶果。首当其冲的就是自然资源的加速枯竭。众所周知，自然资源大部分是不可再生资源，如果不能合理开发利用只会使人们的生产生活变得异常艰难。其次，消费主义价值观的形成常常使企业为了追求利润盲目扩大生产，往往造成企业所生产的产品无法短期内消化掉，长此以往会对生态环境造成巨大的破坏。最后，消费主义价值观的形成往往会使人们转变对自然资源的看法，人们无法正确对待自然资源，造成人们将自然视为满足自身需要的手段。因此，人们应该转变价值观念并形成良好的生活方式。以生态文明思想为核心的生活方式在当今时代越来越得到人们的认可，同时它也解决了人类发展与自然环境保护之间的种种难题。生态文明在生活方式上主张适度消费，逐渐使人们形成绿色消费观念。生态文明所强调的绿色消费观念，摒弃了资本主义生产方式下的消费主义价值观。它要求人们适当节制消费，尽量减少甚至是避免不必要的浪费，逐渐达到人与自然和谐共存。生态文明所强调的绿色消费观念同样关注人类的消费水平与生态环境容量之间的关系,它主张以基本满足人们的物质文化需要为主要目标,做到适度消费、合理消费、绿色消费,使生态环境与人们的消费能力之间形成良性发展,保证人类社会永续发展。

(二)建设天蓝、地绿、水净的美丽中国

改革开放以来,国家大力发展经济使我国逐渐摆脱了贫困落后的局面,并且取得举世瞩目的成就。但是长期以来我国所采取的传统粗放型发展模式具有高投入、高消耗、高排放等特点,往往造成巨大的能源消耗,同时也给我国生态环境造成巨大的压力。以 2006 年为例,全国废水排放总量为 536.8 亿吨,比 2005 年增加 2.3%。其中,工业废水排放量为 240.2 亿吨,占废水排放总量的 44.7%,比 2005 年减少 1.1%;城镇生活污水排放量为 296.6 亿吨,占废水排放总量的 55.3%,比 2005 年增加 5.8%。全国废气中二氧化硫排放量为 2 588.8 万吨,比 2005 年增加 1.5%。烟尘排放量为 1 088.8 万吨,比 2005 年减少 7.9%。同年,全国环境污染治理投资为 2 567.8 亿元,

比2005年增长7.5%,占当年GDP的1.23%,达到历史新高。全国共发生环境污染与破坏事故842起,造成的直接经济损失达13 471.1万元。① 从长远来看,传统粗放型发展模式并不适合我国社会经济的持续健康发展,持续严重的生态环境问题已成为我国社会经济发展的掣肘。我们党和国家也逐步意识到生态环境问题的重要性:十六大以来中国特色社会主义建设主要集中于政治建设、经济建设、文化建设的"三位一体";十七大扩展为政治建设、经济建设、文化建设、生态建设的"四位一体",逐步关注生态建设;十八大以来将生态文明提升到战略高度,形成政治建设、经济建设、文化建设、社会建设、生态文明建设"五位一体"的总体布局。十八大以来特别是十九大将"建设天蓝、地绿、水净的美丽中国,实现中华民族永续发展"确定为积极推进生态文明建设的重要价值目标。

美丽中国是一个集合和动态的概念,是绿色经济、和谐社会、幸福生活、健康生态的总称,是全球可持续发

---

① 魏胜文、侯万锋:《科学发展观视域的生态文明建设》,《甘肃社会科学》2008年第4期,第185~188页。

展、绿色发展和低碳发展的中国实践,是对保护地球生态健康和建设美丽地球的智慧贡献。① 美丽中国本身就内含着天蓝、地绿、水净的自然之美。 美丽中国需要拥有一个良好的生态环境。 当今世界良好的生态环境是保证各国经济、政治、文化持续健康发展的前提。 同时在处理生态环境问题时,世界各国都是将处理好人与自然之间的关系作为重点。 在建设天蓝、地绿、水净的美丽中国时我们应该将建设良好的生态环境放在首位。 同样良好的生态环境也是生态文明建设的内在要求。 加强生态文明建设,唤起公民对于生态文明的认知,提高公民的生态文明意识,才能使人民真正为建设天蓝、地绿、水净的美丽中国而奋斗。 因此,在建设美丽中国的过程中,我们应该切实形成正确的自然观,树立正确的消费意识,真正形成绿色环保的生态发展模式。

首先,在自然观上,人类需要形成尊重自然、保护自然的生态价值理念。 在建设美丽中国的过程中,我们更

---

① 王金南、蒋洪强、张惠远等:《迈向美丽中国的生态文明建设战略框架设计》,《环境保护》2012 年第 23 期,第 14~18 页。

应该将尊重自然、保护自然的生态文明理念内化为人们日常的行为准则。一方面，我们应该从家庭教育、学校教育、社会教育三个方面出发，使公民真正认清人与自然之间不再是征服与被征服的关系，两者之间是一种和谐共生的关系。人是在自然中形成发展起来的，人类生活是离不开自然界的。从一定意义上说自然是"人的无机的身体"[①]当前世界各国所面临的生态环境危机就是人类对于自然肆意挥霍所带来的恶果。因此，我们应该培养公民形成合理利用自然规律的意识，达到人与自然的平衡。另一方面，公民不但应该将保护自然的生态文明理念内化为人们日常的行为准则，更应该在现实生活中将其付诸实践。近年来，经济发展所引起的环境污染问题越来越严重。据报道，全国有3.6亿农村人口无法使用符合卫生标准的饮用水。因此，提高公民的生态文明意识，加强对公民的生态文明教育宣传工作，使大众真正成为符合生态文明要求的合格公民。

[①]《马克思恩格斯选集》(第1卷)，北京：人民出版社，1995年，第45页。

其次,在消费观上。随着经济全球化的飞速发展,资本主义国家的消费主义价值观越来越得到我国人民的认可。消费主义价值观虽然可以通过刺激消费来促进我国的经济发展,但是消费主义价值观往往会造成巨大的资源浪费。人们常常为了满足一些不合理的需求而采取"盲目消费""过度消费",久而久之形成了"为消费而消费"的习惯,把消费当成实现人生价值的一种手段。消费主义价值观的形成也不断刺激着生产商不断为了满足大众需要扩大生产,往往造成资源的巨大浪费。同时,巨大的资源浪费也会引起一系列的生态问题。因此,从本质上说消费主义价值观并不符合当今时代的发展要求。马克思关于消费曾说过这样一句话,"人从出现在地球舞台上的那一天起,每天都要消费,不管在他开始生产以前和在生产期间都是一样"[1]。当今时代经济的快速发展,自然资源的利用逐步加大,人类越来越需要符合生态发展的消费观念。生态消费观念逐渐成为适合社会发展需要的新

---

[1] 《马克思恩格斯全集》(第23卷),北京:人民出版社,1972年,第191页。

型消费理念。生态消费观念是一种绿色消费观念，它主张人类要与自然和谐共处。在对待社会发展的问题上既维护当代人的社会发展需要，也关注未来社会人类的社会发展需求，同时消费水平要与生产力发展水平相协调，鼓励更高层次的消费。

最后，在发展观上。改革开放以来，我国依靠传统粗放型发展模式逐渐摆脱贫困落后的状态，并取得了巨大的成就。但是，中国也为快速发展付出了沉重的代价——资源短缺、环境污染、生态恶化。无论是自然资源还是生态环境，都已经成为约束经济发展的重要因素。中国经济发展的问题，主要集中在质和量两方面：在质的方面，重化工业比重过大；在量的方面，增速过快，以近两位数的增长率高速发展留下诸多问题，也埋下许多隐患。改变现状，走绿色发展道路已经成为我国今后发展的必然选择。绿色发展之路，就是强调经济发展与保护环境的统一与协调，即更加积极的、以人为本的可持续发展之路。"绿色发展"不但要求改善能源资源的利用方式，还要求保护和恢复自然生态系统与生态过程，实现人与自然的和谐共处和共同进化。

（三）实现中华民族永续发展

无论是为人民创造良好的生活环境，还是建设天蓝、地绿、水净的美丽中国，我们最终的目标都是要实现中华民族的永续发展。近年来，随着我国经济的持续快速发展，生态环境问题也越来越严重，给我们的日常生活带来诸多不便并且逐渐成为人类难以承受之重。

在气候问题上，我国各大中城市正遇到一个普遍现象，城市似乎越来越热。冬日里城市的居民已经很少会感受到冬天的寒冷，但是夏日的酷暑让人们备受煎熬。工业的生产，机动车等交通工具的使用以及居民日常生活所消耗的煤炭、石油、天然气等燃料，释放出巨大热量，使"热岛"效应已经越来越制约我国城市的发展。其中我国首都北京已成为我国最大的"热岛"城市，其市区温度比郊区温度高出9.6 ℃。在水资源问题上，水是人类的生命之源，也是人类文明形成发展的重要因素。2005年英国皇家期刊上曾刊登一份报告介绍，近40年来人类从河湖中汲取的水量比过去翻一番,人类现今消耗的地表水占所有可利用淡水总和的40%~50%。目前,世界人均淡水资源约为2 200立方米,我国人均淡水资源仅为世界平均水平的1/4,我国已是世界上严重缺水的国家之一。更为严重的是,全国600多个城市中,已有400多个城市出现供水不足,其中严重缺水的城市已经达到110个。在土地问题上,土地沙漠化已经成为全球性环境问题。由于人类过度垦荒、过度放牧、乱砍滥伐,地表植被遭到严重破坏,土地逐渐沙漠化。随着沙漠化的不断扩大,沙尘暴更是频繁侵袭人类家园。我国是受到沙尘暴影响较为严重的国家之一。据统计,1952—1993年,我国西北地区发生沙尘暴的次数分别是:50年代5次,60年代8次,70年代13次,80年代14次,呈现逐年增加的趋势。频繁发生的沙尘暴已经成为我国西部地区发展的重要制约因素。环境问题已经成为我国今后发展所需要重点关注的问题,要实现中华民族的永续发展,就需要把改善生态环境放在重要位置上。

首先,实现中华民族的永续发展需要改善生态环境。

第六章　生态文明建设的价值目标和框架内容

生态环境的逐渐恶化,促使我们将改善生态环境提上日程。改善生态环境需要树立正确的价值观——生态文明观。近代工业文明帮助人类取得了巨大的物质财富,以人类中心主义为核心的价值观一时成为人类处理人与自然关系的准则。人类中心主义主要强调"人是万物的尺度",人类是自然界最高的主宰和统治者,自然界成为人类征服和改造的敌人,久而久之导致人走向与自然冲突和恶化之路。生态文明的提出是基于人类对于工业文明的全面而深刻的反思。从理论上说,人类社会的发展是一个自然历史过程,人是自然界的产物,人的生存与自然界息息相关。马克思曾提出"人化自然"的概念,并指出,"人的感觉,感觉的人性,都只是由于它的对象的存在,由于人化的自然界,才产生出来"[1]。人类在实践的过程中使原本处于整体的自然界逐渐划分为"人化自然"和"自在自然",并且不断推进"自在自然"向"人化自然"过渡,这样逐渐促使人与自然界产生相互依赖,两者

---

[1]　左亚文:《资源　环境　生态文明——中国特色社会主义生态文明建设》,武汉:武汉大学出版社,2014年,第106页。

共生共存。在实践上,人类一开始就将自然作为人类获取生活资料的产地,自然界逐渐成为人类进行各项活动的对象和工具,成为人类的无机身体。自然界成为人类的无机身体,充分说明人类与自然界之间存在着广泛而深刻的物质交换。人与自然之间的物质交换又通过人类劳动将人与自然结合成一个生态系统。这个生态系统的健康发展正是依靠人与自然之间形成的和谐共生的关系。同时,人与自然之间的和谐关系还应该推进以人为本,全面、协调、可持续发展。工业文明的发展,不断导致人类走向极端化,追求经济利益逐渐成为人类的人生目标。过度追求经济发展往往以忽视生态环境为代价。生态文明的提出就是要求人们从世界和人类整体利益出发,逐步促进两者和谐发展。生态文明作为可持续发展的重要标志,是生态建设所要追求的目标。同时,可持续发展的实现也是为了真正实现人类的永续发展,因此,要实现中华民族的永续发展,就应该在大众心中树立起生态文明的价值观念。

其次,实现中华民族的永续发展需要形成循环再生的经济形态。随着工业文明时代的到来，人类对于自然界的破坏程度逐渐加深，人类要想重新回到工业文明时代以前的良好生态环境几无可能。我国自改革开放以来取得了巨大成就，实现了国家的现代化和工业化。但是，面对当今时代日益恶化的生态环境以及日趋激烈的经济竞争，我国已经不可能再重新复制西方发达国家先污染后治理的发展模式。大力发展科学技术逐渐成为我国解决经济发展与环境保护的利器。但是随着科技水平的不断提高，我们曾经对科技可以推进经济发展又能保护环境的看法越来越持怀疑的态度。科技的进步、经济的发展并没有真正解决我国生态环境恶化的趋势，反而产生了一些新的问题。其实无论是科技的进步还是经济的发展都受到本国文化的影响，事实上，我国经济发展中出现的食品隐患及食品安全问题，就是人们过分追求经济发展、忽视文化道德建设造成的后果。同时随着我国制造业的不断进步，世界上出现了越来越多的中国制造的商品，但是我们在世界上缺少真正属于我们自己的民族品牌，我们的生产往往处于代工的下游生产链上，无法真正实现我们自己的商品价值。这一问题的存在就是因为我们自己的企业缺少对自身企业的文化建设。因此，我们今后在关注经济发展的同时更应该关注更为深层次的精神文化建设，为实现中华民族的永续发展创造良好的生态环境。

最后，实现中华民族的永续发展需要形成健康和谐的生态生活。当今时代，随着我国现代化和工业化的程度的不断提高，我们在享受到高品质的生活的同时，也越来越受到异化力量的影响，这其中消费领域体现得尤为明显。在现实生活中人们购买商品时往往首先考虑的不是商品的实用性，而是它所代表的某种意义的符号。在消费领域异化现象广泛出现，大众在心中也逐渐养成了超前消费、个人主义、享乐主义、形式主义等思想，这些思想与生态文明格格不入，也与科学健康的生活方式背道而驰。自古以来，由于我国传统的农业社会历史十分漫长，中国文化逐渐孕育形成了一种符合农业社会发展的人与自然的关系，即人与自然互依共存的关系。这种互依共存的人与自然关系逐渐演变为传统文化中的"天人合一"思想。传统文化中的"天人合一"思想在历代思想家的加工和改造后，已升华为一种系统化和理论化的世界观、人生观和价值观。在当今社会，这一思想为我们超越"人类中心主义"思想，形成健康和谐的生态生活提供了某种有益的启迪和借鉴。当今社会经济的增长并不等于社会的发展，我们的消费也不能买来真正的幸福。在感受过工业发展所带来的生态环境问题后，我们应该懂得生态环境对于我们社会今后发展的重要性。古人为我们提供了一种"天人合一"的方式处理人与自然的关系，虽然其渗透某些神秘和唯心的成分，但我们更应该发掘其中蕴含的有益价值，帮助我们真正实现中华民族的永续发展。

二、生态文明建设的特殊性

自我们党提出"生态文明建设"以来，以环境保护、污染治理、节能减排、生物多样性保护等为主要内容的生态文明建设得到不断加速推进，这对于缓解生态危机、促进人与自然和谐发展起到重要作用。然而不可否认，现实中的生态问题仍层出不穷，甚至在一些领域愈演愈烈，生态文明建设面临严峻挑战,相距理想状态的价值目标甚远。其中一个至关重要的原因是我们没有把生态文明建设放在我国社会转型的大背景下考虑,所以也就不可能有效地应对我国社会转型过程中特有的生态问题。因此,研究转型社会中生态文明建设的特殊性和特殊规律,是健康持续推进社会主义生态文明建设的根本出路。转型社会中社会主义生态文明建设的特殊性主要表现为三个方面:其一,中国特色社会主义生态文明建设是政府主导与市场动力的结合;其二,中国特色社会主义生态文明建设是工业化进程和生态化进程的结合;其三,中国特色社会主义生态文明建设是立足于本国国情与借鉴别国经验的结合。

(一)中国特色社会主义生态文明建设是政府主导与市场动力的结合

当今时代,生态文明建设是全球所有国家和地区共同的事业。我国作为一个社会主义国家,人民是国家的主人,也是一切权力的拥有者,国家机关的运行是为保障人民的根本利益。新时期生态文明建设是我国人民的根本利益所在。因此，在社会主义建设过程中我们应该将生态文明建设放在突出位置上，积极发挥政府的主导作用，同时也不能忽视市场在生态文明建设中的促进作用。

自党的十七大报告首次提出"生态文明建设"以来，建设社会主义生态文明逐渐成为我国社会主义现代化建设的重要内容。十八大以来，党提出将生态文明建设融入经济建设、政治建设、文化建设和社会建设的各领域和全过程，并形成中国特色社会主义事业"五位一体"的总体布局。社会主义生态文明建设是一项长期而又艰巨的系统工程，我国政府作为公权力的主要拥有者和运行者，必然要在生态文明建设中承担主要责任，同时更要积极发挥其主导作用。我国政府在生态文明建设中的主导作用如下：

首先，帮助公民树立正确的生态价值观。生态文明建设的关键是需要人与自然之间形成一种和谐共生的关系，转变人们的固有理念。改革开放以来，我国在大力发展生产力，建设社会主义现代化国家的过程中，也逐渐陷入"人类中心主义"思想的怪圈中。资源的浪费、生态环境的恶化所引起的生态危机已经影响到人们的正常生活,我国政府作为公共权威的代表体现着社会的公共利益、整体利益和长远利益,必然要求人们树立正确的价值观——生态文明价值观。"生态文明价值观是人的思维方式、伦理价值观念的彻底转变,表现为以人为本的科学发展观,人与自然和谐共生的生态价值观,资源节约的清洁生产观,拒绝浪费的绿色消费观。"[1]在建设生态文明价值观的过程中,我国政府不断加强公民生态文明的教育工作,将道德教育引入公民生态文明的建设当中。同时积极鼓励公民发挥主观能动性,在尊重自然规律的前提下利用自然、改造自然,不断实现"自然的人化"和"人化的自然"的双向过程,达到人类的全面发展。

其次,建立完善的生态文明制度体系。生态环境问题的出现离不开经济的外部效应。随着我国市场经济的不断发展,人们在利益的驱使下经济的外部效应现象不断

---

[1] 詹玉华:《生态文明建设中的政府责任研究》,《科学社会主义》2012年第2期,第70~73页。

出现。外部效应主要包括外部经济性和外部不经济性，但是无论是哪种外部效应都会对我国生态环境带来巨大的伤害。如何遏制经济外部性是解决我国生态环境问题的关键。制度建设是我国政府解决经济外部效应问题的主要手段，"制度经济学认为，所谓制度就是人类相互交往过程中为维护以信任为目标的社会秩序而禁止不可预见行为和机会主义行为的规则"①。当前我国生态环境在制度方面所面临的问题主要包括制度本身缺位以及制度体系不健全两个方面。我国政府作为制度环境和制度安排的提供者，政府有责任积极推动制度改革，建立一套符合生态环境发展要求的制度体系，消除经济外部效应所带来的各种生态环境问题，真正实现自然、经济、社会的全面协调发展。

最后，有效应对生态环境问题，强化行政监管力度。GDP作为经济发展的重要指标，同时也是政府官员政绩考核的重要标准，一直以来都是各地各级政府关注的焦点。

---

① 柯武刚、史漫飞：《制度经济学：社会秩序与公共政策》，北京：商务印书馆，2000年，第32页。

一些地方政府为了追求经济发展往往以牺牲本地的生态环境为代价,这样最终会造成社会经济无法持续健康发展。因此,在对政府自身的监管上,各地政府应该转变经济发展理念,制定符合生态环境发展的政绩考核评估机制。同样,市场也是政府监管的一个重要区域。市场经济往往存在盲目性、自发性以及滞后性等弱点,市场中的个体往往为了追求经济利益不惜以牺牲周围的环境为代价。因此,各级政府应该加强对市场个体的监督力度,坚决贯彻落实《全国生态环境建设规划》等相关法律法规。科技对于市场主体在激烈的市场竞争中胜出具有重要的作用。一些科技成果往往缺少必要的实践检验就盲目地运用到生产中,这样常常带来巨大的生态环境问题。因此,各级政府在加强对市场个体监督的同时也应该时刻警惕一些科技成果在使用过程中所带来的负效应。

中国特色社会主义生态文明建设离不开我国市场经济的持续健康发展。市场作为市场经济中不容忽视的部分,对经济发展具有重要推动作用。因此,中国特色社会主义生态文明建设在依托我国经济健康发展的同时更应该重视市场在生态文明建设中的巨大作用。

随着经济全球化的发展,世界各国的经济发展越来越受到市场力量的影响。市场力量不以人与市场关系为关注重点,世界各国的经济体制运行因为受市场力量的影响往往以人与自然、生态与经济相分离甚至是对立为特征。因此,改变市场力量对于经济体制运行的影响,形成符合生态发展要求的经济运行体制是各国关注的重点。当今时代市场作为我国生态文明建设的重要推动力,最大限度地发挥市场的推动作用,首先需要我们改变现有经济体制。我国现有经济体制改革主要包括建立社会主义市场经济体制和建立中国特色的生态市场经济体制两个方面。就目前来看,建立中国特色的生态市场经济体制是我国努力的主要方向。生态市场经济是一种特殊的制度安排。这种制度是以生态文明为指导的,其运行基础仍然是市场机制,但它体现了一种新的文明、新的制度、新的行为规范等。[①] 建立中国特色的生态市场经济体制:一是建立真

[①] 杨文进、杨柳青:《论市场经济向生态市场经济的蜕变》,《中国地质大学学报》(社会科学版)2013年第13卷第3期,第20~25页。

实反映资源稀缺程度、市场供求关系、环境损害成本的价格机制；二是加快自然资源产权制度改革，建立边界清晰、权能健全、流转顺畅的生态资源资产的产权制度；三是加快建立生态补偿机制，发挥出市场在生态文明建设上的重大作用。企业作为市场的主体，发挥市场在生态文明建设过程中的推动作用离不开市场对于企业的引导。企业作为市场活动中的一个主体，生态文明建设需要企业在生产过程中提供有符合生态环境健康发展的产品。市场对于企业的引导在生产过程中主要表现在引导企业改进技术加大对科技的投入，加强对绿色产品的开发，强化对产品生产、加工、销售的全过程控制，并且提倡企业在生产原料的选择上采用安全无毒易于回收的材料。这样企业才能在激烈竞争的市场中生存下来。企业销售量的好坏直接关系到企业的再生产，市场作为企业产品的试金石，市场对于企业在销售上的引导主要体现在引导企业建立绿色产品销售网点，提高消费者对于绿色产品的认知，增强绿色产品在市场中的竞争力。同时诚信作为企业在市场竞争中的重要原则，积极推动企业形成符合企业发展的企业文化,树立企业诚信原则形象。

(二)中国特色社会主义生态文明建设是工业化进程和生态化进程的结合

首先,发达国家在工业化过程中的教训以及当今时代的社会环境迫使我国在生态文明建设过程中要将工业化进程和生态化进程相结合。自18世纪工业革命以来,人类借助于先进的科学技术,加大对自然资源的开发利用,创造出巨大的物质财富,使人类逐渐摆脱农业社会的束缚走进工业文明时代。西方国家借助于工业革命的先进成果,走上快速发展轨道,实现了国家工业化。在西方国家还沉浸于工业革命所取得的巨大成果的喜悦心情之时,资源枯竭问题已经逐渐显露。"据美国矿产局估计,按1990年的生产速度,作为燃料资源主体的石油最多可开采44年,天然气约为63年;大多数金属矿产资源能供开采时间在100年之内……"[①]更为严重的是,西方国家在工

---

① 左亚文:《资源 环境 生态文明——中国特色社会主义生态文明建设》,武汉:武汉大学出版社,2014年,第5页。

业生产过程中所产生的废水、废气、废渣往往会造成严重的空气、水体、土壤、食品污染，逐渐威胁到人类的生存发展。20世纪中叶，西方国家面对严重的环境污染，开始着手解决环境问题，加大污染治理力度，尤其是在金融危机时期，加大环境投资，共同应对气候变化，加快绿色发展成为各国共识，人类社会正处在由工业文明向生态文明转型的过渡时期。我国作为世界上最大的发展中国家，同时也是工业文明的迟到者，实现国家工业化是我国急需攻克的重点难题。但是西方国家在完成工业化过程中所造成的世界性污染问题使我国无法像西方国家一样依靠掠夺其他国家资源来实现工业化。同时，我国所进行的工业化也具有自身特点，我国的工业化是迄今为止人口最多的工业化，人均占有的自然资源十分稀少。改革开放以来，粗放式经济发展模式所带来的生态环境问题已逐渐显现。同时，我国正处于工业化和城市化的高速发展时期，矿产、土地、水和森林等主要自然资源的消耗及其所导致的各项污染排放会持续增加，这将给我国有限的生态环境容量带来巨大压力。因此，我国在"以历史上最脆

第六章 生态文明建设的价值目标和框架内容

弱的生态环境承载着历史上最多的人口,担负着历史上最空前的资源消耗和经济活动,面临着历史上最为关键的工业化和城市化发展时期"的特殊国情下提出生态文明建设,这是对我国现代化建设提出的更高的全新要求,我们不得不面临工业化、城市化与生态文明同步发展的双重任务。

其次,生态文明建设和国家工业化也是中国特色社会主义的本质要求。我国作为一个社会主义国家实现共产主义是我们追求的目标。在共产主义条件下"联合起来的生产者,将合理地调节他们和自然之间的物质变换,把它置于他们的共同控制之下,而不让它作为一种盲目的力量来统治自己,靠消耗最小的力量,在最无愧于和最适合于他们的人类本性的条件下来进行这种物质变换"[1],最终实现"人类同自然的和解以及人类本身的和解"[2]。生

---

[1] 《马克思恩格斯全集》(第46卷),北京:人民出版社,2003年,第928~929页。

[2] 《马克思恩格斯全集》(第1卷),北京:人民出版社,1956年,第603页。

态文明作为新时期中国特色社会主义现代化建设的重要内容，它所要实现的目标就是要达到人与自然、人与人、人与社会之间和谐共生良性循环发展。这与马克思、恩格斯面对19世纪生态问题，提出的共产主义生产方式是十分契合的。对于生态文明的认识我们党有一个逐渐深入的过程，从十二大到十五大，建设社会主义物质文明和精神文明作为中国特色社会主义的主要内容，把实现国家现代化的目标和主要任务设计为"两位一体"。党的十六大又提出建设社会主义政治文明，将"两位一体"扩展为"三位一体"。随着中国特色社会主义现代化的快速发展，党的十七大明确提出建设生态文明，构建"四位一体"的新发展观。生态文明是我们党和国家对于马克思主义理论认识的深入研究得出的重要理论。胡锦涛在中共十六届六中全会上指出："马克思主义经典作家认为，未来理想社会是社会生产力高度发达和人的精神生活高度发达的社会，是每个人自由而全面发展的社会，是人与人和谐相处,人与自然和谐共生的社会。"①建设生态文明是解决我国在发展中问题的必然要求。改革开放以来,我国在创造诸多发展奇迹的同时也逐渐陷入生态环境恶化的怪圈之中。生态环境问题已经成为引起社会矛盾,影响社会稳定的一大公害。破解生态难题,走出生态困局,实现良性循环发展,事关我国今后发展大局。总体来看,我国生态环境存在的问题主要是在追赶发达国家实现工业化过程中传统的工业文明理念所造成的。当今时代,生态文明是工业文明之后更为先进的文明形态,生态文明时代的生态理念是破解当前世界生态问题的关键。当前我国还处于工业化快速发展阶段同时又处于迈向生态文明新时代,实现生态文明和工业化是中国特色社会主义建设的本质要求。

最后,中国特色社会主义生态文明建设是要在工业化进程和生态化进程相结合的过程中实现绿色工业化和绿色城市化。随着人类社会的不断发展,摆脱工业文明时代

---

① 胡锦涛:《切实做好构建社会主义和谐社会的各项工作 把中国特色社会主义伟大事业推向前进》,《求是》2007年第1期,第3~6页。

所带来的环境问题是全球各国关注的焦点。生态文明以尊重自然、保护自然，实现人与自然、人与人、人与社会和谐共生良性发展的理念得到世界各国的普遍认同。同时，实施生态文明也成为各国解决环境问题实现新发展的重要手段。当前，我国经济处于快速发展阶段，实现工业化追赶发达国家的发展脚步是我们国家和人民的热切期望，但是工业化过程中所带来的生态环境问题、资源短缺问题也逐渐引起我们的关注。因此，我国的生态文明建设是在工业化和生态化的双重进程中进行的。它是以转变我国经济发展方式、社会运行体制和运行机制为前提，立足于预防、创新和结构的转变，尤其着重于生态重构，在生态重构中积极发挥科学技术的作用，同时不放弃对于生产、生活中人们的工作态度和价值观以及各项衡量标准的转变。在中国特色社会主义生态文明的背景下，我国的工业化和生态化的进程中要积极推进绿色工业化和绿色城市化。绿色工业化和绿色城市化是我国在新时代适应社会发展实现工业化迈向生态文明的重要手段。"绿色工业化"的战略目标是：在2000年，经济"三化"即"轻量化"("非物化")、"绿色化"和"生态化",达到世界初等水平,全部环境压力指标与经济增长相对"脱钩";在2050年,经济"三化"达到世界中等水平,经济与能源、资源、物质和污染等完全"脱钩",部分环境指标与经济增长实现良性耦合,部分实现环境与经济的双赢。① "绿色城市化"的战略目标是:在2050年,人居环境基本达到世界先进水平,城市空气质量达到国家一级标准,绿色生活和环境安全等达到世界中等水平,社会进步与环境完全"脱钩"。②

(三)中国特色社会主义生态文明建设是立足于本国国情与借鉴别国经验的结合

人类对环境的破坏速度已经大大超出人类自己的预料。工业文明带来巨大财富的同时也产生诸多弊端。摒弃工业文明的种种弊端,走一条保护生态环境的可持续发

---

① 陈学明:《在中国特色社会主义的旗帜下建设生态文明的战略选择》,《毛泽东邓小平理论研究》2008年第5期,第18~22+88页。
② 陈学明:《在中国特色社会主义的旗帜下建设生态文明的战略选择》,《毛泽东邓小平理论研究》2008年第5期,第18~22+88页。

611

展道路，确立"生态文明"思想，实现人类文明转型，对于世界各国来说已刻不容缓。我国社会主义生态文明建设既要立足本国国情，又要借鉴别国生态文明建设的经验。

首先，社会主义生态文明建设要与中国社会所处的发展阶段特征相适应。当前中国的最大国情是仍然处于社会主义初级阶段，社会发展处于现代化建设的中后期阶段，经济与环境的双赢模式依然是社会发展的重要任务。这决定了社会主义生态文明建设必须探索一条与自身社会发展水平相适应的发展模式，而不能盲目地模仿西方发达国家的发展模式。我国生态文明建设处于转变工业文明发展方式的初级的过渡阶段，生态文明建设初级阶段的重点应是"转变经济社会发展方式，减少发展对自然环境系统的损害，其根本要求是使经济系统和社会系统建立在资源环境的承载能力范围之内，基本形成节约能源资源和保护生态环境的产业结构、增长方式和消费模式，可再生能源使用比重显著上升，主要污染物排放得到有效控制，生态环境质量明显改善"①。

其次,社会主义生态文明建设要做到各地区的生态文明建设协同发展。 社会主义生态文明建设是一项复杂的社会系统工程。 系统各要素之间相互联系,相互制约,互为一体。 系统的整体性决定了我国生态文明建设不仅需要系统内部要素之间的协同发展,也需要与社会其他要素之间的协同发展。 我国生态文明建设中存在着诸多问题,这与我们没有充分认识生态文明建设的系统性、整体性有很大关系。 生态系统中的要素之间相互联系、相互制约、相互作用形成了内部动态平衡的有机整体。 其中任何一个要素的变化都会直接或间接地影响其他要素。 当生态系统的某一要素遭到破坏时,就会使与它密切联系的其他要素乃至整个系统也遭到破坏。 然而就目前来说,各地区的生态文明建设却无法超越"守土有责"和"造福一方"的狭隘视界,如此,有机的生态系统便会被分割成条块管理,难以达到整体上的生态保护的理想效

---

① 刘蔚:《把握生态文明建设的阶段性特征》,《中国环境报》2010年11月3日。

果。因此,我国社会主义生态文明建设需进一步强化生态合作治理、生态协同治理,各地的生态文明建设应确立统筹协调的区域共同体意识,通过深入的机制和体制创新,建立多元联动的跨区域生态合作治理机制,采取多元联动跨区域生态合作治理行动,促进我国生态文明建设不断取得成效。

再次,社会主义生态文明建设要与其他社会要素协调发展。虽然我国生态文明建设得以在物质、行为、精神、制度等多维度上积极推进,也取得了显著的成效,但仍存在着不尽如人意之处,其原因主要在于对社会结构的系统性缺乏充分认识。生态文明建设是社会系统整体中不可缺少的重要组成部分,因此生态文明建设的推进离不开社会其他文明的进步和发展。例如,生态意识教育没有取得理想的效果,主要是因为人民群众整体缺乏公民意识、维权意识,此种情势下孤立地对公民进行环境保护教育,只能得到适得其反的结果。在我国由传统社会向现代社会转型的关键时期,公民的权利意识开始逐渐觉醒,公民精神逐渐彰显,这些为生态文明建设奠定了良好基础。

第六章　生态文明建设的价值目标和框架内容

但在现实中由于传统观念、生活习惯等多种因素的影响，公民参与意识仍然比较薄弱，公民参与环境建设和社会治理的权利没有得到很好的落实。生态文明建设还需要民主和法制的保障。"中国已有 40 余部环境法律法规，但由于规定的权限不够，这些法律还不能够完全保护人民的环境权益"[1]，不能保障公民实现其民主权利，"公民不能普遍有效地参与国家环境管理，不能有效地行使环境保护方面的监督、检举和控告权利；不能在环境破坏损害其生活环境和工作环境时，取得保护和赔偿；最终也就不能获得国家所赋予的公民在享有较好的生活环境和生态环境方面的权利"[2]。

最后，社会主义生态文明建设在立足本国国情基础上，又必须借鉴别国生态文明建设的经验。翻阅人类文明史册，人类与自然之间的关系贯穿始终。特别是 18 世

---

[1] 潘岳:《环境保护与社会公平》,《中国国情国力》2004 年第 12 期,第 4~7 页。

[2] 肖显静:《生态政治——面对环境问题的国家抉择》,太原:山西科学技术出版社,2003 年,第 110 页。

纪开始的工业革命，资本主义国家社会生产力以裂变速度急剧发展，深刻地改变了人们的生产生活方式，也彻底改变了人与自然之间的关系。20世纪70年代以来，生态环境问题伴随着人类经济社会的飞速发展日益突出，世界上相继发生令人震惊的"八大公害事件"逐渐引起人们对于过往发展方式的反思。同时，2008年以来的世界金融危机所带来的影响波及世界各国，巨大的资源浪费、沉重的经济负担都在促使世界各国转变经济发展模式，改变现有困局。2008年，联合国秘书长潘基文在联合国气候大会上提出有关环境保护、污染防治、节能减排气候变化等与人类社会可持续发展相关重大问题发展政策即"绿色新政"。为了改变现有困局，无论是欧洲、美国、日本等主要发达地区和国家，还是韩国、印度、巴西等新兴市场国家以及其他发展中国家，都纷纷制订和推行一系列带有明显"绿色"印记的发展计划。以美国为例，美国作为率先实现工业化的国家之一，在实现工业化过程之中也曾面对严重的生态环境问题。据统计，流经华盛顿特区的河流曾经遭受200年的污染，洛杉矶的"光化学烟雾事件"造成当地大批居民眼睛红肿、咽喉肿痛、咳嗽等症状，更是有400多位65岁以上老人在这次事件中死亡。但是现如今美国在保证经济稳定发展的同时全国各地生态环境都得到极大保护，人与自然之间基本实现和谐发展状态，这主要归功于美国社会各方面的共同努力。第一，当下美国民众具有较强的生态意识，不断推动环境保护工作的向前发展。20世纪60年代末，美国民众就曾对当时严重的环境污染问题进行大规模的游行抗议以促进政府企业做出改变。第二，社会各类企业在工业生产过程中十分注意保护生态环境。第三，美国政府制定十分严苛的法律法规并且保证法律法规的严格执行。美国自1955年通过《大气污染控制援助法》以来陆续颁布一系列法律法规。同时，违反环境保护法规的相关企业不但要接受联邦政府的处罚，还要受到州、县等地方政府的处罚。2008年的世界金融危机使美国经济遭受巨大冲击，同时主要资本主义国家在传统工业化道路上，大量使用石化燃料、无限排放二氧化碳的发展模式基本上趋于饱和。美国在积极促进经济发展寻求新的经济增长模式过程中制定出符合自身发展要求的"绿色新政"。美国的"绿色新政"主要包括开发新能源、节能增效、应对气候、发展绿色农业等多方面。美国"绿色新政"的提出符合当今时代保护生态环境创造新的产业和新的就业机会的发展要求。在我国社会主义生态文明建设面临着巨大发展问题的情势下，美国在生态环境保护与治理方面给了我们提供一定的启示，我们应予以借鉴。

三、生态文明建设的主体框架

社会主义生态文明建设中逐步形成了相对系统的框架，生态文明建设的主要框架由四部分构成：

生态文明建设的指导思想——中国特色社会主义理论；

生态文明建设的本质特征——人与自然的和谐发展；

生态文明建设的实践平台——两型社会建设；

生态文明建设的关键路径——经济结构的调整和发展方式的转变。

（一）生态文明建设的指导思想——中国特色社会主义理论

中国特色社会主义理论是改革开放以来党和国家在马克思主义理论思想的指导下根据中国具体国情进行的伟大创新，是对马克思列宁主义、毛泽东思想的继承和发展，是马克思主义中国化最新成果。当前生态文明建设是关系到我国今后如何发展的关键性问题，也是中国特色社会主义建设的重要内容。中国特色社会主义理论为我国生态文明指明了前进的方向。

改革开放以来是我国快速发展的黄金时期，经济、政治、文化、社会各领域都得到极大提升，但是国家取得巨大成就的背后是人们的生产生活不断遭受环境污染的影响。大气污染是人们生活中经常遭受的生态环境问题。众所周知人类与大气的关系正如鱼与水的关系，鱼一刻也不能离开水，正如人类一刻也离不开大气。我国工业生产过程中所产生的浓烟、粉尘、臭气、酸雾等废气和废物不断排入大气之中，我们赖以生存的大气圈逐渐沦为空中垃圾场和毒气库。有科学家曾指出，至少有一百多种大气污染物对环境产生危害,而其中对人体危害较大的有二氧化硫、氮氧化合物、一氧化碳等。近些年来,我国由空气污染所导致的人类呼吸系统疾病人数更是节节攀升。究其原因一方面是我国工业生产粗放,资源浪费巨大,环境污染严重。当前我国工业主要生产方式是一种线性生产方式,即原料－产品－废弃物。外加我国大部分企业生产工艺落后,往往在生产过程中造成巨大的能源浪费和工业污染。以我国现有资源型城市为例,大多数资源型城市主要是"因矿而建,矿上建城,城下采矿"①。由于城市建设之初缺乏合理规划加之开发手段简单,城区往往因为地下采空坍塌造成大面积沉陷区,城市基础设施遭到巨大破坏。沉陷区的出现也会破坏地表水和地下水分布,造成不同程度的水质污染,影响当地居民的生产生活。另一方面是各地政府过分追求经济效益,生态环保意识淡薄。改革开放以来,各地政府、企业都将精力投入工业生产上面,大力发展工业,各地 GDP 指标不断提高,

---

① 李娟:《中国特色社会主义生态文明建设研究》,北京:经济科学出版社,2013 年。

第六章　生态文明建设的价值目标和框架内容 ◀

但是各地生态环境也在快速发展中逐渐恶化。一些地方将经济效益放在首位，常常认为经济发展必然会带来环境污染。对于所在辖区内的一些大型污染企业往往放任自流，最后造成自身环境恶化加重。

生态文明建设在中国特色社会主义理论指导下逐渐形成了具有中国特色的社会主义生态文明建设的发展道路——"生产发展、生活富裕、生态良好的文明发展道路"。"生产发展、生活富裕、生态良好的文明发展道路"是江泽民在庆祝中国共产党诞生80周年的重要讲话中提出的。其后，2002年3月10日在中央人口资源环境工作座谈会上的讲话上他再次重申这一表述。在此基础上党的十六大报告明确阐述了这一道路。后来，党的十七大报告强调要"坚持生产发展、生活富裕、生态良好的文明发展道路"，党的十八大报告进一步提出"不断拓展生产发展、生活富裕、生态良好的文明发展道路"。总之，"生产发展、生活富裕、生态良好的文明发展道路"已成为我国社会主义生态文明建设的发展道路。

中国特色社会主义理论作为生态文明建设的指导思

想，在价值目标上追求实现人的全面和自由的发展。科学发展观是中国特色社会主义理论的重要组成部分，科学发展观的第一要义是发展，核心是以人为本，基本要求是全面协调可持续，根本方法是统筹兼顾。作为中国特色社会主义理论的重要组成部分，科学发展观所包含的核心思想是以人为本，以人为本也是科学发展观的价值目标。当下人的生态环境需要主要包括物质需要和精神需要两个方面：一方面，人需要在生态环境中获取所需要的物质和能量，这是最基本、最基础的需要；另一方面，人类还需要在生态环境中找到对于自身的生理、生活和精神消费的需要，这种精神上的需要是更有层次、更重要的需要。今天人们愈发重视生态环境，对生态环境提出了更高的要求，我们周围的生态环境却伴随着经济的发展逐渐走向恶化。如何满足人们对良好生态环境的要求是我们国家一项长期而艰巨的任务，这一任务在价值目标上追求人的全面和自由发展。人是生态文明建设的主体，是生态文明的主要建设者和享有者。按照生态文明的观点，人是自然生态价值的中心，却不是自然的主宰者，所以人们必须树立尊重自然、顺应自然、保护自然的生态文明理念,培育生态文明意识,积极践行规范自身的生态行为,把保护生态环境变成人们的自觉行为,才能更好地推进生态文明建设。

中国特色社会主义理论指导生态文明建设在路径选择上的可持续发展。可持续发展是建立在社会、经济、人口、资源、环境相互协调和共同发展基础上的一种发展观。可持续发展要求发展既要考虑当下经济社会发展的需要,又要考虑子孙后代发展的需要;既要遵循经济规律,又要遵循自然规律;既要讲究经济社会效益,又要讲究生态环境效益。就具体内容而言,可持续发展涉及可持续经济、可持续生态和可持续社会三方面的协调统一,要求人类在发展中要讲究经济效率、关注生态和谐以及追求社会公平,最终实现人类的全面发展。在经济可持续发展方面,由于经济发展是国家实力和社会财富的基础,因此可持续发展鼓励经济增长,而并非以保护环境为名取消经济增长。但应该注意的是,可持续发展不仅重视经济增长的数量,更追求经济发展的质量,它要求改变传统的以高投入、高消耗、高污染为特征的生产模式和消费模式，实施清洁生产模式和文明消费模式，节约资源、减少废物以提高经济活动总收益。在生态可持续发展方面，可持续发展要求经济社会发展要与自然承载力相协调，在经济社会发展的同时必须保护和改善地球的生态环境，从而实现以可持续发展的方式使用自然资源和环境成本，使人类发展控制在地球承载力之内。因此，可持续发展强调发展是有限制的发展，没有限制的发展是不可持续的，生态可持续发展同样强调环境保护，但与以往将环境保护与社会发展对立的做法不同，可持续发展要求从发展的源头，即从根本上解决环境问题，因此必须转变发展方式。在社会可持续发展方面，可持续发展强调社会公平是实现环境保护的机制和目标。可持续发展指出，世界各国发展的阶段可以不同，发展的目标也各不相同，但发展的本质都应包括改善人类生活质量，提高人类健康水平，创造一个保障人们自由、平等、教育、人权和免受暴力的社会环境。在人类可持续发展的大系统中，经济可持续发展是基础，生态可持续发展是条件，社会可持续发展才是目的，可持续发展旨在通过建立一个以人为本的自然－经济－社会复合系统，从而带动经济、社会、人口、环境、资源的相互协调、共同发展。

可持续发展理念已经成为世界各国公认的发展理念，这也是我国发展的重要战略。西方国家在实现工业化的道路上面临严重的生态环境问题，西方国家解决生态环境问题主要采取的是"先污染、后治理""先破坏、后补偿"的办法。当前，可持续发展作为我国的主要发展战略，西方国家所走过的工业化道路已经无法复制。我国在实现工业化的过程中全民积极树立正确的生态意识，政府加强对企业的监管，走一条资源节约和生态环境保护的新道路，把生态文明建设作为发展的新手段。同时，我们也不能忽视我国生态文明建设的地域差别。我国幅员辽阔，各地的自然条件、基础设施都具有自身的特点。因此，在生态文明建设过程中我们应该根据各地具体情况实行差异化的区域实现路径和政策，进行空间分解与落实。党的十八大报告中提出"加快实施主体功能区战略，推动各地区严格按照主体功能定位发展，构建科学合理的城市化格局、农业发展格局、生态安全格局"①。

总之,中国特色社会主义理论作为我国生态文明建设的指导思想。首先,为我国生态文明建设提供了生产发展、生活富裕、生态良好的文明发展道路。其次,为我国生态文明建设提出价值目标:实现人的全面和自由的发展。最后,为我国生态文明建设提供选择路径:可持续发展。

(二)生态文明建设的本质特征——人与自然的和谐发展

我国的生态文明建设是在马克思主义思想的指导下,立足于中国特色社会主义实践的需要,最终要实现人与自然之间和谐共存。人与自然之间的和谐也是我国生态文明建设的本质特征。党的十九大报告提出,在推进社会主义生态文明建设的过程中要"加快生态文明体制改革,建设美丽中国""人与自然是生命共同体,人类必须尊重自然、顺应自然、保护自然。人类只有遵循自然规律才能

---

① 胡锦涛:《坚定不移沿着中国特色社会主义道路前进 为全面建成小康社会而奋斗——在中国共产党第十八次全国代表大会上的报告》,北京:人民出版社,2012年,第39~40页。

有效防止在开发利用自然上走弯路,人类对大自然的伤害最终会伤及人类自身,这是无法抗拒的规律"①。

既然"人与自然的和谐发展"是我国生态文明建设的本质特征,因此,在生态文明建设过程中首先就要树立尊重自然、保护自然的生态文明意识。从人类的起源来看,人类从自然界中产生,并且人类的一切活动都依赖于自然界,因此人类必须尊重自然、保护自然。马克思、恩格斯时代并没有面临严重的生态环境问题,同样他们也没有直接使用过"生态文明"这个概念,但是他们都主张尊重自然、保护自然,反对破坏自然环境。马克思曾指出:"没有自然界,没有感性的外部世界,工人就什么也不能创造。"②恩格斯也提出:"人本身是自然界的产物,是在自己所处的环境中并和这个环境一起发展起来的。"③因

---

① 习近平:《决胜全面建成小康社会 夺取新时代中国特色社会主义伟大胜利——在中国共产党第十九次全国代表大会上的报告》,新华网:http://www.xinhuanet.com/2017-10/27/c_1121867529.htm。
② 《马克思恩格斯文集》(第1卷),北京:人民出版社,2009年,第158页。
③ 《马克思恩格斯选集》(第3卷),北京:人民出版社,1995年,第374~375页。

此，尊重自然、保护自然是实现人类社会向前发展的必要条件。工业革命以来人类社会随着生产力水平的不断提高，人与自然之间产生的矛盾也频频出现。资本主义生产方式在全球范围内推广，人类中心主义思想不断被各国人民接受，人类逐渐偏离了人与自然之间的关系，开始将自然作为人类征服的对象。但是自然作为客观存在的事实，它的运行有自身的规律，人类一味地征服和破坏终将遭受到自然界的惩罚，20世纪以来西方国家遭受到的生态危机就是最好的例证。当前我国正处于实现工业化、城市化的关键时期，经济、政治、文化发展十分迅速，但是生态环境问题也在这一过程中逐渐显露出来。如何避免发达国家发展过程中所经历的"先污染、后治理""先破坏、后保护"的老路是我国面临的一个现实问题。中华人民共和国成立以来，党的第一代领导集体在国家百废俱兴之时就十分重视尊重自然保护生态环境。毛泽东就曾向全党提出消灭荒地荒山、绿化祖国的任务。改革开放以来，我国逐渐形成中国特色社会主义发展道路，尊重自然、保护自然的生态思想也开始由理论走向实践。

其次，人与自然之间的和谐要求我们在生产生活中要遵循自然规律。自然界作为客观存在的事物，它的运行必然是按照一定规律进行的。人类作为自然界的产物，能够发展至今离不开对于自然规律的正确把握。人类在尊重自然规律的过程中不断发挥主观能动性改造自然界，促使自然界朝着有利于人类发展的方向发展。随着人类科学技术水平的不断提高，人类改造自然的能力也得到提高。然而自然界给人类提供的物质资料并不是无限的，它的容量和承载力以及自我调节、自我恢复和自我净化功能是有限度的。工业革命以来，人类社会的发展进入快速发展轨道，人类的物欲不断膨胀。人类为了满足自身无止境的需求不断对自然界进行索取、恣意掠夺和疯狂占有。20世纪中期开始，自然资源枯竭现象不断出现，大规模的生态失衡和污染现象已经开始影响到人类的正常生产生活。

当前我国环境形势依然严峻，资源压力继续加大，生态文明建设困难重重。要解决好我国经济发展与保护自然环境两者之间的矛盾，就必须尊重自然规律，实现人与自然的和谐发展。

最后，人与自然之间的和谐要求我们实现人与自然的和解。早在马克思、恩格斯所处的时代，他们在分析资本主义社会的种种问题之时就提出共产主义是人与自然、人与人之间矛盾的真正解决。恩格斯指出，"我们这个世界面临的两大变革，即人同自然的和解及人类本身的和解"[①]，"人同自然的和解"所涉及的就是生态文明建设问题，强调的就是人与自然之间的和谐关系。在工业文明时代，人们沉醉于追求物质财富，不但忽视了政治和经济发展，更造成了严重的生态环境问题。西方发达国家率先进入工业文明时代，也过早地受到了自然的惩罚。随着人类社会的不断发展，世界各国认识到工业文明的弊端，逐渐转向对于更高文明形态的追求。生态文明是超越工业文明的一种新型独立的文明形态，是在人类历史发展过程中形成人与自然、人与社会环境和谐统一、可持续发展的一切文明成果总和，具有丰富的内涵的理论体系。

---

① 《马克思恩格斯全集》(第1卷),北京:人民出版社,1956年,第603页。

第六章　生态文明建设的价值目标和框架内容

生态文明是人与自然和平共处、平等相待的境界。生态文明并不要求人类做清心寡欲的苦行僧，不主张极端生态中心主义，它首先强调以人为本原则，但它同时反对极端人类中心主义。生态文明认为人是价值的中心，但不是自然的主宰，人是"万物之灵长"。人应该合理地开发利用自然，促进人与自然的和谐，实现人类社会的和谐发展。

（三）生态文明建设的实践平台——两型社会建设

传统工业文明以人类中心主义的价值观和世界观为指导，加之对科学的迷信和崇拜，没能解决好人与自然之间的关系，造成了环境危机和生态危机，对人类的生存和发展构成严重威胁。一种新的文明范式、以人－自然－社会大系统的动态平衡为核心的生态文明的诞生是不可避免的历史必然。只有实现从工业文明向生态文明的转型，人类才能从整体上解决威胁人类文明的生态危机。实现人与自然和谐共生的生态文明是人类在当代环境日益恶化情况下唯一正确的选择。

631

生态文明已成为世界各国发展的一个必然趋势，中国作为世界上最大的发展中国家也已成为这种大背景和大趋势的引领者，中国引领着世界生态文明的发展方向。我国所进行的社会主义生态文明建设是一种以实现人与自然、人与社会和谐发展为核心的新型发展模式。社会主义生态文明建设需要借助一定的实践平台，而这个实践平台就是两型社会。由此，推进社会主义生态文明建设需要加快进行两型社会的建设。建设两型社会主要是指建设资源节约型、环境友好型社会。资源节约型社会是指整个社会经济的发展必须建立在节约资源的基础上，即在生产、交换、流通和消费等各领域各环节，通过不断提高节约意识和理念，不断加强和提高环境保护技术，采取法律监督、经济调节和行政监管等具体方法，建立系统完整的生态文明制度体制，用制度保护生态环境，最终实现经济发展、社会进步、资源节约、环境优美有机统一的社会形态。资源节约型社会就是要反对资源浪费、资源过度使用，节约资源是建设节约型社会的核心，它包括形成资源节约型主体观念，建立资源节约型制度、体制和机制等。具体而言，就是要做好深化经济体制改革、完善产权制度、加快国家创新体系建设、实施可持续发展战略、发展循环经济、加强法制建设等。环境友好型社会是一种以环境资源承载力为基础、以自然规律为准则、以可持续社会经济文化政策为手段，致力于倡导人与自然、人与人和谐的社会形态。建设环境友好型社会主要包括建设形成环境友好型产品、环境友好型服务、环境友好型企业、环境友好型产业、环境友好型学校、环境友好型社区等；同时，环境友好型社会建设环还需要多种要素和环节，如有利于环境的生产、生活和消费方式，无污染或低污染的技术和工艺，对环境和人体健康无不利影响的各种开发建设活动，符合生态条件的生产力布局，人人关爱环境的社会风尚和文化氛围等。这也就意味着要在社会经济发展的各个环节遵从自然规律，节约自然资源，保护环境，以最小的环境投入达到社会经济的最大化发展，形成人类社会与自然不仅能和谐共处、可持续发展，而且形成经济与自然相互促进，建立人与环境良性互动的关系。两型社会具有协调性、整体性、复杂性和创新性的特点，这些特点决定了它的建设必须以自然资源承载力为基础，以保护环境为前提，以适应自然规律为总要求，以充分发挥人的主观能动性为重要抓手，保持人与自然、人与社会、人与人之间和谐相处，推动整个社会走上生产发展、生活富裕、生态环境良好的文明发展道路。在两型社会建设过程中，核心内容和重要环节就是要促进绿色发展、循环发展和低碳发展。绿色发展、循环发展和低碳发展是彻底解决生态问题、缓解资源短缺、消除环境污染的有效方法，是保障人民群众生态安全的根本举措。因此，在加强两型社会建设过程中必须强化绿色发展、低碳发展和循环发展的建设。

首先，两型社会建设应加强绿色发展。绿色发展是2002年联合国开发计划署在《2002年中国人类发展报告：让绿色发展成为一种选择》中首先提出来的。这一报告阐述了中国在面对资源、能源日益短缺带来的严峻挑战面前，选择通过绿色发展来达到节约资源、充分利用能源的目的。由于资源短缺、能源危机已经成为全球性的课题，因此，中国对绿色发展的选择得到世界的关注。从内涵看，绿色发展是建立在工业文明发展基础上的一种全新模式的创新，是建立在生态环境容量和资源承载力的约束条件下，将环境保护作为实现可持续发展重要支柱的一种新型发展模式。因此，绿色发展构成了两型社会建设基本内涵。

其次，两型社会建设要实行循环发展。循环发展就是通过发展先进技术，提高资源利用效率，加大科研力度，变废为宝、化害为利，少排或不排放污染物，力争做到"吃干榨净"。循环经济要求我们采取循环经济发展模式，严格控制和充分利用能源资源，把经济活动对自然环境的影响降到最低。坚持"减量化、再利用、资源化"的原则，发展生产力，促进社会进步。"减量化"原则，就是要求通过提高技术水平、加强节约意识等方法，尽可能减少原料和能源投入，达到既定生产目的或消费目的，实现从经济活动的源头就节约资源和减少污染。"再利用"原则，就是要求在生产与消费过程中，尽可能多次以及尽可能以多种方式使用物品，以防止物品过早成为垃圾。要求尽可能少用或不用一次性用品；在产品及其包装的设计方面，尽可能考虑一物多用，要求制造商尽量延长产品的使用期，而不是为了追求利润不断更新换代，还要求制造商尽可能把废弃物品返回工厂，作为原材料融入新产品生产之中，旨在提高资源的利用效率。"资源化原则"，就是我们通常所说的废品的回收利用和废物的综合利用，资源化能够减少垃圾的产生，制成使用能源较少的新产品。由此可见，循环发展是两型社会建设的重要因素和环节。

最后，两型社会建设需实施低碳发展。低碳发展是以低碳排放为主要特征的发展，核心是能源技术和减排技术创新、产业结构和制度创新以及人类生存发展观念的根本性转变。低碳发展的基本特点是：第一，在经济发展过程中要降低能耗和减少污染物排放，实现低能耗、低排放、低污染。第二，不断提高低碳技术创新，在保持经济增长的同时，提高能源效率，减少废气排放。第三，注重开发与利用新型清洁的可再生能源。第四，围绕低碳技术创新与发展新型清洁能源进行相关制度创新与法律体系建设。因此，低碳发展的主要途径是通过提高能效、发展可再生能源和清洁能源等各种节能手段,通过增加森林碳汇,降低能耗强度和碳强度等方法,保证能源可持续发展,把能源消费引起的气候变化限制在可控范围之内。低碳发展是建立以低碳为特征的工业、能源、交通等产业体系和消费模式,它能有效控制温室气体排放,改善环境质量,促进经济社会可持续发展。因此,低碳发展是两型社会建设的关键路径和措施。

(四)生态文明建设的关键路径——经济结构的调整和发展方式的转变

"在人们的忽视中,一个狰狞的幽灵已向我们袭来,这个想象中的悲剧可能会很容易地变成我们大家都将知道的现实。"[1]这是美国海洋学家蕾切尔·卡逊在1962年出版的《寂静的春天》中对人类发出的警告。如今,这一"幽灵"已经以"生态危机"的形式在世界各地施虐,悲剧已经以"生态灾难"的形式变成现实。生态危机的出现

---

[1] 蕾切尔·卡逊:《寂静的春天》,长春:吉林人民出版社,1997年,第3页。

已经成为我们这个时代的一个鲜明标志。我们在感叹前人超乎常人的悲天悯人情怀和非凡的理性和洞察力的同时，更要充分认识这一"幽灵"的性质，并从根本上遏制悲剧的发生。

生态问题的出现往往不是一个独立的事件，它往往是伴随着经济发展而产生，与经济危机如影随形，呈现全球化的倾向。以当今发达国家为例，作为工业革命发源地的英国，生态问题早在1825年第一次全国性经济危机之后就接连出现，频率不断增加、规模不断扩大。1873年，"雾都"伦敦煤烟中毒死亡人数较1872年多260人，1880年和1892年"烟雾杀手"使英国的格拉斯哥、曼彻斯特有1 000多人死亡。"八大公害事件"，以及20世纪80年代末臭氧层损害的证实和全球气候的变异，说明了生态危机这个"幽灵"越来越难以对付，日渐威胁到人类的生存和发展。中国改革开放以来，经济和社会发展取得了举世瞩目的成就，经济总量已跃居世界第二位，人均收入增长了50多倍，人民生活水平显著提高。但是，经济快速增长的背后，是现代化过程中对自然资源和生态环境

第六章 生态文明建设的价值目标和框架内容

的破坏。中国经济发展的问题，主要集中在质和量两方面：在质的方面，重化工业比重过大；在量的方面，增速过快，近两位数的高速增长留下诸多问题，也埋下许多隐患。

现如今，中国正处于工业化和城镇化加速发展的重要阶段，发达国家两三百年间逐步出现的环境问题在中国集中显现，呈现出结构型、压缩型、复合型等特点，环境总体恶化的趋势尚未根本改变，压力至今还在持续加大。[①] 从十七大报告指出"经济增长的资源环境代价过大"，到十八大报告警示"约束趋紧、环境污染严重、生态系统退化"，再到国际社会在环境问题上不断向我国施压，解决我国传统经济结构和发展方式的问题已经到了刻不容缓的地步。

传统发展方式是工业文明的产物，如果仅仅局限于工业文明视角，是难以实现根本性转变的。要真正转变发展方式，首先必须强化发展方式转变的生态文明视角，将

[①] 《李克强在第七次全国环境保护大会上的讲话》，新华网：http://new.xinhuanet.com/environment/2012-01/04/c_122533293.htm。

生态文明明确作为发展方式转变的基点和指向，必须转换发展方式赖以构建的基点，即从传统工业文明转向生态文明。按照生态文明的要求推进发展方式转变，就是要以生态文明型发展方式作为转变发展方式的目标模式。生态文明型发展方式具有与传统发展方式完全不同的内涵，生态文明型发展方式是亲生态的、生态涵养型的、生态友好型的、生态福利提升型的。在构建生态文明的发展方式的过程中，第一，要将"以人为本"作为新发展方式的价值观。以人为本，说到底就是以人类的可持续发展为本。因此，以人为本，不仅是指为了当代人的可持续发展，更重要的是为了后代人的可持续发展。维系人类可持续发展的纽带，乃是人类的生存环境，说到底就是人类的生态利益。从这个维度理解以人为本，才能确定生态文明型发展方式的逻辑起点。第二，与生态文明相适应的经济发展方式，必须坚持走内涵式发展道路。构建集约式发展方式，即推进资源要素的集成、集中与集约利用，唯其如此，才能真正形成资源的节约、循环使用的发展模式，才能最大限度地节约使用资源，最大限度地减少

第六章　生态文明建设的价值目标和框架内容

污染和对自然的破坏。第三，构建有利于生态文明的发展方式，必须将制度安排根植于发展方式之中，并使之成为新的发展方式的逻辑构建。具体来说，要构建有利于资源节约和环境保护的财政、税收、信贷制度，严格的资源节约和环境保护法律体系，促进资源节约和环境保护的市场机制体系等。第四，有利于生态文明的发展方式，最终必须是内生型发展模式。内生型发展模式，首先是基于国内市场、国内资源、国内技术、国内资本的发展模式。主要依托国内市场，可以减少对国际市场的依赖，减少因为出口而导致的资源输出和生态输出。其次，是内生循环的经济，即建立在循环经济基础上的发展。经济发展内生循环链条越长，资源节约和集约利用程度越高，产业的两型化和低碳化程度越高。因此，构建内生型循环经济发展模式，应该成为构建生态文明的新型发展方式。

中国第十一个五年规划明确指出建设资源节约型、环境友好型社会，是加快转变经济发展方式的重要着力点，而经济结构战略调整，是加快转变经济发展方式的主攻方向。这包括三大产业结构的优化,三大产业自身供给结构的优化,也包括需求结构、投资结构等方面的优化。产业结构的调整,需要从以重工业为主转向轻工业的发展,从以工业化为主的道路走向以服务业为主的道路,从"高投入、高能耗、高污染、低产出"的模式转向"低投入、低能耗、低污染、高产出"的模式。重工业比重过大,不仅给中国造成了资源消耗与污染排放等环境问题,还形成了高能耗产业产能过剩的问题。因此,优化产业结构,走新型工业化道路势在必行。这就要求我们:首先,在农业发展方面提高生态效益。生态农业是将传统农业技术和现代先进农业技术相结合,充分利用当地自然和社会资源优势,因地制宜地规划、设计和组织实施的综合农业体系。在中国传统农业中,有许多生态友好的技术,如珠江三角洲的"桑基鱼塘"就是一种高效的人工生态系统:深挖鱼塘养鱼,鱼塘基田上种桑,桑叶养蚕,蚕粪养鱼,塘泥肥桑,桑、蚕、鱼之间形成良性循环,既维护了生态环境,也增加了经济收益。生态农业吸收了传统农业的这些宝贵经验。例如,可再生能源沼气的发展沼气池将人畜粪便、秸秆等废弃物变废为宝，沼气提供照明、做饭的燃料，这样不仅改善了农民的生活环境、卫生状况，节约了能源，还减少了化肥等费用的支出，在畜牧业和种植业之间形成了高效循环。其次，加快调整工业发展结构。现阶段，中国工业结构调整和转型升级，面临着前所未有的挑战和机遇。一方面，从外部发展环境来看，全球经济结构加速调整，新的格局正在形成。发达国家加快布局新能源、新材料等领域发展，抢占未来科技和产业发展"制高点"，对中国经济发展形成了巨大的压力和制约。从内部发展环境来看，中国工业有自身深层次矛盾和问题，如产业结构不合理，部分行业产能过剩严重，过度依赖投资和出口，自主创新能力不强，缺乏核心技术和品牌，总体上处于国际产业分工体系的中低端。另一方面，全球经济的深度调整，也为中国加快结构调整、转变发展方式提供了时间和空间。通过不懈努力，中国近年来工业发展结构调整取得了一定成效，为生态文明建设夯实了基础。种种的一切要求我们加速优化能源工业结构，扩大高技术制造业规模，提升装备制造业实力，减缓高耗能行业增速以及淘汰落后产能,实现产品结构优化升级。最后,积极推进第三产业发展的生态友好化。与工业、农业等行业相比,服务业对生态环境的影响似乎并不那么引人关注,但是也不可忽视其对生态环境的影响。服务业的生态环境影响,表现在提供服务的过程中,服务业需要消耗一定的资源、能源;服务业会产生废弃物和排放物,会产生一些无形污染。第三产业的生态友好化,涉及许多行业和部门,是一项大的工程,需要从大处着眼、细处着手。此外,在众多第三产业行业中,教育对于整个国民经济绿色转型,具有不容忽视的意义。生态文明建设,教育要先行。教育本身也需要生态友好化,也就是需要在教育中凸显生态观念、生态理念,将生态文明渗透在教育中。生态友好化的教育,将是建设绿色经济,建构两型社会的重要支持。在内容上,生态友好化的教育包括普及生态环境现状及知识的教育、推进生态文明观念的教育、强化生态环境法制的教育、注重生态文明技能的教育。在教育层次上,生态友好化的教育既包括专业性教育,也包括普及性的大众教育。在教育对象上,生态友好化的教育涵盖了在校学生、社会公众、管理人员等各行各业群众。生态友好化的教育，不仅能培养绿色生产方式的实践者，也能培养绿色生活方式的实践者，是提升中国生态文明水平的有效途径。

四、社会主义生态文明建设的主要内容

在社会主义生态文明建设研究中，充分理解生态文明建设的主要内容是我们研究的一个重要方面和基础前提，通过认真学习和深入研究，我们将社会主义生态文明建设的主要内容概括为生态理念文明、生态经济文明、生态政治文明、生态科技文明、生态制度文明以及生态行为文明六个方面。

（一）生态理念文明

20世纪末以来，伴随着社会快速发展，人类越来越清晰地认识到，工业文明对自然界的改造和利用，恰恰变成了对人类生存环境的毁灭，我们需要调整思维方式，追求

人类与环境和谐的新思维、新的生态意识。生态文明正是在人类重新思考未来命运,消除人类与自然紧张关系的困惑背景下应运而生的。恩格斯指出"我们必须记住,我们统治自然界,绝不能像征服者统治异民族一样,绝不能像站在自然界以外的人一样——相反地,我们连同我们的肉、血和头脑都是属于自然界,存在于自然界的;我们对于自然界的整个统治,是在于我们比其他一切动物强,能够认识和正确运用自然规律"[①]。当代人类的创新与进步,必须注重与生态环境的和谐共生。如果生态环境被人类破坏到不可逆转的程度,那么必将导致文化的退化与文明的衰亡。因此,构建生态文明、实现人类的可持续发展与生态系统的良性循环成为人类的必然选择。

在生态文明建设过程中,生态理念文明是生态文明建设的重要内容。理念是人们关于某类事物的基本看法、基本观念,表现为人们对某类事物相对稳定的信念、信仰、理想,是人们对该类事物的价值取舍模式和指导主体

---

① 《马克思恩格斯文集》(第9卷),北京:人民出版社,2009年,第560页。

行为的价值追求模式。生态理念是指人类对于自然环境和社会环境的生态保护和生态发展的思想观念，涉及人类与自然环境、社会环境的相互关系。生态文明理念是人们正确对待生态问题的进步思想观念，它具有多方面、多层次的内容，既包括进步的生态意识、生态心理，也包括进步的生态道德、人与自然平等和谐的价值取向，还包括环境保护、生态平衡的思想观念和精神追求。理念在文明体系中具有核心的地位，引领文明发展，并为之提供动力。纵观人类文明发展的进程，不论何种文明，总是在一定的观念、理念指导下演进的，这也是社会发展与自然变化的本质区别之一。当然，人的认识能力和实践能力的局限性，使人类对自身行为的长远后果难以进行科学的分析和预见，因此，由人类观念、理念引导的人类行为，也会给人类生存带来消极或负面影响。

生态文明是人类为保护和建设美好生态环境而取得的物质成果、精神成果和制度成果的总和，是一种人与自然、环境与经济、人与社会和谐相处的社会形态，是贯穿于经济建设、政治建设、文化建设、社会建设全过程和各方面的系统工程。在生态理念文明建设过程中一个重要的内容就是要形成先进的生态理念。只有在先进的生态理念指导下，才会有符合生态文明建设要求的生态行为方式，这种生态行为方式主要包括生态的生产、生态的消费以及为此而制定的政策体系和法律制度。我国有13亿人口，人们的生态文明意识对于建设生态文明至关重要，因此把握正确的舆论导向，唤起全民的节约意识、环境意识、文明意识，对于我国走出一条符合生态文明要求的科学发展道路具有重要意义。先进的生态理念是生态文明的精神依托和道德基础，它不仅是协调人与自然关系的前提，还是协调人类内部有关环境权益的纽带。因此，联合国环境规划署等机构在发布的《保护地球——可持续生存战略》中明确要求，"努力使一种新的道德标准——一种进行持续生活的道德标准得到广泛传播和深刻支持并将其原则转化为行为"。先进的生态理念包括生态道德、生态公平、生态责任和生态文化。生态道德是用来约束和规范人类对待自然、对待环境的生态行为准则。它与传统道德不同：传统道德是调整人与人、人与社会之间的相互

第六章 生态文明建设的价值目标和框架内容

关系和行为规范；而生态道德具有不分地域的全球性，超民族、超阶级、超集团利益，把道德对象范围扩展到整个生命界与生态系统，把人的价值取向调整到生态化和社会公平，规范人类对自然的行为，构建"人类对自然环境的伦理责任"，从而实现生态文明。

树立生态文明理念就是在人与自然之间确立一个新的价值尺度、价值标准，逐步形成尊重自然、认知自然价值，转移人们对物欲的过分强调与关注，建立人自身全面发展的文化与氛围，形成人与自然共生共荣、和谐发展、共同进步的思想理念。理论是实践的先导，思想理念是行动的先导，我国生态赤字巨大，生态环境恶化的趋势迟迟得不到根本好转，固然有气候、气象、地质变化等自然因素的影响和深层次的社会历史积淀，但归根结底是人们在长期的传统经济增长方式实践中，逐步形成的非理性发展观引导的结果。因此，建设生态理念文明，必须以科学发展观为指导，克服以速度论英雄的"唯GDP速度论"、"有水快流"的"资源无限论"、先破坏后治理的"破坏难免论"、把环境与发展对立起来的"环境包袱论"、认为现在强调环保会影响发展的"还债过早论"、只要有利可图可以不择手段的"利益至上论"等非理性发展观，在思想意识上实现从传统的"向自然宣战""征服自然""人是自然的主人"等理念，向树立"人与自然和谐相处""人是自然的朋友和伙伴"的理念转变；从把增长简单地等同于发展、重物轻人的发展理念，向以人的全面发展和经济社会进步发展为核心的发展理念转变；确立人与经济社会全面协调可持续发展的科学发展观；树立"天人一体"的理念，树立资源有限、环境有限的理念；弘扬人与自然和谐相处的核心价值观，使生态文明理念深入人心，生态保护成为公众的价值取向，生态建设成为公众的自觉行动，生态文明理念渗透到社会生活的各个领域、各个环节，成为广泛的社会共识。

十八大以来，我们党始终坚持把生态文明建设纳入中国特色社会主义事业总体布局，并基于我国资源约束趋紧、环境污染严重、生态系统退化的严峻形势，十八大明确提出"必须树立尊重自然、顺应自然、保护自然的生态文明理念"，在推进生态文明建设过程中，十九大提出

第六章 生态文明建设的价值目标和框架内容

"人与自然是生命共同体，人类必须尊重自然、顺应自然、保护自然"。这些对生态文明理念的概括，不仅吸取了我国古代生态文化思想的精髓，同时借鉴了国内外理论界对生态文明的研究成果，必须深刻理解，自觉树立。

首先，坚持"尊重自然"理念，实现人与自然和谐。尊重自然，是人与自然相处时应秉持的首要态度。它要求人对自然要怀有敬畏之心，尊重自然界的一切创造、一切存在和一切生命，实现人与自然的和谐。和谐理念是中华文明的思想精髓和生命智慧，集中体现了天地人相互依存相互协调的关系，即人与人、人与自然和谐发展，共存共荣。众所周知，人类进入工业文明后，人类漠视自然的价值，把自然仅仅看成供人类掠夺的对象，认为自然只是人类实现自我目的的手段。正是这种价值理念导致了生态危机的全面爆发，进而威胁到人类的生存。这是人类不尊重自然导致的报复。人类唯有站在科学发展的战略高度，运用和谐理念的思维方式，真正尊重自然，摒弃主人的傲慢，平等地与自然对话，理性地与自然握手，亲近自然，善待自然，把发展的基点放在与自然共生、共赢、共荣之上，真正从无休止征服与索取、无节制的贪欲与追求当中清醒过来，努力为地球多做些"亡羊补牢"之事，才能逐步弥补以往的过失，实现人与自然的和谐共处。

其次，坚持"顺应自然"理念，追求人与自然友好。顺应自然，是人与自然相处时应遵循的基本原则。它要求人要顺应自然的客观规律，按客观规律办事，与自然友好相处，防止因为无知而违背自然规律，因为明知故犯而违背自然规律。人类是地球大家族的一员，立于天地之间，与其他生物处于平等地位。当前，人类改造自然、利用自然的能力越来越强，"人类中心主义"思想日趋膨胀，掠夺式的开发利用自然资源，毫无顾忌地向地球排放"三废"，不仅使自然生态系统遭到破坏，而且不断引发生态灾难。建设生态文明，必须树立顺应自然理念，确立人对自然友好的价值取向，逐步将整个自然系统纳入人类道德关怀的范围，达到伦理道德境界。

最后，坚持"保护自然"理念，实现人与自然可持续发展。保护自然，是人与自然相处时应承担的重要责任。它

第六章 生态文明建设的价值目标和框架内容

要求人要发挥主观能动性，在向自然界索取发展之需的同时，保护自然界的生态系统。树立尊重自然、顺应自然理念，实现人与自然和谐，人与自然友好，并不意味着人在自然面前无所作为，而是要遵循自然规律，正确处理人与自然的关系。自然生态是一个复杂的体系，人类亦是这个系统的有机组成部分。人类的生存活动需要从自然系统中获取利益，但又不可避免地对整个生态系统产生影响，而对生态系统的持续破坏最终会危及人类自身的生存。人类自身的永续发展离不开自然系统的可持续发展。这就要求人类必须牢固树立保护自然的理念，在自然生态承载力的阈值内开发利用自然资源，用于人类自身的发展。要改变人类的发展方式，着力推进绿色发展、循环发展、低碳发展，形成节约资源和保护环境的空间格局、产业结构、生产方式和生活方式，同时要加强对生态环境的保护和修复，推进荒漠化、石漠化、水土流失综合治理，扩大森林、湖泊、湿地面积，保护生态多样性。

（二）生态经济文明

生态文明是发达的生态经济文明。生态经济文明作为生态文明建设的物质基础，是指生态经济的建设。生态经济是指在一定区域内，以生态环境建设和社会经济发展为核心，遵循生态学原理和经济规律，把区域内生态建设、环境保护、自然资源的合理利用，生态的恢复与该区域社会经济发展及城乡建设有机结合起来，通过统一规划，综合建设，培育天蓝、水清、地绿、景美的生态景观，诱导整体、和谐、开放、文明的生态文化，孵化高效、低耗的生态产业，建立人与自然和谐共处的生态社区，实现经济效益、社会效益、生态效益的可持续发展和高度统一。生态经济的本质，就是把经济发展建立在生态环境可承受的基础之上，在保证自然再生产的前提下扩大经济的再生产，从而实现经济发展和生态保护的"双赢"，建立"社会-经济-自然"良性循环的复合生态系统。生态经济是实现经济发展与环境保护、物质文明与精神文明、自然生态与人类生态高度统一和可持续发展的

第六章 生态文明建设的价值目标和框架内容

经济。

建设生态经济文明，需在生态文明理念的指导下，消解经济活动对大自然的稳定与和谐构成的威胁，逐步形成与生态相协调的生产生活方式和消费方式。对不能按生态文明要求的经济活动予以及时矫正；把经济发展的动力真正转变到主要依靠科技进步、提高劳动者素质、提高自主创新能力上来；转变经济发展方式，走生态文明的现代化道路；防止重经济发展轻生态保护，在经济发展的同时，注意保护好人类赖以生存的环境，彻底摒弃靠牺牲生态环境来实现经济发展，先发展后治理的发展模式，真正实现经济发展和生态环境保护的双赢。生态文明是发达的生态经济文明。走生态文明的发展道路并不是不要经济的发展，发展依然是第一要务，关键在于借助科学技术的力量废弃工业文明的发展模式，着力调整经济结构、转变发展方式、发展生态产业，使经济发展建立在资源节约、环境友好的基础上，建立在生态良性循环的基础上，考虑其基本价值取向是否有利于可持续发展，是否有利于生态环境的保护，是否有利于人与自然的和谐相处。发达的生态经济大体上可分为绿色经济、低碳经济和循环经济三种类型。这三种类型的经济在本质上都是符合可持续发展理念的生态经济发展模式,在指导思想上追求人类和自然界相互依存、共存共荣,要求经济发展在资源环境承载力的阈值内;在具体实践中追求资源能源的节省,利用效率的提高,进行清洁生产,倡导适度消费,物质尽可能多次利用和循环利用;在最终目标上追求促进人与自然的和谐与经济社会的可持续发展。

1. 发展绿色经济

发展绿色经济是一个长期、艰巨、复杂的系统工程,既需要在经济领域进行积极改革和探索,也需要在社会管理等领域进行相应改革和创新,才能逐步构建符合生态文明发展要求的绿色经济运行体系。推动我国绿色经济健康发展,首先,制定绿色发展中长期行动规划。在我国经济社会发展新的历史阶段,需要进一步加强顶层设计推进绿色中国发展,也就是要将绿色发展的理念、原则、目标等全面贯彻到经济决策、社会管理和各项规划中,统筹考虑,着力推进经济社会的绿色发展。对此,应在现有的战略性、政策性文件、规划等基础上,多部门、多领域合作,共同制定绿色发展中长期行动规划,就节能减排、污染治理、生态建设、结构调整等做出明确规划,作为国家今后相当一段时期的重要行动指南。其次,培育绿色新兴战略产业。在应对能源危机、气候危机、金融危机等多重挑战的形势下,应立足国情、突出重点,大力培育和发展现代循环农业、生物质产业、节能环保产业、信息产业、新能源产业等绿色新兴战略产业,构建绿色产业体系,为绿色经济发展奠定坚实基础。再次,完善绿色经济发展的法律保障体系和政策保障体系。推动绿色经济健康发展,必须结合我国国情和发展实践,借鉴发达国家经验和教训,进一步构建科学合理的激励和惩戒机制,既要对符合绿色发展要求的产业和项目给予政策支持,也要对落后产业采取更为严格的惩戒措施,分类指导、有保有压,科学发挥市场引导和宏观调控的积极作用。最后,倡导绿色生活方式。我国社会消费正处于升级转型阶段,积极倡导绿色生活方式、加快建立绿色消费体系:一是要通过广播、影视、报刊、网络、手机等宣传媒介,积极开展各种形式的宣传活动，进行有关绿色经济知识的普及、教育和宣传，增强全社会的绿色发展、绿色消费、绿色生活意识；二是要加强对各级领导干部的教育培训，提高各级党政干部的绿色发展意识，牢固树立和落实科学发展观，将绿色发展理念自觉融入各项工作中去；三是要充分发挥学校的教育功能，加强对青少年的绿色发展教育。

2. 发展低碳经济

低碳经济以低碳排放、低消耗、低污染为特征，技术创新和制度创新是低碳经济的核心和实质。低碳经济将打造全新的生态系统，对政府行为、企业活动、民众生活产生巨大的影响。低碳经济具有丰富的内涵，主要包括：第一，相对于高碳经济而言，低碳经济是降碳经济。高碳经济指无约束、碳密集的能源生产方式和能源消费方式。从这一方面内容来看，发展低碳经济的关键是改变能源的生产和消费方式，降低碳排放量，控制二氧化碳排放量的增长速度。第二，相对于化石（煤、石油）能源的经济发展模式而言，低碳经济是促进新能源发展模式的经济。从这一方面内容来看，发展低碳经济的关键是在于做到在经济增长的同时，实现碳排放量下降。第三，相对于人为碳排放量的增加而言，低碳经济是低碳生存理念经济。发展低碳经济的关键是改变人们高碳消费的倾向，实现低碳生存。低碳经济的丰富内涵要求我国在发展低碳经济过程中需加强相关政策的调试，主要包括：完善低碳经济发展的政策支持；强化低碳经济发展的法律保护；推进低碳经济发展的技术创新；引导低碳经济发展的社会参与；加强低碳经济发展的国际合作。

3. 发展循环经济

循环经济是指按照清洁生产要求及减量化、再利用、资源化原则，对物质资源及其废弃物实行综合利用的经济过程。理解循环经济关键在于把握四个方面的基本要求：一是循环经济必须符合生态经济的要求，即必须按照清洁生产的要求运作；二是循环经济必须遵循3R原则，即在指导思想上，循环经济方式必须与以往单纯地对废物进行回收利用的方式相区别；三是循环经济要求对物质资源及其废弃物必须实行综合利用，而不能只是部分利用或单方面的利用；四是循环经济要重在经济而不是重在循环。循环经济要求按照生态规律组织整个生产、消费和废物处理过程,其本质是一种生态经济。循环经济具有三个重要的特点和优势。第一,循环经济可以充分提高资源和能源的利用效率,最大限度地减少废物排放,保护生态环境。循环经济倡导建立在物质循环利用基础上的经济模式,根据资源输入减量化、延长产品和服务使用寿命、使废物再生资源化三个原则,把经济活动组织成一个"资源-产品-再生资源-再生产品"的循环流动过程,使整个经济系统从生产到消费的全过程基本上不产生或者少产生废弃物,最大限度地减少废物末端处理。第二,循环经济可以实现社会、经济和环境的"共赢"发展。循环经济以人与自然协调关系为准则,模拟自然生态系统运行方式和规律,实现资源的可持续利用,使社会生产从数量型的物质增长转变为质量型的服务增长,同时循环经济还拉长生产链,推动环保产业和其他新型产业的发展,增加就业机会,促进社会发展。第三,循环经济在不同层面上将生产和消费纳入一个有机的可持续发展框架中。目前,发达国家的循环经济实践已在三个层面上将生产(包括资源消耗）和消费（包括废物排放）这两个最重要的环节有机地联系起来：其一是企业内部的清洁生产和资源循环利用，如杜邦化学公司模式；其二是共生企业间或产业间的生态工业网络，如著名的丹麦卡伦堡生态工业园；其三是区域和整个社会的废物回收和再利用体系。总之，大力发展循环经济，能够从根本上解决我国在发展过程中遇到的经济增长与资源环境之间的尖锐矛盾，协调社会经济与资源环境的发展，走出中国特色的新型工业化道路，促进中华民族的永续发展。

（三）生态政治文明

在人类文明由工业文明向生态文明转化的历史时期，人们已开始逐步将"生态环境"放到"政治体系"研究的重要地位，生态政治文明油然而生，构成整个生态文明系统中的一个重要组成部分。政治文明是指人类改造社会的政治成果的总和，是人类政治活动进步状况和发展程度的标志，包括政治制度和政治观念两个层面的内容。政治制度层面表现为，因经济基础变化所引起的国家管理形式、结构形式的进化发展,即政治体制、机制等方面发展变化的成果,民主政治制度的建立是政治制度文明发展的最重要成果。 政治观念层面表现为,政治信念、政治情感、政治价值观的变化更新,如人们参与政治意识的普遍增强,民主、自由、平等、人权、正义、共和、法治等思想观念的普及、发展。 环境保护的实质是维护人的环境权益,政治文明的功能是通过制度和国家公共权力来维系社会秩序,通过公平分配社会资源来保障个人权益,生态政治文明要求尊重利益和需求的多元化,平衡各种利益关系,避免由于资源分配不公和权力滥用而带来的对生态的破坏,以公共权力限制损害生态环境的行为。 当代环境问题已不仅是自然、经济、技术问题,更是一个严肃的政治问题。 生态问题是一个因人类不合理开发、利用自然环境或生态系统所导致的生态失衡、恶化进而影响人类生存和发展的问题,但由于生态问题最终会直接影响到人类社会的生活系统进而涉及人类的政治领域。 因此,要透过自然、经济、技术的表象视角,上升到政治学的高度看待生态问题,才能揭示其产生的深刻根源并找到解决生态危机的良方。

生态问题进入人们的政治生活之后，对人们原有的政治思维产生了冲击，影响着传统政治结构的构成，也丰富了政治生活的内容。传统思想政治调节的范围限定在人与人之间，生态文明则把政治调节的范围从人与人之间的关系扩展到人与自然的关系，吸纳了原来被忽略的自然界，把它看作政治系统不可缺少的重要组成部分。在现实生活中，环境问题正由国家政治决策的边缘逐渐走向决策的中心，成为国家政治生活的一部分。我国目前正处于工业化过程的中后期，生态文明对当代中国的政治发展具有重要意义。生态文明是维护我国政治稳定的重要战略资本，因为它关系到国家政治秩序和社会秩序的稳定；生态文明是促进我国经济发展的强有力的保障，在一个生态文明的社会中其经济发展的过程必然是健康的；生态文明丰富了我国的思想文化建设，为思想文化建设增加了新的时代内容，注入了新的活力；生态文明是我国和谐社会建设的重要方面，在一个生态不文明的社会中是谈不上和谐社会建设的，而和谐社会必然是生态文明的社会。

当前，中国的发展已进入环境高风险时期，污染已从单个企业、单个地区的污染走向布局性、结构性的污染，一旦发生环境事故，将威胁人民的生命安全。环境问题导致许多地方政府与民众关系的紧张、矛盾和冲突，已成为地方政府亟须改进的重大问题。构建社会主义和谐社会，需要从生态政治学的高度充分认识人与自然和谐对于社会和谐的重要性，认识分析对待生态危机发生的深层次的政治因素，通过观念革新，唤起人们的生态政治意识和生态政治责任，营造科学的生态政治文化，进行积极的生态政治参与，构建科学的绿色思维方式、绿色生产方式、绿色生活方式、绿色行为方式等，从而走上生产发展、生态良好和生活富裕的和谐发展道路。

在构建和谐社会过程中，生态政治文明建设必不可少。政府在我国经济社会各领域各层次上都发挥着举足轻重的作用，它主导着生态文明建设的方向。因此，政府在政治生态文明建设过程中要树立尊重自然、顺应自然、保护自然这一生态文明的基本理念，并能够将这种理念和价值目标渗透、贯穿到政府制度与行为等诸方面之中，积

第六章　生态文明建设的价值目标和框架内容

极探索人与自然和谐共生的基本诉求及实现路径的行政管理系统。同时，它还要实现从以民为本的公民导向到人与自然和谐共生、生态优先的理念转变，这是一种发展导向，不仅涉及生产方式和生活方式根本性变革的战略任务，还涉及思想观念的深刻转变、利益格局的深刻调整、发展模式的深刻转轨。实现生态文明的发展，不仅是发展的更高一级形态，也是人民群众的根本利益、共同利益、切身利益之所在。人与自然和谐共生、生态优先的理念，把群众利益高高举过头顶，用壮士断腕的勇气对那些破坏生态的项目说"不"，用科学的发展理念建树绿色、循环、低碳的发展模式，这样的发展才能真正造福于民。

政府在今后的工作中也需要进行职能的拓展与创新。过往对政府职能的界定包括政治职能、经济职能、社会职能、文化职能四大职能，生态服务职能往往是隐含在社会职能里面，没有引起足够的重视。当前，亟须将生态服务职能与政治职能、经济职能、社会职能、文化职能、环境职能并举，构成政府的基本职能，并明确环境职能包括生态政策制定与执行职能、生态管理与监督职能、生态补偿与资金供给职能、生态文化的宣传与教育职能等方面，增强政府对生态职能的执行力度，增强政府的生态使命感。政府要根据党的十八大报告提出的"加强环境监管，健全生态环境保护责任追究制度和环境损害赔偿制度"的精神，加强环境监管，各级政府应强化环境预警和应急管理意识，建立包括政府环境预警检测系统、环境预警咨询系统、环境预警组织网络系统和环境预警法规系统4个子系统构成的环境预警系统，防患于未然。

公民的参与是政治生态文明建设的重点内容。在我国生态环境保护与治理进程中，政府始终处于绝对主导地位，多元主体参与治理的机制尚未形成。生态治理的复杂性和艰巨性以及单一主体的治理模式存在诸多限制，导致政府治理成本增加，治理成效大打折扣。因此，在生态环境问题已经渗透到社会生活的各个领域的背景下，仅仅指望政府运用其掌握的公共资源，采用自上而下的行政手段，已经远远无法应对生态管理的挑战。政府应当确立基于利益相关的多元主体共同治理的理念，优化治理结构，将市场主体、社会组织和公民纳入生态治理过程中来。实现生态治理资源的全方位整合，已经成为生态治理的必然选择。

在公民参与过程中，首先应当充分发挥民间组织发育相对成熟、民间组织自主性较强的优势，深化社会管理体制改革，为民间组织发挥其在推进转型升级和生态文明建设上的独特作用提供广阔的空间。一方面，要在积极培育行业协会、商会等民间组织的基础上，通过行政授权、财政补贴等方式，让民间组织扮演沟通政府与企业、政府与公民的中介角色，有效发挥民间组织在引导、推动、服务企业转型升级方面的积极作用；另一方面，要鼓励民间公益性组织发挥组织公民参与生态治理、环境保护的作用，借助民间组织的社会组织功能，引导全社会形成低碳环保的生活方式，激发全社会共同参与生态文明建设的活力。其次，应当充分调动每一位公民对环保事业的参与。生态文明意味着人类整个生存方式的革命性变革，需要全民在共同参与的生活实践中，逐步告别和摆脱物质主义和商业主义的生活习惯，塑造形成绿色、环保、低碳的生活方式。再次，构筑公众参与的制度保障。一是要提供公众参与环保事业的较为完备的法律保障；二是要建立政府环境信息披露制度。政府环境信息披露制度是公众参与环境事务的前提，政府环境信息披露的内容包括政府机构根据其为履行法律规定的环境保护职责而取得、保存、利用、处理的需要，为公众提供其所知悉的与环境有关的信息。这便需要从本地出发，设置简便、规范、可操作的参与程序和规则，让公众参与环境成为制度化的政务环节。

（四）生态科技文明

人类依靠科学技术创造了更加灿烂的文明，消除生态危机、建设生态文明离不开科技的发展和进步。科学技术是第一生产力，也是建设环境友好型、资源节约型社会的第一推动力。生态科技文明是对近现代科学技术反思之后的科技生态化转向的积极进步成果的总和，它以保护生态、建设生态为目标，以解决人类与自然界和谐演化为宗旨，以协调人与自然关系为最高准则，其最基本的要求是既能满足人类需要，又能服从自然本身的属性、规律。但人为主观方面的原因，对生态文明来说科技的作用呈现出"双刃剑"的效果。一方面，对科学技术的不合理应用带来20世纪以来传统工业化对自然资源掠夺性的开发，造成了环境污染和生态破坏；另一方面，在现代社会生态危机、人类生存危机的情况下，科学技术对资源节约、生态保护、环境改善起着越来越重要的作用。

生态文明是一种物质生产与精神生产的高度发展，自然生态与人文生态和谐统一的文明形态。它以绿色科技和生态生产为重要手段，以人、自然、社会的共生共荣作为人类认知决策行为实践的理论指南，以人对自然的自觉关怀和强烈的道德感、自觉的使命感为其内在约束机制，以合理的生产方式和先进的社会制度为其坚强有力的物质、制度保障，以自然生态、人文生态的协调共生与同步进化为其理想目标。日新月异的科技进步和创新使人类认识、利用、适应自然的水平和能力不断提高。当今世界，科学技术作为第一生产力、作为人类文明进步的基石和原动力的作用日益凸显，科学技术比历史上任何时期都更加深刻地决定着经济发展、社会进步和人民幸福。因此，我们必须依靠科学技术，依靠科学精神，才能全面建成惠及十几亿人口的小康社会，才能建成富强民主文明和谐美丽的社会主义现代化强国。科学技术深刻改变着人类生产和生活的方式及质量，也在改造我们的思维方式和世界观。从某种意义上讲，科技进步推动了生态文明的产生。随着创新步伐的加快，科技的支撑作用和驱动力将会在生态文明建设过程中进一步凸显。

那么，如何以推动科技创新促进社会主义生态文明建设？首先，利用科技创新实现能源与资源的节约和高效利用。科技创新可以加快产业结构的优化升级，传统产业的发展伴随着高消耗，面临着环境资源的约束，利用高新技术促进传统产业改造升级，可以提高资源能源利用效率，减少污染排放，新技术的采用还可以探索和发现新资源或替代资源，大大拓展资源利用空间。从水力、畜力的使用到煤、石油、天然气等能源的开采，从化石能源到风能、太阳能等可再生能源的开发利用，人类通过技术进步，在资源史和工业发展史上实现一次次跨越性突破，促进了经济社会的发展。其次，利用科技创新进行生态环境保护。科技创新有助于破解生态环境保护中的瓶颈问

第六章　生态文明建设的价值目标和框架内容

题。现在的很多生态环境问题，如大气灰霾、水体富营养化等问题的解决，一定程度上有赖于污染物源头减排和控制技术等方面的突破。加强生态保护与恢复重建技术创新，可以促进区域自然生态环境改善，保障生态系统服务功能的持续供给，增强区域可持续发展能力。此外，采用清洁生产、循环经济模式，实行从源头采购到废弃产品的回收利用的全程防污、治污的方式，把污染最大限度地消灭在生产过程之中，从而可以有利于保持一个空气清新、舒适宜人的自然和人工环境。最后，利用科技创新实现思维方式转变与生态伦理观形成。科技创新的意义不仅表现在生产方式的改进上，对人们的思维方式及价值观的影响也较为深远。人类文明发展史表明，重大科学技术创新往往引发认识论的革命，而认识论的更新必然导致世界观、价值观和发展观的革新。以生态文明观为指导思想的科技创新，不但可以强化人的环境意识，而且会影响人类的生存价值观，进而促进生态伦理道德观的形成。

当然，为了应对科技的负面效应，我们应积极建设生态科技文明，预防科技应用可能引发的负面效应，突破制约生态文明建设的重大科学问题和关键技术，开发和推广节约、替代、循环利用资源和治理污染的先进技术。生态科技文明要求，科技创新和应用要能够促进整个生态系统保持良性循环，能为优化生态系统提供智力支撑。实践证明，只有依靠生态科学技术，才能为生态文明建设提供科学依据和技术支撑，才能加速生态文明建设进程，才能真正实现人与自然的和谐发展。中国生态科技文明建设必须系统地认识中国自然资源与生态环境的现状及变化发展的趋势，认识社会复杂系统的演化及规律，自觉调整人与自然的关系，促进资源节约型、环境友好型社会的建设。

（五）生态制度文明

全球性的生态危机给现代文明发展带来了巨大困境，引发了人们对生态文明建设的思考。党的十八大提出建设"美丽中国"，对中国生态文明建设提出了更高的要求并指明了发展方向，同时明确提出保护生态环境必须依靠制度，要加强生态文明制度建设。生态文明制度是加快我国生态文明建设的根本保障，只有一套体系完整的制度才能确保生态文明建设的顺利进行。中国共产党已经向我们明确阐释了生态文明制度体系的基本构成及改革方向,我们要立足于现实,针对当前生态文明制度的缺失、空白,从"源头严防、过程严管、后果严惩"的思路对生态文明制度进行健全和完善,使之成为推动生态文明建设、实现"美丽中国"建设的根本保障。

生态文明的内容和要求内在地体现在人类的法律制度中,并以此作为衡量人类文明程度的标尺。建设生态文明内在地包含着保护生态、实现人与自然和谐相处的制度安排和政策法规。生态环境保护和建设的水平,是生态制度文明的外化,是衡量生态制度文明程度的标尺。① 因此,生态制度文明既是生态文明的重要内容,也是实现生态行为文明的重要保障。建设生态制度文明,就是建立和完善有利于保护生态环境、节约资源能源的政治制度和法规体系,逐步形成促进生态建设、维护生态安全的良性运转机制,并用以规范社会成员的行为,确保整个社会走

---

① 党国英:《制度、环境与人类文明——关于环境文明的观察与思考》,《新京报》2005年2月13日。

生产发展、生活富裕、生态良好的文明发展道路。生态制度是以生态环境保护和建设为宗旨，调整人与生态环境关系的制度规范的总称。例如，《中华人民共和国森林法》《中华人民共和国草原法》《中华人民共和国土地管理法》《中华人民共和国环境保护法》等制度规范共同构成了生态环境保护制度的主体。生态制度文明是人们正确对待生态问题的一种进步的制度形态，包括生态制度、法律和规范。其中，特别强调健全和完善与生态文明建设标准相关的法制体系，重点突出强制性生态技术法制的地位和作用。生态制度文明是生态环境保护和建设水平、生态环境保护制度规范建设的成果，它体现了人与自然和谐相处、共同发展的关系，反映了生态环境保护的水平，也是生态环境保护事业健康发展的根本保障。

人类行为模式决定着经济社会发展方向与人类文明发展趋势。但是，人类行为模式的发展不是无拘无束的，而是需要在一定的制度框架内进行。有效的制度安排能够抑制人的机会主义行为倾向，降低市场中的不确定性，从而降低交易成本，有些制度如产权制度等还可以为人们将外部性行为内在化提供激励机制，从而减少诸如环境污染、生态破坏等市场失灵问题。当前，在中国经济社会发展过程中，生态问题日趋严重，由国家主导并主动进行的相关强制性制度变迁在边际上依然有效，制度创新理应成为生态文明建设的制度基石。作为制度（尤其是正式制度）的主要供给者，政府在生态文明建设过程中，必须大胆进行制度创新，推动现行制度朝着有利于生态保护的方向变迁。

虽然党和国家已将生态文明制度建构摆在突出位置，预示着我国生态文明的制度建设进入一个崭新且充满希望的阶段，但接踵而来的实际困难依然不容忽视。严重的生态缺位、制度缺失以及当前生态文明制度与当前社会格局、经济发展、思想观念的矛盾凸显等，都是我们在生态文明制度建构过程中需要反思和解决的重要问题。

第一，生态文明制度建设中的生态缺位明显。主要表现为：其一，政府配置重要资源的权力过重。在配置自然资源权利的过程中，由于没有明确区分政府自然资源的公共管理职能同自然资源资产市场的运营机制，政府和市场的关系混淆，使政府在资源配置过程中享有过多的权力，极易造成自然资源低价、无序、过度开发现象出现，使自然资源所有者的权益受到侵害，国有资源资产遭受严重流失。其二，市场配置资源的权限被限制。在生态文明建设中，我国在自然资源配置方面由于长期延续着计划经济体制下的行政管理方式，市场机制还不够成熟，导致市场在资源配置方面的权限被限制。其三，GDP增长至上的考评机制。在传统社会经济发展评价体系中，忽略生态文明建设绩效考核指标的考评制度，一些地区的领导为了追求政绩，片面地强调GDP的增长，而不惜以破坏生态为代价。这种用GDP的增长数据来衡量政府绩效的方式促使很多地方官员倾向于寻求利益最大化的发展路径，最终走上了高投入、高消耗的粗放型产业道路，制约了生态文明建设事业的发展。

第二，生态文明制度建设中的制度缺失、管理缺位。生态文明制度建设中不仅包括生态建设，还包括制度建设，不以制度的健全和完善来保障的生态文明是不完整的，也是难以长久的。生态文明建设的制度体系作为生态文明建设的必然组成部分，不仅关系到生态文明，还关

第六章　生态文明建设的价值目标和框架内容

系到我们民族的未来和中国特色社会主义宏伟蓝图的实现。生态文明建设中的制度缺失主要表现为：其一，生态行政制度不科学。长时间以来我国政府的行政管理职能和监管一直处于一种分散的状态。一方面，我国资源管理及环境保护有多个部门进行管理，各种制度五花八门，但往往在内容上是重复的，难以形成一种体系。另一方面，我国地貌广阔，要实现文明生态建设必须要通过跨区域的环境合作，但是缺乏相应的制度支撑使各区域、各部门之间协作工作困难，常常出现"管理真空"的现象。其二，环境保护产权制度不明晰。由于没有明确区分政府自然资源的公共管理职能同自然资源资产市场的运营机制，自然资源在法律上没有明确的主体代表，生态资源产权制度不够明晰。在法律上，没有明确规定国有自然资源资产归哪级政府和哪个部门管理。虽然公共用地和公益林等分类管理制度已经确立，但尚未形成自然资源资产公共性、公益性、商业性等属性和对其进行分类、界定以及实行用途管制的制度。同样，对于生态用水、生态用地、生态林的界定、分类的相关规定和程序也不明确。其三，环境监管法律制度不完善。我国的自然资源的所有者和管理者不分的现象造成我国资源管理的诸多问题。例如，土地管理部门作为行使资源所有权的代表无法实现有效的自我监管；自然资源的分散管理容易造成顾此失彼；各个部门间各自为政，相互冲突，缺乏统一行使资源管理权的部门。其四，社会公众参与制度不健全。只有全社会所有成员的集体参与，生态文明建设才能如期实现，但是我国公众参与制度并不健全，造成我国生态建设缺少公众的参与。我国缺乏公众参与生态建设的保障机制，使公民在参与生态建设的过程中不清楚参与的程序、方式和途径，严重影响了公众参与生态环境建设的积极性。缺乏相应的制度规范，又使一些民众自发的社会环保组织无法发挥其作用。甚至因为一些环保组织在资金方面依靠政府，民众在行动方面受制于政府，无法独立表达自身的话语权。

为了解决上述问题，完善我国生态文明制度建设，我们应该在生态文明制度建设过程中遵循政府主导与全民参与、技术创新优先、立法与执法并重的原则。具体来说，

第六章 生态文明建设的价值目标和框架内容

首先,坚持政府主导与全民参与的结合。政府是拥有公共权力、管理公共事务、代表公共利益、承担公共责任的特殊社会组织,作为一种公共权威,它体现社会的公共利益、整体利益和长远利益。政府作为生态化制度创新与变迁的领导者、组织者、管理者、服务者,由于其地位的特殊性,对生态文明建设的作用是其他任何社会组织都无法替代的,必须要求政府在全社会生态文明建设中居于主导地位,强化生态文明建设在政府职能中的地位和作用,提高政府生态文明建设的效率,以满足人民根本利益的迫切要求。全民参与是生态文明建设的重要基础。全民参与需要政府大力培养公众的生态环境保护和建设的自治能力,并监督和鞭策政府生态文明建设职能的实现。因而,必须加大能源资源和生态环境国情宣传教育力度,树立人与自然和谐相处的价值观念,把节约文化、环境道德纳入社会运行的公序良俗,把资源承载能力、生态环境容量作为经济活动的重要条件,进而改变人们的生产生活方式和行为模式。在企业、机关、学校、社区、军营等开展广泛深入的生态文明建设活动,普及生态环保知识和方法,推介节能新技术、新产品，倡导绿色消费、适度消费理念，引导社会公众自觉选择节约、环保、低碳排放的消费模式，促进公众对生态文明建设的自觉参与。其次，科技创新是构建生态文明的强大武器，亦是经济持久繁荣的不竭动力。技术创新是一个从产生新产品或新工艺的设想到市场应用的完整过程。现代意义上的技术创新不是纯粹的科技概念，也不是一般意义上的科学发现和发明，而是一种全新的经济发展观。通过技术创新，把科学技术转变为产业竞争力，转变为整个国民经济的竞争力，是区域与城市经济发展的重要战略举措[①]。技术创新原则是生态化制度创新与变迁的基本原则之一。坚持技术创新原则，就是要在技术创新过程中全面引入生态学思想，考虑技术创新对环境、生态的影响和作用，追求经济效益、生态效益、社会效益和人的生存与发展效益的有机统一。要用科技的力量推动经济发展方式转变。大力发展战略性新兴产业，要把新能源、新材料、节能环保、生物医药

---

① 邱成利：《新环境、技术创新与新产业发展》，景德镇科技网：www.jdzkj.gov.cn。

第六章　生态文明建设的价值目标和框架内容

等作为重点,选择其中若干重点领域作为突破口,使战略性新兴产业尽快成为国民经济的先导产业和支柱产业。① 在能源资源方面,利用新技术降低消耗,提高能源资源利用效率,节约资源和保护生态环境,增强资源与生态环境对经济社会发展的持续支撑能力,促进经济社会发展并实现人与自然的和谐,实现人类的可持续发展。 最后,坚持立法与执法并重。 建设生态制度文明,应坚持立法与执法并重原则。 生态资源环境立法应遵循以下原则:其一,可持续发展、因地制宜、因时制宜、分阶段推进、分类补偿先行试点,逐步推开;其二,生态环境污染和生态破坏源头控制;其三,污染防治、生态保护和核安全三大领域协调发展;其四,维护群众环境权益、国际环境履约和环保基础工作;其五,处理好中央与地方、政府与市场、生态补偿综合平台与部门平台的生态补偿关系。 在坚持上述五项原则基础上,努力形成覆盖生态环保工作各个方

---

① 温家宝:《关于发展社会事业和改善民生的几个问题》,中央政府门户网站:http:∥www.gov.cn/ldhd/2010-04/01/content_1570906.htm。

面、门类齐全、功能完备、措施有力的环境法规标准体系，从根本上解决"无法可依、有法不依、执法不严"的问题，建立权威、高效、规范的长效管理机制，把生态环境保护与资源可持续利用纳入法制化、规范化、制度化、科学化轨道。同时，加强执法建设，加大执法力度。法学界专家指出，法制的健全和完备固然十分重要，但最关键的还是执行要到位，两者缺一不可。如果法律制定后的执行不到位，那么就是再好的法律条文只能成为一纸空文、形同虚设。立法者和执法者都应该充分尊重社会利益主体对立法和执法的需要，在立法和执法过程中，加强监督制约机制的建设，把执法机关和执法人员的执法权限限制在一个合理而严格的框架里。避免出现过于积极的职权主义，造成立法无法执行以及执法中存在乱执法的现象。只有坚持有法必依、违法必究、执法必严，才能真正达到构建社会主义生态文明的目标。

（六）生态行为文明

生态文明不仅是一种思想或观念，或是理性的理想境界，它更是一个过程。生态文明不仅指生态思想理念、制度的文明，还包括生态经济、政治和科技的文明，更是一种体现在社会行为中的文明。这就是说，生态行为文明是生态文明最为重要的内容，如果没有生态行为文明，也就谈不上生态经济文明、生态政治文明和生态科技文明。生态行为文明是指，在一定生态文明观及生态文明意识指导下，人们在生产生活实践中推动生态文明发展进步的现实具体活动，它包括清洁生产、循环经济、环保产业、绿化建设以及一切具有生态文明意义的参与和管理活动，同时还包括人们的生态意识和行为能力的培育。生态文明建设是一项巨大而系统的社会变革工程，生态行为文明是这一系统工程的根基。罗曼·罗兰说过，善良不是学问，而是行为。这就是说，判断一个人是不是善良，并不看他有多少学问，而是看他的行为是不是善良。从这个意义上讲，生态行为文明才是真正的生态文明。没有生态行为文明，生态意识文明和生态制度文明就无从表现出来。[1] 在进行生态文明建设的过程中，人类应该用行为科

---

[1] 姬振海：《生态文明论》，北京：人民出版社，2007年，第114页。

学作为理念指导来指引人类行为,协调好人类与自然及人类自身的矛盾,达到多方和谐,以促进生态文明建设的进程。生态行为文明要求将生态文明的内容和要求由内而外地体现在人们的生产、生活和行为方式中,体现在各种活动的实践中;要求人类必须将政治行为、经济行为、生活行为规范和限制在不破坏自然生态系统良性循环的范围内,最大限度地减少对生态环境的不良影响。从生态文明建设行为主体视角上来看,生态行为文明建设的具体要求是:使每一个公民、每一个企事业单位、每一个社会团体组织、每一级国家政府,都要积极行动起来,形成符合生态文明要求的生活方式和行为习惯,自觉履行自己的责任和义务,共同呵护我们所栖息的生活、生存环境。

第一,生态文明建设的政府主体行为。生态文明建设的政府主体在生态文明的建设中,在处理生态环境问题上,占据着不可取代的主导地位,具有不可比拟的作用和影响。政府是国家权力机关的执行机关,是国家政权机构中的行政机关,即一个国家政权体系中依法享有行政权力的组织体系。它是国家公共行政权力的象征、承载体和实际行为体。政府发布的行政命令、行政决策、行政法规、行政司法、行政裁决、行政惩处、行政监察等,都应符合宪法和有关法律的原则和精神,都对其规定的所有适用对象产生效力,并以国家强制力为后盾而强制执行。政府在生态环境问题上具有明确的责任,主要包括：预防性环境保护法律责任、执行性环境保护法律责任、保障性环境保护法律责任。

第二,生态文明建设的企业主体行为。生态文明建设不仅需要政府发挥领导作用,而且需要企业发挥出应有的作用。企业是生态文明建设的重要参与者和建设者。树立企业的生态意识,创新企业的生态模式,规范企业的生态行为,明确企业的生态行为责任对建设生态文明、创建和谐社会具有重要作用。当前,企业的生态文明行为,就是企业在追求自身利益的同时,能正确地处理好人与自然（包括资源与环境）的关系,为后代留下可持续发展的资源能源和空间。这就要求企业在进行生产活动的过程中实行清洁生产。清洁生产就是指将综合预防的环境保护策略持续应用于生产过程和产品使用过程中,以期降低对人类和环境的风险。清洁生产包含两个全过程控制，即生产全过程和产品生命周期全过程。对于生产全过程而言，清洁生产包括节约能源和原材料，淘汰有毒有害的原材料，并在全部排放物和废物离开生产过程前，尽最大可能减少它们的排放量和毒性；对产品生命周期全过程而言，清洁生产旨在减少产品从原料的提取到产品的最终处置过程中对人类和环境的影响。在考虑对环境的影响时，过去往往把注意力集中在污染物产生之后的末端治理上，清洁生产则是要求把污染消除在产生之前。清洁生产实际上是在满足特定条件下的前提使原料消耗最少，使产品的利用率最高。

第三，生态文明建设的公众主体行为。公众作为生态文明行为的三大主体之一，不仅是生态文明建设的实施者，还是各生态文明主体存在与发展的基础。只有增强公众的环保意识，保护生态环境、促进生态文明建设才不是一句空话。这就要求公众要努力成为具有环境人权意识的公民，具有良好的美德和责任意识，更要在具体行为上从小事做起。

第七章 "五位一体"生态文明建设的路径

"人民对美好生活的向往，就是我们的奋斗目标。"以习近平同志为核心的党中央，为我们描绘的"天蓝地绿水净美好家园"神州图景正越来越清晰地展现在世人面前。但纵观工业革命以来的发展道路，人类自身能力的增长、欲望的无限扩展，加速了对自然的攫取与破坏。"先污染，后治理"乃至"已污染，未治理"，一度成为世界各国固定的经济发展模式，由此而引发的生态危机成为全球最关注的热点与焦点。走出一条基于东方智慧的生态文明之路，是中国共产党带领人民克服生态危机而进行的伟大实践。"生态兴则文明兴,生态衰则文明衰。"①这是习近平关于生态文明的著名论断,既是对文明变迁的历史反思,也是对当今世界的现实观照,习近平通过阐释生态与文明之间的关系,强调生态文明建设的必要性。党的十九大对社会主义生态文明建设做出了根本性、全局性和历史性的战略部署,生态文明建设必须为"实现富强民主文明和谐美丽的社会主义现代化强国"做出其独特贡献,从而实现中华民族的伟大复兴的奋斗目标。我国在积极探索生态文明建设过程中虽已取得巨大成就,然而就目前的生态环境状况及生态文明建设进程来看,生态文明建设工作仍然任重而道远。中国正处于生态文明建设与工业化、现代化建设并行的关键时期,生态文明建设已构成中国特色社会主义"五位一体"的重要内容,推进生态文明建设可谓任务繁重、困境重重,需进行系统化思考,需着眼于"五位一体"视阈对社会主义生态文明建设的路径做出科学合理的选择。

---

① 习近平:《生态兴则文明兴——推进生态建设打造"绿色浙江"》,《求是》2013年第13期,第42~44页。

第七章 "五位一体"生态文明建设的路径

一、生态文明建设的困境分析

生态问题一直是我国政府和人民关注的焦点。1973年，我国召开了第一次全国环境保护会议，环境保护被确立为政府的重要职能，成为由政府主导的社会实践运动；1983年，环境保护被确立为我国必须长期坚持的一项基本国策，环境保护观念开始普及；2007年，建设生态文明写进党的十七大报告，成为执政党治国理政的重要战略组成部分；2012年，党的十八大报告将生态文明建设纳入"五位一体"中国特色社会主义事业总体布局，这表明我国的生态文明建设正在加快推进的步伐；2017年，党的十九大针对全面建成小康社会、实现"两个百年"奋斗目标、实现"富强民主文明和谐美丽的社会主义现代化强国"目标及中华民族伟大复兴，对社会主义生态文明建设做出了全局性、根本性和历史性的战略部署。然而，由于各地经济发展水平的差异和中国发展阶段的制约，当前中国的生态文明建设仍然面临着人口、资源能源、环境等方面较为突出问题的重大挑战。

（一）中国的生态情境及根源

中国改革开放后的前30年里以GDP年均9.7%的经济增长速度推动着工业化的快速进程，取得了举世瞩目的成就。但同时也造成了严重的环境污染和生态破坏，环境问题已成为社会公众关注的焦点和社会各种矛盾的聚焦点，环境与资源、人口的矛盾日益尖锐。这促使我们必须要正视我国严峻的生态环境问题，对人与自然关系进行更深刻的反思，反思现存的生产和生活方式及其所带来的价值观念。

1. 中国的生态情境

首先，人口问题。恩格斯在《家庭、私有制、国家的起源》中指出："根据唯物主义的观点，历史中的决定性因素，归根到底是直接生活的生产和再生产。但是，生产本身又有两种。一方面是生活资料即事物、衣服、住房以及为此所必需的工具的生产；另一方面是人自身的生产，即种的繁衍。"①因此,一定社会的发展取决于两种因素,其中之一就是人口因素。一定量的现代化人口对于经济社会发展具有重要的促进作用,人口增长的速度超过了经济增长的速度,会对资源和环境造成压力,加之人口众多、受教育水平低、生态环境意识淡薄,就会进一步加剧人与环境和资源的紧张。在中华人民共和国成立前我国曾经历了三次大迁徙,造成1/3的土地沙漠化、荒漠化,无法居住。中华人民共和国成立以来,土地又因水土流失减少了1/3,现在可居住的国土面积是300多万平方千米,民族生存空间进一步收缩。但人口反而增加了近一倍,从7亿增至13亿。许多人口学专家认为,中国人口在两三亿比较合适,7亿就是极限,实际上我们的人口已经增加到了13亿。更不幸的是,人口增长得最快的地区,往往又是全国最贫穷的地区,全国生态屏障最重要的地区,水土流失最严重的地区,也是生态难民最主要的产生地区。至2014年年底,我国共有农业用地

---

① 《马克思恩格斯选集》(第1卷),北京:人民出版社,1995年,第80页。

64 574.11万公顷,但其中耕地面积仅为13 505.73万公顷,我国耕地面积在国际上居于世界第三的位置,但是耕地面积仅占我国国土的14%,人均占有量只为世界水平的58%。① 同时,建设占地、自然灾害破坏、生态退耕、农业结构调整等诸多原因,造成我国耕地面积减少38.8万公顷,并且耕地面积的减少量仍在持续增加。我国耕地平均质量为9.97等,处于总体偏低的位置;优等地面积仅为386.5万公顷,占全国耕地总面积的2.9%;以此寥寥资源养活了22%的世界人口。② 这足以说明我国人口与资源的紧张程度。虽然我们的资源总量大,但是人均资源占有量少,人均资源低于世界平均水平,这引发了人口与资源、环境之间的深层次矛盾。一方面,经济再生产所需要的大量资源大大超过了环境系统的资源再生能力,导致了资源退化和枯竭,正如麦多斯教授在"增长极限论"中所

---

① 国土资源部:《中国国土资源部公告》,中国国土资源网,2016年4月26日。

② 国土资源部:《国土资源部关于发布2016年全国耕地质量等别更新评价主要数据成果的公告》,中国国土资源网,2017年12月21日。

说的那样："只要人口增长和经济增长的正反馈回路继续产生更多的人和更高的人均资源需求，这系统就被推向它的极限——耗尽地球上不可再生的资源。"[①]另一方面经济再生产和人口再生产排入环境的废物远远超过了环境容量，造成了生态失衡和环境的严重污染，从而影响人与自然和人与社会的可持续发展。人口的高速增长对我国的土地、森林、草原造成了极大的破坏，形成了人口增长-开垦土地-破坏植被-土地退化-粮食不足-再辟新地的恶性循环。在我国人口增长、耕地减少的情况下，为了解决民众的吃饭问题，提高粮食产量，使用了大量的化肥和农药、开垦不太适宜耕作的土地等。化肥和农药的使用严重污染了土壤并通过生物链的循环影响到人身健康，也加剧了毁林开荒的进程。据统计，在全国140个林业局中，已有61个林业局处于过量采伐状态，有25个林业局的森林资源已基本枯竭。由于过牧等原因，北方可利用的2.2亿公顷草原中，近15年来平均产草量下降了30%~

---

① 麦多斯:《增长的极限》,于树生译,四川:四川人民出版社,1984年,第75页。

50%，其中内蒙古下降了40%~60%，大片昔日水草丰美的草原，变成裸露和半裸露的荒漠和荒漠草原。

其次，资源匮乏。我国的资源能源本身就比较匮乏，人均能源资源占有量和消费量较低，近年来我国的经济发展持续高速增长，对能源的消耗巨大，我国能源的消费还过分地依赖以煤炭为主的矿产资源，这对自然环境的污染和破坏也有很大的影响。在现代化建设的前期，由于没有深刻认识到可持续发展的重要性、对自然资源的开发和利用基本上没有进行科学的规划，自然资源被过度开采。这种过度开采所导致的后果主要表现为石油、煤炭、天然气的日益匮乏，各种矿物蕴藏量的日趋衰竭及森林资源日趋减少。据统计，至2016年我国煤矿资源储量为2 492.3亿吨，石墨资源储量为7 321.5万吨，天然气资源储量为54 365.5亿平方米。[①] 同时，我国能源消耗量大，生产消费结构不合理，能源资源利用水平较低。研究表明，中国的能源加工、转换、传输和终端利用效率仅有

---

① 中华人民共和国国家统计局：《国家数据》，中华人民共和国国家统计局官网，2016年。

31%~32%，低于国际先进水平（10%）。中国能源的消费速度大大超过了经济增长的速度，属于名副其实的"高碳经济"。这造成我国能源资源耗费逐年递增，储备日趋减少。据统计，我国可开采的石化能源，就目前的开采量，煤炭还可开采80年，石油可开采15年，天然气可开采30年，使我国矿产资源对外依存逐年提升。[1] 此外，我国矿产资源地区分布不均衡现象严重，我国煤炭资源主要集中于华北、西北地区。石油、天然气资源主要存在于东、中、西部及海域中，而我国能源消费主要集中于东南沿海经济发达地区，造成资源赋予和能源消费地域存在明显的差别。中国GDP占世界GDP的4%，却消耗了全球26%的钢、37%的棉花、47%的水泥。[2] 传统工业化需要的三大自然要素：土地、水、矿产资源，中国已耗损大半。如果以每1万元的国民生产总值（GNP）中含有矿产

---

[1] 陈和平:《提高能源利用效率 促进经济持续发展》,《江西能源》2000年第3期,第1~3页。

[2] 潘岳:《潘岳同志在第一次全国环境政法工作会上的讲话》,《环境保护》2006年第24期,第15~23页。

品的使用量作为对矿产品的"使用强度",经济学家发现:在人均GNP处于1 000~2 000美元时,对矿产资源的使用强度最大,这实际上相当于工业化的中期阶段,是基础工业与基础设施发展最快的时期。西方工业国家是在20世纪三四十年代经历这一时期的,它们靠的是殖民地的极廉价资源支持对矿产资源的大量消耗。我国在未来二三十年,正好是人均GNP处于1 000~2 000美元时期,即处于矿产品使用强度的高峰期,这一时期,我国经济的增长仍然需要大量的物质性投入,特别是矿产品的投入,以支持基础工业与基础设施的发展。因此,我国的矿产资源面临着严峻危机。根据地矿部资料,2010年,在45种重要矿产品中,可以保证需求的只有23种,不能保证需求需长期进口补缺的有石油、天然气、铁、锰、铜、镍、金、银、硼、硫铁矿等10种,资源短缺主要靠进口的有铬、钴、铂、钾盐、金刚石5种。到2020年,形势将更加严峻,可以保证需求的仅有6种矿产,矿产对2050年的发展目标完全没有保证,相当部分矿产资源对经济建设保证程度偏低,关键矿产资源与石油能源紧缺的状态将会走向全面严峻。① 综上所述，我国的资源难以支撑传统工业文明的持续增长，我国的环境更难以支撑这种"高污染、高消耗、低效益"的生产方式的持续扩张。

再次，环境污染。2005年1月27日，在瑞士达沃斯正式发布了评估世界各国（地区）环境质量的"环境可持续指数"（ESI）。评估结果显示，在全球144个国家或地区中，芬兰位居世界第一位，位列第二到第五的国家分别是挪威、乌拉圭、瑞典和冰岛，中国位居第一百三十三位，全球倒数第十二。② 这一评估结果表明中国的环境问题相当严重。关于这一点我们可以通过分析2010—2015年的《中国环境状况公报》，看到尽管我国局部地区生态环境得到了持续改变，但生态环境恶化的趋势仍未从根本上得到扭转。国情专家胡鞍钢对我国的环境状况做了总体的评价："先天不足，并非优越；人为破坏，后天

---

① 吕云荷：《中国矿产资源供需状况及对外直接投资分析》，《时代经贸》2013年第12期，第1~2页。
② 王岩云：《法治与和谐社会研究——作为法价值的"和谐"涵义初探》，《法制与社会发展》2006年第4期，第3~6页。

失调；退化污染，兼而有之；局部在改善，整体在恶化；治理能力远远赶不上破坏速度，环境质量每况愈下，从而形成中国历史上规模最大、涉及面最广、后果最严重的生态破坏和环境污染。"① 在我国七大水系中，海河污染最为严重，2017年监测数据表明，七大水系中三级标准以下（即不可作为饮用水源）占据61.1%，主要集中于海河、淮河、辽河和黄河、松花江流域，主要污染物为化学需氧量，五日生化需氧量和总磷。我国拥有三大重点治理湖泊，即"三湖"，分别为：太湖、巢湖及滇池。至2017年，滇池仍为我国重度污染的湖泊，巢湖和太湖仍旧分别为中度污染和轻度污染。我国共有重点湖泊水库112个，但其中一类水质的湖泊水库仅6个，而三类以下水质的湖泊水库多达79个。其中对109个湖泊进行了水质营养监测，水质营养为中富度的数量仅4个。2017年，我国原国土部门对全国31个省区（不含台湾地区），

---

① 胡鞍钢、王毅、牛文元：《生态赤字：未来民族生存的最大危机——中国生态环境状况分析（1989）》，《科技导报》1990年第2期，第60~64页。

223个地市级行政区的5 100个监测井进行了地下水监测。其中较差和极差水质所占比重为66.6%，其中主要为"三氮"污染，部分地区存在重金属和有毒有机物污染。[①] 大气污染，指空气中的污染物质或气体超过标准程度，达到有害程度，影响人类正常生存和发展，导致生态破坏，威胁人类生命财产安全。当前，我国大气主要污染物为：细颗粒物（PM2.5）、臭氧（O_3）、可吸入颗粒物（PM10）、二氧化氮（NO_2）、二氧化硫（SO_2）、一氧化碳（CO）等。当前，大气污染是我国首要的环境污染问题。2017年，我国338个地级以上城市中，高达239个城市环境空气质量超标，占据70.7%。2015年，我国使用新标准第一阶段对全国74个城市大气环境进行监测，多达3%的城市环境空气质量为重度污染及以上。其中，石家庄、邯郸、邢台、保定、唐山、太原、西安、衡水、郑州、济南空气污染最为严重。同时，我国酸雨频发，据2017年有关部门统计，全国8%的城市酸雨频率在50%以上，主

[①] 中华人民共和国生态环境部：《2017生态环境状况公报》，中华人民共和国生态环境部官网，2018年5月21日。

要分布于长江以南到云贵高原以东地区。① 我国依然处在高污染的不平衡状态中。正如曾担任国家环境保护部部长的潘岳所指出的那样:由于长期不合理的资源开发,环境污染和生态破坏导致我国的环境质量严重恶化,我国已经是世界上环境污染最为严重的国家之一。我国1/3的国土被酸雨侵害;被监测的343个城市中3/4的居民呼吸着不清洁的空气;全球污染最严重的10个城市中,我国占一半。2002年,联合国开发署报告称,我国每年空气污染导致1 500万人患支气管病,2.3万人患呼吸道疾病,1.3万人死于心脏病。我国水资源仅为世界平均水平的1/5,而污染更使日益短缺的水资源雪上加霜。七大江河水系中劣五类水质占41%;城市河段90%以上遭受严重污染;海河、辽河和淮河的有机污染已经不亚于英国污染最为严重时期的泰晤士河。全国尚有3.6亿农村人口喝不上符合卫生标准的水。环境问题和社会公平问题紧密地交织在一起。中国生态环境最恶化的地区往往是贫穷的

---

① 中华人民共和国生态环境部:《2017生态环境状况公报》,中华人民共和国生态环境部官网,2018年5月21日。

西部地区，这些地区为发达地区输出资源、承担生态破坏的成本，却没有得到相应补偿，导致贫穷和污染交合的恶性循环。我国为环境污染付出了惨重的代价。[1] 2006年9月7日，国家环境保护部和国家统计局向媒体联合发布了《中国绿色国民经济核算研究报告2004》。这是中国第一份经环境污染调整的GDP核算研究报告，结果表明，2004年全国因环境污染造成的经济损失为5 118亿元，占当年GDP的3.05%；虚拟治理成本为2 974亿元，占当年GDP的1.08%。中国改革开放以来取得了西方100多年的经济成果，而西方100多年发生的环境问题在中国改革开放的这段时间里集中体现。[2] 一系列问题说明经济危机可以通过宏观调控加以解决，社会危机可付出政治成本得以平息，而环境危机一旦发生，将变成难以逆转的民族灾难。

最后，生态失衡。在人类最初的生存和发展中，动植

---

[1] 陈泽伟、王强：《潘岳：朝着和谐公平的社会前进》，《商务周刊》2004年第24期，第52~55+6页。

[2] 环保总局与统计局：《绿色国民经济核算研究成果》，新华网，2006年9月7日。

物是人类最为主要的食物来源。随着人类社会的发展和科学技术的进步，人类利用动植物的步伐也在加快，人们为了享乐甚至为了满足一些异化的欲望而大量毁灭动植物，从而导致了动植物的大量灭绝。在社会主义现代化的建设过程中，森林被大量砍伐导致野外动物栖息地被破坏，我国很多珍稀动植物都处于濒危状态。初步统计显示，我国已有近200个特有物种消失，而且目前处于濒危状态的动植物物种为总数的15%~20%，有5 000多种高等植物处于濒危状态。此外，有研究表明，一种生物灭绝将导致10~30种其他生物消失，也就是说，我国动植物的灭绝可能导致恶性循环。联合国《濒危野生动植物种国际贸易公约》列出的740种世界性濒危物种中，我国占189种，为总数的1/4以上。据估计，目前我国的野生生物物种正以每天一种的速度走向濒危甚至物种灭绝，农作物栽培物种数量正以每年15%的速度递减，还有大量生物物种通过各种途径流失海外。[①] 森林生态系统质量不高，

[①] 夏堃堡：《濒危野生动植物种国际贸易公约42年》，《世界环境》2016年第1期，第66~69页。

草原退化、水土流失、土地沙化、地质灾害频发、湿地湖泊萎缩、地面沉降、海洋自然岸线减少等问题十分严峻。全国约80%的草原出现不同程度的退化，水土流失面积占国土面积的37%，沙化土地面积占国土面积的18%，石漠化面积占国土面积的1.3%，海洋自然岸线不足42%。资源开采和地下水超采造成土地沉陷和破坏。生物多样性锐减，濒危动物达258种，濒危植物达354种，濒危或接近濒危状态的高等植物有4 000~5 000种，生态系统缓解各种自然灾害的能力减弱。① 这种损失对我国实现人与自然和谐共生构成了严峻挑战。

2. 中国生态环境问题的根源

当今中国出现的人口、资源、环境、生态等问题，并非只是自然界系统内平衡关系的失衡，更主要的是人与自然关系的严重失衡。生态环境问题及生态危机的出现，反映了人与自然矛盾的加深，需要我们进行深刻反思，我们需要认清和把握环境问题产生的根源，并从根源入手，

---

① 吕文斌：《发展改革委解读〈2014—2015年节能减排低碳发展行动方案〉》，中国政府网专访：http://www.gov.cn/wenzheng/wz_zxft_ft23/。

用切实有效的手段加以解决，促进经济、政治、文化、社会与生态环境的和谐有序发展。

第一，生态环境危机的认识论和价值观根源。工业文明以来，人们陶醉在因科学技术的快速发展和广泛应用而带来的控制自然、支配自然的"伟大胜利"中，以主客二分、主客对立的思维方式，即主客二元对立的价值观来对待自然，完全忽视和忘记了自然界对人的制约和威慑，在人类产生初期时对大自然的敬畏已全然不在，过度膨胀了人的主体能动性，对自然界可能的"报复"丧失了应有的警惕。同时没有很好地认识、处理和解决经济社会发展与生态环境保护的辩证关系。人们在经济活动中，过分注重经济效益，追求眼前经济利益和高额利润，从而忽视了生态环境的保护。企业追求高利润、环保意识薄弱；地方官员为追求政绩，重经济发展，轻环境保护。

第二，生态环境危机的发展观根源。西方传统工业文明的发展道路的内在不可持续性必然要走向资源枯竭，必然要为争夺资源而不断冲突。我国虽然身在中国文化之中，但主导我们现代化实践的主要逻辑仍然是西方式的。我国的发展观也追随了西方的模式：认为单纯的经济增长就等于发展，只要经济发展了，就有足够的物质手段来解决现在与未来的各种政治、社会和环境问题，把"发展是硬道理"理解为 GDP 增长是硬道理。但是这种机械发展观的致命缺陷在于它只追求单纯的经济增长，抛弃了自然循环法则。在这种发展观指导下，改革开放以来，我国的 GDP 平均年增长 9.7%，成为世界上经济增长最快的国家之一。然而这种增长是以资源和环境更快速的损耗和生态系统的失衡为代价的。再加上盲目引入外资，一些被发达国家淘汰的、有毒的、高污染的企业纷纷入驻中国，使我们付出了沉重的环境代价。发达国家在上百年工业化过程中不同阶段出现的环境问题，近年来在我国已集中出现。经济增长取得的大部分效益是在为所欠的生态债付账，为滞后的体制付账，为加重的社会矛盾付账。这种机械发展观会导致扭曲的政绩观。目前我国考核地方政府官员政绩的主要指标是当地的 GDP 增长，各种发展规划都没有考虑生态环境的情况，无数制造业也是在没上环保设施的情况下建造起来的，这进一步加剧了生态环境的恶化。在这种发展观指导下的经济发展模式是先污染，后治理。西方的工业化国家就是在这种模式下发展起来的。但是我国的人口资源环境比发达国家紧张得多，发达国家可以在人均8 000～10 000美元时改善环境，而我们很可能在人均3 000美元时，生态、社会、政治危机交织在一起提前到来。因此，要从源头上解决我国的环境问题，就必须转变发展观念，转变经济增长方式，走可持续发展道路和新型工业化道路，建设高效率、高科技、低消耗、低污染、整体协调、循环再生、健康持续的生态文明。

第三，生态环境危机的传统文化根源。封建社会等级制的私有财产分配和中央集权制决定了不公正的政治伦理，同时也决定了不公正的文化伦理。封建文化从本质上看是为论证封建等级制的合法性服务的。董仲舒在《春秋繁露》里宣扬"天人合一""天人感应"就是为了论证"君权神授"及君臣父子之间的等级制的天然合理性。修身养性以"三纲五常"为标准，恪守封建道德义务，不容许人们探求公正的社会秩序和思考社会公正问题

（"文字狱"就是典型的例子）。在这种长期不公正的文化伦理的氛围熏染下，公正性问题很难引起人们的足够重视，影响了追求公正精神的培养。尽管近些年来我国各界人士开始关注"公正"问题，但"公正"思想的真正形成需要多年道德教化的积累，是一个长期渐进的复杂过程，它涉及世界观、人生观、价值观的根本转变，不是一蹴而就的事情。因此，传统文化中不"公正"思想的惯性在没有经过资本主义的充分批判的情况下通过社会遗传的方式至今仍统治着人们的头脑，影响着人们的行为。由于我国缺失公正的伦理观，这种伦理只限于人与人之间，没有向自然延伸，以及受国外不公正的环境伦理思想的影响，这种缺失和这种影响在环境问题上的局限性上暴露无遗。生产者在生产过程中很少考虑到他的生产行为及后果是否对他人和自然构成危害，是否是公平、公正的。因此，在环境问题上产生了大量的不公正现象，严重地影响了社会的稳定。我国环境问题中存在的不公正现象概括起来主要包括代内区域间的环境不公正和城乡间的环境不公正及代际间当代与后代环境的不公正。区域间的环境不公正有两种趋势：一是东部设置环境门槛、限制污染企业落户导致了大量污染严重和技术落后的企业向西部转移，同样的趋势也在南方和北方之间进行着，南方企业污染了北方的环境。西部没有建立健全的生态补偿机制，造成发达地区享受了环境保护的好处，不发达地区却在竞争中日趋落后，使西部环境污染急剧加重，生态系统遭到了严重破坏，加重了区域间或发达地区和欠发达地区的环境不公正。二是工业化向农村深入等原因，出现了污染从城市向农村转移的态势并造成了点污染和面源污染共存、生活污染和工业污染叠加、各种新旧污染与二次污染相互交织、饮用水存在重大安全隐患的局面。从代际上看，在过去的发展中由于公正思想不够充分，在时间维度上，没有看到地球资源是人类共有的财富，应该被所有各代的人们所共同拥有，而仅仅是看成当代人的财富。为了当代人的利益而不惜以牺牲后代人的利益为代价，无节制地透支资源、肆意毁坏环境，从而使环境问题日益严重，造成了对下一代人的不公正。

第四，生态环境危机的制度体制根源。我国的社会

第七章 "五位一体"生态文明建设的路径

主义制度扬弃了以追求资本为目的的利己性的资本主义制度，从根本上为环境问题及生态问题的解决提供了广阔的空间，提供了根本的制度保证。但是我国的体制在许多方面还很不合理，不符合环境管理的需要，这也是我国环境问题得不到解决的一个重要原因。目前，我国立法体制上存在不少问题，如执法和立法是同一个部门或政府，彼此之间为了争权夺利而陷入了恶性循环的行政泥潭。上级把该管的宏观规划变成微观审批，下级则把该管的微观事务变成宏观规划，使各区域间画地为牢、以邻为壑、重复建设。这种典型的"宏微倒挂"体制使各地区难以打破行政区划，应根据不同地区的人口、资源、环境、经济容量的总量制定不同地区的发展目标，根据不同地区的发展目标制定不同的考核体系，再根据不同的考核体系制定不同的经济政策和责任机制。除立法体制上的弊端外，还有各职能部门职能交叉、权责不明。完整的林木、水草、土地的生态系统被人为地分割成不同部门管理，而权力的分散导致各个部门之间由于利益的冲突难以形成统一的管理目标，甚至各部门的目标相互矛盾，导致了环保部门与其他部门之间的不协调乃至环保部门与其他政府职能部门进行利益交换，进而造成环境执法权力、执法责任的分散和一定程度的执法混乱，从而削弱了政府保护环境的一致性。譬如天然水资源管理，水利部分负责管理全国主要江河湖泊，林业部门负责管理水源林和湿地，资源部门负责管理地下水和近海海域，环保部门负责水质，城建部门负责城市地区水资源管理。这种管理体系，忽略了自然环境因子整体性的特点。管理目标分散，使环境问题难以及时解决。为此，应把分散到各部门的职能尽可能多地统一起来，由多头管理变成统一管理，建立大协调机制，协调各部门的利益关系。

第五，生态环境危机的科技根源——科技的异化及功利应用。科技对人类社会的作用具有两面性，有好的作用，也有坏的作用。在技术的社会实际应用中，其本身是一把双刃剑，会产生正负两种效应，即技术的"异化"。技术的"异化"是指技术作为人（主体）的客体，在发展过程中逐渐背离了主体最初创造它时的目的，而分裂出它的对立面，变成异于主体自己的力量。比如，人类发明农药的目的是捕杀害虫，但它又反过来伤害人类自身并且会持续产生污染；发明了塑料，却又增加了白色污染，等等。总之，在科技的发展与应用过程中，科技的异化促使科技应用不当或滥用科技，对环境产生的破坏是极为严重的。功利主义的科技发展使人们只重视发展那些能够取得较高经济效益的科技，却不管其是否破坏生态环境，这也是造成我国生态环境危机的一个重要原因。马克思在分析资本主义社会时，认为资本主义生态环境问题的一个重要原因是科学技术的"资本主义应用"。技术的"资本主义应用"是指在资本主义社会，科学技术被资本家仅仅视为榨取剩余价值的手段和工具，根本不考虑某项技术的环境效益和社会效益，"资本主义应用"的突出表现是盲目性、短视性和极端的功利性。

第六，生态环境危机与工业发展模式及城市扩张的无序化密切相关。根据马克思主义观点，工业化过程中的工业发展模式及城市扩张的无序化应是生态环境问题产生的一个重要根源。工业化过程中的工业发展模式往往是以工业城市的崛起和工业门类的过分集中为标志，以追求经济效益为目的，以大肆消耗自然资源为手段，以破坏自然环境为代价推进社会的工业化进程。这就是马克思所说的"工业的资本主义性质"。"工业的资本主义性质"是指当时西方资本主义国家工业化过程中的工业发展模式。近代生态环境问题的出现也是这种工业发展模式的必然结果。此外，城市的无序化扩张也会导致生态环境问题。城市是一个以人类生产和生活活动为中心的，由居民和城市环境组成的自然、社会、经济综合生态系统。城市是人口最集中、经济活动最频繁的地方，也是人类对自然环境干预最强烈，自然环境变化最大的地方，城市集中了大量的工矿企业，人类的生产和生活消耗了大量的能源物质，相伴生成大量废弃物，远远超出了自然净化能力，污染日趋严重。城市生态系统又是一个多功能的、复杂的、脆弱的生态系统，只要其中某个环节发生问题，就会破坏整个城市生态系统的平衡。我国很多城市就存在着类似的无序化扩张问题，导致城市成为我国环境问题最集中、最严重的区域，有些缺少战略规划和战略评价的城市出现人口膨胀、交通阻塞、资源匮乏、环境污染等问题。

（二）中国特色社会主义生态文明建设的困境解析

我国社会主义生态文明建设进行得如火如荼，进展顺利，并取得了巨大成就，然而就生态文明建设的现状来看，当前中国的生态文明建设正处于与工业化、信息化、现代化建设并行的关键时期，生态文明建设已纳入中国特色社会主义"五位一体"的总体布局中，但推进生态文明建设仍然面临着重重困境。在文化价值观上，生态文明意识薄弱，缺乏正确生态价值观；在物质基础上，生态文明建设缺少与之相配套的经济发展模式；在社会发展上，仍然存在生态保护与中国发展阶段的矛盾困境。在制度建设上，生态文明建设缺乏重要的制度保障；在科技能力上，生态文明建设的科技创新能力依然不足。

1. 生态文明意识薄弱，缺乏正确生态价值观

生态问题不仅是具体的现实问题，更是抽象的思想观念上的问题。这种思想观念包括国家层面的决策认识，社会层面的主流思想，市场主体层面的经营理念以及个体

层面的伦理道德。改革开放以来,我国一切发展主要以经济建设为中心,因而走进了片面发展经济的误区,单纯地将GDP增长水平作为衡量经济增长水平的唯一标准。这种政绩评价手段造成很多地方政府片面地追求短期政绩和各项经济指标的增加,在经济总量成倍增长的同时,使环境压力日益加重,环境问题越发突出。在建设生态文明过程中,社会非主流思想对生态环境的影响不可小觑,一些符合人们对物质生活享受欲望的非主流思想中,以人类中心主义最为突出,人类中心主义推崇一切以人为目的的思想,鼓励人类对自然进行掠夺。人作为一种生物,对自然资源进行利用是不可避免的,但对自然持绝对肯定或绝对否定的态度是完全错误的,其后果只会造成人类对自然资源的大肆破坏。企业在从事生产经营的过程中,一直以最小的成本获取最大利润的利润最大化为原则,作为其经营的最终目标,而实现这一目标最有效的途径是使企业生产成本外溢。环境资源作为一种公共财产,为企业的外部行为提供了必要的空间和条件,在追求利益最大化的诱惑下,生产者往往会对这些公共资源进行毁灭性的开发，而不能给它们以修复的机会。因此，资源环境的公有性使企业生产经营往往具有单向性，企业可以大量获取生产资料或大力污染环境而只需支付极少费用，对于产权不明晰的环境资源，企业便会更加肆无忌惮地开发、污染，只为降低成本、增加利润，这一现象也就是马克思提到的"公有地悲剧"的具体表现。

生态文明建设需要每一个人的参与，而参与生态文明建设的主体生态意识薄弱、生态伦理道德沦丧仍是社会中普遍存在的现象。"尊重自然、敬畏自然"应是人类所崇奉的生态道德，但这种道德观念在当今社会正逐渐沦丧，成为我国生态文明建设的最大困境。受凯恩斯"有效需求"理论的影响，20世纪30年代人类的消费观念开始大转变。在全球化影响下，消费主义理念在中国得以广泛传播，同时享乐主义和拜金主义也一同侵蚀着人类的传统伦理道德，在消费过程中，人类逐渐开始追求奢华、过度消费甚至挥霍浪费。另一方面，人类生态道德沦丧还表现在对自然环境的污染及对野生动物的大肆捕杀等方面，古语有"不打有孕之兽"，但是每年仍有大量的野生动物面临着濒临绝种的威胁。在日常生活中，尽管生态文明理念被大多数人所接受，但生态道德尚未根植于广大群众心中，随意倾倒垃圾、随意排放废气废水、自然资源的过度浪费等现象仍然大量存在，这些极大地影响了生态文明建设的进程。

2. 生态文明建设缺少与之相配套的经济发展模式

随着工业文明的兴起，人类的生活得到了彻底的改变，目前我国正处于工业化和现代化建设的关键时期，在科技力量的引导下人类创造出了前所未有的物质财富，丰富了自己的物质需求，过上了舒适的生活。但与之相伴，对自然大肆破坏的行为越来越猖獗，导致生态危机不断爆发。回顾多年来我国生态文明建设发展历程，不难发现，在处理生态建设与经济发展的问题上，我国没有从根本上发掘两者的内在关系，缺乏对两者协调发展的思考，在国家建设中，明显将注意力集中于经济建设，而忽略了生态保护。正如杰弗里·希尔所说："从本质上说，我们面临的主要问题是经济和生态的协调发展，因而我们的工作就是要在两者之间寻求一个平衡的支点。人类显然不能为了发展经济而破坏生态,同时也大可不必为了保护环境而停止发展的步伐。"①

从而,保护生态环境和经济发展逐渐形成一种对立关系。 人类的生存、发展会带来环境污染和生态破坏,累积到一定程度就会爆发环境问题和生态危机。 要保护生态环境,在一定时空范围内会或多或少地制约经济发展。保护生态环境和经济发展又是统一的,环境保护的根本目的还是促进经济社会更好地发展,给人类自身提供良好的赖以生存的自然环境,这就是两者之间的现实矛盾。 中国经济社会的持续发展,愈来愈面临资源瓶颈和环境容量的严重制约。 在现实中,我国并没有足够的资源总量来支撑高消耗的生产方式,没有足够的环境容量承载高污染的生产方式。 在社会发展过程中,人们将经济因素在社会发展过程中的决定作用夸大,认为只要经济发展了,一切问题就迎刃而解,一味地追求经济的增长,忽视环境保护和资源保护,甚至不惜采取竭泽而渔式的发展,不断地

---

① 杰弗里·希尔:《自然与市场》,胡颖廉译,北京:中信出版社,2006年,英文版前言。

以剥夺和牺牲生态环境资源为代价来满足人类需求。造成这一现象的原因主要是发展观的非生态性。长期以来，人们对生态环境没有予以应有的重视而导致生态环境成为经济发展的限制因素，发展观还停留在传统工业文明时期，这种建立在工业文明基础上的发展观是一种狭隘的、片面的和非生态的发展观。首先，非生态发展观仅仅以物的现代化为价值目标，其结果是重视经济增长，忽视人的发展；重视经济价值，忽视人的价值和生态价值。其次，非生态发展观片面地以经济增长为核心，唯GDP至上。以GDP为导向的政绩考核制度是地方政府谋求短期利益、不顾一切发展经济的重要根源。GDP的高速增长在很大程度上依赖于资源的粗放利用和贴现未来获得，导致工业用地的指标不断突破，电力和燃油短缺此起彼伏，各地产业同构和基础设施重复建设现象严重，环境污染问题层出不穷。最后，现行的财税体制与政府利益主体化倾向严重。如果说现有的政绩考核体系如同一个指挥棒，引导政府将经济增长作为工作重点，现行财税体制则迫使每一层级政府将经济建设作为首要责任，从根本利益上直接鼓励地方政府采取"土地财政""低商务成本"等策略，以出让大量土地，扩大投资占用土地，大力发展工业、房地产业以及建筑业的行为，来谋求短期利益。这些不顾一切发展经济的行为，造成农业用地锐减、生态用地锐减、土地浪费严重、城市土地紧张、国土资源承载力下降等的局面。

3. 生态保护与中国发展阶段的矛盾困境

改革开放以来，我们取得了中国特色社会主义建设的巨大成就，找到了中国特色社会主义的发展道路，实现了经济繁荣，人民富裕。但同时我们也付出了巨大的代价——资源大量浪费、环境被严重破坏、生态严重失衡。中国的发展主要分为以下三个阶段。

首先，中华人民共和国成立初期。中华人民共和国成立初期，百废待兴，中国面临着实现从农业国快速向工业国转型的艰巨任务，为了快速完成这一任务，我国形成了一种错误的指导思想，进入"大炼钢铁"时期。毛泽东提出："团结全国各族人民进行一场新的战争——向自然界开战，发展我们的经济。"①这种盲目主张向自然开战，砍伐大量木材用于炼钢的行为，造成我国森林资源急剧减少。同时，人口的快速增加成为生态保护的另一主要矛盾。在"人丁兴旺""人多力量大""养儿防老"等思想的指引下，中国人口急剧增加，人们对物质的需求超过了当时地球的生态系统所提供的环境承载力。在"跑步进入共产主义"等口号的鼓舞下，人民生产实践热情高涨，为了提高粮食产量，开始毁林开荒、围湖造田、破坏草原，这一系列举动加剧了水土流失，导致土地荒漠化。不难看出，此时中国最重要的历史任务是提高物质生产以满足人民的生存需求，这种急于改变贫穷落后面貌的心态，致使我们未能正确处理改造自然和保护自然的关系，更多的是强调人与自然对立和斗争的一面，不仅给工农业生产带来不良后果，而且对生态环境造成了破坏和污染。

其次，改革开放以来。改革开放以来，我国经济实现了飞速发展。如果说中华人民共和国成立初期生态破坏

---

① 中共中央文献研究室：《毛泽东文集》（第七卷），北京：人民出版社，1999年，第216页。

主要是由人的主观意志代替了客观规律,对生态环境保护的重要性缺乏一定的认识,从而违背了自然规律,那么改革开放以来,尤其是在我国市场经济体制还不健全,法律法规还不完善的时候,形成了消耗资源、能源多,效益低的粗放型经济发展方式。发展主要看经济指标而忽视了人文指标、资源指标、环境指标。没有实现经济与资源相协调发展,甚至为了经济发展而引进国外污染严重的项目,贪图眼前利益和局部利益,造成我国自然资源被大量开发、浪费,环境被急剧破坏,甚至危及子孙后代的利益。

最后,当前发展阶段。十八大以来,中国特色社会主义进入了新时代,新时代有新矛盾。习近平在十九大报告中指出,"我国社会主要矛盾已经转化为人民日益增长的美好生活需要和不平衡不充分的发展之间的矛盾"①。这个新的社会主要矛盾是新时代的重要特征,是判断中国

---

① 习近平:《决胜全面建成小康社会 夺取新时代中国特色社会主义伟大胜利——在中国共产党第十九次全国代表大会上的报告》,新华网:http://www.xinhuanet.com/2017-10/27/c_1121867529.htm。

特色社会主义进入新时代的科学依据,是准确认识中国特色社会主义进入新时代的逻辑前提。"人民日益增长的美好生活需要和不平衡不充分的发展"之间的矛盾,表明社会主义现代化建设的内容更加丰富充实、质量有所升华提高了。作为社会主要矛盾的一方面,"人民日益增长的美好生活需要"包括两方面的内涵:一是人民需要内涵的扩展。人民的需求不仅涉及物质文化生活,而且从人的全面发展和社会全面进步角度提出了更多的需求,如民主、法治、公平、正义、安全、环境等方面的需要。也就是说,人民的需要已经从物质文化领域扩大到物质文明、精神文明、社会文明、制度文明和生态文明各个领域。二是人民需要层次的提升。人民在告别了短缺经济时代后追求质量更高的生活,比如,更稳定的工作、更满意的收入、更全面的教育、更可靠的社会保障、更高水平的医疗卫生服务、更优美的环境、更舒适的居住条件、更丰富的精神文化生活等具有多样化、个性化、多变性、多层次的需求。作为社会主要矛盾的另一方面,"不平衡不充分的发展"也可以从两方面理解:其一是不平衡发展。发展不平衡，从区域发展来看，有的地方快，有的地方慢，生产力布局不平衡，比如东部和西部、城市和乡村。从发展各领域来看，既有引领世界先进水平的生产力，也有传统的相对落后的生产力；既存在产能过剩又存在有效供给不足，在群众教育、医疗、就业、养老、居住、环境等方面面临诸多难题，社会文明和生态文明建设领域还有不少明显的短板。从发展成果的共享来看，不同群体之间存在不平衡，比如收入分配差距依然较大，贫富差别比较明显，社会上仍然存在不少困难群众和弱势群体。其二是不充分的发展。发展不充分主要指创新能力不够强，发展能力和水平需要加强，实体经济有待发展，发展质量和效益有待提高，经济社会发展不够稳定和不持续。这就需要转变发展方式，促进社会生产向形态更高级、结构更复杂、分工更合理、产品更精细、供给更有效的方面发展；这就需要激发全社会创造力和活力，实现更高质量、更有效率、更加公平及更可持续的发展。总之，虽然我国社会生产力水平总体上显著提高，在很多方面进入世界前列，但我国一些领域的生产力水平相较西方发达国家的水平仍然相对落后,甚至差距还比较大,面对人民日益增长的美好生活需要,在社会供给上还存在许多差距。不平衡、不充分的发展问题在新时代日益凸显,成为满足人民日益增长的美好生活需要的主要制约因素。在不平衡、不充分的发展成为矛盾的主要方面时,中国特色社会主义发展进入了新时代。新时代生态环境的发展状况与人民对良好生活环境的需要之间矛盾依然非常突出,这也构成了生态文明建设中的矛盾困境。

4. 生态文明建设缺乏重要的制度保障

改革开放以来,我国出台了一系列关于生态文明的制度安排,特别是"十五""十一五"期间出台了一系列政策法规及措施,对我国生态文明建设起到了积极促进作用。生态文明建设在污染减排、环境基础设施建设、重点流域污染防治、环保基础能力提升、环境经济政策、三大基础性战略性工程等方面都取得了显著成效,使生态环境建设迈开了坚实步伐。[①] 但是,从总体上看,这些制度已

---

① 赵凌云、张连辉、易杏花等:《中国特色生态文明建设道路》,北京:中国财政经济出版社,2014年,第216页。

经无法适应当前生态文明建设的基本需求。随着社会经济的不断发展,人类对自然资源、能源的需求也在不断增加,生态环境问题越来越突出,经济增长与环境保护的矛盾日益突出,然而我国生态环境制度没有紧随时代步伐进行创新,导致生态文明建设成效不够。当前关于我国生态制度主要存在以下四个方面的不足。

第一,生态资源产权制度不健全,没有明确区分政府自然资源的公共管理职能同自然资源资产市场的运营机制,政府和市场的关系混淆。在法律上,各种自然资源,国家和集体所有权的代理规定过于僵化,没有明确规定国有自然资源资产归哪级政府和哪个部门所管理,自然资源在法律上没有明确的主体代表。同样,对于生态用水、生态用地、生态林的界定、分类的相关规定和程序也不明确。不能严格地监管公共性、公益性资源资产使用和保护。没能完全依照市场规则运营管理市场交易的商业性资源资产。又过度追求部门和地方资源收益。例如,一些地方政府迷恋于圈地卖地,对风景名胜区包装上市等;缺乏自然资源资产管理的基础制度和管理平台,包括缺乏土地、林地、草原、海域等各种自然资源资产统一登记体系和资产评估、核算体系等。

第二，政策"叠加"，实施力度低。通常情况下，政策的制定相对容易。因此，在实际工作中造成了政策法规"叠加"现象，这往往降低了工作效率，同时还增加了工作中的实际成本。在生态文明建设过程中，将各项制度合理结合，往往会产生意想不到的结果。

第三，生态行政不科学。当前，我国在生态文明建设中存在执政部门政治意识偏低的问题，很多地方政府的生态政治意识仅仅停留在较低的认知水平，造成执政人员有法不依、执法不严、违法不究现象频频出现。有些地方政府对于污染企业采取放任态度，对于污染严重的项目给予批准，甚至存在地方保护主义，阻碍执政部门依法执政，使资源监管处于失控状态。环境问题能否真正解决主要在于生态制度执行是否到位，而目前我国制度执行依然存在执法地位不明确、部门间协调程度差等现象。实现生态建设是一项完整性工作，需要政府各部门之间协调合作，生态制度的实施效果同样受到政府各部门合作程度的影响。然而，我国政府的行政管理职能和监管一直处于一种分散的状态。

第四，社会公众参与制度不健全。生态文明建设作为我国总体布局的重点，我们每一位公民都应该尽一份力，只有每一位公民都具有环保意识，并且因为自己的环保意识的提高而约束到自己的行为，这样才能使生态文明建设真正得以重视。生态文明制度建设需要我们每人出一份力，但是公众在参与时得不到相应的制度作为保障，参与的途径、方式和程序也不是十分明确，进而导致了公众参与生态文明建设的热情不高，参与的渠道也不通畅。社会中组织的一些环保社团宣传力度不够，加入人员有限，缺少资金支持，环保组织不够成熟，在生态文明建设中作用不是十分明显。

5. 生态文明建设的科技创新能力不足

走出环境危机，修复地球生物圈，科学技术负有特殊使命，这就是用人类最新科技指挥解决人类生存发展最大、最紧迫的问题。和其他任何文明形态一样，社会主义生态文明建设也必然依赖科技进步助力。科技创新在促进经济发展方式转变，发展循环经济、绿色产业、低碳技术，以及提高管理水平中发挥关键的支撑作用，是推进生态文明建设的重要动力。

尽管多年来我国对生态文明科技进行了经济、政策等多方面的支持，使我国生态文明技术体系进步飞速，成就卓越。但相比于生态文明建设的要求以及世界先进技术水平的要求，我国生态文明科技水平还远远不足。生态文明时代，生态文明建设需要生态科技支撑，我国当前生态文明建设仍存在科技创新能力不足，并且对核心技术掌握较少的现象。第一，新能源核心技术研发能力不足。在新能源核心技术研发方面，我们的水平偏低，处于明显劣势。在我国新能源产业中有很大一部分是依赖廉价的劳动力成本，以加工制造为主，缺少自主性核心技术。我国对新能源核心技术并未完全掌握，关键部件仍然依赖进口。当前流行的、先进的风电机组、生物质直燃发电锅炉、太阳能光电所需要的多硅材料等高技术、高附加值设备和材料，基本上依靠进口。技术性瓶颈的制约成为我国新能源产业发展步履维艰的根本原因。比如在风电新机型开发上，我们在控制系统、关键轴承方面仍然依靠进口，且兆瓦级风电机组国产化率还不到1/3；目前3兆瓦以上风机的零部件国内还不能完全吸收消化，需要大量引进，华锐风电3兆瓦风机的核心零部件就要从美国超导公司引入。由于企业缺少核心技术，关键零部件大多掌握在外方手中，所以产业扩张难免受制于人。在太阳能硅原料的制造上，发达国家提纯1 000克多晶硅的费用是20美元，而我国企业的平均成本高达60美元。太阳能电池产业规模较大，但是多晶硅的制备提纯技术，特别是四氯化硅等有毒副产品的回收技术仍未掌握，也难以引进。虽然新能源的环境污染较小，但由于缺少先进的提纯技术，生产过程难免会对环境造成一定的污染，而新能源产品在使用过程中同样也会带来再次污染。第二，我国研究新能源的人员大多在大学或科研机构，缺乏领军型的创新平台以开展共性技术的研发。企业的研发能力较弱，缺少像通用电气、三菱和西门子这样的大型综合性设备供应商。一方面，由于大型设备基本依赖进口，设备费用高昂，其上网电价必然高于传统的煤电；另一方面，发达国家为保持技术领先的优势,千方百计控制先进技术的出口,为我国引进顶尖级技术带来了难度。科技创新能力不足也成为阻碍生态文明建设的一个因素。

二、"五位一体"生态文明建设的思维理络

通过对"中国的生态情境及生态文明建设现状"的考察与分析,我们深刻认识到,我国生态文明建设成效显著,正如十九大报告指出的那样,"大力度推进生态文明建设,全党全国贯彻绿色发展理念的自觉性和主动性显著增强,忽视生态环境保护的状况明显改变。生态文明制度体系加快形成,主体功能区制度逐步健全,国家公园体制试点积极推进。全面节约资源有效推进,能源资源消耗强度大幅下降。重大生态保护和修复工程进展顺利,森林覆盖率持续提高。生态环境治理明显加强,环境状况得到改善"[①]。但我们也非常清醒地认识到,中国的人

[①] 习近平:《决胜全面建成小康社会 夺取新时代中国特色社会主义伟大胜利——在中国共产党第十九次全国代表大会上的报告》,新华网:http://www.xinhuanet.com/2017-10/27/c_1121867529.htm。

口、资源、环境等生态情势依然严峻,经过改革开放以来的跨越式发展,中国已经进入高消耗、高污染的风险社会,作为发展中国家的中国对生态文明的呼唤比任何时候都迫切。特别是从中国目前的社会发展状况及生态文明建设的现状来看,当前中国特色社会主义已经进入新时代,生态文明建设被赋予新的历史使命和新的目标任务,即加快推进生态文明建设,助力决胜全面建成小康社会,实现"两个一百年"奋斗目标,实现社会主义现代化,全面建设富强民主文明和谐美丽的社会主义现代化强国,实现中华民族伟大复兴中国梦。建设生态文明是"五位一体"中国特色社会主义的重要内容,处于基础地位,是中华民族永续发展的千年大计。因此,推进中国特色社会主义生态文明建设,必须进行系统化思考。

(一)在思想观念上:培养生态文明建设主体的生态化思维

观念决定行动,思维方式是人们把握世界的方法论原则,是人们看待事物的角度、方式和方法,对人们的言行及其实践起到关键作用。面对当代严重的环境污染,循环经济、低碳经济的发展方式逐渐兴起,人的价值观念由传统的粗放型发展思维转入生态化的思维方式。生态化的思维方式具有整体性和可持续性的特点,不仅考虑到经济效益,而且重视对资源的可持续利用。

1. 增强全民节约意识、环保意识

增强全民节约意识和环保意识的首要工作是加强全民生态道德教育。生态道德是发展生态文明的精神依托和道德基础,是生态文明建设的一项基础性工程。在人与资源环境之间,人具有主动性和能动性,人的活动总是在一定思想指导下进行的,因而必须通过生态道德教育,改变人类的思想观念,形成"人与自然和谐共生"理念。生态与道德联系紧密,生态环境的优劣是人们生态道德水平高低的反映,而人们生态道德水平的高低反过来又极大地影响着生态环境。因此,加强生态道德教育,树立生态文化意识,有助于培育人们自觉、自律的生态意识、行为和责任,有助于人们形成防止污染、保护生态、美化家园的社会文明风尚;有助于人们形成珍爱自然、尊重自然、保护生态,摒弃人类自我中心的理念,增强自觉保护生态环境的责任和义务。

2.确立生态文明的价值观、财富观和消费观

生态文明的价值观主张在人与自然共同构成的系统整体中，不仅人是主体，是有价值的，自然也是主体，也是有价值的。因此，人必须与自然和谐相处，平等地对待自然。生态文明的财富观是以绿色财富为主的财富观。绿色财富是指以资源、环境和社会安全为前提的，有利于人与自然和谐发展的财富，它包括绿色人造资本、绿色自然资本和绿色人力资本。生态文明的消费观就是倡导绿色消费，反对工业文明时代的以物质主义为原则、以高消费为特征的生活方式。确立生态文明价值观、财富观和消费观是实现生态文明建设的关键环节。

3.培养生态化思维

培养人的生态化思维，推进生态文明建设。生态文明建设过程是相互联系、内在统一的主、客体两方面的进程。客体进程表现为经济发展方式、消费方式、科学技术及城乡建设的生态化；主体进程则表现为人的生态化，也就是使人学会生态化思维。生态文明建设最终要落实在

733

主体上，没有具有生态意识和生态思维的生态人，一切都是空话。从哲学思维方式来看，生态化思维方式表现为四个特征，即整体性、多样性、开放性（边缘优势效应）和未来优先性。在生态文明与人的思维方式生态化良性互动中，具有生态化思维方式的生态人对于推进生态文明建设具有重要意义。

（二）在政策制度上：建立健全系统完善的生态文明制度体系

党的十八届三中全会在强调完善国家治理体系和提高政府治理能力的同时，首次提出了"用制度保护生态环境"的思想，并强调"要紧紧围绕建设美丽中国深化生态文明体制改革，加快建立生态文明制度，健全国土空间开发、资源节约利用、生态环境保护的体制机制，推动形成人与自然和谐发展的现代化建设新格局"[①]。可见，用制度建立和体制改革来保护生态环境，进而规范我国社会主

[①] 《中共中央关于全面深化改革若干重大问题的决定》，北京：人民出版社，2013年。

第七章 "五位一体"生态文明建设的路径

义生态文明建设,是确保中国特色社会主义生态文明建设取得成效的重要保障。另外,全会还指出,中国特色社会主义生态文明建设不仅要建立系统而完整的生态文明制度,还要健全相应的生态文明体制,如制定自然资源资产产权制度和用途管制制度,划定生态保护红线,实行资源有偿使用制度和生态补偿制度,改革生态环境保护管理体制等具体制度。[①] 这些具体制度和体制,不但为我国社会主义生态文明建设提供了制度支撑和体制支持,也必将为我国生态文明社会的建成提供切实的制度和体制保障。生态文明制度的建立和完善,不仅意味着国家将出台更多有可操作性的环境监控指标和生态法律法规,还意味着我国社会主义生态文明建设的考核评估标准,以及领导干部政绩评价等方面将会更加系统化、规范化和科学化,更意味着中国政府通过一系列适合现实国情的方针政策,对社会主义生态文明建设形成舆论上的监督、立法上的支持和道德上的关怀,进而为世界各国的生态文明建设提供一种

[①] 《中共中央关于全面深化改革若干重大问题的决定》,北京:人民出版社,2013年。

示范。我们需要做的是要在坚持中国特色社会主义道路上不断将这些政策方针转化为市场个体、企业乃至全社会成员的具体生态行为，使其不断为推动美丽中国建设和实现中华民族永续发展提供人力、物力和财力支持，为走向社会主义生态文明新时代奠定基础。

1.建设生态文明政策体系，规范政府职能，完善治理结构，为生态文明建设提供更好的管理和服务生态文明的政策体系

生态文明建设的关键在于中央决策层和地方领导层的意志和政策，应从国家发展战略层面解决环境问题，应将环境保护上升到国家意志的战略高度，并融入经济社会发展的全局和全过程，进行合理规划和布局，逐步形成一整套建设生态文明的政策体系。在布局与规划上，可以在全国生态功能区划分工作的基础上，在尊重自然生态规律的基础上，依据不同地区的环境功能与资源环境承载力，引导各地合理选择发展方向，形成各具特色的发展格局，并按照优化开发、重点开发、限制开发和禁止开发的不同层次来确定不同地区的发展模式；在政策发展上，应抓紧

拟订有利于环境保护的价格、财政、税收、金融、土地等方面的经济政策体系,使经济发展的政策与环保的政策有机融合。

政府是经济社会发展的主导者和推动者,对经济社会的健康、持续、协调发展起着举足轻重的作用。离开政府的有效推动、政策指导和制度保障,生态文明建设将如一盘散沙、举步维艰。要促进环境保护与生态建设工作的长足发展,有效推动经济社会发展与资源环境保护的良性互动,切实增强生态环境资源对经济社会发展的贡献力,走上"发展与保护同步、经济与生态双赢"的可持续发展道路,政府应充分发挥本位职责,从发展理念、体制机制、具体举措等方面为生态文明建设提供保障。具体来说:第一,确立生态理念,建立公共服务型政府。在建立市场经济体制的改革目标与生态文明建设相结合的条件下,政府首先要确立坚定的生态立场,重视生态服务功能,提高公共服务效率,积极探索理想的产业发展模式,促进生态环境优势向经济优势的转化。在发展的过程中解决生态环境问题,扩大对外开放,充分利用国内外资源，充分发挥市场配置资源的基础性作用，加强对区域布局、经济结构、产业形态和科技应用的规划、管理，充分发挥学术研究机构与技术单位的知识、技术支持作用，积极推进对生态环境资源的合理开发利用，在不断提升生态环境质量的同时，促进经济社会发展的不断提速。第二，科学规划建设，有效培育生态文明。在生态文明建设过程中，政府应该根据地域、环境、资源等的区别，制定科学的经济社会发展规划，调整结构，加大节能环保投入，开发和推广节约、替代、循环利用和治理污染的先进适用技术，特别是推广清洁生产，发展循环经济。第三，依法建规立制，合理保障生态文明建设。在法治社会背景下，依法建规立制是生态文明建设的有力保障。生态文明建设的目标，就是要实现区域内自然、社会和经济三位一体的生态化发展。因此，政府职能不仅局限于对经济产业的改造、引导，更要注重通过对制度环境、政策保障的规范，构建生态化的社会发展模式。政府对环境保护的重视不是只停留在对某个项目的要求上，而是全面落实到产业发展标准的制定上。因此，必须建立一个适应新形势下资源与环境保护需要的、操作性强的法律体系和规章制度,使得生态文明建设有法可依,有章可循。第四,加强监管力度,科学指导环保生产。在发展生态工业过程中,政府要加强工业建设的规划和技术指导,发挥协调指导作用,并在相关法律制度和政策的保障下,加强监管力度,做到以法治的理念、法治的体制、法治的思维、法治的进程更好地推进生态文明建设。

2.制定和完善生态建设与保护的法律和制度,建立国土空间开发保护制度,完善耕地保护制度、水资源管理制度、环境保护制度

大力推进生态文明建设必须建立和完善环境法律制度,只有把生态文明理念融入环境立法、司法和执法等方面,加快生态文明环境法制建设,才能保障生态文明制度建设的有效推进。将生态文明理念融入法律制度建设,不仅是生态文明建设的内在要求,也彰显了我国依法治国的执政理念。近年来,我国政府相继制定了一系列涉及生态环境方面的法律法规,在生态治理法制化方面做了许多卓有成效的工作,然而从中国目前的环境现状来看,环

境立法还不够完善。目前虽已有40余部有关环境保护方面的法规,但其内容过于抽象,存在提倡性规定多,约束性规定少;原则性要求多,可操作性规定少;行政命令控制性规定多,经济激励性规定少;对政府部门设定权力多,制约性规定少等严重弊端,导致法律本身在实践中缺乏可操作性。[1] 这些构成了生态文明建设的重大障碍。因此,建设生态文明,急需制定出台具有针对性、可操作性强的生态保护与建设的法律法规。

首先,建立国土空间开发保护制度。国土空间是指国家主权管辖范围内的地域空间,包括陆地和水域及其底土和上空,是一个国家进行各种政治、经济、文化活动的场所,是经济社会发展的物质基础,是人们生存和发展的依托。国土空间开发是以一定的空间组织形式,通过人类的生产建设活动,获取人类生存和发展的物质资料的过程。国土空间开发格局是一个国家依托一定地理空间通过长时间生产和经营活动形成的经济要素分布状态。国

---

[1] 李秀艳:《中国生态文明建设的问题与出路》,《西北民族大学学报》(哲学社会科学版)2008年第4期,第107~110页。

土空间是我国极其宝贵的资源,是人们赖以生存和发展的家园,我国国土资源虽然辽阔,但是国土空间复杂多样、地区差异较大。同时,改革开放以来,我国经济快速发展,城乡面貌日新月异,但持续大规模的开发建设活动也给国土空间开发和环境资源保护带来巨大压力,出现了地区间差距过大、发展不协调,耕地减少过多过快,资源开发强度大,空间结构不合理等诸多问题。因此,国土资源不能随意开发,优化国土空间格局,要实现生产空间、生活空间、生态空间三类空间科学布局,实现经济效益、社会效益、生态效益三个效益有机统一,控制开发强度,调整空间结构,促进生产空间集约高效、生活空间宜居适度、生态空间山清水秀,给自然留下更多修复空间,给农业留下更多良田,给子孙后代留下天蓝、地绿、水净的美好家园。建立国土空间开发保护制度,第一,必须加强国土规划工作。国土规划是从资源的合理开发角度,确定经济布局,协调经济发展与人口、资源、环境之间的关系,明确资源综合开发的方向、目标、重点和步骤,提出国土开发利用和整治的重大战略举措和基本构想,促进经济社会可持续发展。第二，充分发挥全国主体功能区规划在国土空间开发方面的战略性、基础性和约束性的作用。加快实施主体功能区战略，是解决我国国土空间开发中存在问题的根本途径，是促进城乡区域协调发展的重大战略举措。第三，坚持海陆统筹，科学开发利用蓝色国土空间，这是促进我国海洋经济和沿海地区经济可持续发展的关键途径。

其次，完善耕地保护制度。我国是一个人多地少，耕地资源稀缺的发展中大国，耕地面积仅占我国国土面积的 $1/8\sim1/7$，不仅如此，近些年我国优质耕地正以惊人的速度流失，国家耕地保护形势严峻。因此，为了保护国家生态安全，就要大力加强对耕地的保护，具体要做到：第一，切实坚持和完善最严格的耕地保护制度，强化耕地保护责任制度，健全耕地保护补偿机制，严格控制各类建设用地，完善耕地占补平衡制度。第二，切实实行节约用地制度。合理确定新增建设用地规模、结构、时序，减小经济增长对土地资源的过度消耗，严格执行土地用途管制制度，完善土地使用标准。第三，切实维护群众土地合法权益，完善征地补偿机制，规范征地拆迁管理，加大土地督察和执法力度，维护被征地农民合法权益。总之，实行耕地保护制度，绝不是不要发展，而是在发展的同时保证"科学性"，保护也绝不能片面地理解为以保护为主、发展为辅。实际上，耕地保护制度就是为了在保护的同时，促进合理的发展。制止不合理的发展，保障长远的发展，让整个社会得到全面、协调和可持续的发展。

最后，实行水资源管理制度。水是生命之源、生产之要、生态之基。但是，我国水资源短缺、水污染严重、水生态恶化等问题十分突出，已经成为制约经济社会可持续发展的主要瓶颈。因此，加快推进水资源管理制度建设，是实现生态文明建设的迫切需要。具体要求是：第一，控制用水总量。加强水资源开发利用控制红线管理，实行水总量控制，实施取水许可，水资源有偿使用，强化水资源统一调度。第二，用水效率控制制度。健全用水效率控制红线管理，全面推进节水型社会建设，把节约用水贯穿于经济社会发展和群众生活生产全过程，强化用水定额管理，加快推进节水技术改造。第三，水功能区限制纳污红线管理，严格控制入河湖排污总量。完善水功能区监督管理、饮用水监督管理，加强饮用水水源保护，推进水生态系统保护和修复。

3. 深化资源性产品价格和税费改革、建立资源有偿使用制度和生态补偿制度

党的十八大报告提出要"深化资源性产品价格和税费改革，建立反映市场供求和资源稀缺程度、体现生态价值和代际补偿的资源有偿使用制度和生态文明"。这是党带领人民在建设中国特色社会主义进程中，针对社会发展现阶段遇到和出现的问题，并总结国内外社会发展经验所做出的重大决策部署。建立健全资源有偿使用制度，使资源型省份的资源优势转化成为经济社会发展优势，是完善社会主义市场经济体制、促进区域协调发展的重大制度性措施，是推进生态文明建设的基础。

资源是指一国或一定地区内拥有的物力、财力、人力等各种物质要素的总称。资源有偿使用制度是指国家采取行政法律手段使开发利用自然资源的单位和个人支付相应费用的一整套管理制度。资源补偿制度的实施具有重

要意义,资源有偿使用是保障资源安全的重要手段,它能够调整资源区与非资源区的不平衡发展,也是走向经济社会可持续发展的内在要求。这就要求我们在现实生活中必须更好地落实资源有偿使用制度。第一,建立反映市场供求和资源稀缺程度的价值体系。出于维持经济社会可持续发展的目的,对自然资源的无度使用和不合理开发利用进行限制和纠正,建立能够反映资源有限和不可再生的稀缺性程度的经济社会价值体系,通过市场供求关系,形成合理的资源价格差比价关系,构建科学的资源价值体系;深化资源性产品价格和税费改革,发挥财政对资源有偿使用的配置调节职能,通过市场供求,调整资源的获取和利用。第二,建立合理的资源价格成本组成机制,体现生态价值和代际补偿。形成反映不同发展阶段资源自身价值、获取价值、开采价值、生态环境恢复价值、安全机制、代与代之间价值的折现值等共同成本,合理地分摊到资源开采、资源产品、资源红利等产业链条中。第三,对资源有偿使用的收入分配进行调整,合理规划中央与地方分成比例,对资源红利进行有效分配,完善资源利益分配格局，促进区域平衡发展。按照资源开采者必须向国家交纳相应税费获得开采权的原则，取消资源无偿出让的一级市场供给制，使企业通过招标、拍卖等市场竞争手段公平地取得资源开采权。对此前无偿或廉价占有资源开采权的企业应进行清理。

近些年，不断有代表基层呼声的委员和代表在每年的两会中呼吁建立生态补偿制度，在实践中不仅有通过政府补贴等方式开展的"退耕还林""退耕还草"等生态补偿，还有区域和区域之间、行业和行业之间、经济利益主体和经济利益主体之间的生态补偿，因此，从理论上阐释生态补偿制度的概念是必要的。我国对生态补偿的研究早在20世纪80年代就已经开始，1995年之前生态补偿主要是对生态环境的补偿，也就是因为开发、破坏、效益而进行的补偿。2000年，有学者提出了生态补偿是对生态环境和生态服务提供者的补偿。随着经济发展，生态补偿的内涵也开始逐渐丰富，部分学者提出，生态补偿不仅是经济补偿，应该从经济、政治、技术等方面进行补偿，形成多元化的补偿手段。同时有学者提出，生态补偿要扩大其补偿领域。在相关学者研究的基础上,生态补偿制度是指在法律制度允许下,受益人向相关部门支付一定费用后,才可以对自然资源进行合理利用,同时对生态建设中的贡献者、受损者,政府给予相应的补偿等措施。生态补偿是一种利益的调整,是对主体功能区的补偿。其主要针对区域性生态保护和环境污染防治领域,是一项具有经济激励的生态补偿制度,这一制度的建立,有利于对当前生态环境的功能和价值进行一定程度的保护和改善。从生态补偿的概念中可以发现,生态补偿制度要遵循谁开发谁保护、谁破坏谁修复、谁受益谁补偿、谁排污谁付费、谁保护谁受益的原则。[①] 当前,我国已经在森林与自然保护区、流域和矿产资源开发方面初步确立了生态补偿机制,但总体上看,生态补偿制度依然存在精细度不够、操作性不强等问题。例如:2001年浙江省杭州市临安区天目山自然保护区243名村民状告杭州市临安区人民政府不作为,要求其给予村民经济林损失补偿,这是我国第一

---

① 王德辉:《建立生态补偿机制的若干问题探讨》,《环境保护》2006年第19期,第12~17页。

起关于"生态补偿"的纠纷案件。因此,在生态补偿制度的建设中,主要从以下几方面进行:首先,在立法方面对生态补偿制度进行完善。将生态补偿制度提升至法律层面,以法律的强制性约束政府部门及企业行为。加大生态环境和环境保护力度,制定生态补偿标准机制。其次,对生态补偿财政、税收政策体系进行完善。加大生态补偿财政转移支付力度,在财政转移支付中增加生态环境影响因子权重,增加对生态脆弱和生态保护重点地区的支付力度。在税收方面,要深化税费改革,相应提高资源税税率,在征收方式上将"从量计征"改为"从价计征",以充分获取税率上涨所得到的资金收益。再次,建立多渠道的融资机制。加强商业银行资金和社会资本投向生态环保领域和生态功能区项目建设的引导,从而扩大生态补偿制度的资金来源渠道。同时可以通过加大对私立企业的激励,采取积极鼓励政策;加强同财政金融部门的联系,寻求相关专家的帮助和技术支持;建立基金,寻求国外非政府组织的赠予支持等,促使补偿主体多元化,补偿方式多样化。① 最后，推进生态补偿试点工作，建立生态补偿整体框架。当前，我国部分地区已经建立生态补偿试点运行机制，但在此基础上，各地区各部门应当加强理论建设，总结实践过程中的经验，发扬优势、弥补不足，进一步扎实稳步推进生态补偿机制试点工作，促进生态补偿机制的建立和相关政策措施的完善。

4. 健全生态环境保护责任追究制度和环境损害赔偿制度

"建立生态环境责任追究制"是在2013年党的十八届三中全会通过的《中共中央关于全面深化改革若干重大问题的决定》中提出的，建立生态环境保护责任追究制，可以规范政府决策行为，督促政府履行生态责任，从而推动生态文明建设健康发展。生态环境保护责任追究制的提出，要求党政领导明确自己在生态环境保护工作中肩负的职责，并严肃认真履行应尽的职责，一旦出现"不顾生态环境盲目决策、造成严重后果"，将严格依法追究责任，

---

① 中国环境与发展国际委员会：《生态补偿机制课题组报告》，中国环境与发展国际合作委员会官网，2008年2月26日。

并且不论责任人职务升迁、调动,还是退休,都逃脱不了责任的追究。① 生态环境保护责任追究制的建立,有利于进一步促使政府牢固树立权责一致的思想观念和生态环境保护责任意识,并加快向生态型政府转变的步伐。 政府只有建成生态型政府,才能主导我国生态文明建设走上自觉发展的快车道。 生态环境保护责任追究制与建设生态型政府关系密切。 首先,生态环境保护责任追究制是生态型政府建设的制度保障。 从制度层面强制政府认真履行生态保护职责,规定如果有逾权或执行不力造成环境损害后果的,终身都难逃责任追究。 这不仅使政府生态责任追究变得有章可循,而且增加的"终身"时限能在思想认识上对政府产生更强烈的冲击、震慑作用,从而迫使政府加强生态责任意识、扭转过去唯 GDP 至尊的错误政绩观,积极向生态型政府转变。 其次,生态型政府的建立是生态环境保护责任追究制的根本目的。 生态环境保护责任追究制的建立,是用来追究政府政策措施不当所应承担

---

① 《中共中央关于全面深化改革若干重大问题的决定》,北京:人民出版社,2013 年。

的责任，这样既可以最大限度地挽回损失，也可以予他人以警诫。但环境损害往往是"厚积薄发"的，一旦出现后果就非常严重，治理非常困难，损失难以挽回。因此，生态环境损害责任追究制只能是事后追究，是辅助手段，震慑并阻止违法行为的发生才是真正的目的。正如法律的制定是要制裁那些违法乱纪的人，但法律的最根本目的是要规范公民的行为，维护社会治安稳定。

我国城市化进程的快速发展给社会带来了长足进步，但各种生产经营活动在利用自然资源的同时缺乏对生存环境应有的尊重与保护，不得不面临日益严峻的生态环境问题，国家对生态环境损害的关注也越来越高。为此，我国制定了一系列生态环境损害赔偿方面的制度。环境损害是对生态要素的损害。在我国，生态环境损害赔偿一直是环境学家和法学界研究的重点。虽然生态环境损害赔偿制度在近年来得到了快速的发展，但相比发达国家的生态环境损害赔偿制度，我国的制度建设还处于起步阶段，其发展还不能满足社会发展的需要。具体而言，我国的生态环境损害赔偿制度还存在以下问题：第一，基础研究薄弱。生态价值是一个相对概念，难以用货币进行衡量，且赔偿对象难以准确界定。如何科学界定生态环境损害赔偿标准和对象，成为制约生态环境损害赔偿全面实施的重要因素。第二，生态环境损害具有复杂性。生态环境损害的赔偿主体、损害评估以及赔偿标准的界定都极其复杂，环境损害发生的复杂原因造成的环境影响具有潜伏性和不可逆转性，而且造成的损失范围和程度往往难以度量。如果仅仅着眼于事后赔偿，结果肯定会得不偿失。第三，生态环境损害赔偿存在片面化。对于环境损害的赔偿还仅仅局限于个体赔偿，社会化赔偿机制还没有纳入法律制度建设的轨道之内。即使是个体赔偿在我国仍有许多不足之处，如有关的规定分布于不同的法律中，操作性不强，有些还相互冲突。因此，通过制度化的方式对生态环境损害赔偿制度进行较为系统和完善的规定，如建立生态环境损害责任终身追究制度，必然是解决生态问题的一个重要手段。建立生态环境损害责任终身追究制度，首先要推进生态环境损害赔偿制度体系建设。生态环境损害赔偿制度改革应当采用在规范统一基础上细化落实的总体思路,规范统一是前提,细化落实是保障。其次,研究制定"生态环境损害赔偿法"。建议加快研究制定我国"生态环境损害赔偿法",对生态环境损害赔偿立法目的、法律适用范围、法律原则、基本法律制度、配套法律措施等进行实体和程序的一揽子规定。再次,建立协商制度。由政府及其部门作为主体开展的生态环境损害赔偿协商制度,是一种注重公民与行政主体间的交往对话,凸显行政过程中公民参与性的行政治理方式。最后,构建诉讼制度。赋予索赔权人提起生态环境损害赔偿诉讼的资格,通过中央授权的形式在目前的环境民事公益诉讼制度下对原告进行诉讼。

(三)在经济发展上:建立生态型生产体系,提供生态文明建设的物质基础

改革开放以来,工业化成为我国不可逾越的发展阶段,我国形成了"四高四低"的经济发展模式,即高投入低产出、高耗能低收益、高速度低质量、高出口依赖低内需拉动的经济发展模式,造成我国生态环境总体呈恶化趋

势。这种资源消耗过高、环境污染过大的经济发展模式，造成极大的经济损失、生态破坏，严重威胁人类健康。长期以来的不合理经济发展方式，使国家为此付出巨大的环境和生态代价，严重阻碍了我国经济社会持续健康发展，因此，加快转变我国经济发展方式迫在眉睫。发展循环经济、走新型工业化道路与生态文明建设具有内在的一致性。建设生态文明为中国的工业化和现代化健康发展指明了方向和道路，而只有大力发展循环经济、走新型工业化道路，才能真正建成生态文明的社会。因此，中国生态文明建设，必须转变经济发展方式，发展循环经济，走新型工业化道路，为全面建设生态文明奠定坚实经济基础。

1.转变经济发展方式，发展循环经济、低碳经济，实施清洁生产

在转变经济发展方式的过程中必须坚持经济发展和人口、资源、环境相协调，处理好经济建设、人口增长与资源利用、生态环境保护的关系。转变经济发展方式主要是指由高碳发展方式向低碳发展方式转变，由粗放扩张的发展方式向集约环保的发展方式转变，这就要充分考虑人

口承载力、资源支撑力、生态环境承受力，统筹考虑当前发展和长远发展的需要，不断提高发展的质量和效益，走生产发展、生活富裕、生态良好的文明发展之路。处在工业化进程中的中国，人口、资源、环境面临着诸多亟待解决的问题，在经济发展中如果不注意人口的控制、资源的合理开发利用、生态环境的保护，就要付出沉重的代价，甚至造成不可挽回的损失。为此，必须转变传统的发展观念，努力做到环境保护与经济增长并重、环境保护和经济发展同步，改变先污染后治理、先破坏后恢复、边治理边破坏的状况。在经济社会发展中，必须使人口增长与社会生产力的发展相适应，使经济发展与资源、环境相协调，实现良性循环，促进经济社会可持续发展。循环经济是指按照自然生态系统的物质循环和能量流动规律重构经济系统，使经济系统和谐地纳入自然生态系统的物质循环的过程中，建立起一种新形态的经济，其本质上是一种生态经济。它要求运用生态学规律而不是机械论规律利用自然资源和环境容量，指导人类实现经济活动的生态化转向。它与传统经济"资源－产品－污染排放"单向流动的线性经济不同,要求把经济活动组织成"资源－产品－再生资源"反馈式流程,倡导与环境和谐的经济发展模式。循环经济以"减量化、再利用、再循环"为原则。减量化,即通过提高资源利用率、利用效率的技术,实现资源投资最小化,从源头上节约资源使用;通过清洁生产技术,减少污染排放,减少进入生产和消费过程中的资源总量和废弃物的排放总量。在保证经济增长的同时,实现资源节约最大化和污染排放最小化。也就是说,针对资源,通过开端技术处理,最大限度地减少对不可再生资源的耗竭性开采与利用,以代替性的可再生资源作为经济活动的投入主体,尽可能地减少进入生产、消费过程的物质流和能源流,并对废弃物的产生及排放总量进行控制。资源化是指提高产品和服务的利用效率,以废弃物利用最大化为目标,对消费群体采取过程延续的方法,有效地延长产品的服务周期和增强产品的服务强度。生产的产品可以反复地有效使用,最终的废弃物作为资源进入下一生产环节。循环化是指完成使用功能或服务功能的产品、生产过程中的副产品以及排放的"废弃物"经过处理后重新变成可利用的资源,通过不断循环利用,提高资源的利用效率和环境同化能力。以生态产业链为发展载体,以清洁能源为重要手段,通过对"废弃物"的多次回收,多级资源化和良性循环,实现"废弃物"的最少排放和对环境的最小影响。以资源节约、资源综合利用、清洁生产为重点,以提高资源利用率为核心,通过调整结构、技术进步和加强管理等措施,大幅度减少资源消耗、降低废物排放、提高劳动生产率,这样从根本上消解了长期以来环境与发展之间的冲突和矛盾。因此,发展循环经济就是不能再走过去那种以高投入、高消耗、高排放为特征的传统的工业化路子,而是走一条科技含量高、经济效益好、资源消耗低、环境污染少、人力资源优势得到充分发挥的新型工业化道路,形成能源资源节约型的经济增长方式和消费方式,促进经济社会可持续发展。在转变经济发展方式的过程中必须坚持经济发展和人口、资源、环境相协调,处理好经济建设、人口增长与资源利用、生态环境保护的关系。清洁生产是关于产品和制造产品过程中预防污染的一种创造性的思维方法,它是指把综合性预防的战略，持续地应用于生产过程、产品和服务中，以提高效率和降低对人类安全和环境的风险。清洁生产是对产品的生产过程持续运用整体预防的环境保护策略，其实质是一种物耗和能耗最小的人类生产活动的规划和管理，将废物减量化、资源化和无害化，或消灭于生产过程之中。清洁生产以"预防污染"为本质特征，将综合预防的环境保护策略持续应用于生产过程和产品中，以期最大限度地减少整个生产周期对人的健康和自然生态环境的损害，其核心是"节能、降耗、减污、增效"。这是一种与传统的只强调物质生产而忽视生态环境保护完全不同的生产方式。因此，必须使清洁生产的要求和方式深入企业、深入人心。

2. 发展绿色、环保生态产业，建立生态型生产体系

构建生态型生产体系，就是依据经济学原理，运用生态、经济规律和系统工程的方法来经营和管理传统产业，以实现其社会经济效益最大化、资源高效利用、生态环境损害最小和废弃物多层次利用的目标。其基本要求是运用生态经济规律，贯彻循环经济理念，利用一切有利于产

业经济、生态环境协调发展的现代科学技术，从宏观上协调整个产业生态经济系统的结构和功能，促进系统物质流、信息流、能量流和价值流的合理运转，确保系统稳定、有序、协调发展。微观上，通过综合运用发展绿色产业、环保生态产业等各种手段，大幅度提高产业资源能源的利用效率，尽可能降低产业物耗、能耗水平和污染排放水平。绿色产业是指积极采用清洁生产技术，采用无害或低害的新工艺、新技术，大力降低原材料和能源消耗，实现少投入、高产出、低污染，尽可能把对环境污染物的排放消除在生产过程之中的产业。环保产业有广义、狭义两种理解，狭义的理解是终端控制，即在环境污染与减排、污染清理以及废物处理等方面提供产品和服务；广义的理解则包括生产中的清洁技术、节能技术，以及产品的回收、安全处置与再利用等，是对产品从"生"到"死"的绿色全程呵护。生态产业是按生态经济原理和知识经济规律组织起来的基于生态系统承载能力，具有高效的生态过程及和谐的生态功能的集团型产业。生态产业是包含工业、农业、居民区等的生态环境和生存状况的一个有机系统。不同于传统产业,生态产业将生产、流通、消费、回收、环境保护及能力建设纵向结合,将不同行业的生产工艺横向耦合,将生产基地与周边环境纳入整个生态系统统一管理,谋求资源的高效利用和有害废弃物向系统外的零排放。

3. 走新型工业化道路

走新型工业化道路,能够有效规避传统工业化带来的资源、环境等问题,以更快的速度、更高的质量完成工业化的历史使命,是促进经济社会持续健康发展的必然选择。目前,中国经济社会发展整体上还处在资源耗费型、环境损害型的状态,在工业化过程中,资源、能源消耗持续增长,以煤为主的能源结构长期存在,工业污染排放日趋复杂,控制环境污染和生态退化的难度加大,环境与发展的矛盾日益突出。为解决资源环境约束的矛盾,必须建立与经济发展相适应的资源节约型和环境友好型的经济体系,走新型生态工业化道路。其具体要求是:第一,加快淘汰落后生产能力,降低高耗能产业比重,推进产业结构优化升级。其一要坚决淘汰不符合产业政策的高耗能行业，着力调整产业结构。其二是用现代技术改造提升现有煤焦钢铁传统产业，推广新技术、新工艺，提高能源综合产出率，推进传统产业新型化。其三是培育壮大耗能低、产品附加值高的新技术产业，推进新型产业规模化。其四是严格控制高耗能项目，把能耗标准作为项目核准和备案的强制措施，严格执行国家产业、土地、环保、资源综合使用等政策，提高准入门槛，抑制高耗能行业过快增长。第二，加大科技创新力度，着力推进技术进步。从宏观方面来讲，能源组织管理部门应加强行业先进技术指导和引导，对一些重要行业、重点设备、先进的成熟节能技术实施鼓励扶持。从微观企业方面来看，一是要积极引进先进的技术装备，实施产业结构调整；二是要积极开展循环经济，全面控制各个工序节能降耗；三是要努力促进管理创新。节能降耗是一项硬指标，需要严格的管理，需要从管理上构建资源节约的长效机制。第三，积极开发引用多种能源，优化用能结构。要加快科技创新力度和政策扶持力度，积极开发新的能源品种，按照优化结构和多种能源互补的要求，实现能源结构多元化。

新型生态工业化是在新的历史条件下体现时代特点，符合中国国情的工业化道路。生态工业化是在传统工业化走到"增长的极限"转而寻求"增长质量"的产物，是发展观由"工业发展"转向"生态发展"的产物，新型生态化工业道路是资源节约的、环境友好的和以人为本的工业化发展道路。

（四）在生活消费上：建构绿色可持续的生态消费模式

建设生态文明不仅体现为思想观念、政策制度的建设，还表现在经济发展方式上的转变，而在生活方式和消费方式的选择上，建设生态文明要求必须摒弃因西方消费主义的价值观影响而形成的"物质主义""享乐主义"的消费观，以"适度生产、合理消费"来引领人类消费和生活模式的发展潮流，积极建构与生态文明相适应的生态消费模式。

1. 摒弃消费主义的消费观和价值观

在工业革命时期，经济发展主要依赖高消费，形成了一种扭曲的消费观，即享乐主义。人们普遍认为"增加或消费更多的物质财富就是幸福""充分享受更丰富的物质即为美",这种消费观念伴随着世界科学技术的发展、物质资料的不断丰富而迅猛发展,形成了大量生产、大量消费、大量浪费的生产生活模式。在全球化背景下,西方消费主义在我国日益盛行,消费主义的流行,虽然对于拉动需求、促进经济增长具有一定的作用,但其产生的生态影响不容乐观,并直接抑制了中国生态文明建设进程。消费主义是一种毫无顾忌、毫无节制的消耗物质财富和自然资源,并把消费看作人生最高目的的消费观和价值观。消费主义不以商品的使用价值为消费目的,而是主张追求消费的炫耀性、奢侈性和新奇性,追求无节制的物质享受与消遣,以此求得个人的满足,并将此作为生活的目的和人生的终极价值。由此可见,消费主义的实质是拜物主义,它是通过对物的占有和消费体现人的生活方式、身份地位和优越感。这种消费主义价值观具有严重的危害,是导致资源生态环境危机的一个重要的价值观根源。世界只有一个地球,自然资源是有限的,不仅非再生资源是有限的,即便是可再生资源,人们对其开发也不是无限度的，人们对可再生资源的开发速度必须低于其自然生产速度。消费主义对自然资源的肆意挥霍和无节制消费，必然造成资源的过度消耗和生态环境的严重污染。消费主义者消耗的不仅是当代的资源和能源，还是子孙后代的资源和能源，如果任由消费主义发展下去，资源将消耗殆尽，地球将会走向衰亡。消费主义价值观的最大危害性不在于其强调了消费的重要性，而在于其为以炫耀消费、超前消费的消费方式而导致无限度挥霍自然资源的行为提供了价值观的支撑。因此，建设生态文明，必须消除消费主义的危害，摒弃消费主义的消费观和价值观，需在理论上和实践上采取行之有效的对策和措施。一方面，要在理论上澄清消费主义造成的人们对消费的片面理解。一直以来存在一个错误的逻辑观点，即社会发展等于经济增长，等于GDP增长，经济衰退、危机源于需求不足，消除经济危机关键在于刺激需求（包括投资需求与消费需求）。特别是当中国经济增长速度放慢时，人们开始求助于消费，试图通过刺激消费和扩大内需来达到经济增长的目的，却忽视了单纯以消费刺激经济增长，不顾消费增长对生态环境的危害，这样的增长是不可持续的。另一方面，要在实践上建立有效的措施，如政府应该通过教育、宣传等手段反对消费主义价值观；还要运用各种手段特别是经济手段反对消费主义，遵循污染者和使用者付费的原则和方法，对过度消耗资源和污染环境产品的消费，用经济手段促使消费成本内在化。

2.建构以人为本、适度合理、绿色可持续的生态消费模式

不破不立，有破有立，面临着资源短缺、环境压力较大的中国生态文明建设，不仅要摒弃消费主义的消费观和价值观，更要在全社会树立崇尚节俭、合理消费、适度消费的生态文明价值理念，用节约资源的消费理念引导消费方式的变革，积极建构与生态文明相适应的生态消费模式。现代意义上的生态消费是在社会发展过程中出现的资源浪费、环境污染、生态严重失衡基础上提出的一种全新的消费方式和生活理念，这种消费方式和生活理念把人类的消费纳入生态系统之中，使之与生态系统协调。它要求人类消费既要符合物质生产发展水平，又要符合生态

生产发展水平，进而符合人与自然的和谐共生；既要满足人的消费需求，又不对生态环境造成危害，这是一种高层次的理性消费模式，是适应人类进入生态文明时代要求而产生的一种新的消费模式。

建立生态消费模式是一种生态化的消费方式，体现了尊重自然、保护生态的本质，实现了消费的可持续性。习近平提出："生态文明建设同每个人息息相关，每个人都应该做践行者、推动者。要加强生态文明宣传教育，强化公民环境意识，推动形成节约适度、绿色低碳、文明健康的生活方式和消费模式，形成全社会共同参与的良好风尚。"[1]那么，我们应怎样构建科学合理的生态消费模式，促进生态文明建设？首先，倡导和建立新的生态消费理念和消费文化，把保护生态环境、发展生态消费提到生态文化、生态文明的高度来认识。社会发展不单纯是经济的发展，还必须是社会文化和社会文明的发展。正如发展经济学家佩鲁所说，"企图把共同的经济目标同他们

---

[1] 习近平:《推动形成绿色发展方式和生活方式》,央广网:http://china.cnr.cn/news/20170528/t20170528_523776392.shtm。

的文化环境分开,最终会以失败告终""如果脱离了它的文化基础,任何一种经济概念都不可能得到彻底深入的思考"①。 生态消费本身就体现出一种文化,破坏生态消费,不仅是反自然的,也是反文化、反文明的。 合理进步的消费文化既是生态消费的反映,也能进一步推动生态消费的发展。 因此,必须建立新的生态消费观念和消费文化,并努力使这种新的消费观念转化为行动,达到社会、经济、生态环境协调发展。 其次,坚持以人为本、适度合理、绿色可持续消费的基本原则。 一是坚持以人为本的消费原则。 建设生态文明的最终目的是提升人的幸福指数、实现经济社会和人的全面发展,在消费方式的选择上必然强调人性的丰富化和消费需求的多样化,既能满足人的物质需求,又能满足人的精神需求。 因此,建设与生态文明相适应的生态消费模式,就应将消费与人的全面发展有机结合起来,按照有利于人身心健康、创造力充分发挥的要求,调整与改善消费结构,从而促进人的全面发展。

---

① 弗朗索瓦·佩鲁:《新发展观》,张宁、丰子义译,北京:华夏出版社,1987年,第185~186页。

二是坚持适度、合理的消费原则。生态消费要求在消费的量上要做到适度消费、合理消费。适度消费是同过度消费和基本消费不足相对而言的，是指人类对生活消费需要的追求和满足必须有限度，要同一定社会发展阶段的生产力状况相适应，超过经济能力许可的过度消费、奢侈消费或该消费不消费的消费不足都是不符合适度消费原则的。合理消费是指人类的消费须合乎可持续发展之大道理、合乎生态公正之大德，人的消费行为只有既有利于自身之需，又有利于生态环境发展才是合理的、符合道德的；反过来，人的消费行为如果以过度的资源开发和严重的污染环境为代价则是不合理的、不符合道德的。三是坚持绿色消费原则。人类的消费活动与自然环境息息相关，人类的消费活动影响着自然生态环境，自然生态环境的承载力制约着消费水平的发展。因此，建设与生态文明相适应的生态消费模式在质上要求实行绿色消费，也就是说，人在处理与自然的关系时，应摆正自己在自然界中的位置，不能无限夸大人类对自然的超越性，应将消费纳入整个生态系统，形成节约资源和保护生态环境的消费模式，保证自然界生态系统稳定平衡。实行绿色消费就是倡导消费者在消费时选择未被污染或有助于公众健康的绿色食品，引导消费者转变消费观念，崇尚自然，建立适度合理文明的消费观，在消费过程中注意节约资源、保护环境，实现人与自然和谐发展。四是坚持可持续消费原则。建设与生态文明相适应的生态消费模式要求，人类的消费既要满足当代人的基本需求，又不能以损害后代人的发展为代价，当代人应自觉承担起在不同代际之间合理分配消费资源的责任，要留下更多的自然财富，以满足后代人进一步发展的需要。

（五）在社会发展上：解决效率公平问题，实现社会资源科学分配

1. 解决社会公平问题，优化社会资源科学分配

社会公平问题不仅是深刻的理论问题，更是具有现实性的实践问题。在中国特色社会主义现代化建设初期，社会公平问题凸显，主要表现在收入、住房、医疗、教育、养老等方面，十八大以来，随着党中央对生态文明建

设的不断关注,生态环境问题与收入、住房、医疗、教育、养老等问题一起成为人们所关注的问题。习近平指出:"良好的生态环境是最公平的公共产品,是最普惠的民生福祉。"①良好的生态环境作为一种公共产品,必然要求我们将公共理性、公共伦理贯彻于生态文明建设全过程中,充分认识到每一个人都有平等的生态共享权,每一个地方都有平等的生态发展权。

生态文明建设过程中涉及两种公平问题,即代内公平与代际公平。

代内公平,是指不论国籍、种族、性别、经济水平和文化差异的代内所有人,对于利用自然资源和享受清洁、良好环境享有平等的权利。代内公平原则是1992年联合国环境与发展大会的主题之一,被许多国际条约和文件所认可。无论是历史还是现状,代内不平等的情况都非常严重,发达国家的富裕多是建立在对发展中国家的自然资源剥削和掠夺,并向发展中国家转嫁污染的垃圾之上。

---

① 习近平:《加快国际旅游岛建设 谱写美丽中国海南》,新华网:http://news.xinhuanet.com/politics/2013-04/10/c_115342563.htm。

发展中国家为了实现快速发展而不顾生态环境，大量吸收着国外高污染企业、高污染垃圾，使自身环境问题日益严重，使环境危机危及整个人类的生存。代内公平要求一国在开发和利用自然资源时须考虑他国需求，考虑各国家如何分担环境保护责任。这种公平不是绝对数上的公平，而是依据历史、现状进行分析的一种公平，主张一切国家不加区分地分担环境责任的公平则是真正的不公平。因此，真正实现代内公平必须重新调整各国利益，建立新的国际经济秩序和全球伙伴关系，这应是一个充满经济、政治、科技、文化的困难过程。当前，我国代内公平问题突出表现为区域发展及城乡发展方面。一方面，先发展地区不能要求后发展地区"不发展、不污染、不治理"。在先发展地区已经完成现代化的条件下，后发展地区的发展犹如逆水行舟、不进则退。先发展地区要为后发展地区提供改善生态环境的资金和技术，不能再让它们走"先污染、后治理"的老路，而是走"边污染、边治理"或"不污染、不治理"的新路。对于后发展地区的发展问题，先发展地区应贯彻"补偿伦理"，承担更多"补偿责任"。如果说先发展地区的经济成就部分是建立在牺牲整体或牺牲后发展地区的生态环境、资源能源的基础上，那么后发展地区对生态环境、资源能源的保护，就必须建立在牺牲先发展地区的部分经济成绩的基础上。先发展地区要向后发展地区为保护生态环境而牺牲的经济利益进行补偿，唯有如此人们在生态上才是公正的。"生态补偿"实际上就是将社会财富领域中的"分配正义"拓展到生态环境领域中。例如，中国西部大开发战略部署，就充分体现了地区之间的公平发展。西部地区地域广阔、资源丰富，有非常大的发展潜力，只要有好的政策，必然能实现西部地区经济的迅猛发展。东部地区要通过各种方式帮助中西部地区的发展，尤其是在资金、技术、人才等方面。东部对中西部帮助支持的原则是：互惠互利、优势互补、联合发展，加强东部、中西部的交流。西部地区要因地制宜发展当地的经济社会，重点抓基础设施建设生态环境保护。要正确处理东部地区、中西部地区的关系，促进地区之间的协调发展。中西部地区要大力发展特色优势产业，发展科技教育，多培养社会需要的人才队伍。另一方面，城乡之间往往是发展了城市，污染了农村，穷人承受富人造成的环境污染。随着生态文明建设工作的不断推进，城市中对于高污染、高排放企业的整治工作不断完善，这些高污染、高排放企业在城市中的发展变得举步维艰。因此，某些以利益为重的企业将企业搬至经济发展缓慢、生态思想较为淡薄的偏远乡村。一方面逃避修复环境的责任；另一方面降低企业产品成本，谋取更大利益。同时，由于经济落后以及受教育程度不同，农村居民的生态意识并未得到普及，很多乡村仍然以经济发展作为主要动力，不惜以破坏自然环境为代价，如围湖造田、开山扩道、大力引进高污染高排放企业等。习近平提出，中国要强，农业必须强；中国要美，农村必须美；中国要富，农民必须富。因此，改变这种农村替城市买单的现象意义深远。

代际公平，作为可持续发展的一个重要原则，包含两方面的含义：指向未来的含义，是指当代人必须留给后代人一个优美完好的适宜人居住的地球；指向过去的含义，是指当代人必须清偿前代人留下的自然债。代际公平，主要指当代人应满足保存后代人对自然资源的利益需求，即当代人必须留给后代人生存和发展必要的自然资源和环境资源。代际公平中有一个重要的概念——"托管"，依据该概念，每一代人都是其后代人的受托人，基于受后代人的委托，当代人必须承担起保护地球环境并将它完好地交给后代人的责任。代际公平强调三个基本原则：一是保存选择原则，每一代人都应该为后代人保存自然和文化资源的多样性，使后代人具有与前代人相似的可供选择的多样性，以免限制后代人的权利。二是保存质量原则，每一代人都应该保证地球的质量，将没有受到破坏的地球完好地交给下一代人。三是保存接触和使用原则，每代人都应对其成员提供平行接触和使用前代人遗产的权利，并为后代人保存接触和使用权。代际公平作为可持续发展战略的一种资源分配思想，要求不同代际之间公平使用自然资源。具体要求是：其一，每一代人都有保存和选择自然和文化多样性的权利，当代人有义务为后代人保存好自然和文化资源。其二，每一代人都有享有健康和较好生活质量的权利。每一代人都应该保证地球的质量，当代人在利用自然资源时，应同时考虑后代人利用资源的机会和获取资源的数量，无论是哪一代人在资源分配中都不占支配地位。我国生态文明建设过程中的代际公平，是指当代人的发展不得以损害后代人的利益为代价。改革开放以来，虽然我国的经济取得了长足的发展，但是我国的环境问题确实很严重。就代际之间来说，为了获得更大的利益，不惜牺牲子孙后代的利益，对自然资源进行掠夺式开采，生态环境一旦被破坏便很难甚至不可以再恢复，某些不可再生资源能源一旦被耗尽便不可以再生产出来，不可再生资源的存量迅速下降，让后代人为当代人造成的环境污染、资源枯竭埋单。幸运的是，我们党早已认识到环境问题的重要性，提出了大力推进生态文明建设，加大环境保护的力度，促进人与自然和谐发展。只有通过生态文明建设，才能更好地保护资源环境，才能为子孙后代造福。

2.促进经济效益、社会效益与生态效益的有机统一

生态问题已不是单纯意义上的环境问题，同时也是社会问题和经济问题。经济发展、资源利用过程中不保护

生态环境,会影响人类的生存和发展。如果对资源只利用不保护,只注重眼前经济利益的话,就会造成资源匮乏、生态环境失衡,整个社会的生存基础也就摇摇欲坠了。由此可以看出,生态文明建设并不是一项孤立的工作,只有实现经济效益、社会效益和生态效益的有机统一,社会才能有序发展。经济效益是在经济活动中各种耗费与成果的对比,指人类在取得经济效果的基础上所获得的经济利益。经济效益是一切经济活动的核心,社会发展以经济发展为基础,不提高经济效益,就不能扩大再生产,社会也就不会有发展。经济效果反映投入与产出的关系,要求生产同量的有用效果,最大限度地节约劳动耗费;或者用同量的劳动耗费能生产尽可能多的有用的效果。过去我国在社会发展过程中,经济效益至上,强调每个人可以拥有最大化的资源,导致社会效益和生态效益与经济效益之间存在大量矛盾。社会效益是指生产或服务等各种经济活动对社会文化、政治、宗教、军事、人口等方面的影响和效果。目前,一般把社会效益集中在满足社会需要的程度上,即一切经营活动满足于社会需要的程度越大,其社会效益也越大;否则社会效益就小,甚至没有社会效益。随着社会文明程度的提高,人们越来越重视社会效益,并能最大限度争取社会效益。我们从事一切经济活动,就要看是否符合最佳的社会效益。社会效益是经济效益的前提,一般情况下,没有社会效益就不可能有经济效益。生态效益是人类在经济活动中依据生态平衡规律,对自然生态系统,对人类的生产、生活条件及环境条件所产生的有益的或有利的结果。生态效益的基础是生态平衡和生态系统的良性、高效循环。物质能量转化效率,是功能指标;生态质量(生态环境的现存状态),包括环境质量和资源状况,是结构指标;生态效益可以通过上述功能指标和结构指标计算。生态效益表现在生产活动对生态系统的物质生产过程、能量流动转化过程、自然资源的合理利用和保护,以及对环境的治理和改善等方面的好的效果和影响。一方面,实现三者的有机统一,实际是要求我们以整体性的眼光去看待问题。自古以来中国就有"天人合一"的思想,这种思想的核心是尊重自然和人本身,人是自然的一部分,以及天人共富。

尊重人本身就是要尊重人生存与发展的前提，尊重自然就是尊重生态系统中所有知觉生物的生命和非生物的存在。另一方面，实现三者统一，是马克思关于自然主义、人本主义和资本主义批判相统一的思想。马克思在《1844年经济学哲学手稿》中承认了人类对自然的依赖性以及人与自然的同质性，并把自然看作比人类社会更根本的存在。在揭露资本主义本质时，批判了经济效益的狭隘性和社会效益的虚伪性。基于这两种思想的指导，我国提出为经济效益的合理化、社会效益的最大化和生态效益的最优化而尊重自然与人本身，创造一个合理有序的社会发展环境，实现经济社会的可持续发展。

三、建立社会主义生态文明建设的评价体系

社会主义生态文明评价体系是社会主义生态文明建设的"指挥棒"和"风向标"，是考核生态文明建设成效的最有效方式，评价体系直接影响着人的行为。要建设生态文明，必须明确生态文明评价体系的基本内容、目标、

评价方法以及评价体系的层级结构,来遵守社会主义基本原则,从而体现建设和发展中国特色社会主义现代化发展的阶段性要求。

(一)把资源消耗、环境损害、生态效益纳入经济社会发展评价体系,建立体现生态文明要求的目标体系、考核办法、奖惩机制

我们在经济发展、干部考核中仍存在片面追求经济增长,忽视或轻视生态环境保护的问题,导致生态文明进程缓慢。因此,必须转变观念,把资源消耗、环境损害、生态效益纳入经济社会发展评价体系的突出位置,将生态代价计入发展成本,将环境污染程度、生态效益等体现生态文明状况的指标纳入生态文明建设评价体系,建立体现生态文明要求的目标体系、考核办法、奖惩机制,使之成为推进生态文明建设的重要导向和约束。中共中央国务院提出:"要建立体现生态文明要求的目标体系、考核办法、奖惩机制。把资源消耗、环境损害、生态效益等指标纳入经济社会发展综合评价体系,大幅增加考核权重,强化指标约束，不唯经济增长论英雄。完善政绩考核办法。"①就系统论而言，生态文明评价体系是靠各子系统科学组合以求得最优化"整体效应"的具有复杂结构的系统，指标体系中的每一个指标都要清晰反映出其所代表的某一方面生态文明建设的成果，所有指标组合起来要能够从侧面全面、系统地反映一个区域生态文明建设进程的整体状况。生态文明评价体系的构建必须服从自然、社会和经济规律，以生态和谐为目标，从政府到企业，从社会到个人，从政策法规到消费方式全方位强调自然、社会和经济三个系统的文明建设。建设全面的生态文明评价体系，要求我们必须转变过去仅以GDP论英雄的做法。以GDP作为唯一政绩评价指标存在诸多缺点：其一，GDP不能完全反映一个国家的真实产出。GDP所统计的仅仅是通过了市场交换的产出，那些没有经过市场交换的经济活动不能从GDP中反映出来。其二，GDP不能完全反映一个国家的真实生活质量和幸福程度。从福利经济学角度

---

① 《中共中央国务院关于加快推进生态文明建设的意见》，《人民日报》2015年5月6日。

来看，闲暇的增加和劳动条件的改善，都意味着人们福利或幸福的增加。按照现行GDP核算体系的算法，以牺牲闲暇或增加劳动强度为代价的经济活动，也可使GDP增加，但这种增加却是以闲暇和福利的减少为前提的，人们的生活质量并没有增加。其三，GDP忽略了对自然资源的核算，因而不能反映自然资源的耗减程度。例如，空气、天然水、森林等可以自由取用的自然资源，由于没有通过交换，不符合GDP核算体系关于"经济资产"的标准，没有进入GDP的核算范围，所以现行GDP核算体系并不能反映这些资源的耗减程度，也不能有效约束人们节约使用这些资源，这就不可避免地会引起滥采滥伐的掠夺性行为，造成水土流失、环境污染的现象。因此，转变传统GDP考核体系，形成绿色GDP评价体系成为当代生态文明建设工作中的一个重点内容。绿色GDP是指从GDP中扣除自然资源消耗价值与环境污染损失价值后剩余的国内生产总值，也被称为可持续发展国内生产总值。与传统的GDP相比，绿色GDP不但能够反映一个国家或地区的经济发展状况，还能反映出其资源、环境和社会发展的相关状况。因此,制定生态文明评价系统不能仅仅考虑经济发展这一单一视角,而要从社会整体发展上,将经济效益、社会效益、生态效益有机统一,制定全面的生态文明评价体系。

(二)确立整体性、科学性、目的性、动态性、相对独立性、可操作性的生态文明建设评价原则

自1992年里约热内卢联合国环境大会召开以来,许多国际机构、非政府组织以及一些国家纷纷开展可持续发展指标体系研究工作,提出各自的指标体系。但通过研究国外可持续发展指标体系可以看出,这些指标体系虽然综合性较强、指标体系涵盖范围广,但是仍然存在以下几个问题。第一,指标体系过于庞大,指标多直接相加,整合程度低。第二,部分指标难以量化或货币化,可操作性较差。第三,主要关注并适用于环境问题,对经济和社会的可持续发展关注不够。第四,经济社会发展与环境发展之间的相互关系模糊。中国生态环境问题出现的时间相比发达国家较晚,生态文明建设的提出及实践也相对较晚，所以国外的成功案例为中国生态文明建设发展提供了重要借鉴。我国在生态文明评价体系建设上，某些指标也是对国外的指标体系构建的模仿，但国外可持续发展评价体系建构多是依据发达国家自身的特点，多关注于经济和社会方面，对于谋求科学发展的中国而言，在制定可持续发展指标的时候，应同时关注环境、经济和社会的可持续发展。因此，我们构建生态文明评价体系既要借鉴国外经验，更要从我国的实际出发，遵循以下几个方面的原则。

第一，整体性。建设生态文明是一个复杂的系统性工程，需要将生态环境条件、自然资源禀赋、人口状况、社会经济水平、社会进步程度、政治发展水平和文化发展水平作为一个有机整体，进行全方位综合分析和评价生态文明建设情况。在生态文明评价体系的众多指标的指导体系中，指标之间必然存在一定联系，每一项指标都不是孤立存在的，能够反映系统内部的相互作用，因此，制定生态文明评价体系要求其遵循整体性原则。无论是整体评估，还是对某一项政策领域的评估，都要做到全面考虑生态文明建设实践中的各种情况。需要强调的是，哪怕是对某一政策领域或议题的评估，也需要尽量考虑到他们自身包含的各个方面，和它们与周围环境同层次生态文明建设领域之间的复杂关系。也就是说，与其他政策议题相比，建设生态文明属于一种综合性、整体性的政策领域。过分简化的评估指标体系或数据选择，很容易导致评估结果的片面性。在难以取得完整数据的情况下，一个重要的方法论矫正，就是在理论分析时自觉地将所获得的数据置于一个更大的背景和语境之下。

第二，科学性。生态文明评价指标体系中的每个指标的界定、数据收集及计算方法都应有科学依据，要准确、合理、客观地对应系统内部每一部分的状况及贯彻评价目标，只有坚持科学性原则，才能保证生态文明评价体系的有效性。这就要求无论是生态文明建设的整体评估，还是其中某一方面或某一领域的评价，都要将其做到科学的量化。同时，要设计出一个科学性的整体框架，并对其中的每一指标体系做出明确安排，并且这些指标体系是可以做出量化或数据测量的，否则就会影响到整个评价体系的量化程度和科学性。

第三,目的性。任何一种评价体系的建构,都是基于和围绕着一定的目的、目标而展开的,生态文明评价体系要求通过围绕综合评价的目的逐步展开来评价结论,并准确地反映生态文明建设的目标,对对象的本质特征和构成的主要成分进行客观检测和描述。这就要求生态文明评价体系的构建,要服务于研究或考核者的目的要求。但是,这种目的性,并不意味着可以无视生态文明评级体系的科学性和整体性,更不等同于带着偏见或"有色眼镜",去做考察和从事研究。例如,对一个西北地区城镇和一个东部沿海地区的生态文明建设比较,从不同目的出发,就会得出不同的结论,即不论是生态环境质量之间的差异,还是城市生态景观建设方面的差异,都有着颇为不同的生态文明建设的社会意蕴。这就要求我们在坚持生态文明评价体系的目的性的同时,还必须遵循其科学性和整体性。

第四,动态性。作为一个有机整体的指标评价体系既要从不同角度反映被评价系统的特征,又要反映其发展规律和发展趋势。生态文明建设是一个动态的过程，在指标的设计上也应该能反映这种动态过程，尤其要突出建设生态文明的阶段性特点，在不同历史阶段，生态文明建设的历史任务和建设重点是不同的，因此在指标设计上，要随着历史任务和建设重点的变化而适时调整制表结构和权重。

第五，相对独立性。各指标之间应尽可能相互独立，避免出现交叉或相关性太强的现象，以免在计算和信息上出现重复。例如，中国科学院可持续发展战略研究组提出的指标体系共分为五个等级，即总体层、系统层、状态层、变量层和要素层。系统层将可持续发展总系统解析为五大子系统：生存支持系统、发展支持系统、环境支持系统、社会支持系统、智力支持系统；变量层共采用45个指数加以代表；要素层采用219个指标，全面系统地对45个指数进行了定量描述。这种指标体系数量过于庞大，选定指标的主观性较大，部分指标相关性较强，存在指标重复计算的情况，加大了工作量。

第六，可操作性原则。生态文明评价体系中的各项指标，必须能够清晰界定并可以量化，而具体的指标数据必须可以获得，同时，对这些指标及其数据的加工处理，必须做到可以精确测量并保证是科学可行的。在指标选择上，尽量选择有统计数据支撑、最直接、最简洁的指标；在综合评价指标的计算方法上，应尽量选取计算方法简单、参数易获得的方法，以避免因指标体系过于臃肿或指标难以计算，而无法实施评价。

（三）选取生态文明建设的评价方法，包括目标值的确定、指标权重的设定及综合评价方法

对生态文明建设的实践成效，形成一种具体的评价体系，做出科学而合理的评估，这是推进生态文明建设的重要机制和手段。据此，我们不仅可以更为准确地评判各级政府和社会所从事的生态文明建设的具体实践，从而形成良性互动的生态文明建设奖惩与激励机制，还可以通过评价标准与考核制度来规范引导生态文明建设的旨趣和方向。

1. 目标值的确定

生态文明建设，是一个不断推进的实践过程。相应地,所有的生态文明建设评估体系,无论是综合的还是单一的,定向的还是定量的,都应该是一个与时俱进的逐渐提高的过程。也就是说,生态文明要着力于"在建设中评估,在评估中建设"。生态文明建设的评价体系,既不能超出现实太远,也不能目标过低。如果超出现实太远,就会导致在实际生产、生活过程中,很难有人和地区能够真正参与其中,尤其是成为一种社会示范性力量;目标太低,则会导致在实际生产生活过程中,大多数人和地方领导感受不到实质性变革的压力和必要性。因而,如何通过科学合理的指标体系,使生态文明建设始终处于一个生机勃勃的逐渐提升过程,同时保持一种动态平衡,就显得十分重要了。

目标值的确定是对生态文明建设中复杂现象的简化,是对生态文明建设成果的量化。生态文明建设目标值的确立是对生态文明建设的内涵进行简单化和形象化的处理,随着生态文明建设评价体系的不断深入、完善和提升,确定生态文明建设的目标值,为其发展提供量化标准,才能使生态文明建设和发展过程中的不足和薄弱环节得到解决，使社会发展的生态化水平得以提升，促进经济社会全面协调、持续发展。

在生态文明指标体系构建中，应按照"生态充满活力，环境质量优良，社会事业发达，各方面高度协调"的要求设立具体指标，以引导生态文明建设目标的实现。按照多指标综合评价法的要求，采用层次分析法，首先将生态文明建设评价指标分解为六个核心考察领域：生态经济、生态环境、生态安全、生态人居、廉政高校和生态保障。各个领域又分为几个个体指标来描述和刻画生态文明建设的细致层面，然后选取能够反映各个考察领域建设水平、具有显示度和数据支撑的若干具体指标，在各级行政级别下分别构建包括"总系统－子系统－个体指标"三个层次的生态文明建设指标体系。最后选取相关指标动态发展规划目标值。

2. 指标权重的设定

指标权重是对生态文明建设目标值的重要衡量，指标权重的不恰当设置会使被评价对象的优劣顺序发生改变，对生态文明建设综合评价起直接影响作用，因此选取合适的方法对指标权重的科学性和准确性起着重要作用。当前，我国在生态文明建设过程中常用的指标权重分为三种，即主观赋权法、客观赋权法、主客观相结合的方法。主观赋权法采取定向的方法，由专家根据经验进行主观判断而得到权数，然后对指标进行综合评估。其优点是专家可以根据实际问题，较为合理地确定各指标之间的排序。也就是说，尽管主观赋权法不能准确地确定权系数，但在通常情况下，可以在一定程度上有效地确定各指标按重要程度给定的权系数的先后顺序。客观赋权法是根据历史数据研究指标之间的相关关系与评估结果的关系来进行综合评估的。常用客观赋权法的原始数据来源评价矩阵的实际数据，使系数具有绝对的客观性，视评价指标对所有的评价方案差异大小来决定其权系数的大小。这种方法的突出优点就是权系数的客观性强，但没有考虑到决策者的主观意愿且计算方法大都比较烦琐。在实际情况中，依据上述原理确定的权系数，最重要的指标不一定具有最大的权系数，最不重要的指标可能具有最大的权系数，得出的结果会与各属性的实际重要程度相违背，难以给出明确解释。主客观相结合的方法是将主观赋权法和客观赋权法的优点相结合,综合主客观影响因素的综合集成权法。总体来说,经过对已有的综合集成赋权法进行对比分析,综合主客观影响因素的综合集成赋权法已有多种形式,但根据原理的不同可以分为三种:其一,以各评价对象综合评价值最大化为目标值,这种综合赋权方法主要有基于单位化约束条件的综合集成赋权法。其二,在各可选权重之间寻找一致或妥协,即极小化可能的权重跟各个基本权重之间的各自偏差,这种综合集成赋权方法主要有基于博弈论的综合集成赋权法。其三,使各评价对象综合评价值尽可能拉开档次,即使各决策方案的综合评价值尽可能分散作为指导思想。

3. 综合评价方法

生态文明建设是一项综合性建设,并不是单纯使某一方面实现生态化,而是要将生态文明融入经济、政治、环境、社会、文化等各个方面,实现各个时期、各个层面的生态化建设。因此,生态文明评价体系不能单纯地设立某一或某几个评价方法,而是要对生态文明建设过程中的不同对象、不同时期、不同方面进行综合的评价。综合评价是对客观事物以不同侧面所得的数据做出总的评价,其研究对象通常是自然、社会、经济等领域中的同类事物(横向)或同一事物在不同时期的表现(纵向)。相对于单项评价而言,综合评价包含了事物的多方面多角度特征,评价结果更加全面和客观。综合评价的依据就是指标,选取的指标既包括实物指标和价值指标,又有单项指标和综合指标。在常规综合评价方法的基础上,近年来涌现了多学科方法与综合评价方法的融合,如多元统计方法、运筹学方法、灰色系统理论等,都已渗透到综合评价之中,使多目标综合评价方法的应用更加深入,发展也更为迅速。

(四)确定生态文明建设的评价指标体系的层级结构

生态文明建设评价指标体系是一定时期中国经济社会可持续发展水平和与生态资源环境相关问题的反映,为全国各地区生态文明建设,实践可持续发展提供了科学的引导。生态文明评价体系的构建需要遵循自然、社会和经济规律,以生态和谐为目标,从政府到企业,从社会到个人,从政策法规到消费方式全方位系统地关照生态文明建设。我们提出的生态文明指标体系，参考了国内实践多年的区域可持续发展评价指标及国际研究的相关评价指标。在我们研究的生态文明建设评价指标体系的层级结构中，总系统为生态文明系统，子系统为生态经济系统、生态环境系统、生态安全系统、生态人居系统、廉政高效系统和生态保障系统，个体指标为6个子系统下的各自的具体评价指标，并最终形成生态文明评价指标体系层级结构，如表7-1所示。

表7-1 生态文明评价指标体系层级结构

总系统	子系统	序号	个体指标
生态文明系统	生态经济系统	1	年人均财政收入
		2	单位GDP耗能
		3	单位GDP水耗
		4	城市回用水效率
		5	清洁能源使用率
		6	农村能源循环利用普及率
	生态环境系统	7	降水酸度平均值
		8	地表水主要污染物排放强度
		9	大气中主要污染物排放强度
		10	TSP
		11	全年API指数优良天数
		12	固体废弃物集中处理率
		13	固体废弃物资源化利用率
		14	噪声达标覆盖率

续表

总系统	子系统	序号	个体指标
	生态安全系统	15	森林覆盖率
		16	受保护国土占国土面积比例
		17	水土流失率
		18	无公害农产品、绿色食品和有机物食品认证比例
		19	集中式饮用水用水卫生合格率
		20	健全完善生态预警机制
	生态人居系统	21	居民幸福指数
		22	城镇人均公共绿地面积
		23	人均居住面积
		24	居民平均预期寿命
		25	恩格尔系数
		26	基尼系数
	廉政高效系统	27	廉洁指数
		28	腐败案件涉案人数占行政人员比例
		29	行政经费占财政支出的比重
		30	政府及企事业单位 ISO14000 认证
		31	市民满意度

续表

总系统	子系统	序号	个体指标
		32	居民信息化普及程度
		33	环保投资占 GDP 的比重
		34	科技进步贡献率
	生态保障系统	35	城镇劳动保险覆盖率
		36	生态安葬覆盖率
		37	18 岁以下青少年受教育普及率
		38	公众对环境满意率

生态文明建设评价指标体系是评价生态文明建设程度的有效方式，其每项指标的确定都必须符合最新的发展理念以及社会主义基本原则，体现中国现代化建设发展的阶段性要求。因此，要反映出全面的生态建设不能只用一两个指标，而是需要用若干个指标来衡量。鉴于此，该评价体系共包括生态经济系统建设、生态环境系统建设、生态安全系统建设、生态人居系统建设、廉政高效系统建设和生态保障系统建设 6 项一级指标和 38 项二级指标。其中，生态经济系统建设方面有 6 项指标，生态环境系统建设方面有 8 项指标，生态安全系统建设方面有 6 项指标，生态人居系统建设方面有 6 项指标，廉政高效系统建设方

面有5项指标,生态保障系统建设方面有7项指标。

1. 生态经济系统

生态文明包括生态和文明两个方面,而这两个方面都是为了一个目标,向更好的方向发展。因此,生态文明一定包括经济的概念范畴。在生态系统和经济系统之间有物质能量信息的交换,还存在着价值流循环与转换。生态经济学理论认为,经济系统以生态系统为依托,其生存和发展离不开生态系统的支持,经济系统是生态系统的有机组成部分。一方面,经济系统的动态变化不能独立于组成环境的生态系统的动态变化而存在。虽然生态系统与经济系统之间的相互依赖程度不同,但是现在已经很难找到不受经济活动影响的生态过程,或者不受自然环境约束的经济活动。另一方面,经济增长依赖于环境,并且影响生态系统和经济系统间的动态变化。虽然生态系统与经济系统的相互依存关系日益明显,但膨胀的经济系统已使环境接纳废弃物的能力逐渐接近极限,因此,我们应该更加重视生态经济系统的动态变化和门槛效应。地球生态系统是有限的、非增长的,在物质上是封闭的,经济系

第七章 "五位一体"生态文明建设的路径

统是整个地球生态系统的一个开放系统；生态系统的运行机制是"稳定型"的，经济系统的运行机制是"增长型"的。随着经济规模（人口与人均资源消耗量的乘积）的持续增长，生态系统将会入不敷出。在生态经济系统中，不断增长的经济系统对自然资源需求的无止境性与相对稳定的生态系统对资源供给的局限性之间就构成了贯穿始终的矛盾。在一个生态系统生成和吸收能力许可的范围内，一个由物质和能量所支持的经济系统的发展是持续、稳定和健康的；割断了经济增长和生态环境天然联系的经济扩张，则会遏制经济系统的运行，甚至颠覆整个生态系统。生态经济学的一个重要理论是：现代生态经济系统是由生态系统和经济系统相互联系、相互制约、相互作用而形成的不可分割的生态经济统一体，因而现代社会是一个由经济社会和自然生态融合而成的生态经济有机整体。按照这个理论，中国现代经济不是封闭的系统，而是建立在生态系统基础之上的巨大开放系统，这个开放系统就是生态经济的有机整体。一方面，任何经济社会活动，都需要有作为主体的人与作为客体的环境，这两个方面都是以生态系统运行与发展作为基础和前提的；同时，任何生产（物质生产、精神生产、人类自身生产）所需要的物质和能量，无一不是直接或间接来源于生态系统。因此，在生态系统和人类经济社会系统中，生态系统永远是经济社会活动的基础。另一方面，在生态系统和经济系统的矛盾中，人既具有自然属性，即作为生态系统的成员，参与生态系统的自然再生产；又具有社会属性，即作为经济活动的主体，能够通过经济活动影响生态系统。由此可见，人类只有积极促进生态系统与经济系统的协调发展，才能实现人类经济社会的持续发展，这是现代经济发展不以人们意志为转移的客观规律。实践证明，现代经济发展模式，既不是以牺牲生态环境为代价的经济增长模式，也不是以牺牲经济增长为代价的生态平衡模式，而是强调生态系统与经济系统相互适应、相互促进和相互协调的生态经济发展模式。生态经济功能的优劣是由生态经济系统的结构合理与否决定的，而生态经济系统功能的优劣又集中体现在其生态经济协调与否和生态经济效益的高低上，所以生态经济系统的协调与效益是生态经济系统的功能表现。总

第七章 "五位一体"生态文明建设的路径

之,经济系统是指人类直接或间接地为经济目的所开展的活动形成系统,生态经济系统则是由生态系统和经济系统相互作用、相互交织、相互耦合而成的复合系统。反映经济发展和人民生活水平高低的指标较多,常用的包括年人均财政收入、人均GDP、人均收入等。在这些指标中,能够全面切实反映地方经济状况的无疑是年人均财政收入,同时,由于人均财政收入与人均GDP、人均收入等指标之间存在着正相关系,因此由人均财政收入这一指标即可充分表示该类指标,所以这样做的结果应该是可行的。同样,单位GDP能耗和水耗、城市回用水效率、清洁能源使用率和居民信息化普及程度都在一定程度上反映出被考察地区的经济状况尤其是生态经济状况。"十二五"规划将企业转型和经济发展转型作为重中之重,为此,想要完善生态文明建设,单位GDP发展的能耗和水耗以及清洁能源的使用效率就将成为重要的制约因素。

2. 生态环境系统

生态文明建设中的生态主要是指生态环境系统建设。自然系统建设主要指人类对环境的影响程度,主要包括水、大气、固体废弃物和噪声四个方面。反映水污染程度的指标主要有污水集中处理率、地表水污染物排放强度这两个指标,其中污水集中处理率是对城市水环境的指标约束,地表水污染物排放强度主要是对我国江河水系以及农村水环境的指标约束。反映大气污染程度的指标主要包括降水酸度平均值、大气中主要污染物的排放强度、TSP以及全年 API 指数优良天数。其中降水酸度平均值主要是对酸雨的预防指标,大气中的污染物排放强度和 TSP 是工业对大气所排放的污染物以及粉尘对大气的污染程度的反映指标。全年 API 指数优良天数主要是对大气环境优良程度的综合反映。人类对空气的依赖是不言自明的,所以随着地球臭氧空洞的不断扩大,地球空气环境的不断恶化和气候变化,全世界越来越重视大气环境质量。固体废弃物作为有人的地方才会有的污染,较之水污染物和大气污染物具有不易扩散等特点,对固体废弃物提出的 3R 原则,在全球范围内得到了认可。因此,固体废弃物资源化利用率和集中处理率可作为对其考察的有效指标。噪声标准在不同地区均有所不同,居住区所需要的安静环境在交通要道是不可能达到的,所以统一的噪声标准是形而上学的,也是不现实、不合适的。只要达到在区域内正常的噪声水平之下,就是有利于生态环境的定位的。因此,噪声达标覆盖率是考察该项目比较合适并且可行的指标。

3. 生态安全系统

生态安全对于社会稳定、国家安全和人类生存有重大影响。在这里,"安全"概念不仅属于政治学范畴,也属于伦理学范畴,大到国家,小到企业,都要关注生态安全问题。国家的发展规划要以保证生态安全为前提,企业的经济活动也要保证生态与环境安全。如果政府的决策失误或由于企业经营理念的错误而造成了严重的生态破坏,甚至是灾难性后果,轻则影响一个地区的稳定和正常发展,重则影响国家的经济安全和国防安全,不利于国家的稳定和发展,甚至降低一个国家的综合国力和在国际社会的影响力。

狭义生态安全是指自然和半自然生态系统的安全,强调生态系统自身的健康、完整和可持续性。广义生态安全进一步强调生态系统对人类提供完善的生态服务或人类的生存安全,将自然、经济和社会的生态安全看成一个复合生态系统的整体安全,其中包括森林覆盖率,受保护国土占国土面积比例,水土流失率,无公害农产品、绿色食品和有机食品认证比例、集中式饮用水卫生合格率和健全完善生态预警机制。其中森林覆盖率、受保护国土面积占国土面积比例和水土流失率是对环境指标的硬性考核。森林、草原都是环境的净化器,更是一个完整生态系统必不可少的部分,森林覆盖率、受保护国土占国土面积比例和水土流失率是反映被考察地区环境质量的指标。无公害农产品、绿色食品和有机食品认证比例以及集中式饮用水卫生合格率是对居民生活安全水平的基本保障。同时,健全完善生态预警机制也是生态安全系统建设不可缺少的一项指标。

从一定意义上看,生态安全可以分为国际和国内两个方面。在国际上,各国对生态环境问题的关注已经成为新型国际关系格局的重要影响因素,"环境外交"成为处理涉及国家主权问题的重要手段。习近平在巴黎气候变化大会开幕式中提出:"中国是世界节能和利用新能源、可再生能源第一大国。"①充分体现了中国在国际舞台上的大国身份。 在国内,只有人民享受到生态文明建设所带给他们的和谐生活,才能使人民幸福感提升,从而实现我国区域各民族和谐发展,社会稳定,国家富强。

4. 生态人居系统

生态人居系统以生态学为切入点,以生态思维和生态文化为理论导向,以生态美学为依托,以生态技术为保障,以生态法规和生态伦理学为制约,以可持续发展为指南,以建筑、地景、城市规划三位一体为构成核心,着重研究人与生态环境之间的相互关系。 它强调把人聚居作为整体,从政治、经济、社会、文化、技术等各个方面,进行全面、系统、综合研究,从不同的途径协调人、建筑、城市、自然四者之间的相互关系,合理利用一切自然资源与能源,提高生态系统的自我调节、修复、维持和发展的能力,建立一个社会进步-经济高效-文化多元-自然生态和谐的,以包括乡村、集镇、城市等为基本人居生

---

① 习近平:《携手构建合作共赢、公平合理的气候变化治理机制》,新华网:http://news.xinhuanet.com/world/2015-12/01/c_1117309642.htm。

态单元的所有人类聚居形式为研究对象的自然人工复合生态系统。生态人居系统是积极推进城市景观从工业向生态演化的重要部分，主要包括居民幸福指数、城镇人均公共绿地面积、人均居住面积、居民平均预期寿命、恩格尔系数和基尼系数。在这些指标中，恩格尔系数和基尼系数无疑是度量生态文明建设程度最常用的指标。居民平均预期寿命是衡量居民身体素质的一个最为常用的指标，它的高低直接反映了医疗保健事业的发展水平。居民幸福指数不仅取决于经济总量和人均经济量，还取决于这个地方的自然环境、居住条件、安全状况、人际关系以及市民气质、精神状态、主人翁感觉等，甚至一些更具体的指标。因此，该项指标是生态人居系统建设的重要体现。城镇人均公共绿地面积是反映人居环境的指标，城镇是一个污染较高、生活环境紧张的地方，美好的生态环境能在心理上和生理上都给人以正向的促进作用，而绿地将是城镇中难得的，生态文明建设不可或缺的部分，成为园林城市、绿色城市是每个城市的目标和愿望。

5. 廉政高效系统

廉政高效系统建设是生态文明建设的必要前提，包括廉洁指数、腐败案件涉案人数占行政人员比例、行政经费占财政支出的比重、政府及企事业单位 ISO14000 认证及市民满意度。廉洁指数和腐败案件涉案人数占行政人员比例主要是对廉洁政府的考核指标，行政经费占财政支出的比重是督促政府缩减不必要支出的一项重要指标，政府及企事业单位 ISO14000 认证能够督促从最高领导到每个职工都以主动、自觉的精神处理好自身发展与环境保护的关系，不断改善环境绩效，进行有效的污染预防，最终实现组织良性发展的执政模式。市民满意度能够用最基础的方法考核当地应届政府的执政能力。

6. 生态保障系统

生态保障系统建设是生态文明建设的有效保障，主要包括居民信息化普及程度、环保投资占 GDP 的比重、科技进步贡献率、城镇劳动保险覆盖率、生态葬覆盖率、18 岁以下青少年受教育普及率和公众对环境满意率。其中，居民信息化普及程度能够较为客观地反映被考察地区的人民经济状况。环保投资占GDP的比重是体现被考察地区在全社会范围内对环境保护重视程度的指标，不仅与地方领导的重视程度有关，更与地方建设投资倾向有关。公众对环境满意率是一项民意指标，只有为百姓做实事、做好事，得到百姓认可的体系才是正确的体系，才是有效的体系。科技进步贡献率和城镇劳动保险覆盖率是对生态文明建设的保障性指标，前者起到对科技发展的督促作用，后者是对生态文明发展的基本保障性指标。人口科学文化的素质提高是生态文明建设的重要内容，因而18岁以下青少年受教育普及率是不可缺少的。公众对环境满意率是评价被考察地区的生态环境建设是否达到当地公众理想水平的重要考核指标，该指标是对生态保障系统建设程度的客观评价。

总之，构建生态文明建设指标体系是量化生态文明建设的方法，指标体系作为生态文明建设的标尺，整体上可以反映生态文明的发展状况，度量生态文明建设的进程，亦可检验生态文明建设的不足，能够为环境保护工作提供科学直观的依据，形成创新的生态文明建设思路和措施，从而更好、更有效地推进生态文明建设。

参考文献

[1] 国务院新闻办公室会同中央文献研究室、中国外文局. 习近平谈治国理政（第一卷）[M]. 北京：外文出版社，2016.

[2] 国务院新闻办公室会同中央文献研究室、中国外文局. 习近平谈治国理政（第二卷）[M]. 北京：外文出版社，2017.

[3] 中共中央文献研究室. 中共十一届三中全会以来重要文献选读（上）[M]. 北京：人民出版社，1987.

[4] 李娟. 中国特色社会主义生态文明建设研究[M]. 北京：经济科学出版社，2013.

[5] 张维真. 生态文明：中国特色社会主义的必然选择[M]. 天津：天津人民出版社，2015.

[6] 樊浩. 伦理精神的价值生态[M]. 北京：中国社会科学

出版社,2001.

[7]陶良虎,刘光远,肖卫康.美丽中国:生态文明建设的理论与实践[M].北京:人民出版社,2014.

[8]王春益.生态文明与美丽中国梦[M].北京:社会科学文献出版社,2014.

[9]严耕,王景福.中国生态文明建设[M].北京:国家行政学院出版社,2013.

[10]程伟礼,马庆,等.中国一号问题:当代中国生态文明问题研究[M].上海:学林出版社,2012.

[11]王舒.生态文明建设概论[M].北京:清华大学出版社,2014.

[12]龚高建.中国生态补偿若干问题研究[M].北京:中国社会科学出版社,2011.

[13]沈满红.生态文明建设:思路与出路[M].北京:中国环境出版社,2014.

[14]刘宗超,贾卫列.生态文明理念与模式[M].北京:化学工业出版社,2015.

[15]于晓雷.中国特色社会主义生态文明建设:人与自然高度和谐的生态文明发展之路[M].北京:中共中央党校出版社,2013.

[16]刘增惠.马克思主义生态思想及实践研究[M].北

京：北京师范大学出版社，2010.

[17] 杜秀娟. 马克思主义生态哲学思想历史发展研究[M]. 北京：北京师范大学出版集团，北京：北京师范大学出版社，2011.

[18] 蒋朝君. 道教生态伦理思想研究[M]. 北京：东方出版社，2006.

[19] 严耕，林震，杨志华. 生态文明理论建构与文化资源[M]. 北京：中央编译出版社，2009.

[20] 周静宣. 可持续发展与生态文明[M]. 北京：化学工业出版社，2009.

[21] 黄国勤. 生态文明建设的实践和探索[M]. 北京：中国环境科学出版社，2009.

[22] 刘爱军. 生态文明研究（第一辑）[M]. 济南：山东人民出版社，2010.

[23] 本书编写组. 生态文明建设学习读本[M]. 北京：中共中央党校出版社，2007.

[24] 黄承梁. 生态文明简明知识读本[M]. 北京：中国环境科学出版社，2010.

[25] 谭仁杰. 生态文明视野下的科技文化研究[M]. 武汉：武汉大学出版社，2010.

[26] 宋宗水. 生态文明与循环经济[M]. 北京：中国水利

水电出版社,2009.

[27] 张雷声,张宇. 马克思的发展理论与科学发展观[M]. 北京:经济科学出版社,2006.

[28] 郭艳君. 历史与人的生成:马克思历史观的人学阐释[M]. 北京:社会科学文献出版社,2005.

[29] 毛利娅. 道教与基督教生态思想比较研究[M]. 成都:四川出版集团巴蜀书社,2007.

[30] 黄娟. 生态经济协调发展思想研究[M]. 北京:中国社会科学出版社,2008.

[31] 曾建平. 自然之思:西方生态伦理思想探究[M]. 北京:中国社会科学出版社,2004.

[32] 郑卫民,吕文明,高志强,等. 城市生态规划导论[M]. 长沙:湖南科学技术出版社,2005.

[33] 张纯成. 生态环境与黄河文明[M]. 北京:人民出版社,2010.

[34] 布赖恩·巴克斯特. 生态主义导论[M]. 曾建平,译. 重庆:重庆出版集团,重庆:重庆出版社,2007.

[35] 杨通进,高予远. 现代文明的生态转向[M]. 重庆:重庆出版社,2007.

[36] 俞可平. 中国学者论环境与可持续发展[M]. 重庆:重庆出版集团,重庆:重庆出版社,2011.

[37] 马中. 环境经济与政策：理论及应用[M]. 北京：中国环境科学出版社，2010.

[38] 王华，曹东，王金南，等. 环境信息公开：理念与实践[M]. 北京：中国环境科学出版社，2002.

[39] 曾军平. 公共选择与政治立宪[M]. 上海：上海财经大学出版社，2008.

[40] 杨小凯，张永生. 新兴古典经济学和超边际分析[M]. 北京：社会科学文献出版社，2000.

[41] 杜放，于海峰. 生态税·循环经济·可持续发展[M]. 北京：中国财政经济出版社，2007.

[42] 安德森. 改善环境的经济动力[M]. 王风春，等，译. 北京：中国展望出版社，1989.

[43] 曹闻民. 政府职能论[M]. 北京：人民出版社，2008.

[44] 约翰·罗尔斯. 正义论[M]. 何怀宏，何包钢，廖申白，译. 北京：中国科学社会出版社，2001.

[45] 曼昆. 经济学原理[M]. 梁小民，译. 北京：北京大学出版社，1999.

[46] 马中. 环境与自然资源经济学概论[M]. 2版. 北京：高等教育出版社，2006.

[47] 程恩富，杨承训，徐则荣，等. 中国特色社会主义经济制度研究[M]. 北京：经济科学出版社，2013.

[48] 辛向阳, 陈建波, 郑曙村. 中国特色社会主义政治制度研究[M]. 北京: 经济科学出版社, 2013.

[49] 冯颜利, 任映红, 张小平. 中国特色社会主义文化制度研究[M]. 北京: 经济科学出版社, 2013.

[50] 刘志明. 中国特色社会主义社会制度研究[M]. 北京: 经济科学出版社, 2013.

[51] 杨志, 王岩, 刘铮, 等. 中国特色社会主义生态文明制度研究[M]. 北京: 经济科学出版社, 2014.

[52] 北京林业大学. 生态文明论丛(2015)——生态治理与美丽中国: 新常态下的机制创新与能力建设[M]. 北京: 经济日报出版社, 2016.

[53] 郇庆治, 高兴武, 仲亚东. 绿色发展与生态文明建设[M]. 湖南: 湖南人民出版社, 2013.

[54] 中国社会科学院生态文明研究智库. 生态优先 绿色发展——长沙县生态文明建设探索研究[M]. 北京: 中国社会科学出版社, 2016.

[55] 王鲁娜. 生态文明建设——国内实践与国际借鉴[M]. 河北: 河北大学出版社, 2016.

[56] 余正荣. 中国传统生态思想的理论特质[J]. 孔子研究, 2001(05):12-21.

[57] 罗亚玲, 汤剑波. 对"非人类中心主义"环境伦理学的

反思[J]. 南京社会科学,2000(10):12-16.

[58]包庆德. 生态哲学十大范畴论评[J]. 内蒙古大学学报(人文社会科学版),2005(04):73-79.

[59]邓晓芒. 马克思人本主义的生态主义探源[J]. 马克思主义与现实,2009(01):69-75.

[60]王华,GLINDA,蔺梓馨. 环境信息公开的实践及启示[J]. 世界环境,2008(05):24-26.

[61]王丹,王尉. 论生态文明建设的必然逻辑——基于"五位一体"的研究与探讨[J]. 人民论坛·学术前沿,2017(16):126-129.

[62]王丹,鹿红. 论我国海洋生态文明建设的理论基础和现实诉求[J]. 理论月刊,2015(01):26-29.

[63]王丹,吴立之,孙笑妍. 中国海洋生态环境问题与可持续发展思路[J]. 大连海事大学学报(社会科学版),2014,13(02):80-83.

[64]王丹,张宏斌,鹿红. 基于两型社会建设的马克思"物质变换"思想解读[J]. 当代经济研究,2011(05):14-18.

[65]王丹,杨金保. 辽宁沿海经济带建设的思考[J]. 东北亚论坛,2009,18(02):124-129.

[66]王丹. 生态视域中的马克思自然生产力思想[J]. 东北

师大学报(哲学社会科学版),2009(01):60-65.

[67]王丹,张帆.生态文明法治建设当立法先行[J].人民论坛,2016(17):106-108.

[68] PEARCE D W. Economic Values and the Natural World[M]. USA:THE MIT Press,1993.

[69] LEOOPOLD A. A Sand County Almanac[M]. USA:Oxford University Press,1981.

[70] TAYLOR P W. Respect for Nature:A Theory of Environmental Ethics[M]. USA:Princeton University Press,1986.

[71] PEPPER D. Eco-socialism:From Deep Ecology to Social Justice[M]. London and New York:Routledge,1993.

[72] DALY H E. Steady-state Economies[M]. San Francisco:WH Freeman,1977.

[73] WARREN K J. Ecological Feminist Philosophy[M]. Bloomington:Indiana University Press,1996.

[74] KOVEL J. The Enemy of Nature[M]. Zed Books Ltd.,2002.

[75] GOTTLIEB, ROGER S. The Ecological Community:Environmental Challenges for Philosophy, Politics and Morality[M]. New York:Routledge,1997.

[76] CLEMENTS, FREDERIC E. Plant Succession[M]. USA:Washington,1916.

[77] JARDINS J R D. Environmentalism: Philosophy and Tacties, Belmont[M]. California: Wasworth Publishing, 1993.

[78] WESTON J. Red and Green: A New Polities of the Environment[M]. British: Pluto Press, 1986.

[79] DRYZEK J S. Rational Ecology: Environment and Political Economy[M]. Oxford: Basil Blackwell, 1987.

[80] EUGENE P O. The Strategy of Ecosystem Development[J]. Science, 1969, pp. 203-216.

[81] LOVELOCK J. Gaia: A New Look at Life on Earth[J]. Oxford Landmark Science, 1979.

[82] FOSTER J B. Ecology Against Capitalism[M]. New York: Monthly Review Press, 2002.

[83] FOSTER J B. Marx's Ecology[M]. New York: Monihly Review Press, 2000.

[84] PARSONS H L. Marx and Engels on Ecology[M]. USA: Greenwood Press, 1977.

[85] RYLE M. Ecology and Socialism[M]. London: Radius, 1988.

[86] GORZ A. Capitalism, Socialism, Ecology[M]. London and New York: Verso, 1994.

815

"五位一体"生态文明建设研究

后　记

　　生态文明建设是"五位一体"总体布局的重要内容和重要组成部分。党的十九大将生态文明建设提升至"中华民族永续发展的千年大计"前所未有的地位和"五位一体"总体布局的高度。生态文明建设纳入"五位一体"总体布局就是将生态文明建设与经济建设、政治建设、文化建设、社会建设进行统筹谋划，既能够防止实践中出现的把生态文明建设与经济社会发展对立起来的极端生态主义的行为和做法，保证经济、社会与生态的可持续发展；也能够使社会大系统中各个子系统之间形成有机联系，建立相互支持、相互促进的良性循环发展机制，推进中国特色社会主义发展。本书立足于"五位一体"总体布局，围绕

后 记

着如何缓解并解决经济社会发展与资源环境保护之间的突出矛盾，促进经济社会可持续发展，推进新时代中国特色社会主义，深层次探究、回应生态文明建设中的重大理论和实践问题，较好地呈现出理论探讨、经验总结和规律探索的全面性特点。

本书缘于作者本人负责主持的2018年度国家出版基金项目和2013年度教育部人文社会科学规划基金项目，是两个项目的最终研究成果。本书的形成得到了大连海事大学出版社徐华东社长的鼎力支持，这里表示由衷的谢意！本书的形成与项目组成员的协作和努力分不开，与我的博士、硕士研究生们的辛勤付出分不开，博士研究生崔健、王尉为书稿的第三章、第六章和第七章做了大量工作，硕士研究生旦知草、张宇伯对整个书稿进行了校对，非常感谢我的研究生们！

本书在写作过程中直接或间接地引用、参考了其他研究者的大量研究文献，对这些文献的作者表示诚挚的谢意。本书得到2018年度国家出版基金资助和大连海事大学出版社的大力支持，在此表示感谢。同时对本书的编辑老师为本书出版所给予的大量帮助表示诚挚的谢意。本书的疏漏在所难免，敬请读者不吝赐教。

作　者

2019 年元月